"十三五"江苏省高等学校重点教材

聚合物合成工艺学

Polymer Synthesis Technology

第二版

宁春花　左明明　左晓兵　编

U0231046

化学工业出版社

·北京·

本书共 11 章，包括绪论、合成聚合物的原料路线、本体聚合工艺、溶液聚合工艺、悬浮聚合工艺、乳液聚合工艺、熔融缩聚工艺、溶液缩聚工艺、界面缩聚工艺、固相缩聚工艺、逐步加成聚合工艺，各章后附有习题及复杂工程问题案例，以便学习总结，解决实际问题。本书可作为普通高等院校高分子材料与工程专业的教学用书，也可供从事高分子材料合成与改性应用型研究、产品技术开发及产业化研究的科技人员参考。

图书在版编目（CIP）数据

　　聚合物合成工艺学/宁春花，左明明，左晓兵编. —2 版.
—北京：化学工业出版社，2019.9（2025.1重印）
　　ISBN 978-7-122-35274-3

　　Ⅰ.①聚…　Ⅱ.①宁…②左…③左…　Ⅲ.①高聚物-合成-生产工艺-高等学校-教材　Ⅳ.①TQ316

　　中国版本图书馆 CIP 数据核字（2019）第 209695 号

责任编辑：王　婧　杨　菁　　　　　　　　装帧设计：王晓宇
责任校对：李雨晴

出版发行：化学工业出版社（北京市东城区青年湖南街 13 号　邮政编码 100011）
印　　装：河北延风印务有限公司
787mm×1092mm　1/16　印张 20¾　字数 510 千字　2025 年 1 月北京第 2 版第 7 次印刷

购书咨询：010-64518888　售后服务：010-64518899
网　　址：http://www.cip.com.cn
凡购买本书，如有缺损质量问题，本社销售中心负责调换。

定　　价：59.00 元　　　　　　　　　　　　　　　版权所有　违者必究

前　言

　　《聚合物合成工艺学》自 2014 年出版以来已有 5 年，在此期间，高分子科学在发展，出现了大批新工艺和新材料。2017 年，该书获批"十三五"江苏省高等学校重点教材，同时，受工程教育专业认证的启示，在第一版的基础上，本次修订结合工程教育专业认证理念并改进相应内容。在构思过程中，确定仍以聚合方法作为主线，配以更多的聚合物合成工艺作纬线，意在交织深化。剖析每一种聚合方法的复杂问题，通过案例分析，从技术与非技术层面寻求解决复杂问题的方法。同时，配合聚合方法介绍，拓展新材料领域，在新版中，对章节体系有了较大调整和扩展，主要体现在以下几点。

　　1. 将自由基聚合、阳离子聚合、阴离子聚合和配位聚合根据聚合方法进行整合。

　　2. 将线形缩聚和体形缩聚根据聚合方法进行拆分。

　　3. 每种聚合方法后增加一个复杂问题案例分析。

　　4. 拓展材料知识面，增加新材料介绍。

　　5. 邀请了一部分业界专家参与教材的编写工作，有机融入了目前现行的先进合成工艺实践。

　　本书除供高分子材料专业作教材外，也可供有关从事高分子材料工业的科技人员参考。由于时间有限，书中还存有一些疏漏之处，敬请读者批评指正。

编者

2019 年 2 月

第一版前言

聚合物合成工艺学课程是普通高等院校高分子工科专业的必修课程，也是国家教指委指定的高分子材料本科专业的核心课程之一。近年来，高等院校的专业设置趋宽，更加强调专业的实用性和应用型人才的培养。然而，目前能适用聚合物合成工艺学的教材偏少，且现有教材对高等教育改革后应用型本科院校高分子材料专业人才培养的需求缺乏较好的适应性。因此，编写一部能较好地适用于应用型本科院校高分子材料专业教学和应用型本科人才培养的聚合物合成工艺学教材，是及时和必要的。

编者多年从事聚合物合成工艺学的课程教学，积累了较多的一手教学资料和丰富的教学经验，同时编者一直从事高分子材料合成与改性方面的应用性研究、产品技术开发及产业化研究，熟悉聚合物合成工艺方面的技术前沿和发展动向，积累了较为丰富的高分子材料产品的生产实践知识。根据高分子材料应用型本科人才的培养要求，结合高分子材料的产业发展趋势和区域对高分子材料专业人才的需求，在经过八届的聚合物合成工艺学课程教学实践的基础上，已经逐步形成一套实用性强、教学效果好的聚合物合成工艺学讲义。本书是在此讲义的基础上，进一步完善编写而成的。

聚合物合成工艺学以高分子化学、高分子物理为理论基础，以介绍聚合物的合成原理及工艺方法为目标指向。与高分子化学的专著相比，没有系统、深入地阐述高分子合成理论，仅对聚合物合成工艺学有教学需要的合成理论知识做了简单而有针对性的介绍，避免了对高分子化学课程内容的简单重复。与某一类高分子材料合成的专著相比，本书系统、深入地阐述了各种聚合机理及合成方法，同时引入了大量的具有代表性的聚合物合成工艺的实际案例。之所以这样编写是基于高分子材料应用型人才培养的教学需求，多年来的教学实践已经证明具有较好的教学效果。考虑到聚合物合成工艺学课程是开在高分子化学课程之后，且与高分子化学关系紧密，因此内容编写方面充分体现了高分子化学理论在具体聚合物合成工艺实践中的应用，对巩固已学高分子化学知识、加强知识的应用有显而易见的作用。这也是本教材的特色和编写本教材的一个重要出发点。此外，在聚合工艺的内容编写上去除了一些已经陈旧过时的工艺方法，将聚合技术发展的新成就引入进来，教材内容与时俱进。本教材可以让读者较全面地了解各种聚合机理的聚合过程，加强已学的有机化学、高分子化学、高分子物理等知识在本门课程中的应用，同时对聚合物产品的工业生产情况有一个初步的认知，为将来从事相关聚合物产品生产、技术研究、管理以及市场服务等打下坚实的知识基础。

教材的结构是以聚合机理为主线，介绍不同聚合机理的一般聚合过程和工业上的典型案例。在教材体系安排方面，首先介绍聚合过程的原理、聚合体系、影响因素等，然后以目前工业上的典型聚合物产品的合成工艺为案例介绍其聚合过程，侧重介绍聚合原理、聚合体系、工艺过程、影响因素及聚合条件分析。聚合原理部分按照聚合物结构、合成机理及原理、性能、用途、生产工艺路线或方法的顺序进行介绍。聚合体系按照单体、引发剂、反应介质、其他组分的顺序依次介绍，单体及反应介质将重点介绍。教材内容编写上重点突出聚合物的合成工艺，为了体现聚合物合成实践实际过程的完整性，对设备、后处理、造粒、纺丝、成型等操作工序也作了简略介绍。同时，补充了一些单元设备介绍、单元操作注意事项、安全防范及毒害性物质处理办法、生产过程应急处理办法等。章节设计方面综合考虑了自由基、离子、配位、缩聚、逐步加成等各种聚合机理，以及本体、溶液、悬浮、乳液、熔融、界面缩聚等聚合方法，还有共聚合、开环聚合等多种反应方式。关于自由基和离子共聚合机理的聚合物合成工艺实例掺插在第 3 章至第 9 章中；开环聚合机理的聚合物合成工艺实例掺插在第 7 章、第 8 章中。

全书共 12 章，其中第 1、4、5、6、10、11、12 章由左晓兵编写，第 2、3、9 章由宁春花编写，第 7、8 章由朱亚辉编写，最后由左晓兵对全书做了统稿。本书引用了一些文献，谨此向参考文献资料的作者致以深切的谢意。常熟理工学院杨冬华女士为本书文字及图片编辑工作付出了大量精力，在此表示深深的感谢。

无论是从浩繁的文献查阅、整理到教材编写，还是从实际的课程教学经验、教学文件到教材编写，都是一个二次创作的过程。鉴于编者对学科的掌握程度、理解深度、知识水平、概括能力以及教学水平、教学经验等方面的局限，二次创作的过程中难免出现一些不足之处，恳求业内行家、广大师生批评指正。

编者

2013 年 8 月

目　录

第3章
本体聚合工艺

第4章
溶液聚合工艺

第 7 章
熔融缩聚工艺

第 8 章
溶液缩聚工艺

第 11 章
逐步加成聚合工艺

283

附录
聚合物合成工艺学在高分子材料与工程知识体系中的作用

318

参考文献

319

第1章　绪　　论

学习目标

（1）了解聚合物合成发展过程，了解聚合物合成工业在国民经济中的重要地位和作用；

（2）理解聚合物合成工业的三废处理及安全生产；

（3）掌握聚合物合成工业生产过程的几个重要步骤。

重点与难点

聚合物合成工业的生产过程。

1.1　聚合物合成工业发展简史

1.1.1　19 世纪前人类对天然聚合物的利用情况

人类利用天然聚合物材料已有很久的历史。19 世纪以前人类就开始了对天然高分子材料的利用，包括淀粉、蛋白质、纤维素、天然橡胶、生漆、天然树脂的加工利用等。例如对棉、麻、丝、毛、皮、木、竹的加工利用可制作人类生活的必需品，如衣服、鞋、帽、住房、劳动工具等，使天然聚合物成为人类衣、食、住、行不可缺少的宝贵资源。对生漆、天然树脂进行直接加工利用可制备油漆，用于防腐和装饰。远在哥伦布发现美洲大陆之前，中美洲和南美洲的当地居民已开始使用天然橡胶，他们在无意识中发现从橡胶树上流出、而后凝固成的乳胶球团，掉在地上会自己蹦得很高。后来一个叫 Goodyear 的美国人，把胶球团带回去，作了理化分析处理，就制成了我们现在所用的橡胶。上述这些天然聚合物材料至今仍是人类生活不可缺少的宝贵资源，是其他合成材料无法代替的。

我们的祖先很早就学会了使用各种天然聚合物材料，如利用植物纤维造纸，利用生皮制革，利用天然丝、棉、麻制备纺织品，等等。从我国出土文物中曾发现 4000 年前的各种织物残片、绢丝、麻等生活用品。纤维素造纸是我国最早发明的，各类生皮制革到周代已发展到一定规模。利用蚕丝制成丝的纺织品工艺在我国的历史悠久，因而生产的丝绸也驰名世界。我国最迟在公元前 13 世纪已经发明使用了油漆，1976 年在河南省安阳市发掘出的"妇好"墓（葬于公元前 13 世纪），她的上过漆的棺木就是证明。

1.1.2　19 世纪对天然聚合物的改性

天然聚合物材料不仅产量有限，而且性能有局限性，不能充分满足人类生活、生产的需要。到了 19 世纪一些科研人员开始对天然聚合物进行化学改性，提高其使用性能。1839年，美国人 Goodyear 发现硫黄与天然橡胶反应后，硫化胶的综合性能得到大大提高，从此天然橡胶的利用得以迅速发展，在交通、电气、国防工业、汽车、飞机上获得了广泛的应用。1832 年，法国的 H. Braconnot 发现了硝酸和纤维素的反应。1845 年，瑞士的C. F. Schönbein 制得了硝化纤维，含氮量高的可用作无烟炸药，含氮量少的二硝酸纤维素可制成塑料制品。1869 年，美国的 J. W. Hyatt 用硝化纤维素制得了赛璐珞塑料制品。1884

年，美国的 A. Eastman 用硝化纤维素制造照相胶片，1855 年开始利用它制造人造纤维，1889 年建厂生产。1857 年德国制得铜氨溶液，后经英国人制成铜铵纤维；1865 年发现用醋酸酐与纤维素作用可制得醋酸纤维，以后又制得黏胶纤维。

我国直到 19 世纪末期才开始出现天然聚合物材料加工工业。1898 年，在天津办了最早的制革工厂，此后，上海、广州、重庆等地相继办起一些制革厂。

1.1.3 20 世纪初聚合物合成材料的工业化

随着 19 世纪后期工业的发展，人们利用改性天然聚合物的同时，开始探索合成聚合物的制备途径。1905～1907 年，酚醛树脂创始人美国科学家 L. H. Baekeland 对酚醛树脂进行了系统地研究，1909 年实现了酚醛树脂的实用化，此年定为酚醛树脂元年（或合成高分子元年），美国通用酚醛公司于 1910 年正式工业化生产。1912 年，德国 Fritz Klatte 合成了聚氯乙烯。1926 年开发了利用加入各种助剂塑化聚氯乙烯的方法，使它成为更柔韧、更易加工的材料，并很快得到广泛的商业应用。1911 年，德国开发出丁钠橡胶用于军工产品。1914 年，醋酸纤维及其塑料制品问世。1920 年，德国化学家 Hermann Staudinger 发表"Über Polymerisation"论文，提出高分子是共价键键接的长链物质的概念，开创了高分子材料科学，为高分子材料合成理论的发展奠定了基础。20 世纪 30 年代，聚醋酸乙烯酯、醇酸树脂、聚乙烯醇、聚甲基丙烯酸甲酯等合成高分子材料相继工业化。

我国的合成高分子材料工业起步较晚。1915 年前后在我国上海和广州开办了油漆厂，1920 年以后在上海办起了赛璐珞工厂及酚醛电木粉厂，1915 年在上海开办了第一家橡胶加工厂。

1.1.4 20 世纪 30～40 年代三大合成聚合材料工业体系的初步形成

20 世纪 30 年代初，为备战需要，德国加快了工业生产苯乙烯及苯乙烯聚合物的开发工作，1933 年，法本公司开发了连续本体聚合生产聚苯乙烯的工业生产技术。20 世纪 30～40 年代投产的塑料与树脂还有高压聚乙烯、聚三氟氯乙烯树脂、聚乙烯醇缩丁醛树脂、聚偏二氯乙烯树脂、不饱和聚酯树脂、环氧树脂、聚四氟乙烯树脂、ABS 树脂等。1935 年至 1948 年链式聚合反应和共聚合理论诞生。1947 年，德国 Bayer 公司报道了聚氨酯、聚脲的制造技术，为聚氨酯的系列产品生产打下了基础。

1930 年，德国和苏联用丁二烯作为单体，金属钠作为催化剂，合成了一种叫做丁钠橡胶的聚合物。1931 年氯丁橡胶问世。1932～1938 年橡胶弹性理论建立。1940 年后丁苯橡胶工业化。

1931 年，美国科学家 W. H. Carothers 开发出尼龙 66 产品，1935 年正式生产。1929～1940 年，缩聚反应理论形成。1931～1939 年间聚氯乙烯纤维、聚氨酯纤维问世。1941～1950 年，尼龙 6、涤纶、维尼纶（国内称维纶）及腈纶工业化。1943 年，T. R. Whinfield 在 W. H. Carothers 的工作基础上改善缩合条件制得了聚酯纤维，对缩合聚合物的生产实践及理论研究起到了促进作用。

1930 年，我国天津永明油漆厂利用国产桐油制成清漆。至 1949 年，我国主要合成树脂产量 200 余吨，橡胶产量 200 吨左右。

1.1.5 20 世纪 50 年代石化工业的发展和配位聚合的发现

石油化工是 20 世纪 20 年代兴起的以石油为原料的化学工业，起源于美国。初期依附于石油炼制工业，后来逐步形成一个独立的工业体系。

自 20 世纪 50 年代起，由于世界经济由战后恢复转入发展时期，使合成塑料、合成橡胶、合成纤维等材料得到了迅速发展，从而使石油化工在欧洲、日本及世界其他地区受到广泛的重视。在发展聚合物化工方面，欧洲在 20 世纪 50 年代成功开发出一些关键性的新技术，如 1953 年德国化学家 K. Ziegler 研究出低压法生产聚乙烯的新型催化剂体系，Ziegler 发现 $TiCl_4$ 和烷基铝组成的催化体系可使乙烯在较低温度、较低压力下聚合，并实现了乙烯和丁烯等其他 α-烯烃的共聚。1954 年，意大利化学家 G. Natta 进一步发展了 Ziegler 催化剂，合成了立构规整聚丙烯，并于 1957 年投入工业生产。G. Natta 在解释 α-烯烃聚合时最早提出了配位聚合概念。该催化体系后经发展形成著名的 Ziegler-Natta 催化剂。

石化工业极大地推动了高分子材料合成工业的发展。1955 年，英国帝国化学工业集团（ICI）建成了大型聚酯纤维生产厂。1957 年，美国俄亥俄（Ohio）标准石油公司成功开发了丙烯氨化氧化生产丙烯腈的催化剂，并于 1960 年投入生产聚丙烯腈；1957 年乙烯直接氧化制乙醛的方法取得成功，并于 1960 年建成大型聚乙烯生产厂。我国在 20 世纪 50 年代石化工业也取得了长足的发展，特别是聚氯乙烯等产品。

1.1.6　20 世纪 60 年代工程塑料的发展

工程塑料做为塑料工业的重要分支和新的发展点，是在塑料工业的聚合物理论基础和生产实践的大环境中成长起来的。1958 年和 1960 年德国拜耳公司和美国通用电气公司分别开发了酯交换法生产聚碳酸酯和光气化法生产聚碳酸酯的合成工艺，产品聚碳酸酯性能优异，可以作为结构材料使用。1964 年，美国杜邦公司成功开发出聚酰亚胺的合成工艺。这是迄今热性能最佳的高分子材料，它的出现推动了特种工程塑料的开发，后又相继开发出聚砜、聚苯硫醚等耐高温工程塑料。同年，美国通用电气公司开发了聚苯醚，此聚合物性能突出，但加工困难，应用受阻。两年后，该公司成功推出了聚苯醚与聚苯乙烯或高抗冲聚苯乙烯的共混改性树脂——改性聚苯醚（MPPO），开启了工程塑料通过共混改性合金化，提高树脂性能，打开应用市场的途径。1970 年由美国塞拉尼斯公司将热塑性聚酯类的聚对苯二甲酸丁二醇酯开发成工程塑料，它成为五大通用工程塑料最后开发成功而产量增长率极高的品种。

1.1.7　20 世纪 70 年代聚合物合成工业的高效化、自动化、大型化

20 世纪 70 年代以后，聚合物的生产已经处于成熟期，产量大幅度增长。聚合物合成工业具有高效化、自动化、大型化等特点。就国内而言，1972 年，北京燕山石化总厂引进年产 30 万吨乙烯装置，1976 年建成投产。1976～1978 年间，又引进 4 套年产 30 万吨乙烯及其配套装置，分别建在大庆石化总厂、齐鲁石化公司、南京扬子石化公司和上海金山石化总厂。通过引进先进的生产装置，有力地增强了我国聚合物工业的生产能力，提高了我国聚合物合成工业的技术水平。

1.1.8　20 世纪 80 年代的精细高分子、功能高分子、生物高分子

进入 20 世纪 80 年代以来，功能高分子材料已有很大的发展，现已形成了功能较为齐全、品种繁多和应用广泛的材料体系。

自 20 世纪 80 年代以来，中国在功能高分子材料的研究开发和产业化方面也取得了显著的成绩。研发的品种几乎涵盖了所有重要的功能高分子材料，尤其在二茂铁磁性高分子的合成和应用研究、新型分离与吸附树脂研究等方面已经做出具有国际影响的创新性成果。

为了满足 21 世纪国民经济各领域的新技术发展需求，功能高分子正在向高功能化、多功能化、智能化、纳米化和实用化方面发展。

精细高分子化学品的发展，是因为小分子精细化学品的特殊性能和特殊功能已不能满足某些领域所要求的性能或功能而发展起来的。典型的例子是高分子助剂的应用和发展，如高分子的增塑剂或增韧剂、高分子表面活性剂、高分子催化剂及高分子阻燃剂等。

这一时期聚合物材料的开发，已从大规模地合成新的聚合物转向通过采用各种方法对已有的聚合物进行改性。如通过接枝、嵌段、互穿网络等聚合反应进行化学改性；通过共混、填充增强、增塑等方法进行物理改性；采用加工反应成型的方法进行化学和力学改性等。通过各种改性手段，赋予聚合物材料高性能和多功能是研究的主导方向之一。如纳米增强技术的应用，已使通用塑料与工程塑料之间的界线开始模糊；橡胶与塑料机械共混型热塑性弹性体（TPE）已成为弹性体材料研究开发的重要课题。目前世界范围内热塑性弹性体的年增长率为6%，已成为弹性体材料中的重要品种之一。此外，各种聚合物复合材料，如增强的聚合物基复合材料，如碳纤维、硼纤维和芳香族聚酰胺纤维增强的树脂基复合材料，除广泛应用于航空、航天领域的高强、超韧、耐磨、耐热配件外，还可以代替钢材应用于汽车及工业设备制造业，如汽车车身、高速机床、机器人、运动器材和娱乐用品等。

经过20世纪近100年的发展，聚合物材料中的塑料、橡胶、纤维、涂料、黏合剂等总生产量已超1亿吨，主要的大品种有数十种，其他合成高聚物达百种之多。按体积计算，已经超过了金属材料的总体积。

1.1.9 聚合物合成工业技术的发展趋势

我国的聚合物材料正逐步与国际市场接轨，但是相比之下仍然暴露出品种牌号太少，尤其是高档产品和许多专用的、高附加值的功能聚合物材料在国内尚缺少工业产品的问题。工业生产主体装置的大部分工艺技术和关键设备是成套引进的，但还没有很好地消化吸收，继续创新能力不足。化学工程基础研究和相关工程技术薄弱，科研开发与工程设计结合不够紧密，反应工程研究基础弱。目前我国进口的主要聚合物材料几乎与国内生产总量相当。因此，聚合物合成工业需要在原有的基础上优化产业结构，实现聚合物合成发展的产业升级。

(1) 加强高分子材料科学与其他学科的研究

有机合成化学和高分子化学紧密结合，将有机合成化学的先进技术"嫁接"到高分子化学合成中，研发聚合物合成的新方法，实现聚合物合成的可设计化、定向化和控制化，这里包括通过非共价键的分子间作用力结合来"合成"超分子体系。

(2) 改进传统聚合方法，深化聚合工艺技术

在大分子工程方面，不仅要控制聚合物的分子量与分子量分布，而且要开发设计合成多种拓扑结构的聚合物链（如超支化聚合物、星型多臂嵌段共聚物、树枝状聚合物、浓密刷型聚合物等）的新合成技术。

(3) 发展聚合物合成高新技术

第一，开发高效催化剂和引发剂，缩短生产工艺流程，降低能耗和功耗，减少生产成本；第二，采用先进反应设备，使生产工艺的连续化、自动化水平提高，提高生产效率；第三，综合利用多种原料资源和能源，贯彻可持续发展战略，注重废弃物的回收利用，使产品真正成为绿色产品；第四，采用封闭性生产工艺流程，消除污染、防止公害、实现清洁生产。

聚合物合成材料发展到现在，已经是一个完整的工业体系，并形成了丰硕的发展成果。它的品种多，技术成熟，生产效率高，成本低，用途十分广泛，已是人类生活、生产必不可少的重要材料，在国民经济中占有重要的地位，为国民经济做出了宝贵贡献。电气电子工业、航空航天业、信息产业、生物工程、近代医药、交通运输、生活日用品以及农业的飞速发展，将会促使聚合物合成材料向纵深方向发展。

1.2　聚合物合成工业的生产过程简介

聚合物合成工业的任务是将简单的小分子单体，经聚合反应使之合成为聚合物。能够发生聚合反应的单体分子应当含有两个或两个以上能够发生聚合反应的活性原子或官能团。一个单体分子中含有的活性原子或官能团数称之为官能度。根据单体分子化学结构和官能度的不同，合成的产品结构、分子量和用途也有所不同。仅含有两个聚合活性官能度（包括双键）的单体可以合成高分子量的线形结构聚合物。分子中含有两个以上聚合活性官能度的单体生产上则要求先合成分子量较低的具有反应活性的低聚物，在后期加工过程中进一步反应形成交联的聚合物。前者主要用来进一步加工为热塑性塑料和合成纤维，后者则主要用来加工为热固性塑料制品。

当前由于线形高分子量合成树脂和合成橡胶的需求量日益扩大，生产这些合成树脂与橡胶品种的每套生产装置，规模小者年产数千吨，规模大者年产量则达数万吨乃至十万吨以上。这些生产装置不仅规模大，而且自动化程度高。我国已陆续建成了一批年产量达数万吨以上的现代化聚合物合成生产装置。相对而言，生产具有反应活性的低聚物的生产装置规模小得多，每套生产装置的年产量仅数百吨，大者不超过数千吨。因此，聚合物合成工业技术的发展和研究都是以线形高分子量合成树脂与合成橡胶的生产为主要对象的。

合成聚合物的反应主要包括不饱和单烯烃和二烯烃类单体的连锁加成聚合反应和具有活性官能团单体的逐步聚合反应两大类。从合成工艺的角度来说，前一类的聚合物生产过程较复杂，品种多，而且规模大。因此用连锁加成聚合反应来生产聚合物的过程可以作为聚合物合成工业的典型而予以介绍。

大型化的合成聚合物生产，主要包括以下生产过程和完成这些生产过程的相应设备与装置：①原料准备与精制过程，包括单体、溶剂、去离子水等原料的贮存、洗涤、精制、干燥、调整浓度等过程和设备；②催化剂或引发剂的配制过程，包括聚合用催化剂或引发剂和助剂的制造、溶解、贮存、调整浓度等过程和设备；③聚合过程，包括聚合和以聚合釜为中心的有关热交换设备及反应物料输送过程与设备；④分离过程，包括未反应单体和溶剂、催化剂残渣、低聚物等物质脱除的过程与设备；⑤聚合物后处理过程，包括聚合物的输送、干燥、造粒、均匀化、贮存、包装等过程与设备；⑥回收过程，主要是指未反应单体和溶剂的回收和精制过程及设备。

1.2.1　原料准备与精制过程

聚合物合成工业中最主要的原料是单体，其次是有些生产过程中需要加入有机溶剂和反应介质。生产线形高分子量合成树脂和合成橡胶时，单体及所需要加入的溶剂和反应介质都可能含有杂质。这些杂质可能对聚合反应产生阻聚作用和链转移反应，因而使产品的平均分子量降低，或对聚合催化剂产生毒害和导致其分解失效，或者使逐步聚合反应过早地封闭端基而降低产品平均分子量，还可能产生有损聚合物色泽的副反应等。因而要求单体和溶剂具有很高的纯度，一般要求 99% 以上。如果单体及溶剂不含有害于聚合反应的杂质，而是惰性杂质，则单体及溶剂纯度要求可适当降低。溶剂应当不含有害杂质。大多数单体及有机溶剂是易燃、有毒、与空气混合后易燃爆的有机气体或液体。并且在贮存过程中有些单体容易自聚，因此单体的贮存设备应当考虑以下问题：①防止单体与空气接触产生易爆炸的混合物或过氧化物；②提供可靠的措施，保证在任何情况下单体贮罐不会产生过高的压力，以免贮罐爆破；③防止有毒易燃的单体泄漏出贮罐、管道和泵等输送设备；④为了防止单体贮存过程中发生自聚现象，必要时应当添加阻聚剂，但在此情况下，单体进行聚合反应前又应脱除阻聚剂，以免影响聚合反应的正常进行，如单体中含有氢醌阻聚剂则用氢氧化钠溶液洗涤或经蒸馏以除去阻聚剂；⑤单体贮罐还应当远离反应装置，以减少着火危险；⑥贮存气态单体（如乙烯）的贮罐和贮存常温下为气体，经压缩冷却液化为液体的单体（如丙烯、氯乙烯、丁二烯等）的贮罐应当是耐压容器。为了防止贮罐内进入空气，高沸点单体的贮罐应当用氮气保护。为了防止单体受热后产生自聚现象，单体贮罐应当防止阳光照射并且采取隔热措施，或安装冷却水管，必要时进行冷却。有些单体的贮罐应当装有注入阻聚剂的设施。

除单体外，在聚合反应过程中有时需使用反应介质，其种类因聚合反应机理和方法的不同而不同。自由基聚合反应中水分子对反应无不良影响，因此可以用水作为反应介质，如乳液聚合、悬浮聚合、水溶液聚合等。但是离子聚合反应中，微量的水可能破坏催化剂，使聚合反应无法进行，因此在离子聚合和配位聚合的反应体系中，水的含量应降低到 $\mu g/g$ 级。工业上，离子聚合和配位聚合反应多用有机溶剂，如苯、汽油、庚烷、戊烷、四氢呋喃等。有机溶剂多数为易燃的液体或容易液化的气体，其蒸气与空气混合后容易燃爆。有机溶剂的贮存、输送等注意事项与单体基本相近，差别是溶剂不会发生自聚现象，不必添加阻聚剂。

1.2.2 催化剂（或引发剂）配制过程

在聚合物合成的学术领域关于催化剂还是引发剂的说法，人们习惯上将采用连锁自由基机理引发聚合的称为引发剂，采用连锁阴、阳离子或配位聚合的称为催化剂，采用逐步机理聚合的一律称为催化剂。常用的自由基引发剂有过氧化物、偶氮化合物、过硫酸盐、氧化还原引发体系等。常用的阴、阳离子或配位聚合催化剂有烷基铝、烷基锌等烷基金属化合物，四氯化钛、三氯化钛等金属卤化物，三氟化硼、四氯化锡、三氯化铝等路易斯酸。

多数引发剂受热后有分解爆炸的危险，其稳定程度因种类的不同而有所不同。干燥、纯粹的过氧化物最易分解。因此工业上过氧化物采用小包装，贮存在低温环境中，并且要有防火、防撞击措施。固体过氧化物，如过氧化二苯甲酰，为了防止贮存过程中发生意外，加适量水使之保持潮湿状态。液态的过氧化物，通常加适当溶剂使之稀释以降低其浓度。

催化剂中以烷基金属化合物最为危险，它对空气中的氧和水甚为灵敏。例如，三乙基铝接触空气则自燃，遇水发生强烈反应而爆炸。烷基铝的活性因烷基的碳原子数目的增大而减弱。低级烷基的铝化合物应当制备成惰性溶剂如加氢石油、苯和甲苯的溶液，便于贮存和输送，其含量为 15%～25%，同时用惰性气体如氮气予以保护。

四氯化钛、三氯化钛等金属卤化物，三氟化硼、四氯化锡、三氯化铝等路易斯酸，接触潮湿空气易水解，生成腐蚀性烟雾，因此它们所接触的空气或惰性气体应当十分干燥，要求露点低于 -37℃。三氯化钛是紫色结晶物，易与空气中的氧反应，因此贮存与运输过程中应当严格禁止接触空气。

逐步缩聚反应过程有时也需加催化剂，但这一类催化剂多数不是危险品，贮存、运输较安全。

由于聚合物合成工业所使用的引发剂和催化剂多数是易燃、易爆危险品，所以贮存地点应当与生产区隔有适当的安全地带，输送过程中严格注意安全。

1.2.3　聚合过程

聚合过程是聚合物合成工业中最主要的化学反应过程。聚合产物与一般的化学反应产物不同，它不是简单的一种成分，聚合产物的化学成分虽然可用较简单的通式表示，但实际是分子量大小不等、结构亦非完全相同的同系物的混合物。聚合产物的形态可以是坚硬的固体物、高黏度熔体或高黏度溶液等多种不同形态。聚合产物不能用一般的产品精制方法如蒸馏、结晶、萃取等方法进行精制提纯。

聚合物的平均分子量、分子量分布及其分子链结构，对于聚合物合成材料的物理机械性能产生重大影响，而且生产出来的成品难以进行精制提纯，因此生产高分子量合成树脂与合成橡胶时，对于聚合用的原材料纯度、合成条件和设备的要求很严格。原材料纯度方面，要求单体、反应介质和助剂等各项原材料具有很高的纯度，不能含有有害于聚合反应的杂质，不能含有影响聚合物色泽的杂质。为了稳定质量不使之波动，所用各种原材料的规格应当严格一致，否则将影响其质量的稳定性。合成工艺条件方面，聚合温度、压力等反应条件应当稳定不变或波动在容许的最小范围之内，工业上常常采用高度自动化控制措施，如 DCS 控制系统等。聚合设备的材质上，要求不能污染聚合物，因为聚合物产品不能像小分子物质那样精制提纯，因此聚合反应设备和管道在多数情况下应当采用不锈钢、搪玻璃或不锈钢碳铜复合材料等制成。

一种聚合物的生成常常要求生产不同牌号的产品，一般的聚合物产品牌号有十几种以上，例如生产高密度聚乙烯有二十几种不同的牌号。通过改变反应条件和添加各种添加剂等手段可以获得不同牌号的产品。具体手段有使用分子量调节剂，改变反应条件，添加稳定剂、防老剂等添加剂。

合成聚合物的化学反应根据反应机理可分为连锁聚合和逐步聚合反应两大类。连锁聚合又可分为自由基聚合和离子聚合及配位聚合反应。逐步聚合包括逐步加聚和逐步缩聚反应。在工业生产中不同的聚合反应机理对于单体和反应介质以及引发剂、催化剂等都有不同要求，所以实现这些聚合反应的工业实施方法也有所不同。高分子合成反应需要通过具体的聚合方法加以实施才能使单体成为有实用价值的聚合物。不同聚合机理的高分子合成反应适用于不同的聚合方法。例如，自由基连锁聚合机理的高分子合成反应可采用本体聚合、溶液聚合、悬浮聚合和乳液聚合等聚合方法；阴、阳离子聚合及配位聚合机理的高分子合成反应可采用本体聚合和溶液聚合等；逐步缩聚机理的高分子合成反应可采用熔融缩聚、溶液缩聚、界面缩聚和固相缩聚等。

本体聚合是除单体外仅加有少量引发剂，甚至不加引发剂仅依赖受热引发聚合而无反应介质存在的聚合方法。本体聚合的产品形态可以是粒状树脂、粉状树脂中间产品和板、管、棒材等终端制品。溶液聚合是单体溶于适当溶剂中进行的聚合方法。溶液聚合的产品形态可以有聚合物溶液、粉状树脂等。乳液聚合是单体在乳化剂存在下分散于水中成乳液，然后在水溶性引发剂引发下的聚合方法。乳液聚合的产品形态可以是聚合物乳液高分散性粉状树脂、合成橡胶胶粒等。悬浮聚合是在分散剂和机械搅拌下使不溶于水的单体分散为油珠状悬浮于水中，经油溶性引发剂引发的聚合方法。悬浮聚合的产品形态可以有粉状树脂及粒状树脂等。

原则上各种乙烯基单体或二烯烃类单体都可用上述四种聚合方法中的任意一种来进行生产。具体采用哪种聚合方法，首先要考虑其科学性，是否满足高分子合成反应机理的基本要求。其次要考虑聚合方法的经济成本，包括设备投入、原材料成本、工艺成本等。再次要考虑聚合方法实施过程中对自然环境可能造成的影响，如废气、废水、废渣的排放等。最后要考虑聚合物产物的用途，即采用何种方法更加方便产物的实际使用，如采用溶液聚合方法直接制备具有实用价值的涂料、胶黏剂产品等。

根据聚合反应的操作方式，可分为间歇聚合与连续聚合两种方式。间歇聚合操作是聚合物在聚合反应器中分批生产的，当聚合达到要求的转化率时，一个批次的聚合物产物从聚合反应器中卸出。间歇聚合操作不易实现操作过程的全部自动化，批次之间的同种产品的规格难以控制严格一致。此外，由于聚合反应器不能充分利用，所以反应器的生产能力受到限制，不适合于大规模生产。间歇聚合操作工艺的优点是反应条件易控制，物料在聚合反应器内停留的时间相同，便于改变工艺条件获得不同品种或牌号的聚合物产品。生产灵活性大，适合于小批量多品种的聚合物产品生产。连续聚合操作方式是单体和引发剂或催化剂等反应原料连续进入聚合反应器，聚合产物连续不断地从聚合反应器排出的操作方式。因此聚合反应条件是稳定的，容易实现操作过程的全部自动化、机械化；如果聚合反应条件严格一致，则取得产品的质量规格稳定；设备密闭，减少污染；适合大规模生产。因此劳动生产率高，成本较低。缺点是不宜经常改变产品牌号，所以不便于小批量生产某牌号产品。目前除悬浮聚合方法尚未实现大规模连续生产外，聚合物合成工业中的大部分品种生产都已实现了连续聚合操作。

进行聚合反应的设备叫做聚合反应器。根据聚合反应器的形状可分为管式反应器、塔式反应器和釜式反应器。此外，尚有特殊形式的聚合反应器，如螺杆挤出反应器、板框式反应器等。釜式聚合反应器是应用最为普遍的反应器，也称聚合反应釜，简称聚釜。为了生产质量及产品规格符合要求的聚合物产品，聚合反应器应当附设具有良好的热交换装置、合成反应参数（温度和压力）控制操作系统和安全连锁自动报警装置。对于釜式反应器还设置适当相应转速和形状的搅拌器。

连锁聚合反应是放热反应，且放热明显，为了稳定聚合工艺条件和控制好产品平均分子量，要求反应体系的温度波动不能太大，例如氯乙烯悬浮聚合时只容许温度波动在 ± 0.2℃ 的范围之内。因此聚合反应器首要的问题是如何有效地排除聚合反应热以保持规定的反应温度。单体在聚合反应中转变为聚合物的速率与单体性质、反应温度、引发剂或催化剂的种类和用量有关。烯类单体连锁聚合的反应热，平均为 90kJ/mol，与单体的化学结构关系密切，常见单体的聚合热详见表 1-1。

表 1-1 常见烯类单体连锁聚合的聚合热　　　　　单位：kJ/mol

单体	聚合热	单体	聚合热
乙烯	106.3～108.4	甲基丙烯酸甲酯	54.4～56.9
异丁烯	41.9	甲基丙烯酸正丁酯	56.5
苯乙烯	67～73.3	乙烯基丁基醚	58.6
丙烯腈	72.4	氯乙烯	96.3
醋酸乙烯酯	85.8～90	偏二氯乙烯	60.3
丙烯酸	62.8～77.4	1,3-丁二烯(1,2加成)	72.8
甲基丙烯酸	66.1	1,3-丁二烯(1,4加成)	78.3
丙烯酸甲酯	78.3～84.6		

间歇聚合操作中，聚合反应不是均匀进行的，存在放热高峰，因此在放热高峰阶段必须

采取措施及时排除反应热稳定聚合温度。聚合热的排除方式与反应器的类型有关。管式聚合反应器主要依靠在套管内流动的冷却介质排除反应热。釜式聚合反应器的排热方式是多样的，主要有夹套冷却、夹套附加内冷管冷却、内冷管冷却、反应物料釜外循环冷却、回流冷凝管冷却、反应物料部分闪蒸、反应介质预冷等。

聚合反应器中，随着聚合反应的进行，单体逐渐转变为聚合物，聚合体系物料的黏度会有很大变化。如果聚合物溶于反应介质中，则反应物料转变为高黏度流体；聚合物可溶于单体中，则低转化率时形成聚合物和单体的黏稠溶液，高转化率则转变为固体物。聚合物不溶于反应介质，生成的聚合物从体系中析出形成固液两相，呈细粉悬浮状或泥浆状。聚合反应釜内的物料是均相体系时，随着单体转化率的提高，物料的黏度明显增大，此时搅拌器的作用非常重要。主要是使反应物料强烈流动，以使各部分的物料温度均匀，同时加大对器壁的给热系数，使聚合热及时传导给冷却介质，以免产生局部过热现象。对于非均相体系，搅拌器的作用不仅具有上述加速热交换并使物料温度均匀的作用，而且具有使反应物料始终保持分散状态，以避免发生结块现象的作用。在熔融缩聚和溶液缩聚过程中还可以不断更新界面，使小分子化合物及时蒸出以加速反应进行。反应物料如果是高黏度熔体或高黏度溶液，当单体转化率提高后，搅拌器消耗的功率显著增加。在生产能力不变的条件下，增大聚合釜的体积，搅拌器消耗的总功率也明显增加。为了使釜式聚合反应器中的传质、传热过程正常进行，聚合反应釜中必须安装搅拌器。常见的搅拌器形式有平桨式、旋桨式、涡轮式、锚式以及螺带式等。涡轮式和旋桨式搅拌器适于低黏度流体的搅拌。平桨式和锚式搅拌器适于高黏度流体的搅拌。螺带式搅拌器具有刮擦反应器壁的作用，特别适合用于黏度很高流动性差的合成橡胶溶液聚合反应釜的情况。

聚合反应末期为了终止反应或为了避免未反应的引发剂或催化剂残存于聚合物中，可在聚合釜中加入链终止剂。在聚合过程中遭遇紧急情况和突发事故时，如紧急停电无法使聚合反应正常进行时可在聚合釜中加入链终止剂。自由基聚合过程中常用有机硫化物或脂类化合物作为终止剂，而离子聚合过程则用醇破坏催化剂的活性。

1.2.4　分离过程

经聚合反应得到的物料，多数情况下是不纯的聚合产物混合物，含有未反应的单体、催化剂残渣、反应介质等。因此必须将聚合物与未反应单体、反应介质等进行分离。分离方法与聚合反应所得到物料的形态有关。有些单体例如氯乙烯、丙烯腈等是剧毒性物质，聚合物中残存量应当极低，国家规定聚氯乙烯中的氯乙烯含量要求在 $1\mu g/g$ 以下。

本体聚合与熔融缩聚得到的高黏度熔体不含有反应介质，单体几乎全部转化为聚合物，这种情况通常不需要经过分离过程，可直接进行聚合物后处理。乳液聚合得到的胶乳液或溶液聚合得到的聚合物溶液如果直接用作涂料、黏合剂时，同样不需要经过分离过程。但有时需要调整其浓度，或脱除一些未反应的单体以减少单体的残留和单体带来的气味。

自由基悬浮聚合结束得到的是高分子树脂在水中的悬浮分散体系。分离方法是首先应脱除未反应单体，然后用离心机过滤使水与固体粉状聚合物进行分离。经离子聚合与配位聚合反应得到的聚合产物混合物，如果是固体聚合物在有机溶剂中的淤浆液，其分类方法与悬浮聚合类似。

经自由基聚合、离子聚合或配位聚合得到的聚合物高黏度溶液，其分离方法因所含聚合物是合成树脂还是合成橡胶而不同。如果是合成树脂，通常是将合成树脂溶液逐渐加入第二种非溶剂中，加入的第二种非溶剂和原来的溶剂是可以混溶的，使合成树脂从体系中呈粉状固体析出而达到分离的目的。如果是合成橡胶的高黏度溶液，则不能采用上述方法，因为沉淀出来的固体合成橡胶会黏结为含有大量溶剂的大块，不能进行出料和后处理。其分离方法是将高黏度橡胶溶液喷入沸腾的热水中，同时进行强烈搅拌，未反应的单体和溶剂与一部分水蒸气被蒸出，合成橡胶则以直径 10～20mm 的胶粒析出，且悬浮于水中。

自由基乳液聚合方法得到的反应物料是呈胶体分散状态的固-液乳液体系，固体颗粒的粒径在 0.01～1μm，静置后固体粒子由于布朗运动而不会沉降析出。胶体分散体系的固体颗粒不能用过滤的办法分离固、液相。工业上采用的办法是将合成树脂的乳液用喷雾干燥的办法，使水分蒸发而得到干燥的粉状树脂，或将稳定的乳液体系破坏，达到固液分离的目的。

1.2.5 聚合物后处理过程

经分离过程得到的聚合物中通常含有少量水分或有机溶剂，必须经干燥以脱除水分和有机溶剂，得到干燥的合成树脂或合成橡胶产品。合成树脂和合成橡胶的后处理方法有很大的不同。例如，聚氯乙烯树脂合成工厂所生产的商品是干燥的粉状聚氯乙烯树脂，然后由塑料成型工厂添加增塑剂、稳定剂等组分进一步加工为粒状聚氯乙烯塑料或直接成型为聚氯乙烯塑料制品。其他品种的合成树脂如聚乙烯、聚丙烯、聚苯乙烯等，通常是生产树脂的工厂将干燥的粉状树脂添加稳定剂等经混炼、造粒得到直径 3～4mm 的粒状塑料，然后将相同规格的产品送到大型料仓中进行均匀化，以获得大批量同一牌号的商品。因此合成树脂后处理过程的工艺流程如图 1-1 所示。

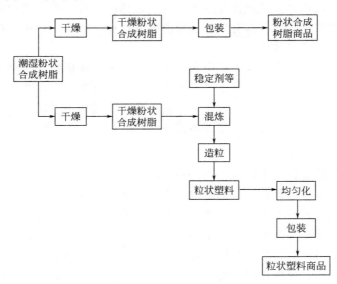

图 1-1 合成树脂的后处理工艺流程

当合成树脂含有机溶剂时，或粉状树脂对空气的热氧化作用灵敏时，则用加热的氮气作为载热体进行气体干燥。因为在这种情况下用空气干燥可能产生易爆混合物，有发生事故的危险。而且含有大量粉尘的空气也是易爆混合物，遇火可能产生爆炸。用氮气作为载体时，氮气须回收循环使用，因此气流干燥装置应附加氮气脱除和回收溶剂的装置，整个系统应闭路循环。

一般情况下，粉状的合成树脂不能直接用作塑料成型原料。必须添加热稳定剂、光稳定剂、润滑剂、着色剂等组分，经混炼、造粒以制得粒状料，作为商品包装出厂。在大规模生产装置中，通常仅添加稳定剂和润滑剂等无颜色的添加剂，着色剂则要再经成型加工造粒时一次加入。原因是塑料的颜色是多样的，不适于大批生产同一种颜色。而且第二次造粒对于某些合成树脂，例如聚乙烯树脂，有进一步使添加剂与聚乙烯树脂混合均匀、并改进塑料制品透明性和表面光亮度的作用。

混炼操作必须在合成树脂软化或近于熔化的温度条件下，并在强力剪切作用下使添加剂与树脂充分混合均匀，通常在密炼机中或专用混炼机中进行。混炼好的热物料直接送入挤出机中，在螺杆的强力作用下，将熔化的物料挤压通过多孔模板使物料呈条状物，进入冷却水中凝固为条状固体物，再经切粒机切成一定形状与大小的粒状塑料。然后被冷却水夹带进入振动筛，使粒料与水分离。表面附着有水分的粒料进入离心干燥器获得干燥的粒料产品，合格成品用压缩空气送往料仓，将不同批次的粒料产品进行均匀化混合，然后经自动包装线包装成可出售的产品。

相对于合成树脂，合成橡胶的后处理过程较为简单，其后处理工艺流程如图 1-2 所示。

图 1-2　合成橡胶的后处理工艺流程

经分离操作得到的合成橡胶通常是直径为 $10\sim20mm$ 的颗粒，含水量 $40\%\sim50\%$，易黏结成团。因此，不能用气流干燥或沸腾干燥的方法进行干燥，而采用箱式干燥机或挤压膨胀干燥机进行干燥。箱式干燥机是在长达 $10\sim30m$ 的干燥箱内装设有转动的多孔不锈钢带，潮湿的合成橡胶胶粒自动铺敷于不锈钢带上，经转动通过具有不同温度的热空气加热区，橡胶被干燥。为了提高干燥效果，大型装置的干燥箱内安装两条相反方向运动的不锈钢带，合成橡胶胶粒被不锈钢带输送到上层末端后，被破碎落至第二层不锈钢带上，经充分干燥并冷却后进入压块机压制成 $25kg$ 的大块后包装为商品。

挤压膨胀是将潮湿的合成橡胶胶粒送入螺杆式压缩挤水机中脱水至约 10%，然后进入膨胀干燥机干燥到含水 0.5% 以下的干燥方式。膨胀干燥机操作原理是将含水量约 10% 的橡胶送入螺旋挤出机中，挤出机的套筒可通过蒸汽加热，而且橡胶在螺旋挤压下产生摩擦热使温度升高，橡胶经多孔膜板挤出呈条状物，模板温度达 $160℃$ 左右，压力为 $2\sim3MPa$。当受热的橡胶条进入大气中时，由于压力迅速下降使所含水分迅速蒸发而使橡胶条膨胀为多孔性干燥橡胶，同时温度降至 $80℃$ 左右。最后冷却后，进入压块机压制成 $25kg$ 的橡胶块，包装为商品。

1.2.6　回收过程

回收过程主要是指回收溶剂及未反应单体，并进行精制，然后循环使用的操作过程。当前聚合物合成工业中使用有机溶剂最多的是离子聚合与配位聚合反应的溶液聚合方法。分离出聚合物后的溶剂通常含有其他杂质。回收过程主要包括合成树脂生产的回收过程和合成橡胶生产的回收过程。对于合成树脂生产，溶剂回收通常是经离心机过滤，然后经分馏精制。对于合成橡胶生产，溶剂是在橡胶凝聚釜中同水蒸气一同蒸出来的，因此不含有不挥发物，而含有可挥发的单体和终止剂如甲醇等。经冷凝后，水与溶剂通常形成二层液相，可溶于水的组分如醇类溶解于水中，溶剂层中则可能含有未反应的单体、防老剂、填充油等。然后用精馏的方法使单体与溶剂分离，防老剂等高沸点物则作为废料处理。

归纳上述聚合物生产过程可知，聚合物合成材料虽可分为合成塑料、合成橡胶、合成纤维、涂料、黏合剂等多种形式，但它们在原料上只有合成树脂和合成橡胶两种。聚合物合成工业的任务就是以单体为原料来生产合成树脂与合成橡胶这两种原料。大型聚合物合成工艺过程大致可划分为原料准备与精制、催化剂配制、聚合反应、分离、聚合物后处理、溶剂及单体回收等过程。为了能够简单明了地理解某一产品的生产全貌，工业上用生产流程表示。生产流程分为方框流程和用设备外形表示流程两种。例如乙烯高压釜式聚合工艺流程如图1-3所示。

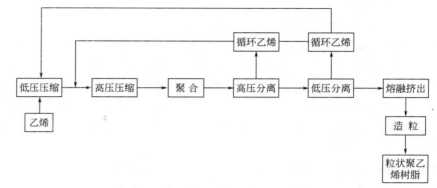

图1-3　乙烯高压釜式聚合工艺流程

1.3 聚合物合成工业的"三废"与安全生产

1.3.1 "三废"来源及处理

聚合物合成工业所用的主要原料单体和有机溶剂，许多是有毒的，甚至是剧毒物质。溶剂及单体在回收过程中的逸失、设备的泄漏等会产生有害或有臭味的废气、废液及粉尘，对空气和周边环境产生污染。聚合物分离和洗涤排出的废水中可能有催化剂残渣、溶解的有机物质和混入的有机物质以及悬浮的固体微粒。这些废水如果不经处理排入河流中，将污染水环境。生产设备中的结垢聚合物和某些副产物，例如聚丙烯的无规聚合物会形成固体废渣，等等。因此，聚合物合成工业与其他化学工业相似，存在着废气、废水和废渣等"三废"问题。

废气主要来自气态和易挥发的单体及有机溶剂，以及生产过程中使用的气体。这些废气可能有毒，甚至是剧毒化学品，例如氯乙烯单体、丙烯腈单体以及氯化氢气体，还有一些气态单体可能对人体健康没有明显的危害，但对于植物的生长却有不良影响，例如乙烯气体可使农作物过早成熟。聚合物合成中，单体污染大气的途径大致有以下几方面：①生产装置的密闭性不够而造成泄漏；②清釜操作中或生产间歇中聚合釜内残存的单体浓度过高；③干燥过程中聚合物残存的单体逸入大气中。因此在生产过程中应当严格避免设备或操作不善而造成的泄漏，并且加强检测仪表的精确度，以便及早察觉逸出废气并采取相应措施，使废气减少到容许浓度之下。

聚合物合成工厂中污染水质的废水，主要来源于聚合物分离和洗涤操作排放的废水和清洗设备产生的废水。例如，合成树脂生产中悬浮聚合法有大量废水排放出来，其中可能含有悬浮的聚合物微粒和分散剂。在合成橡胶生产过程中，橡胶胶粒经破乳凝聚析出或热水凝聚的工艺流程都有大量废水排出，其中都可能含有具有不适气味的防老剂和残留单体。

固体废渣来源于聚合物分离、洗涤及清洗设备过程中产生的引发剂残渣、乳化剂、悬浮剂、盐质、机械杂质等。此外在干燥过程中还会有粉尘污染，乳液凝聚废水中含有废酸和食盐等杂质，热水凝聚废水中则含有催化剂残渣。合成纤维湿法纺丝过程中，用水溶液为沉降液时，在有相当数量的废水排放出来的同时，还含有较多的固体杂质。

对于"三废"的处理，首先在进行工厂设计时应考虑将其消除在生产过程中，不得已时则考虑它的利用，尽可能减少"三废"的排放量，例如工业上采用先进的不使用溶剂的聚合方法，或采用密闭循环系统。必须进行排放时，应当了解"三废"中所含各种物质的种类和数量，有针对性地进行回收利用和处理，最后再排放到综合废水处理场所。不能用清水冲淡废水的方法来降低废水中有害物质的浓度。

工业处理废水、废渣的方法如下。对含有不溶于水的油类废水，利用密度的不同，流经上部装有挡板的水池以清除浮油，然后进行生物氧化处理。对含有固体微粒的废水应流经沉降池，使微粒自然沉降，然后废水送往处理中心。送往生化处理的废水应当中和为中性。如果废水中溶有较多的有机溶剂，则不适于生化处理，需要焚烧处理。废水中含有重金属时，应当用离子交换树脂进行处理。有机废渣通常作为锅炉燃料进行焚烧。

1.3.2 生产安全

聚合物合成工厂中最易发生的安全事故主要根源是引发剂的分解爆炸，催化剂引起的燃烧与爆炸，以及易燃单体、有机溶剂引起的燃烧与爆炸事故等。为了降低单体或溶剂的浓度累积造成空气混合物的爆炸危险和危及工人健康，可以加强操作地区通风、排风措施。

值得注意的是，关于可燃气体或可燃液体的蒸气或有机固体粉尘和空气的混合物发生爆炸事故的问题。一种可燃气体、可燃液体的蒸气或有机固体和空气混合时，当达到一定的浓度范围，遇火花就会引起激烈爆炸。发生爆炸的浓度范围叫做爆炸极限，其最低浓度为下限，其最高浓度为上限。浓度低于下限或高于上限，都不会发生爆炸。一般用可燃性气体或蒸气在混合物中的体积分数来表示。例如乙烯的爆炸极限是 2.7%（下限）和 34%（上限）；氢的爆炸极限是 4%（下限）和 74.2%（上限）。显然氢的爆炸危险性大于乙烯，因为它在很大的浓度范围内都可能发生爆炸。高分散性的有机粉尘在空气中的混合物，当浓度达到爆炸范围时，遇火花后同样可以发生爆炸。因此在可燃性物质的贮存、运输和使用时，都必须注意其爆炸极限，避免发生危险事故，保证生产安全。

聚合物合成工业所用的化学品，如单体、溶剂、聚合用助剂、加工助剂等。有些已知为剧毒品、致癌物质、具腐蚀性、可长期积累中毒等；有些尚未肯定其毒性和对人身健康的影响。它们可通过呼吸道、黏膜、皮肤接触渗透而进入身体造成危害。为了健康着想，除生产装置采取措施防泄漏，加强通、排风，工作人员除穿工作服以外，还应配备防护眼镜、防毒口罩、防护手套等防护用品，加强化学品防范知识和防火安全教育。

1.4 聚合物合成材料及合成工业的重要地位

聚合物合成材料从 20 世纪 30 年代正式生产以来，飞速发展，产量超亿吨，大规模工业化的生产品种达数十种之多，生产的制品上万种。它的应用已渗透到人们的科研、生产及生活的所有领域，是人类社会不可缺少的重要材料，而且每年为人类创造了千万亿的财富，成为不少国家的重要经济支柱产业。所以引起了各国的重视，迄今不少国家仍积极投资聚合物材料的开发、研究和生产。品种不断增加，生产量不断扩大，向纵深方向发展。

1.4.1 高聚物材料的特性及用途

聚合物合成材料能如此迅速发展，能吸引人们的兴趣，不惜投入巨额资金组织科研和生产，主要是由于它具有一系列优异性能，不仅能代替金属材料和无机材料，还能代替天然聚合物材料如毛、棉、麻、丝绸、木、天然橡胶等，而且很多性能是其他金属和无机非金属材料所不及的。聚合物广泛用于制造各种树脂与塑料、合成橡胶、合成纤维等工业产品。

（1）合成树脂与塑料

以合成树脂为主要原料加工的塑料，品种很多。通用的塑料有聚乙烯、聚丙烯、聚丁烯、聚异丁烯、聚氯乙烯、聚偏氯乙烯、过氯乙烯、聚四氟乙烯、聚苯乙烯、酚醛树脂、脲醛树脂、纤维素；工程塑料有聚酰胺、聚酯、聚甲醛、ABS、聚酰亚胺、玻璃纤维增强塑料等。不同品种都具有各自的特性，可以满足不同要求，它们随用途不同可制成各种制品。有的耐高温聚合物材料耐高温可达 400～500℃，有的高强度聚合物材料的强度比金属强度还高，还有高耐磨的、高抗冲性的、高度绝缘的、耐化学腐蚀的、阻燃的等不同特性和功能的聚合物材料。高分子材料这些不同的特性和性能能满足不同工业、农业及国防上的需要。工程塑料用作结构材料可做成各种制品，代替金属材料作机械零件、齿轮、轴承、汽车和飞机、轮船的配件。用不饱和聚酯做成玻璃钢。聚四氟乙烯塑料既耐高温又耐腐蚀。工程塑料在电气电子工业也是重要原材料。绝缘材料离不开通用塑料和工程塑料。农业上用的塑料品种多，如农业薄膜、农业工具、农业机器。家电用的电视机、音响器材、电冰箱及洗衣机的零件和外壳都是塑料制品。日用化工的塑料制品多种多样，充满市场，如聚氯乙烯人造革、泡沫塑料制品、各种塑料布、编织袋等。建筑、交通部门用的塑料制品更多。塑料制品不仅物化性能好，密度小，外观美，还可根据要求调整其软硬，可加工成各种制品。它的机械强度高，力学性能好，具有高绝缘性，又可加工成导电材料、磁性材料。具有适应不同温度的各种塑料，其耐化学腐蚀性能是金属材料无法相比的。塑料具有一系列特性，但它是由低分子有机化合物合成的，易燃烧着火，在光、大气的作用以及氧、臭氧的作用下发生老化，制品性能逐渐变坏，由软变硬，处理不当会对环境造成污染。

（2）合成纤维

合成纤维是用合成树脂经过纺丝及后处理制得的聚合物产品。生产的品种有尼龙类纤维、聚酯类纤维、维纶纤维、聚丙烯腈纤维（腈纶）、聚氯乙烯纤维（氯纶）、聚氨酯弹性纤维、耐高温的聚酰胺纤维、碳纤维、聚酰亚胺纤维等。合成纤维同天然纤维相比，强度高，耐磨性好，有较好的弹性，不被虫蛀，耐化学腐蚀性好，制成衣料有弹性，吸水少，易洗涤干燥。其不足之处是，有的纤维着色差，易产生静电，吸汗量低，作内衣穿时感到闷热。

（3）合成橡胶

合成橡胶是重要的合成聚合物材料，主要品种有丁苯橡胶、顺丁橡胶、异戊橡胶、乙丙橡胶、丁基橡胶、丁腈橡胶、氯丁橡胶。还有一些特种橡胶，如有机硅橡胶、氟橡胶、丙烯酸酯橡胶、聚氨酯橡胶、氯醇橡胶、聚硫橡胶、氯化及氯磺化聚乙烯橡胶等。合成橡胶能代替天然胶做轮胎、胶管、胶带、胶鞋以及各种橡胶配件。特种橡胶具有的特性是天然橡胶所未有的，如耐高温的氟硅橡胶可在 250℃长期使用，丙烯酸酯橡胶耐油、耐高温，乙丙橡胶耐老化性能很好。合成橡胶加工硫化后具有很好的力学性能、高回弹性和伸长率，耐磨、耐疲劳、耐低温、耐老化、耐油、耐腐蚀。利用合成橡胶可加工成各种密封件制品，各类油封件，汽车和飞机上各种橡胶配件，建筑、交通桥梁用的防震减震材料，石油化工用的橡胶防腐材料，电线电缆，等等。每年用大量橡胶类聚合物材料作绝缘材料，其他作为导电胶、磁性胶、防毒防菌用胶、医药用橡胶制品、高吸水胶等。合成橡胶同天然橡胶一样，耐老化性能差一些，特种橡胶要好一些，合成橡胶除个别外，大多数的弹性和断裂强度不及天然橡胶。

　　合成聚合物材料除前面介绍的三大合成材料外，其他如涂料、黏合剂等也是合成聚合物的工业产品。涂料品种繁多，用于建筑内外墙涂料、家装涂料、工业涂料等。黏合剂的品种也很多，在工业、农业、国防、交通运输等部门每年消耗数百万吨的黏合剂，在纺织、地毯、建筑、家电工业，也需要各类黏合剂。

1.4.2 聚合物合成工业的重要地位

　　聚合物合成材料是石油化工的主导产品。聚合物合成工业是高技术、高性能、高效益、技术密集型的产业，是当今高新技术的集中体现领域。目前生产合成聚合物材料工厂的规模，小的厂年产数万吨，大的企业年产达 1000 多万吨。而且生产产品为多品种，一个大型企业可同时生产合成树脂、合成橡胶及合成纤维。这样的企业原料综合利用，能源消耗合理，设备利用率高，生产控制集中，大大节约了投资和劳动力，生产成本低。所以投资聚合物合成材料有很高的经济效益。据统计，年产量 100 万吨合成橡胶可节约 1000 万亩（1 亩 ≈ 666.7m²）土地，节约种植劳动力 500 万人，而生产 10 万吨合成橡胶只需 1500 人。合成橡胶投资少，易回收，不受自然气候影响，而天然橡胶要种植 6～7 年才能割胶。世界合成纤维总产量早已超过天然纤维。一个年产 10 万吨的合成纤维工厂相当于 200 多万亩棉田的年产量，相当于年产 2000 多万头绵羊的产毛量。我国如能年产 100 万吨合成纤维，则可减少种棉农田 2000 多万亩，可养活 3000 万～4000 万人口。从我国情况来看，发展聚合物合成材料具有战略意义。我国人口占世界的 18%，而可耕种的土地面积只占世界的 7%，人多地少，解决吃、穿、用问题是我国政府的重要任务，国民经济以农业为基础，保证粮棉增加，核心问题是控制农业生产用地。发展合成聚合物材料可以减少种植棉、麻和天然橡胶等用土地。合成树脂加工成塑料代替钢材、木材及其他金属等工程材料，对发展农业方面起巨大的作用，促进工农业的现代科技发展将会发挥更大的作用。

　　据统计，2018 年国内的塑料制品累计总产量在 6042.1 万吨。2018 年全国规模以上纺织企业累计生产化学纤维 5011.1 万吨。2018 年国内合成橡胶产量达到 559 万吨。利用合成树脂及合成橡胶加工成各种制品，不仅满足社会不断增长的需要，而且创造的经济价值也十分惊人。合成树脂或合成橡胶加工成制品后，产值增大，特种橡胶、某些工程材料及某些精细化工用聚合物产品的附加值更高。聚合物合成材料的发展带动了相关工业的发展，如化工机械、有机化工、助剂、加工、轻化工及日用化工、电气电子工业、交通运输、化工建材等工业的发展。

习　　题

　　1. 人类对天然聚合物进行改性获得了哪些有实用价值的聚合物产品，举例说明之。

　　2. 人工合成的第一个合成树脂是什么？合成它的主要原材料是什么？

　　3. 谁最早提出了高分子的长链学术观点？他的主要论点是什么？

　　4. 20 世纪 50 年代，谁发现了可用于高密度聚乙烯和立构规整聚丙烯的合成催化剂？这些催化剂的基本成分是什么？

　　5. 21 世纪高分子科学与工程学科的重要发展方向是什么？

　　6. 简要说明聚合物合成的生产步骤。

　　7. 简要说明聚合物生产过程中的"三废"来源途径。如何减少或避免聚合物生产过程中的"三废"？

8. 在合成聚合物的安全生产方面应注意些什么?

9. 举例说明合成聚合物工业在国民经济中的重要地位。

10. 对聚合反应工艺条件和聚合设备有什么要求（包括反应器形状、排热方式和搅拌装置等)?

11. 选择聚合方法的原则是什么?

课堂讨论

1. 统计近五年来合成聚合物包括塑料、橡胶、纤维、涂料、胶粘剂国际及国内的年生产量，以及发展出的新型合成聚合物品种，并说明其重要性能和用途。

2. 21世纪聚合物合成工业的发展趋势。

3. 介绍聚合物生产工业中的三废来源及处理措施。

4. 聚合物生产事故案例介绍及原因分析。

5. 说明高分子材料在国民经济中的重要性。

6. 介绍高分子材料合成的发展历程。

第2章 合成聚合物的原料路线

学习目标

　　(1) 了解各种原料路线获得聚合物原材料的方法及其特点；
　　(2) 理解石油化工及煤炭路线对聚合物合成工艺的重要意义；
　　(3) 掌握石油化工路线得到的重要单体原料、有机溶剂及其反应原理；
　　(4) 掌握煤炭路线得到的重要单体原料及其反应原理。

重点与难点

　　石油裂解生产烯烃、催化重整生产芳烃、萃取精馏制取丁二烯的工艺过程。

　　聚合物生产的主要原料为有机化合物，它来源于各种资源，如石油、天然气、煤炭和各种动植物。迅速发展的高分子合成工业需要大量的原材料。研究探索海洋资源和可再生利用的循环性资源作为合成高分子材料的原材料途径更具有深远的意义。

2.1 从石油和天然气获得的石油化工原料路线

2.1.1 石油的组成及炼制

　　石油是存在于地球表面以下的一种有气味的、从黄色到黑色的黏稠液体。从油田开采出来未加工的石油称之为原油，主要成分为由碳、氢两种元素所组成的各种烃类混合物，并含有少量的含氮、含硫、含氧化合物。根据所含主要碳氢化合物类别，原油可分为石蜡基石油、环烷基石油、芳香基石油以及混合基石油。我国所产石油大多数属于石蜡基石油。

　　石油的炼制就是在常压和 300～400℃ 以下的条件下，将石油分馏出石油气、石油醚、汽油、煤油、轻柴油等馏分的过程。高沸点部分再经减压蒸馏得到柴油、含蜡油等馏分。不能蒸出的部分称做渣油。石油通过炼制可以获得气态、液态和固态三种状态的工业原材料，其中气态原材料主要是含 1～4 个碳原子的饱和烃，也称石油气；液态原材料主要是含 4～18 个碳原子的饱和烃，包括粗汽油、煤油、柴油、机械油等；固体原材料主要是含 18 个碳原子以上的饱和烃，包括凡士林、石蜡、沥青、石油焦等。石油炼制的产物及其用途详见表 2-1。

表 2-1　石油炼制的产物及用途

馏分名称		沸点范围	馏分分子所含碳原子数范围	用　　途
石油气		40℃以下	$C_1 \sim C_4$	燃料、化工原料
粗汽油	石油醚	40～60℃	$C_5 \sim C_6$	溶剂
	汽油	60～205℃	$C_7 \sim C_{11}$	内燃机燃料、溶剂
	溶剂油	150～200℃	$C_9 \sim C_{11}$	溶剂（溶解橡胶、涂料等）

续表

馏分名称		沸点范围	馏分分子所含碳原子数范围	用　途
煤油	航空煤油	145～245℃	$C_{10}\sim C_{15}$	喷气式飞机燃料油
	煤油	160～310℃	$C_{11}\sim C_{18}$	煤油、燃料、工业洗涤油
柴油		180～350℃	$C_{16}\sim C_{18}$	柴油机燃料
机械油		350℃以上	$C_{16}\sim C_{20}$	机械润滑
凡士林		350℃以上	$C_{18}\sim C_{22}$	制药、防锈涂料
石蜡		350℃以上	$C_{20}\sim C_{24}$	制皂、制蜡烛、蜡纸、脂肪酸等
燃料油		350℃以上		船用燃料、锅炉燃料
沥青		350℃以上		防腐绝缘材料、铺路及建筑材料
石油焦				制电石、炭精棒等

2.1.2　石油裂解生产烯烃

　　裂解就是指将沸点在350℃以下的液态烃，即碳原子数小于18的烃，在稀释剂水蒸气和750～800℃的高温条件下热裂解为低级烯烃、二烯烃的过程。裂解原料主要是沸点为350℃以下的液态油品（轻柴油）、裂解副产物乙烷、C_4馏分、天然气，等等。通过高温裂解的主要产物是气态裂解气和液态裂解轻油，其中裂解气包括氢气、甲烷、乙炔、乙烷、乙烯、丙烷、丙烯、丙炔、C_4馏分等，裂解轻油包括裂解汽油、燃料油和柴油等。由于裂解是在极高温的条件下进行的，因此，高温裂解生成的产品成分非常复杂。需要经过一系列分离和精制的工序才能得到所需要的合成聚合物原材料。以轻柴油为裂解原料的工艺流程及裂解产物如图2-1所示。

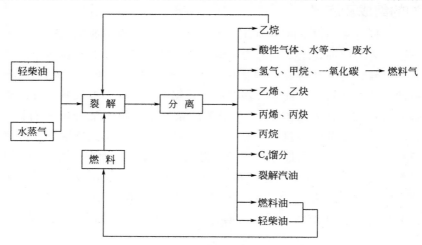

图 2-1　轻柴油裂解工艺流程及裂解产物

　　石油裂解装置主要是以生产乙烯、丙烯、芳烃为主要产品的装置，其生产规模通常以年产的乙烯量为标准，因此石油裂解装置工业上就称为"乙烯装置"，大型乙烯装置年产60万吨以上。2012年10月，科技部"863"的重点攻关项目大庆石化120万吨/年乙烯工程成功投产，大庆石化公司也由此成为中国最大的乙烯生产基地。

　　石油裂解装置的构成包括管式裂解炉、蒸馏塔、热交换器、油水分离器、干燥装置、急冷锅炉等。裂解反应就在管式裂解炉中进行。为减少副反应，提高烯烃产率，液态烃在高温裂解区的停留时间仅 0.2～0.5s。使用急冷锅炉就是要将 800℃的裂解气用水冷却，同时水被加热成高温高压的水蒸气，作为动力使用。裂解时通入少量水蒸气可以稀释原料气的浓度，降低烃类原料气的分压，抑制副反应，减缓裂解炉内的结焦速度。为了避免裂解管内结焦，必须采用沸点较低的油品。

通过对裂解气分离精制可以得到合成聚合物的烯类单体。裂解气中包括低级烯烃和烷烃混合物、炔烃、氢气、少量的酸性气体（二氧化碳、硫化氢等）和水蒸气。用 3%～15%氢氧化钠溶液洗涤裂解气脱除酸性气体。少量的水则用 3A 分子筛进行干燥。用钯催化剂进行选择性加氢，把炔烃（乙炔和甲基乙炔）转化为相应的烯烃。采用深度冷冻分离法分离出低级烯烃、烷烃和氢气。具体方法是将干燥的裂解气冷冻到－100℃左右，除甲烷外的低级烃全部冷凝液化，再将冷凝液化的低级烃在适当温度和压力下逐一分离。甲烷和氢气混合气体冷冻至－165℃使甲烷液化，分离出含氢量很大的富氢气体。通过以上手段将含 C_1、C_2、C_3、C_4 的各种烃和裂解汽油等高级馏分逐一分离。以轻柴油为裂解原料生产烯烃的工艺流程如图 2-2 所示。

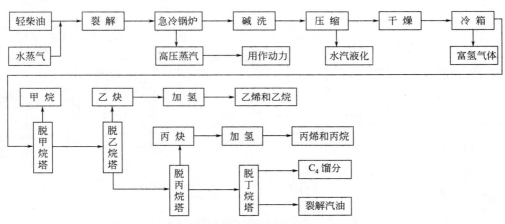

图 2-2　轻柴油裂解生产烯烃的工艺流程

2.1.3　石油裂解-催化重整生产芳烃

苯、甲苯、二甲苯等芳烃是重要的化工原料，过去主要来自煤焦油，现在已经成功开发了由石油裂解-催化重整制取芳烃的路线。石油裂解-催化重整的主要产物是苯、甲苯、二甲苯。使用的原材料是全馏程石脑油，即由原油经常压法直接蒸馏得到的沸点低于 220℃的直馏汽油，也称粗汽油或石脑油。

（1）芳烃重整油的获得

截取石脑油中的 C_6～C_9 馏分，沸点为 65～145℃，采用加氢工艺使其中烯烃被氢所饱和，同时含硫、氮、氯等元素的毒害性化合物通过加氢而脱除。将加氢后的饱和烃在金属铂催化、1.4～1.7MPa、520℃的条件下，发生脱氢、环化、异构化和裂解等一系列反应，得到含有芳烃、氢气、液化石油气和 C_5 馏分的混合产物，经分离后得到含芳烃的重整油。加氢反应原理如下：

$$R-CH=CH_2 + H_2 \longrightarrow R-CH_2-CH_3$$

$$R-NH_2 + H_2 \longrightarrow R-H + NH_3$$

$$R-SH + H_2 \longrightarrow R-H + H_2S$$

$$R-Cl + H_2 \longrightarrow R-H + HCl$$

（2）加氢裂解轻油的获得

将石脑油中沸点低于65℃和高于145℃的馏分进行裂解得到裂解轻油，也称裂解汽油。然后在镍、钴、钼催化剂作用下，使其中的烯烃被氢所饱和，同时含硫、氮、氯等元素的毒害性化合物被加氢而脱除，同时催化发生脱氢、环化、异构化和裂解反应，得到含芳烃的加氢裂解轻油。在裂解-催化重整工艺过程中之所以要进行加氢处理，是因为烯烃易氧化、易聚合，且干扰后续芳烃的抽提，同时含硫、氮、氯等元素的毒害性化合物通过加氢而脱除。

将上述得到的重整油和加氢裂解轻油混合，其中含芳烃80%左右。用二甲亚砜溶剂抽提芳烃，再用丁烷为反抽提剂把溶解在二甲亚砜中的芳烃分离出来，得到混合芳烃产物。进一步分馏得到苯、甲苯、二甲苯等芳烃原材料。二甲亚砜抽提后余下的组分称之为抽余油，一般为 $C_5 \sim C_{10}$ 的烷烃、环烷烃和少量芳烃的混合物，沸点60~130℃。抽余油可以进一步裂解制备加氢裂解轻油，也可以作为1,3-丁二烯溶液聚合制备顺丁橡胶的溶剂。石脑油裂解生产芳烃的流程如图2-3所示。

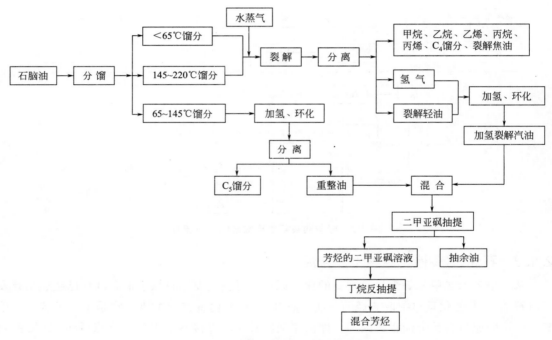

图 2-3　石脑油裂解生产芳烃的流程

2.1.4　由 C_4 馏分制取丁二烯

C_4 馏分主要是丁烷、丁烯、丁二烯及其异构体组成的混合物。主要来源于石油炼制和液态烃高温裂解。例如，石油炼制得到的炼厂气 C_4 馏分中各种丁烯的含量超过50%，丁烷含量40%，不含有丁二烯，而轻柴油裂解得到的 C_4 馏分中丁烷很少，主要是丁烯和丁二烯。通过 C_4 馏分制取丁二烯的途径有以下两种：①由裂解气分离得到的 C_4 馏分中抽取丁二烯，萃取精馏方法；②炼厂气或轻柴油裂解气 C_4 馏分分离出来的丁烯为原料进行氧化脱氢制取丁二烯。第一种方法是制取丁二烯的主要方法。

裂解气的 C_4 馏分中含有丁烷、1-丁烯、甲基乙炔、1,3-丁二烯、2-丁烯、1,2-丁二烯、乙基乙炔、C_5 馏分和乙烯基乙炔等。各组分沸点非常相近，只能采用在适当溶剂存在下的萃取精馏方法。所谓萃取精馏方法是一种用于分离恒沸点混合物或组分挥发度相近的液体混合物的特殊精馏方法。其基本原理是在液体的混合物中加入较难挥发的第三组分溶剂,以增大液体混合物中各组分的挥发度的差异,使挥发度相对地变大的组分从精馏塔顶馏出,挥发度相对地变小的组分则与加入的溶剂在塔底流出而达到分离的目的。萃取精馏方法制取丁二烯所需要的溶剂有 N,N-二甲基甲酰胺(DMF)、乙腈、二甲亚砜等。

制备 1,3-丁二烯的工艺流程可以简单描述如下。C_4 馏分进入第一萃取塔从塔顶蒸馏除去丁烷和 1-丁烯。含有 1,3-丁二烯的 DMF 溶液从塔底流入第一汽提塔与溶剂 DMF 分离。粗 1,3-丁二烯从第一汽提塔塔顶馏出,经压缩液化,进入第二萃取塔进行二次萃取精馏操作,含乙烯基乙炔的 DMF 溶液从塔底流出。粗 1,3-丁二烯从第二萃取塔塔顶馏出,进入第一精馏塔,甲基乙炔从塔顶馏出,粗 1,3-丁二烯从塔底流入第二精馏塔,从塔顶获得精制的 1,3-丁二烯成品,塔底为沸点更高的 1,2-丁二烯、2-丁烯、乙基乙炔、C_5 馏分等。N,N-二甲基甲酰胺萃取精馏制备 1,3-丁二烯的工艺流程如图 2-4 所示。

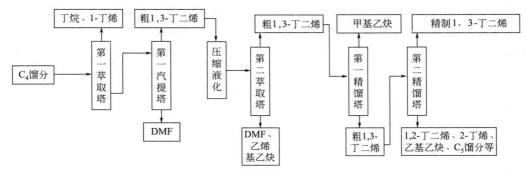

图 2-4 N,N-二甲基甲酰胺萃取精馏制备 1,3-丁二烯的工艺流程

2.1.5 石油化工路线合成单体及聚合物的路线

通过石油裂解得到乙烯、丙烯、丁烯、丁二烯及苯、甲苯、二甲苯等重要芳烃,工艺路线如图 2-5 所示。它们是重要的化工原材料,可以进一步合成制得各种单体和聚合物。

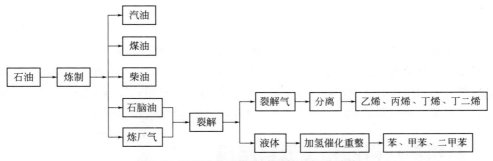

图 2-5 以石油为原料合成单体的工艺路线

以乙烯为起始单体原料可以获得众多的聚合物材料及其制品。乙烯通过自由基聚合得到低密度聚乙烯,通过配位聚合得到高密度聚乙烯,高、低密度聚乙烯均可用来生产聚乙烯薄膜及各种塑料成型制品。乙烯与丙烯通过配位共聚合,制得乙丙橡胶,用于电线电缆。乙烯氧化制得环氧乙烷,进一步水解得到乙二醇,用作抗冻剂、炸药及涤纶树脂的生产。环氧乙烷通过开环聚合制得聚氧化乙烯,广泛用作泡沫材料、表面活性剂的制造。乙烯氧化制得乙醛,进一步氧化制得醋酸,用作酯类化合物及维纶的生产原料。乙烯与氯气加成制得二氯乙烷，脱去氯化氢得到氯乙烯，通过聚合制得聚氯乙烯，用作各种聚氯乙烯制品。乙烯与氯化氢加成制得氯乙烷，用作抗冻剂、溶剂及乙基纤维素的制造。乙烯通过乙酰氧基化制得醋酸乙烯酯，聚合后制得聚醋酸乙烯酯，再醇解制得聚乙烯醇。聚醋酸乙烯酯及其衍生物广泛应用于合成纤维、涂料、黏合剂及增强剂。乙烯与苯发生烷基化反应制得乙苯，脱氢后制得苯乙烯，可作为聚苯乙烯及其共聚物合成的单体原料。乙烯二聚后获得丁烯，可作为聚丁烯的原料单体。乙烯与水加成制得乙醇，用作溶剂及合成原材料。

丙烯通过配位聚合制得聚丙烯，用作塑料和纤维制品。丙烯次氯酸化制得氯丙醇，脱去氯化氢后制得环氧丙烷。环氧丙烷通过开环聚合制得聚氧化丙烯，广泛用作泡沫材料、表面活性剂的制造。环氧丙烷水解制得丙二醇，用作聚酯树脂、聚氨酯树脂的原材料。丙烯氯化制得氯丙烯，氧化后得环氧氯丙烷，是生产环氧树脂的原材料。丙烯氨氧化制得丙烯腈，一种合成聚丙烯腈及其共聚物的原材料。聚丙烯腈是生产碳纤维的重要原材料。聚丙烯腈的一些衍生物可用作絮凝剂、水相增稠剂及纸张增强剂等。丙烯氧化制得丙烯酸，一种丙烯酸及丙烯酸酯类聚合物合成的基础单体。丙烯和苯发生烷基化反应制得异丙苯，然后制得丙酮和苯酚。苯酚作为酚醛树脂和双酚 A 生产的原材料。丙酮经进一步反应后制得甲基丙烯酸，一种甲基丙烯酸及甲基丙烯酸酯类聚合物合成的基础单体。丙烯发生水合反应制得异丙醇，用作溶剂和合成原材料。

1,3-丁二烯通过离子聚合制得顺丁橡胶。1,3-丁二烯与苯乙烯共聚制得丁苯橡胶。1,3-丁二烯与丙烯腈共聚制得丁腈橡胶。1,3-丁二烯与丙烯腈、苯乙烯三元共聚制得 ABS 树脂。1,3-丁二烯氯化后制得 2-氯-1,3-丁二烯，聚合后制得氯丁橡胶。氯丁橡胶是美国杜邦公司的 Carothers 于 1930 年首先制得的，1937 年正式推向市场，是第一个实现工业化的合成橡胶品种。

苯与乙烯发生烷基化反应制得乙苯和二乙苯，脱氢后制得苯乙烯和二乙烯苯。苯乙烯可作为聚苯乙烯及其共聚物合成的单体原料。二乙烯苯可以作为苯乙烯的共聚交联单体，与苯乙烯共聚后制得交联聚苯乙烯树脂。这种交联聚苯乙烯树脂进一步磺化制得阳离子交换树脂；这种交联聚苯乙烯树脂进一步氯甲基化、氨基化后制得阴离子交换树脂。苯加氢还原制得环己烷，氧化开环后制得己二酸，作为聚酯树脂、尼龙的合成原材料。苯和丙烯发生烷基化反应制得异丙苯，然后制得丙酮和苯酚。甲苯经过硝化反应制得二硝基甲苯，还原后得二氨基甲苯，进一步反应制得甲苯二异氰酸酯，一种合成聚氨酯树脂的原料单体。二甲苯包括邻、间、对三种异构体。邻二甲苯氧化制得邻苯二甲酸及邻苯二甲酸酐，一种制备不饱和聚酯树脂、醇酸树脂的主要原材料。间二甲苯氧化制得间苯二甲酸，它是制备聚酯树脂、聚芳酰胺的原材料。对二甲苯氧化制得对苯二甲酸和对苯二甲酸二甲酯，它们是制备涤纶树脂、改性醇酸树脂的原材料。

2.2 从煤炭获得的化工原料路线

煤炭是古代植物埋藏在地下经历了复杂的生物化学和物理化学变化逐渐形成的固体可燃性矿物。煤炭被人们誉为黑色的金子、工业的食粮，它是 18 世纪以来人类世界使用的主要能源之一。虽然它的重要地位已被石油所代替，但在今后相当长的一段时间内，由于石油的日渐枯竭，必然走向衰败，而煤炭因为贮存量巨大，加之科学技术的飞速发展，煤炭气化等新技术日趋成熟，并得到广泛应用，煤炭必将成为人类生产生活中无法替代的能源之一。我国有丰富的煤炭资源，居世界前列。

2.2.1 煤的干馏

煤炭通过煤的干馏可以得到各种重要的化工原材料。煤的干馏就是指将煤隔绝空气加强热，随着温度升高，煤中有机物逐渐开始分解，其中挥发性物质呈气态逸出，残留下不挥发产物就是焦炭。按加热的温度不同，煤的干馏工艺可分为三种：900～1100℃的高温干馏，700～900℃的中温干馏，500～600℃的低温干馏。

煤的干馏产物有煤气、氨、煤焦油和焦炭。煤焦油经分离可以得到苯、甲苯、二甲苯、萘等芳烃和苯酚、甲苯酚、二甲酚等酚类原材料。研究发现，煤焦油中约有1万余种化合物，已测定出分子结构和性能的有600余种。国际上已经市场化的焦化产品仅300余种。因此，深度开发和利用煤焦油制备化工原材料的前景十分看好。

2.2.2 乙炔的生产及由乙炔获得的化工产品

焦炭与生石灰在2500～3000℃的电炉中加强热则生成碳化钙，俗称电石。碳化钙与水作用生成乙炔气体。乙炔与氯化氢加成生成氯乙烯。乙炔与醇酸加成生成醋酸乙烯酯。乙炔与氢氰酸加成生成丙烯腈。乙炔二聚得到乙烯基乙炔，再与氯化氢加成得到2-氯-1,3-丁二烯，一种合成氯丁橡胶的原料单体。目前我国大部分氯乙烯单体和部分醋酸乙烯、丙烯腈等单体是以乙炔为原料生产的。乙炔路线合成单体及聚合物的原理如下：

$$3C + CaO \xrightarrow{2500\sim3000℃} CaC_2 + CO$$

$$CaC_2 + 2H_2O \longrightarrow Ca(OH)_2 + CH\equiv CH$$

$$CH\equiv CH \xrightarrow[HgCl_2]{HCl} CH_2=\underset{Cl}{CH} \longrightarrow \left[CH_2-\underset{Cl}{CH}\right]_n$$

$$CH\equiv CH \xrightarrow[Zn(Ac)_2]{CH_3COOH} CH_2=\underset{OOCCH_3}{CH} \longrightarrow \left[CH_2-\underset{OOCCH_3}{CH}\right]_n$$

$$\longrightarrow \left[CH_2-\underset{OH}{CH}\right]_n$$

$$CH\equiv CH \xrightarrow[NH_4Cl]{Cu_2Cl_2} CH_2=CH-C\equiv CH \xrightarrow{HCl} CH_2=CH-\underset{Cl}{C}=CH_2$$

$$\longrightarrow \left[CH_2-CH=\underset{Cl}{C}-CH_2\right]$$

$$CH\equiv CH \xrightarrow{HCN} CH_2=\underset{CN}{CH} \longrightarrow \left[CH_2-\underset{CN}{CH}\right]_n$$

2.2.3 现代煤化工路线

以煤炭为原料经化学方法将煤炭转化为气体、液体和固体产品或半成品，再进一步加工成一系列化工产品或石油燃料的工业，称为煤炭化学工业，简称为煤化工。我国煤化工产业正逐步从焦炭、电石、合成氨为主的传统煤化工产业向石油替代产品为主的现代煤化工产业转变。传统煤化工产业由于存在能耗高、污染重、规模小、工艺技术落后等局限，其发展正面临着原料供应、环境保护、新兴产业冲击等三个方面的挑战。能否有效解决这些难题，将决定传统煤化工产业未来的命运。

发展现代煤化工产业，即以煤气化及液化为龙头，以一碳化学为基础，合成、制取主要以替代石油化工产品和燃料油的化工产业。现代煤化工范畴主要包括煤制甲醇、二甲醚，甲醇制烯烃，煤制乙二醇，甲醇制醋酸及其下游产品等，有人也把煤制油品纳入现代煤化工的范畴。煤气化及液化生产化工原材料的工艺路线如图 2-6 所示。

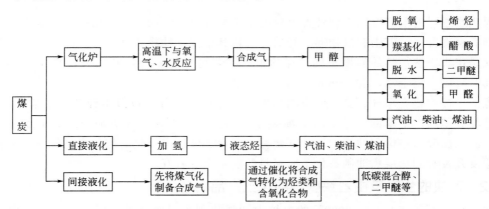

图 2-6　煤气化及液化生产化工原材料的工艺路线

通过煤炭干馏得到苯、甲苯、苯酚及乙炔等化工原材料的工艺路线如图 2-7。

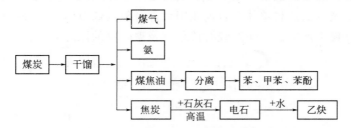

图 2-7　以煤炭为原料生产单体的工艺路线

2.3　从动、植物获得的原料路线

从自然界动、植物体内获得的原料，能与从石油、煤炭获得的原料互为补充。像天然橡胶、天然纤维、天然蛋白、多糖等，可以直接利用，也可以进一步加工成改性的聚合物产品。从动、植物也能得到小分子单体原料，例如由稻草、米糠中制得糠醛。从自然界动、植物体内获得原料是可再生的原料路线，绿色环保，是一种值得探索、开发和利用的聚合物合成原料途径。

2.3.1　纤维素路线

植物的主要化学成分是纤维素，一种天然高分子化合物。所有的植物都含有纤维素，如各种草木等。农业种植的副产物，如稻草、麦秆、高粱秆、玉米秆、棉籽壳、花生壳、稻壳、棉花秆等均含有很高的纤维素。农业种植的棉花纤维的纤维素含量最高。纤维素是葡萄糖苷经 β-1,4-葡萄糖苷键连接起来的聚合物，聚合度在 1000～10000，结构式如下：

纤维素经过强碱氢氧化钠处理后得到碱化纤维素，进一步和二硫化碳反应得到纤维素磺酸钠，再经酸处理，能制备玻璃纸和黏胶纤维。黏胶纤维也称人造纤维，可用于人造棉的制备。纤维素和卤代烷发生醚化反应，得到纤维素醚。纤维素结构因卤代烷烃基的结构而变化，因此纤维素醚会有很多不一样的结构，以适应不同的使用要求。纤维素与浓硝酸、浓硫酸发生硝化反应得到硝化纤维素。硝化纤维素结构中的硝基含量不同，性质与用途也会不同。低硝基含量的硝化纤维经樟脑处理后制得赛璐珞塑料，高硝基含量的硝化纤维可用于制造炸药。纤维素与酸酐发生乙酰化反应可以制备醋酸纤维素，用于塑料、纤维等领域。纤维素经水解可以将大分子变成小分子化合物己糖，再经过氧化、还原、脱水、生化处理等手段，可以得到很多重要的化工原材料，合成路线如图 2-8 所示。

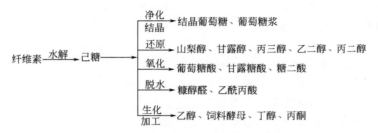

图 2-8　纤维素水解制备化工原材料的合成路线

2.3.2　淀粉路线

淀粉主要存在于玉米、土豆、木薯、甘薯、小麦、大米等植物中，其中产量最大的是玉米淀粉。由淀粉可生产乙醇、丙醇、丙酮、甘油、甲醇、甲烷、醋酸、柠檬酸、乳酸等一系列化工原材料。淀粉衍生物工业生产的产品有磷酸淀粉、醋酸淀粉、醚化淀粉、氧化淀粉等。淀粉作为一种新型化工材料广泛应用于食品、造纸、纺织、医药、涂料、塑料、环保和日用化妆品等。淀粉可以用来生产可降解塑料、薄膜制品等。

2.3.3　糠醛路线

糠醛是一种重要的有机化工原料，主要来源于玉米芯、甘蔗渣、燕麦壳、棉籽壳、稻壳等的深加工。上述植物原材料中含有丰富的多缩戊糖，在酸性条件下，多缩戊糖经加热水解为戊糖，戊糖在酸性介质中加热脱水而转化为糠醛，制备原理如下：

$$(C_5H_8O_4)_n \xrightarrow[\text{加热}]{\text{稀 } H_2SO_4} C_5H_{10}O_5 \xrightarrow{\text{加热}} \begin{array}{c} HC\!=\!CH \\ | \quad\quad | \\ HC \quad\ C\!-\!CHO \\ \diagdown\ O\ \diagup \end{array}$$

糠醛分子结构中含有活泼的共轭双键和醛基，能发生一系列反应制备新的原料单体和高分子树脂，如糠醛分子中的醛基被还原制得糠醇，糠醇与糠醛可以缩合生成糠醛糠醇树脂；糠醛与丙酮反应制备糠醛丙酮树脂；糠醛与苯酚反应制备糠醛苯酚树脂。糠醛类树脂的特点是耐化学腐蚀性优良，可以用来制造耐酸涂层等。

2.3.4　其他路线

采用生物酶技术从可再生资源中合成化工原材料是将来的一个重要原料来源途径。生物技术中的化学反应、酶反应大多条件温和，设备简单，选择性好，副反应少，产品性质优良，而又不产生新的污染。地球上面积最大的是海洋，海洋中蕴藏着丰富的物质，因此深度开发海洋资源，制备所需要的化工原材料，也是将来的原料来源途径。随着高分子材料工业的发展，大量高分子材料制品使用后被废弃，因此研究、开发和利用好废旧高分子材料，变废为宝，改善环境，降低高分子材料制品的生产成本。使用废旧高分子材料既可以一定程度上解决合成高分子材料的原料来源问题，又利于环保，是一项利国利民的好途径，但是就目前情况来说还需要国家出台积极的扶持政策。

习　　题

1. 石油的炼制可以获得哪些基本的原材料？说明它们的沸点范围与物理状态的关系。

2. 什么是石油的裂解？轻柴油的裂解能获得哪些重要的化工原材料？

3. 石油裂解过程中为什么容易出现结焦现象？通过哪些办法可以避免或减轻结焦现象？

4. 石脑油的裂解-催化重整可以获得哪些重要芳烃原材料？其中的加氢工艺是为了除去哪些有害物质？

5. 什么是 C_4 馏分？如何通过 C_4 馏分制备 1,3-丁二烯？

6. 以乙烯、丙烯、丁二烯、苯、甲苯、二甲苯为原材料能够制备出哪些高分子化合物？

7. 简述在石油化工原料路线中怎样由原油制造聚合物的单体？

8. 什么是煤的干馏？它能得到哪些重要的化工原材料？

9. 乙炔路线能够获得哪些重要的单体及聚合物？

10. 现代煤化工路线发展的前景如何？

11. 简述在煤炭原料路线中怎么由煤制造聚合物的单体？

12. 从动、植物体内获得的原料路线有哪些？你认为哪些原料路线具有很好的前景？

课堂讨论

1. 20 世纪至 21 世纪合成聚合物原材料路线的趋势分析。

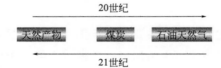

2. 介绍动物体内获得的原料路线，你认为哪条路线有前途？

第3章 本体聚合工艺

学习目标

(1) 了解本体聚合产品及主要原材料的理化性质、储运要求、性能及用途；

(2) 理解本体聚合的工艺过程及其流程图解；

(3) 掌握本体聚合原理、聚合方法、影响聚合过程和产物性能的关键因素与解决办法。

重点与难点

(1) 本体聚合过程及其聚合热问题；

(2) 几种不同单体本体聚合的工艺特点及其影响因素。

3.1 本体聚合

3.1.1 本体聚合概述

本体聚合的定义为单体在有少量引发剂（甚至不加引发剂而是在光、热、辐射能）的作用下聚合为聚合物的过程。依据生成的聚合物是否溶于单体分为均相与非均相本体聚合。均相本体聚合指生成的聚合物溶于单体，如苯乙烯、甲基丙烯酸甲酯的本体聚合。非均相本体聚合指生成的聚合物不溶解在单体中，沉淀出来成为新的相，如氯乙烯的本体聚合。根据单体的相态还可分为气相本体聚合和液相本体聚合。气相本体聚合是指单体状态为气相的聚合，如乙烯本体聚合制备高压聚乙烯。液相本体聚合是指单体状态为液相的聚合，如甲基丙烯酸甲酯、苯乙烯的本体聚合等。

工业上采用本体聚合生产的聚合物品种有高压法聚乙烯、聚苯乙烯、聚甲基丙烯酸甲酯及一部分聚氯乙烯等。聚合温度与时间、聚合压力、引发剂、聚合过程等因单体性质和聚合物的使用要求不同而不同。如乙烯聚合需要在 2000atm（1atm＝101325Pa）以上的压力和 200℃以上的温度条件下聚合，甲基丙烯酸甲酯和苯乙烯的聚合在常压下进行，氯乙烯需要压缩为液体进行液相聚合。甲基丙烯酸甲酯和苯乙烯的本体聚合，单体可以完全转化，无需未反应单体回收工序，而乙烯及氯乙烯的本体聚合均存在未反应单体的回收利用工序。

本体聚合反应，本质上是单体中 π 键打开形成 σ 键的过程。根据热力学数据，每打开 1mol π 键形成 σ 键会释放约 90kJ 的热量，因此聚合过程的热效应是明显的。本体聚合体内聚合物的含量高，体系黏稠，单体和聚合物的比热容相对较小，传热系数低，聚合热散发困难。本体聚合过程中，非常容易出现自动加速现象，导致物料温度迅速升高，甚至失去控制，造成事故。因此，聚合热效应如何合理解决是本体聚合方法实施过程中要解决的关键问题。

本体聚合的特点是聚合组分简单，转化率高时，可免去分离工序，得到粒状树脂，产品纯度高。可直接制得透明的板材、型材，聚合工艺操作过程简单。聚合设备投入少，反应釜利用率高，可采用连续法或间歇法生产。但是聚合中、后期的体系常常很黏稠，聚合热不易扩散，温度难控制。假如工艺控制不当，轻则造成局部过热，产品有气泡，分子质量分布宽，产品质量不好；重则温度失调，引起爆聚，甚至产生生产事故。

3.1.2 本体聚合工艺过程

单体在未聚合前是液态，少数为气态，易流动、黏度低。聚合反应发生以后，多数情况下生成的聚合物可溶于单体，则形成黏稠溶液，聚合程度越深入，即转化率越高，物料越黏稠，热效应问题越显著。考虑到本体聚合过程的热效应问题，工业上常常采用预聚合和分阶段聚合的方法。预聚合就是将单体聚合至较低的转化率阶段，预聚合的转化率一般为 5%～40%。预聚合转化率的确定与单体性质、聚合物熔体黏度、聚合工艺及聚合设备等因素有关。

预聚合阶段，由于转化率不高，体系黏度不大，在搅拌下聚合热容易排出，反应可以在普通反应釜中进行。因此，预聚合可以设定较高的反应温度以提高反应速率，使总聚合时间缩短，提高生产效率，同时经过预聚合，聚合体系体积部分收缩，聚合热部分排除，利于后期聚合。预聚合阶段的物料是较低黏度的流体，便于传质和管路输送。本体聚合是否要设计预聚合步骤还要看具体情况，如乙烯高压本体聚合单程转化率为 10% 左右，无须再设置预聚合步骤。

聚合中、后期，转化率较高，聚合体系黏稠，反应热容易聚集难以散去，聚合中期容易出现自动加速现象，导致聚合温度迅速上升和反应失控的问题。因此，聚合中期的反应温度要适当降低，以延长反应时间，使反应热稳步扩散，促使聚合工艺的平稳进行。此阶段的聚合反应在特殊设计的反应器内进行，通过设计反应器的不同形状和大小以扩大传热面积，采用相应形状的搅拌器对应不同黏度的聚合体系，同时采用相应的传热介质和冷却方式提高传热效果。此外，还采用分段聚合即进行预聚合达到适当的转化率，或于单体中添加聚合物以降低单体含量，从而降低单位质量物料放出的热量。由于本体聚合过程中反应温度难以控制恒定，所以产品的分子量分布宽。

有些本体聚合工艺需要单体完全转化，聚合后期需要进一步提高聚合温度使残留单体反应完全。例如自由基铸板聚合制备有机玻璃，聚合结束后要将温度提高到有机玻璃的玻璃化温度附近进行热处理，使残留单体聚合完全。对于单体转化不完全的本体聚合工艺，存在聚合结束单体的分离及回收工序。常温下为气态的单体，如乙烯、氯乙烯等，通过减压方法使气态单体与液态或固态聚合物自然分离。常温下为液态的单体常常溶胀在固体聚合物或聚合物熔体中，很难分离，一般要采用真空脱除的办法脱去单体等挥发物。例如附有减压装置的挤出机，聚合物熔体在挤出过程中，挥发性单体真空抽除，洁净的聚合物挤出造粒。也有采用真空滚筒脱气器，聚合物熔体呈薄层状沿着滚筒内壁转动，单体通过真空脱除。现在发展了一种泡沫脱气法，先在一定压力和温度下使聚合物熔融，然后突然减压和降温，其中未反应的单体迅速挥发，使熔融态聚合物发泡，冷却后形成脆松的泡沫状聚合物，易于破碎，且除尽挥发性单体，得到纯净的聚合产品。

3.1.3 聚合反应器

本体聚合反应器大致分为形状一定的模型、釜式聚合反应器、管式聚合反应器和塔式聚合反应器等。

形状一定的模型适用于本体浇铸自由基聚合，如甲基丙烯酸甲酯经浇铸聚合以生产有机玻璃板、管、棒材等。这种反应器只适合间歇工艺。模型的形状与尺寸根据制品要求而定，即产品的外形与模型一致，一种模型只能生产一个规格的产品。考虑到这种反应装置无搅拌器，聚合热很难扩散，常常设定长时间和较低聚合温度的工艺条件进行聚合。模型聚合反应器可以放置在水浴中，也可放置在一定温度的烘箱中。前者可以借助水进行传热和扩散聚合热，相对散热条件较好，聚合时间可缩短，然而聚合后期需要进一步提高聚合温度使残留单体转化完全，聚合温度受到水的沸点限制，加热最高温度为 100℃。后者只能借助空气进行传热和扩散聚合热，相对散热条件较差，聚合时间可适当延长。在模型中进行聚合反应但反应末期须进行加热以使反应近于完全。在烘箱中进行聚合则散热条件较差，聚合时间较在水浴中更长，但末期加热可超过 100℃，使残留单体反应完全。浇铸用模型聚合反应器厚度一般不超过 2.5cm，因为过厚时，反应热不易散发，内部单体可能过热而沸腾，因而造成塑料浇铸制品内产生气泡而影响产品质量。由于单体转变为聚合物后体积要收缩，模型聚合反应器的内部空间大小应最好能设计成随聚合物料体积变化而变化，防止模型聚合物产品表面出现收缩痕，导致产品缺陷。

釜式聚合反应器适用于大多数的液相本体聚合，如生产聚醋酸乙烯、聚丙烯酸及酯、聚氯乙烯、聚苯乙烯等高分子树脂。釜式聚合反应器一般在间歇工艺中较多采用。为了让釜内物料混合均匀，温度一致，釜内必须设置搅拌装置。因为聚合后期物料是高黏度的，对于产量较小的间歇工艺，多采用较大功率的旋桨或大直径的斜桨式搅拌器。本体聚合的初期物料黏度甚低，而反应后期物料黏度很高，因此完全按后期物料状态设计搅拌器功率，会造成功耗上很大浪费。为了减少功耗的浪费，在产量较大的产品聚合设备设置方面，采用数个聚合釜串联进行分段聚合的连续操作方式。这样每个串联的聚合釜可以依据釜内的物料状况设置相应的搅拌装置。采用间歇式工艺，反应初期单体浓度高，随着聚合反应的进行，单体浓度下降，聚合物浓度增高，散热较困难，更由于凝胶效应，导致本体聚合产品分子量分布较宽。考虑到产品质量、缩短聚合周期以及方便出料，通常在 1％左右未反应单体时即送往后处理装置进行处理。采用釜式聚合反应也可以用于连续工艺，一般采用多个釜式聚合釜串联进行，各釜操作条件稳定，聚合条件容易控制，同时不会造成搅拌功率的浪费。

管式反应器是长径比很大的截面为圆形的细长型聚合反应器，适用于连续聚合工艺。有的管式反应器内是完全的空管，有的管内加有固定式混合器。为了提高生产能力，可以采取多管并联的方式组成列管式反应器。管式反应器外加套管，内通传热介质用于加热或冷却。通常物料在管式反应器中呈现层流状态流动，所以管道轴心部位流速较快，而靠近管壁的物料流速则较慢，聚合物含量高，径向物料流速差异越大，结果造成轴心部位主要是未反应单体，沿管壁逐渐有聚合物沉淀析出。为了克服此缺点，必须使高速流动的物料产生脉冲形成湍流，减少物料径向的流速差异。管式反应器的优点是反应热易导出，工艺容易控制。在大口径管式反应器中，自轴心到管壁的轴向间会产生温度梯度，因此使反应热传递发生困难，当单体转化率很高时，可能难以控制温度，产生爆聚。因此管式反应器的单程转化率通常仅为 10％～20％。

塔式反应器形状像塔，相当于放大的管式反应器，塔内一般不设搅拌装置。物料在塔式反应器中呈柱塞状流动，进入反应塔的物料是转化率已达到 50％左右的预聚液。反应塔自上而下分数层加热区，逐渐提高温度，以增加物料的流动性并提高单体的转化率，使单体反应进行完全。塔底出料口与挤出切粒机相连直接进行造粒。这种反应器的缺点是聚合物中仍含有微量单体及低聚物。

3.2 甲基丙烯酸甲酯本体铸板聚合制备平板有机玻璃

3.2.1 聚甲基丙烯酸甲酯

聚甲基丙烯酸甲酯（PMMA），俗称有机玻璃（organic glass），商品名"Oroglas"，国内商业界常称"亚克力"。有机玻璃一般为甲基丙烯酸甲酯的均聚物或与其他少量单体的无规共聚物。它的聚集态结构为无定形，大分子链无规聚集，玻璃化温度为105℃。本体聚合的聚甲基丙烯酸甲酯由于凝胶效应分子量分布很宽，数均分子量约几十万，甚至100万以上。

有机玻璃具有高度的透明性，可透过92％以上的太阳光和73.5％的紫外线。有机玻璃的密度为1.18g/cm³，同样大小的材料，其质量只有普通玻璃的一半、金属铝的43％。有机玻璃的强度比较高，抗拉伸和抗冲击的能力比普通玻璃高7～18倍。有一种经过加热和拉伸处理过的有机玻璃，其中的分子链段排列得非常有次序，使材料的韧性有显著提高。用钉子钉进这种有机玻璃，即使钉子穿透了，有机玻璃上也不产生裂纹。这种有机玻璃被子弹击穿后同样不会破成碎片。有机玻璃具有很好的加工性能，它不但能用车床进行切削，钻床进行钻孔，而且能用丙酮、氯仿等黏结成各种形状的器具，也能用吹塑、注射、挤出等塑料成型的方法加工成大到飞机座舱盖、小到假牙和牙托等形形色色的制品。但是，有机玻璃不耐有机溶剂，表面硬度不够，容易擦毛。

有机玻璃可作要求有一定强度的透明结构件，如油杯、车灯、仪表零件、光学镜片、广告灯箱等。经拉伸处理的有机玻璃可用作防弹玻璃，也可用作军用飞机上的座舱盖。有机玻璃用于制造装饰品，如用珠光有机玻璃制成的纽扣、玩具、灯具。有机玻璃在医学上还有一个绝妙的用处，那就是制造人工角膜。所谓人工角膜，就是用一种透明的物质做成一个直径只有几毫米的镜柱，然后在人眼的角膜上钻一个小孔，把镜柱固定在角膜上，光线通过镜柱进入眼内，人眼就能重见光明。在第二次世界大战中，有些飞机失事时，飞机上用有机玻璃做的座舱盖被炸，飞行员的眼睛里嵌入了有机玻璃碎片，经过了许多年以后，虽然这些碎片并未被取出，但也未进一步引起人眼发生炎症或其他不良反应。这件偶然发生的事说明有机玻璃和人体组织有良好的相容性。同时也启发了眼科医生用有机玻璃制造人工角膜，它的透光性好，化学性质稳定，对人体无毒，容易加工成所需形状，能与人眼长期相容。现在，用有机玻璃做的人工角膜已经普遍用于临床。有机玻璃用作仿大理石，它与传统的陶瓷材料相比，除了无与伦比的高光亮度外，还有下列优点：韧性好，不易破损；修复性强，只要用软泡沫蘸点牙膏就可以将洁具擦拭一新；质地柔和，冬季没有冰凉刺骨之感；色彩鲜艳，可满足不同品位的个性追求。用有机玻璃制作台盆、浴缸、坐便器，不仅款式精美，而且经久耐用。

甲基丙烯酸甲酯本体铸板聚合就是将甲基丙烯酸甲酯预聚浆液在平板型模具中聚合至一定转化率成为一定形状的聚甲基丙烯酸甲酯的工艺过程。工业上采用此工艺方法生产平板有机玻璃。

甲基丙烯酸甲酯本体铸板聚合工艺的关键之一就是聚合热的扩散及合理利用。当本体聚合进行到一定阶段后，体系黏度大大增加，这时大分子活性链移动困难，但单体分子的扩散并不受多大的影响。因此，链引发、链增长仍然照样进行，而链终止反应因黏度大而受到很大抑制。这样在聚合体系内，活性链总浓度就不断增加。结果必然使聚合反应速率加快，又因链终止速率减慢，活性链寿命延长，所以产物的分子量增加，出现自动加速现象。反应后期，单体浓度降低，体系黏度进一步增加，单体和大分子活性链的移动都很困难，此时反应速率减慢，产物分子量变低，由于这种原因，聚合产物的分子量分布不均一性就更为突出。

对于不同的单体来讲，由于其聚合热的不同和活性大分子链在聚合体系中的状态（伸展或卷曲）的不同，凝胶化效应的程度也不同。并不是所有的单体都能选用本体聚合实施方法，对于聚合热值过大的单体，由于热量不易排除，就不宜使用此法。一般选用聚合热较适中的，以便于生产操作控制，甲基丙烯酸甲酯和苯乙烯的聚合热值分别为 54.4kJ/mol 和 69.9kJ/mol，它们的聚合热适中。

通过等离子体引发聚合得到的 PMMA 是直链状和可溶于有机溶剂的聚合物，并且可以得到数均分子量 3000 万的所谓超高分子量的聚合物。等离子体引发的聚合，产物分子量随着聚合时间的增加而增加，反应约 10 天后分子量就可达到 3000 万。超高分子量 PMMA 在 213℃ 的高温下也能长时间保持力学强度，变形很小。此外，它还具有强耐磨性和抗划痕性，而且完全不含引发剂、稳定剂或其他低分子化合物，因此更具有优良的透明性和长期稳定性。这样的高聚物在生命体内具有安全性，可应用于人工齿、人工骨等生物医学高分子材料领域或用作通信材料等。

3.2.2 聚合体系各组分及其作用

单体甲基丙烯酸甲酯（methyl methacrylate，MMA）是无色易挥发液体，有刺激味，微溶于水，溶于乙醇，25℃ 时的饱和蒸气压为 5.33kPa，闪点为 10℃，沸点为 101℃。人体长时间接触甲基丙烯酸甲酯容易中毒。中毒表现为乏力、恶心、呕吐、头痛、头晕、胸闷，伴有短暂的意识消失、中性白细胞增多症，引起轻度皮炎和结膜炎。甲基丙烯酸甲酯蒸气遇明火、高热或与氧化剂接触，易引起燃烧爆炸。若遇高热，可能发生聚合反应，出现大量放热现象，引起容器破裂和爆炸事故。其蒸气密度比空气大，能在较低处扩散到相当远的地方，遇明火会引着燃烧。

用于甲基丙烯酸甲酯自由基本体聚合的引发剂有偶氮类、过氧类、氧化还原引发体系等。工业上大多选用偶氮二异丁腈（azobisisobutylnitrile，AIBN），白色结晶粉末，熔点 100~104℃，不溶于水，易溶于乙醚、甲醇、乙醇、丙醇、氯仿、二氯乙烷、醋酸乙酯、苯等有机溶剂。遇热分解，必须在低于 25℃ 的温度下避光保存。偶氮二异丁腈是油溶性引发剂，引发剂分解反应稳定，诱导分解等副反应少，比较好控制，引发活性中等，65℃ 的半衰期为 10h，广泛应用于高分子合成的研究和生产。偶氮二异丁腈可作为氯乙烯、醋酸乙烯、丙烯腈、丙烯腈与丁二烯共聚等单体的引发剂，也可用作聚氨酯、聚酰胺和聚酯等树脂的发泡剂。

根据需要可将有机玻璃板制成无色透明、有色透明和半透明的有机玻璃板材。制备有色有机玻璃板材需要选择合适的染料。有色透明板材中需要的染料要求在甲基丙烯酸甲酯中有良好的溶解性，并耐光、耐热，保证产品不褪色。对染料的处理方法是将所需的染料称量好，溶于单体中，并搅拌均匀后备用。如果是醇溶性染料，则溶于丁醇中，再加入等量的单体混溶之。配制好的染料溶液经过滤后，滤液放入原料液中搅拌均匀即可。工业上制备平板有机玻璃，在配方中常加有不足 1% 的甲基丙烯酸共聚单体。加入甲基丙烯酸的目的主要是提高大分子链之间的作用力，改进有机玻璃的机械强度。无色透明平板有机玻璃的典型配方如表 3-1 所示。配方中的邻苯二甲酸二丁酯起增塑作用，提高有机玻璃板材的冲击韧性。少量的硬脂酸是脱模剂，聚合结束后利于有机玻璃从无机玻璃模板上剥离。

表 3-1　无色透明平板有机玻璃的典型配方

厚度/mm	AIBN/%	邻苯二甲酸二丁酯/%	硬脂酸/%	甲基丙烯酸/%
1～1.5	0.06	10	1	0.15
2～3	0.06	8	0.6	0.10
4～6	0.06	7	0.6	0.10
8～12	0.025	5	0.2	0.10
14～25	0.02	4		
30～45	0.005	4		

3.2.3　平板有机玻璃的制备工艺

工业上平板有机玻璃的合成工艺主要有三个阶段，包括预聚合、低温聚合和高温聚合。

（1）预聚合

工业上采用连续法进行预聚合，聚合反应在普通的夹套反应釜中进行。简要操作工序是：将单体、引发剂、染料溶液等配制好的原料液经泵打入高位槽，通过转子流量计以 500～600L/h 的流量进入预热器，原料液在预热器中加热至 50～60℃，然后从预聚釜顶部中心加入预聚釜中，预聚釜的温度保持在 90～95℃，原料液在其中的停留时间为 15～20min，然后从预聚釜的上部溢流至冷却釜，获得预聚浆液。为了和预聚釜配套达到预期的冷却效果，冷却釜设置为两只。在冷却釜中预聚物冷却至 30℃ 以下出料，单体转化率为 10%～20%，浆液的黏度约为 1Pa·s。实践证明，当转化率达到 20% 时，聚合体系黏度增加，聚合速率显著增加。预聚合的工艺流程如图 3-1 所示。

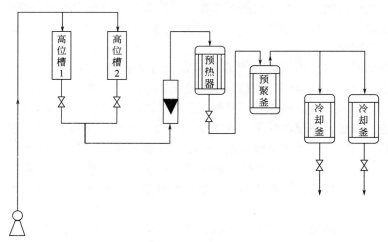

图 3-1　预聚合的工艺流程

生产平板有机玻璃之所以要设置预聚合工艺，主要是因为：预聚合可以在较高温度下进行，提高聚合速率，缩短生产周期；预聚物有一定黏度，灌模容易，不易漏模；聚合热已经部分排除，减轻后期聚合的聚合散热压力；通过预聚合，聚合浆液的体积已经部分收缩，有利于板材的表面光洁。甲基丙烯酸甲酯的密度为 0.94g/cm³，而有机玻璃的密度为 1.18g/cm³，可见聚合前后存在明显的体积收缩，体积收缩率若超过单体原有体积的 1/5，很容易出现板材表面收缩痕。

（2）低温聚合

平板有机玻璃的低温聚合阶段是在特制的模具中进行的。模具是由普通玻璃（或钢化玻璃）制作的，制作的方法是将两块洗净的玻璃平行放置，周围垫上橡皮垫，橡皮垫要用玻璃纸包好，用夹子固定，然后再用牛皮纸和胶水封好，外面再用一层玻璃纸包严，封好后烘干，保证不渗水、不漏浆，注意上面要留一小口，以备灌浆。使用橡胶垫圈一是起到密封、防止浆液渗漏的作用，二是橡胶垫圈的弹性可以顺应聚合过程中有机玻璃板材的体积收缩，防止出现表面收缩痕。橡胶垫圈事先要用玻璃纸包覆，主要是防止橡胶垫圈受到浆液中有机单体的侵蚀。

将预聚浆液通过漏斗灌入模具中。根据生产的板材厚度不同一般采取不同的灌浆方法。厚度小于 4mm 的板材，先灌浆，之后竖直置于片架上，直接进入水箱中，依靠水的压力将空气排出，使浆液布满模具，立即封合。厚度 5～8mm 的板材，在竖直灌浆后，负压将空气排出，使浆液布满模板，立即封合。厚度 8～20mm 的板材，为防止料液过重使模板挠曲破裂，而把模具放在可以倾斜的卧车上，如图 3-2 所示。灌浆后，使模具竖直，负压排气，使浆液布满模板，立即封合。厚度 20～50mm 的板材，为减轻无机玻璃模具的压力，采用水压法灌浆，如图 3-3 所示，先将模具放入水箱中，在模具被水淹没一半左右时开始灌浆，随浆料的进入模具逐渐下沉，待料液充满模具后，负压排气，使浆液布满模板，立即封合。采用此灌浆方法要严格防止操作过程中水进入模具内。预聚浆液灌模后需要做排气处理，主要是排除浆液中的氧气，防止氧气对聚合反应的干扰，浆液排气后要立刻密封也是这个原因。

预聚浆液灌模后，进入低温聚合工段。此阶段的聚合是在模具中、物料处于静态下进行的，传热及传质的条件受限，因此，相对于预聚合，必须在较低的温度下进行，一般在 50℃ 甚至更低的温度下进行。低温聚合有水浴聚合和气浴聚合两种工艺，目前我国多采用水浴聚合工艺。水浴低温聚合的代表性工艺条件如表 3-2 所示。随着板材厚度的增加，聚合温度越低，聚合时间越长。此工艺条件的设置有利于聚合热的排除和聚合温度的稳定。

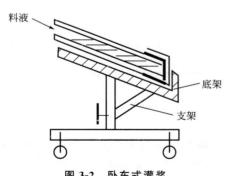

图 3-2　卧车式灌浆

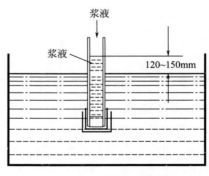

图 3-3　水压法灌浆

表 3-2　水浴低温聚合的工艺条件

板材厚度/mm	低温聚合温度/℃		聚合时间/h
	无色透明板	有色板	
1～1.5	52	54	10
2～3	48	52	12
4～6	46	48	20

板材厚度/mm	低温聚合温度/℃		聚合时间/h
	无色透明板	有色板	
8～10	40	40	35
12～16	36	38	40
18～20	32	32	70

（3）高温聚合

经过长时间的低温聚合，有机玻璃板材已经成型，模具内物料从可流动的浆状变成不能流动的固体。实践证明，当转化率达到 90％以后，聚合物基本成型。但是，残留在本体内的单体聚合速率很小。为进一步提高聚合反应速率，使残留单体聚合完全，必须提高温度至有机玻璃的玻璃化温度附近，增加链段和活性端基的活动性，方能使聚合继续进行。水浴法工艺的最高聚合温度只能达到 100℃，因此设置为高温聚合的温度点。不同厚度的有机玻璃板材的高温聚合时间会有不同。水浴高温聚合的工艺条件如表 3-3 所示。高温聚合结束后，有机玻璃板材必须经过严格的降温冷却步骤，才可以进行脱模等下一步工序。板材越厚，冷却速度越慢。缓慢冷却的目的是释放热应力，提高板材的机械强度，防止板材碎裂。

表 3-3　水浴高温聚合的工艺条件

板材厚度/mm	高温聚合		有机玻璃板材冷却速度
	时间/h	温度/℃	
1～1.5	1.5	100	用 2～2.5h 冷却至 40℃的速度冷却
2～3	1.5	100	
4～6	1.5	100	
8～10	1.5	100	
12～16	2～3	100	先冷至 80℃，再按上述速度冷却
18～20	2～3	100	

3.2.4　影响因素

（1）温度及引发剂

温度、引发剂对聚合速率及聚合物分子量有重要影响。温度升高，聚合反应速率加快，单体转化率增大，聚合物分子量下降。引发剂用量增加，聚合速率增加，聚合物分子量降低。对甲基丙烯酸甲酯的本体聚合来说，研究表明，当转化率＞15％时，体系开始出现自动加速现象，几十分钟内可使单体转化率增加到 80％，释放大量聚合热，体系的黏度增加很快，聚合温度迅速上升，轻者引起有机玻璃变黄，分子量分布变宽，严重时会引起爆聚，导致聚合失败。对于聚甲基丙烯酸甲酯聚合物，过高的温度会导致长链解聚，使短链增多，分子量下降。例如，以过氧化二苯甲酰（BPO）为引发剂，改变聚合温度和引发剂用量进行本体聚合，研究结果表明：随着聚合温度的降低，或引发剂用量的减少，聚合物分子量明显增加，如图 3-4 所示。同时，温度控制不均，容易造成聚合体系内部过热，使产品出现气泡等缺陷，以致聚合物分子量分布过宽而使产品质量下降。在聚合过程中，出现急剧的温度变化将会引起收缩不均、应力集中，使制品过早出现银纹，甚至碎裂。

（2）氧气

氧气对自由基聚合有明显的阻聚作用，所以在预聚浆液灌模后必须经过排气处理，除去浆液中的空气。氧气对自由基聚合有双重的不良影响，在低温下，氧与自由基生成较稳定的单体过氧化物，使聚合诱导期增长，转化率降低；高温下，已经生成的单体过氧化物分解而生成新的活性中心，发生不可控制的聚合反应，导致产品质量下降，甚至产品报废和生产事故。在 65℃、无光干扰的条件下进行甲基丙烯酸甲酯的本体聚合，考察不同的氧的用量对单体转化率的影响，实验结果如图 3-5 所示。研究表明，随着氧气用量的增加，单体转化率显著下降，当氧的分压达到 10kPa 左右时，单体几乎不能聚合生成聚甲基丙烯酸甲酯。因此要尽量避免空气与单体或预聚物接触，对预聚体采取真空脱气，灌模时必须将模具内空气排尽。

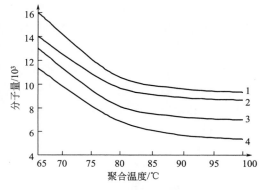 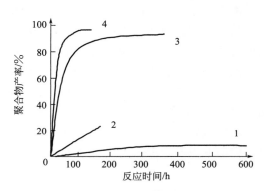

图 3-4　聚合温度及引发剂用量对聚甲基
丙烯酸甲酯分子量的影响

1—无引发剂；2—0.1%BPO；
3—0.5%BPO；4—1.0%BPO

图 3-5　氧气对甲基丙烯酸甲酯本体
聚合单体转化率的影响

1—氧气分压 10.13kPa；2—氧气分压 1.013kPa；
3—氧气分压 0.1013kPa；4—无氧气

（3）单体纯度

若单体纯度不够，如含有甲醇、水、阻聚剂等，将影响聚合反应速率，易造成有机玻璃局部密度不均或带微小气泡和皱纹等。原材料的纯度还会影响有机玻璃的光学性能、热性能及力学性能。所以单体的纯度应达 99% 以上。聚合前要用碱洗、蒸馏除单体中的酚类阻聚剂及水分。

（4）聚合时间

在一定的温度下，聚合时间对单体转化率有一定的影响。通常单体转化率随时间增长而增加。甲基丙烯酸甲酯本体聚合时，自动加速现象出现得早。当单体转化率约在 20% 以内时，聚合速率很快；转化率在 20% 以上，聚合速率略微减缓；转化率在 45% 以上时，聚合速率大为减小；待转化率达 90% 以上，聚合反应几乎接近停止。所以，在较低温度聚合结束后，升温至 100℃ 保持 1.5～3h，使聚合反应进行完全。

（5）压力

加压可缩小单体分子间的间距，增加活性链与单体的碰撞概率，加快聚合反应。加压使单体沸点升高，减少因单体气化而产生爆聚。加压时，压力始终紧压料液，减少因聚合体积收缩而引起的表面收缩痕。例如，在有机玻璃圆棒的生产中采用加压聚合，有利于提高产品的质量。

3.3 乙烯高压气相本体聚合制备低密度聚乙烯

3.3.1 低密度聚乙烯

低密度聚乙烯（PE）是一种大分子链大量支化的聚合物，数均分子量为 2.5 万～5.0 万，有一定的结晶性能，结晶度为 65%～75%，软化点为 90～100℃，密度为 0.910～0.930g/cm³，外观为乳白色蜡质半透明固体，无毒，无味。低密度聚乙烯有良好的柔软性、延伸性、耐寒性和加工性，化学稳定性较好，可耐酸、碱和盐类水溶液，有良好的电绝缘性能和透气性，吸水性低，易燃烧，燃烧时放出一种石蜡蒸气的气味。在聚乙烯树脂中，除超低密度聚乙烯树脂外，它是最轻的品种。

由于聚乙烯制品的力学性能、电性能良好，化学性能稳定和成型加工性能好等特点，所以，其制品广泛应用在工业、农业、医药卫生和日常生活用品中。低密度聚乙烯生产的产品主要有薄膜、编织袋、包装袋、瓦楞板、电缆料、板材和鞋等。

乙烯高压气相本体聚合属于自由基型聚合反应机理。在聚合过程中，由于温度较高，易发生链转移，导致产物中以支链大分子为主。这也是导致密度较低的根本原因。研究数据表明，每 1000 个碳原子含 15～30 个支链。支链包括长支链和短支链两种，其中长支链是由于分子间的链转移造成的；短支链主要有乙基和丁基短支链，它们的形成是因为链自由基与本身链中的亚甲基上的氢发生了分子链内的转移反应。

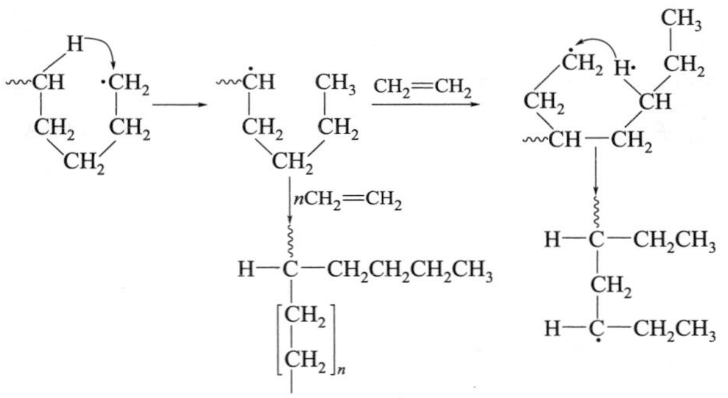

3.3.2 聚合体系各组分及其作用

（1）乙烯

单体乙烯（ethylene）常温常压下为无色、稍有气味的气体，比空气密度略小，难溶于水。乙烯很难液化，常温下即使高压也不能液化。乙烯可燃，自燃点为 54.3℃，燃烧时火焰明亮，放出大量热量，伴有黑烟。乙烯遇火花易燃爆，爆炸极限为 2.75%～28.6%，爆炸下限较低，爆炸极限范围较宽，属易燃易爆品。遇明火、高热或与氧化剂接触，有引起燃烧爆炸的危险。与氟、氯等接触会发生剧烈的化学反应。乙烯常温下极易被氧化剂氧化，如将乙烯通入酸性 $KMnO_4$ 水溶液，溶液的紫色褪去，可以此鉴别乙烯。乙烯 350℃ 以下可稳定存在，更高温度将发生爆炸性分解，产生碳、氢气和甲烷，并放出大量热量。

$$CH_2{=\!\!=}CH_2 \longrightarrow CH_4 + C + 127.36kJ/mol$$
$$CH_2{=\!\!=}CH_2 \longrightarrow 2C + 2H_2 + 47.69kJ/mol$$

乙烯具有较强的麻醉作用。吸入高浓度乙烯可立即引起意识丧失，无明显的兴奋期，但吸入新鲜空气后，可很快苏醒。乙烯对眼及呼吸道黏膜有轻微刺激性。长期接触乙烯，可引起头昏、全身不适、乏力、思维不集中，个别人有胃肠道功能紊乱。乙烯对环境有危害，对水体、土壤和大气可造成污染。

乙烯应贮存于阴凉、通风的地方，温度不宜超过 30℃，防止日光曝晒，远离火种、热源，避免与氧化剂、卤素接触。使用时应密闭操作，采用防爆型照明和通风设施，禁止使用易产生火花的机械设备和工具。

（2）引发剂

高压法生产聚乙烯是在 200℃ 以上进行的，因此采用的引发剂均是较低活性的。氧气是活性很低的引发剂，在温度 200℃ 以下的自由基聚合反应中起阻聚作用，但是在温度 230℃ 以上的情况下又可作为引发剂，它适用管式反应器。使用氧气作为引发剂的优点是在温度低于 200℃ 的情况下不会引发聚合，使得乙烯的压缩和回收系统可以维持在较高的温度下运行。使用氧气作为引发剂的缺点是难以通过改变加入量来控制聚合温度，同时氧气的引发活性受温度影响较大，因此带来聚合速率的控制问题。使用釜式反应器生产高压聚乙烯时，一般采用过氧化二叔丁基、过氧化苯甲酸叔丁酯等作为引发剂，使用时与白油（脂肪族烷烃混合物）配制成溶液，注入聚合釜。使用过氧化物引发剂的优点是可以方便地依靠引发剂溶液的注入量来控制反应温度。

（3）分子量调节剂

分子量调节剂是用来控制聚乙烯分子量的，主要有低分子烷烃、烯烃、氢气、丙酮、丙醛等。其中常用的烷烃调节剂有乙烷、丙烷、丁烷、己烷、环己烷等，常用的烯烃调节剂有丙烯、异丁烯等。丙烷、丙烯和乙烷最为常用，三者在乙烯聚合体系的链转移活性从高到低的顺序是：丙烯≫丙烷＞乙烷。链转移活性的高低与分子上含有叔氢原子、烯丙基的 α-氢原子有关。调节剂使用时按乙烯体积的 1%～6.5%，一次加入聚合体系中。表 3-4 列出了乙烯聚合体系分子量调节剂的链转移常数。

表 3-4 乙烯聚合体系分子量调节剂的链转移常数

分子量调节剂	温度/℃	链转移常数/10^4	分子量调节剂	温度/℃	链转移常数/10^4
丙烯	130	150	氢气	130	160
丙烷	130	27	丙酮	130	165
乙烷	130	6	丙醛	130	3300

工业生产高压聚乙烯有多种型号，不同型号的产品相应的配方也有差异，表 3-5 列出了几个不同型号高压聚乙烯的简易生产配方。

表 3-5 高压聚乙烯的简易生产配方　　　　　　　　　　　　　　单位：kg/t

型号	1	2	3	4	5
乙烯	1030	1030	1030	1030	1030
过氧化苯甲酸叔丁酯	0.3	0.26	0.39	0.60	0.29
过氧化-3,5,5-三甲基己酰	1.6	1.8	—	—	1.2
正烷烃	8.17	8.71	4.70	7.23	7.31

（4）添加剂

高分子树脂在合成阶段常常添加一些物质，用来稳定产品性能、改进加工性能和拓宽用途。高压聚乙烯大分子链上存在叔氢原子等易氧化不稳定的结构，因此需要添加 2,6-二叔丁基对甲基苯酚（抗氧剂 264）等防老剂和邻羟基二苯甲酮等紫外线吸收剂。为提高薄膜开口性、滑爽性和自动包装性能，常常添加高分散的二氧化硅和氧化铝混合物作为开口剂。此外，添加润滑剂，如硬脂酸铵或油酸铵或亚麻仁油酸铵或三者混合物，防止成型加工过程中黏结模具；添加抗静电剂聚环氧乙烷等，防止材料表面累积静电。这些添加剂使用时，事先配制成10％的白油溶液或分散液，在低压分离阶段或造粒时加入。

3.3.3 聚合工艺过程

工业上，乙烯高压气相本体聚合制备低密度聚乙烯的生产过程主要分为压缩、聚合、分离和掺和四个工段。

（1）压缩工段

气态乙烯必须压缩至一定压力时才能进行有效聚合反应。工业上，原料乙烯是管道输送的，来自总管的压力约为3MPa。新鲜的原料乙烯与生产过程中的压力一致的循环乙烯一同进入接收器，经第一次压缩到约25MPa，再与生产过程中的压力一致的循环乙烯一同进入混合器，同时注入调节剂丙烯或丙烷。第二次压缩所需达到的压力与聚合反应器的类型有关。釜式反应器聚合需要的压力为110～250MPa，管式反应器聚合需要的压力为300～330MPa。此外，压力数据的选用还与树脂的牌号有关。

（2）聚合工段

压缩至一定压力的乙烯进入聚合反应器，若是使用过氧化物引发剂，由泵连续向反应器内注入微量配制好的引发剂溶液，升温至聚合温度，聚合开始。乙烯的高压高温聚合的工艺过程及产物技术指标与聚合反应器类型关系很大。

釜式反应器是装有搅拌器的圆筒形高压反应釜。釜内设置搅拌器，搅拌速度为1000～2000r/min，保证物料混合均匀，不会出现局部过热现象。反应釜由材质含3.5％镍/铬/钒/钼的合金钢锻件加工而成。釜的长径比有20～4的细长型和3～2的矮胖型，反应釜容积一般为1000～3000L，单线产能18万～20万吨/年。反应釜的容积越大，对压缩设备的要求越高。反应热借连续搅拌和夹套冷却带走，大部分反应热是靠连续通入冷乙烯和连续排出热物料的方法加以调节，使反应温度较为恒定。物料在釜内的平均停留时间为10～120s，单程转化率达25％。反应温度可控制在130～280℃的某一范围，物料温度均匀，不会出现局部乙烯的分解。釜内物料的压力可保持在110～250MPa，物料压力稳定。因此所合成聚乙烯分子量分布相对较窄，聚合物中存在较少的凝胶微粒，大分子链的长支链较多。釜式反应器的缺点是高压釜结构较复杂，尤其是搅拌器的设计与安装均较困难，在生产中搅拌器会发生机械损坏，聚合物易于沉积在桨上，因而造成动平衡破坏，甚至有时会出现金属碎屑堵塞减压阀，使釜内温度急剧上升，导致爆炸的危险。图3-6为釜式反应器的结构。

管式反应器是细长的高压合金钢管。内径为2.5～7.5cm，长径比为60000～20000，长度在1500m以上。管式反应器的结构简单，传热面积大。管式反应器设置有外套管，夹套内是传热介质水或蒸气。工业上，管式反应器的安置设计为盘旋状，以减少占地空间。管式反应器由加热段、聚合段和冷却段三部分构成一体。加热段主要将管内物料加热到引发剂引发需要的温度280℃左右，所占空间最小；聚合段乙烯单体在高速流动的情况下快速聚合，单程转化率约10％，聚合段所占空间大于加热段；冷却段将管内物料冷却至接近130℃，防止聚乙烯凝固，冷却段所占空间最大。管式反应器的布置如图3-7所示。物料在管内的平均停留时间为60～300s。管式反应器的物料在管内接近活塞式流动，管线中心至管壁表面依然存在层流现象，存在流速梯度，越接近管线中心物料流速越快。反应温度沿管程有变化，物料温差较大，最高温度可达330℃，容易出现局部乙烯的分解。管内物料最高压力可达

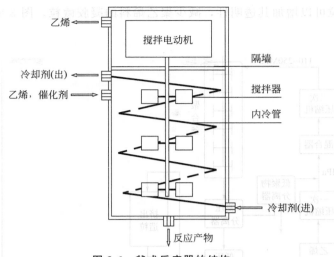

图 3-6　釜式反应器的结构

333MPa，沿管路存在压力降。因此所合成聚乙烯分子量分布较宽，聚合物中存在较多凝胶微粒，大分子链的长支链较少。管式法早期的生产能力为年产 3000t，经改良后单程转化率可接近釜式法的 24%，单线生产能力可达到年产 60000～80000t。管式反应器的缺点是存在物料堵塞现象，因反应热是以管壁外部冷却方式排除，管的内壁易黏附聚乙烯而造成堵管现象。

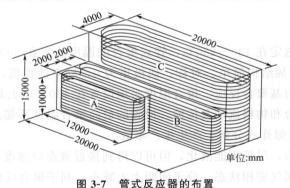

图 3-7　管式反应器的布置

A—加热段；B—反应段；C—冷却段

（3）分离工段

从聚合釜出来的熔融聚乙烯与未反应的乙烯气体高速流出反应器，经减压阀减压，进入冷却器，冷却至一定温度后进入高压分离器，减压至 25MPa，分离出大部分未反应的乙烯与蜡状低聚物，低聚物分离除去，未反应乙烯返回混合器循环使用。

高压分离器分离出的物料包含熔融聚乙烯和少量未反应的乙烯，经低压分离器中减压至 1MPa 以下，分离出来的未反应乙烯循环利用。同时，在低压分离器中加入抗氧剂、抗静电剂等添加剂，与熔融状态的聚乙烯混合均匀、挤出造粒、水流冷却、振动筛脱水、离心干燥。干燥的料粒用气流送到掺和工段。

（4）掺和工段

将同一规格的不同批次的聚乙烯料粒，在掺和器中进行气动循环掺和。掺和均匀后，经二次造粒，得到聚乙烯产品，进入贮槽临时贮存、计量、包装、入库。将不同批次的同规格聚乙烯进行掺和，目的是保持同规格产品技术指标的均一性，获得熔融指数均一的聚乙烯。

聚乙烯经二次造粒可以增加其透明性，减少聚乙烯料的凝胶微粒。图 3-8 为乙烯高压聚合的工艺流程。

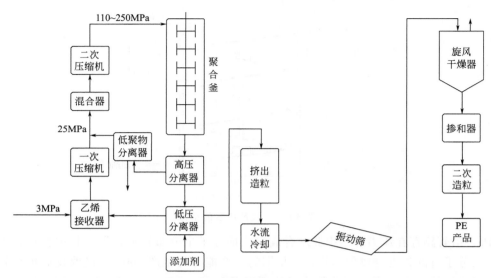

图 3-8　乙烯高压聚合的工艺流程

3.3.4　影响因素

（1）温度与压力

釜式聚合的温度选定在 130～280℃，管式聚合的温度选定在 300～330℃，引发剂的半衰期为 1min 左右。乙烯结构简单、对称，偶极矩为 0，反应活性低，必须在较高的温度下才能使其活化发生自由基聚合反应。聚合温度必须设置在 130℃ 以上是为了保证生成的聚乙烯呈熔融态，便于聚合和物料流动及传输。设置的最高聚合温度不超过 330℃ 是因为乙烯在超过 350℃ 时容易发生爆炸式分解，产生生产事故。

乙烯经高压压缩后，尽管不能液化，但可以得到接近液态烃密度（0.5g/cm³），为近似不能被压缩的液体，属气密相状态，分子间距大大减小，利于聚合反应，但限于设备的气密性和耐压能力，压力不能无限制升高。釜式聚合的压力设置为 110～250MPa，管式聚合的压力设置为 300～330MPa。表 3-6 列出了高压低密度聚乙烯釜式法与管式法生产的比较。此外，研究发现：以氧气为引发剂时，存在着一个压力和氧气浓度的临界值关系，即在此界限下乙烯几乎不发生聚合，超过此界限，即使氧气含量低于 2μL/L 时，也会急剧反应，此时乙烯的聚合速率取决于乙烯中氧气的含量。

表 3-6　釜式法与管式法比较

项目	釜式法	管式法
压力	大约 110～250MPa,可保持稳定	300～330MPa,管产生压力降
温度	可以控制在 130～280℃ 某一范围	可高达 330℃,管内温度差较大
反应器冷却带走的热量	＜10%	＜30%
平均停留时间	10～120s 之内	与反应器的尺寸有关,约 60～300s
生产能力	可在较大范围内变化	取决于反应管的参数
物料流动状况	在每一反应区内充分混合	接近柱塞式流动,中心至管壁表面为层流

项目	釜式法	管式法
反应器表面的清洗方法	不需要特别清洗	用压力脉冲法清洗管壁表面
共聚条件	可能在广泛范围内共聚	只可与少量第二单体共聚
能否防止乙烯分解	反应易于控制，从而可防止乙烯分解	难以防止偶然的分解
产品聚乙烯分子量分布	窄	宽
长链分枝	多	少
微粒凝胶	少	多

在一定压力、温度下，未反应乙烯和熔融聚乙烯保持均相时，聚合反应才能顺利进行。两者是否分相取决于压力、温度和体系中聚合物的含量。图 3-9 为聚乙烯/乙烯聚合过程的平衡相图。

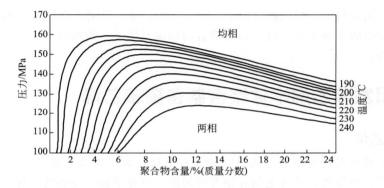

图 3-9　聚乙烯/乙烯聚合过程的平衡相图

在一定温度范围内，聚合反应速率和聚合物产率随温度的升高而升高。当聚合温度超过一定值后，聚合物产率、分子量及密度则开始降低，同时大分子链末端的乙烯基含量也有所增加，降低产品的抗老化能力。提高反应系统压力，促使分子间碰撞，可加速聚合反应，提高聚合物的产率和分子量。图 3-10 为 250℃下聚合压力对聚乙烯分子量的影响。

聚合温度及压力对聚乙烯大分子链的支化度有重要影响，提高反应系统压力，聚乙烯分子链中的支化度降低，而升高温度，支化度增加，如图 3-11 所示。

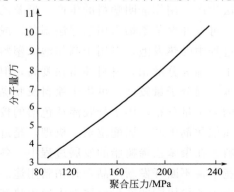

图 3-10　250℃下聚合压力对
聚乙烯分子量的影响

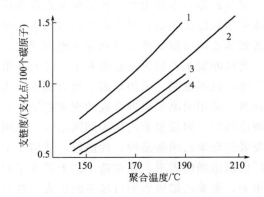

图 3-11　聚合温度、压力对聚乙烯支化度的影响
1—121.6MPa；2—141.9MPa；3—152MPa；4—162.1MPa

（2）单程转化率

单程转化率随聚合反应器类型而不同。釜式聚合早期的单程转化率 25%，近期达 24.5%，物料停留时间 10～120s；而管式聚合早期的单程转化率为 10%左右，近期与釜式聚合相近，为 24%左右，物料停留时间为 60～300s。设置较低的单程转化率是因为：乙烯聚合热较高（95kJ/mol），乙烯聚合时转化率每升高 1%反应物料的温度要升高 12～13℃，为避免反应器局部过热，保证产品质量，防止发生爆炸事故，单程转化率不能超过 30%。此外，乙烯的转化率越高和聚乙烯的停留时间越长，产物的长链支化也越多。基于乙烯高压聚合的转化率较低，且链终止反应非常容易发生，因此聚合物的数均分子量较小，一般不超过 10 万。

（3）链转移剂

丙烷是较好的分子量调节剂，若反应温度高于 150℃，它能平稳地控制聚合物的分子量。氢的链转移能力较强，反应温度高于 170℃，反应很不稳定。丙烯同时起到调节分子量和降低聚合物密度的双重作用，且会影响聚合物的端基结构。丙醛作分子量调节剂在聚乙烯链端部出现羰基。

3.4 热引发苯乙烯本体聚合制备聚苯乙烯

3.4.1 聚苯乙烯

采用自由基机理聚合的聚苯乙烯树脂属无定形聚合物。聚苯乙烯（PS）大分子链含有大量的侧基苯环，使得大分子链之间有较大的间距，且分子链的弱极性，导致分子间作用力较弱。苯环有较好的刚性。工业生产的挤塑成型或注塑成型的聚苯乙烯数均分子量在 5 万～10 万的范围，分子量分布指数为 2～4。聚苯乙烯的这些结构特点决定了它的一系列理化性质和力学性能。聚苯乙烯具有透明度高、刚度大、绝缘及绝热性能好、吸湿性低等优点，但性脆，低温易开裂，化学稳定性比较差，可以被多种有机溶剂（如芳烃、卤代烃等）溶解，会被强酸强碱腐蚀，不抗油脂，在受到紫外线照射后易变色。聚苯乙烯的玻璃化温度为 90～100℃，非晶态密度为 $1.04～1.06g/cm^3$，晶体密度为 $1.11～1.12g/cm^3$，熔融温度为 240℃。

聚苯乙烯有多种类型。普通聚苯乙烯采用本体法生产，用作透明塑料的生产。聚苯乙烯小球采用悬浮法制备，主要用于制备离子交换树脂。可发性聚苯乙烯采用悬浮法制备，或者普通聚苯乙烯浸渍低沸点的物理发泡剂制成，加工过程中受热发泡，专用于制作泡沫塑料产品。高抗冲聚苯乙烯为苯乙烯和丁二烯的共聚物，丁二烯为分散相，材料冲击强度高，但硬度下降，且不透明。采用阳离子聚合机理合成的聚苯乙烯分子量较低，可用于涂料及胶黏剂的制备。采用阴离子机理合成的聚苯乙烯具有很窄的分子量分布，用于凝胶渗透色谱的校准及理论研究。间规聚苯乙烯为间同结构，采用茂金属催化剂生产，属配位聚合机理，是近年来发展的聚苯乙烯新品种，性能好，适用于工程塑料。在聚苯乙烯树脂的发展过程中，各生产厂根据市场的需求，在制造工艺上展开了激烈的竞争，不断开发新产品，开拓新用途。几十年来，聚苯乙烯树脂的市场不断扩大。在日本，聚苯乙烯树脂的产量已居五大通用热塑性树脂之首。目前，我国自主知识产权的聚苯乙烯生产技术也发展较为成熟。

苯乙烯受热会形成自由基，受热至 120℃时自由基生成速率明显增加，可用于引发聚合。因而，苯乙烯的聚合可以不加引发剂，而是在热的作用下进行热引发聚合。但苯乙烯的热聚合产物很复杂，至少有15种聚合物生成。研究表明，其中的三烯化合物才是真正的引发剂。三烯化合物与苯乙烯发生氢原子转移反应后生成两个单体自由基，然后进行引发聚合，是一个三级引发反应，引发动力学方程如下：

$$R_I = k_I [M]^3$$

引发机理如下：

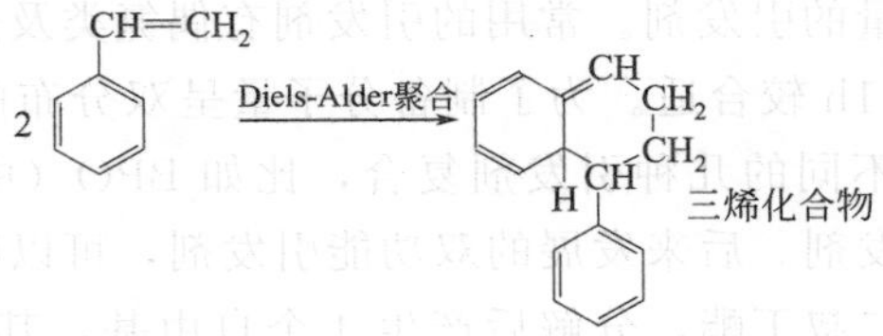

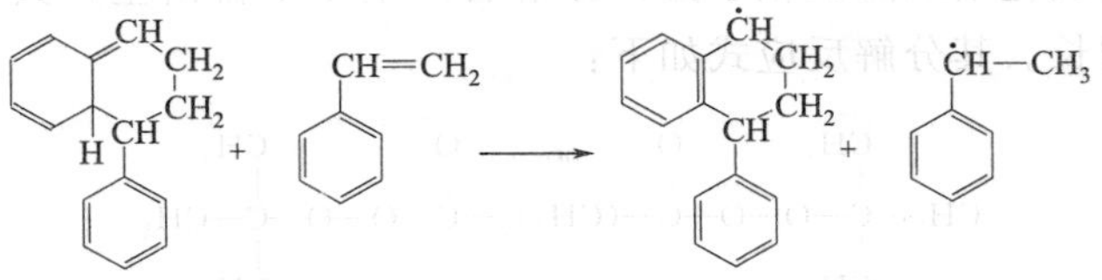

苯乙烯的热聚合过程由于温度较高也存在一定程度的链转移反应。温度低于120℃时链转移不明显。但温度高于140℃时链自由基向单体转移速率明显增加，后期链自由基向大分子转移导致聚苯乙烯分子量增加，同时转移反应使聚苯乙烯的分子量分布变宽。

工业生产中用于挤塑成型或注塑成型的聚苯乙烯主要采用熔融本体聚合（热聚合）或加有少量溶剂的溶液-本体聚合方法生产。本体聚合工艺具有工艺流程简单、投资省、污染少和产品质量好的优点，因此目前在聚苯乙烯树脂的生产中被广泛采用。过去多数聚苯乙烯厂家采用热引发方式，现在苯乙烯自由基本体聚合的引发兼用热引发和引发剂两种引发方式。

3.4.2　聚合体系各组分及作用

(1) 苯乙烯

苯乙烯为无色或微黄色液体，有刺激性气味，不溶于水，溶于乙醇、乙醚、丙酮、二硫化碳等有机溶剂。苯乙烯的凝固点为－30.6℃，相对密度为0.9019，沸点为145.2℃，折射率为1.5463，闪点为31℃，临界温度为373℃，临界压力为4.1MPa。闪点是指可燃性液体表面上的蒸气和空气的混合物与火接触而初次发生闪光时的温度。临界温度是该物质可能被液化的最高温度。临界压力是指在临界温度时使气体液化所需要的最小压力。

由于苯乙烯分子中的乙烯基与苯环之间形成共轭体系，电子云在乙烯基上流动性大，使得苯乙烯的化学性质非常活泼，不但能进行均聚合，也能与其他单体如丁二烯、丙烯腈等发生共聚合反应。它是合成塑料、橡胶、离子交换树脂和涂料等的主要原料。

苯乙烯蒸馏时常加入硫或芳胺或酚类物质做阻聚剂。苯乙烯在贮存、运输过程中会发生自聚，一般加入10～50mg/kg的阻聚剂对叔丁基邻苯二酚（TBC）。使用前用氢氧化钠水溶液洗涤、水洗、干燥纯化。上述阻聚剂在有微量氧的存在下阻聚效果会更好，但易使单体和聚合物呈淡黄色。含有 N—O 基团的阻聚剂在无氧条件下仍有好的阻聚效果，如硝基苯、羟胺、氧化氮等。微量金属离子铁、铜、硫化物、有机酸及碱对苯乙烯的聚合有缓聚作用，导致聚合速率降低。

一般工业级苯乙烯中含有少量乙苯、2-甲基苯乙烯、异丙苯等杂质，对聚合及产物性能会产生影响。

（2）引发剂

苯乙烯受热可以产生足够的自由基合成得到高分子量的聚苯乙烯，因此工业上常有不使用引发剂的场合。但是，为了更好地控制产品分子量及其分布、单体转化率，在热引发苯乙烯本体聚合体系中还是加入一定量的引发剂。常用的引发剂有偶氮类及过氧类引发剂，要求引发剂半衰期在 $100\sim140℃$ 时为 1h 较合适。为了制备分子量呈双分布的聚合物产品，可以采用分次加入引发剂或采用活性不同的几种引发剂复合，比如 BPO（中温）和过氧化苯甲酸叔丁酯（高温）组合成复合引发剂。后来发展的双功能引发剂，可以明显增加分子量，改善分子量分布，如过氧化壬二酸二叔丁酯，分解后产生 4 个自由基，其中一个为双自由基，可以使分子量成倍增长。其分解反应式如下：

$$CH_3-\underset{\underset{CH_3}{|}}{\overset{\overset{CH_3}{|}}{C}}-O-O-\underset{}{\overset{O}{\overset{\|}{C}}}-(CH_2)_9-\underset{}{\overset{O}{\overset{\|}{C}}}-O-O-\underset{\underset{CH_3}{|}}{\overset{\overset{CH_3}{|}}{C}}-CH_3$$

$$\longrightarrow 2CH_3-\underset{\underset{CH_3}{|}}{\overset{\overset{CH_3}{|}}{C}}-\overset{.}{O}+\overset{.}{C}H_2(CH_2)_7\overset{.}{C}H_2+2CO_2\uparrow$$

一些研究者考察了热引发方式和不同种类、浓度下的引发剂对苯乙烯本体聚合的影响。结果表明：引发剂用于苯乙烯的本体聚合可缩短反应停留时间、提高转化率或提高产品的分子量、使分子量分布变窄，双官能团引发剂的影响更为明显。

（3）其他组分

苯乙烯本体聚合的工艺中，常常加入少量溶剂，目的是去除聚合热，控制聚合温度，同时降低物料的熔融黏度，有利于聚合体系的传热和传质。常用溶剂为甲苯、乙苯等芳烃。此外，在聚苯乙烯的后处理阶段，常常加入抗氧剂、润滑剂、着色剂等添加剂，目的是提高聚合物的热稳定性，改进后处理工艺，满足产品的不同需求。

3.4.3 苯乙烯本体聚合工艺

工业上苯乙烯本体聚合要求达到 90% 左右的高转化率，甚至 98% 以上，熔融黏度很大。为了及时排除聚合热，防止局部过热，同时让物料混合均匀，采用分段聚合和加入少量溶剂的方法。所谓分段聚合就是指预聚合和聚合两个反应阶段。加入少量溶剂的方法就是在聚合过程中，通过溶剂、单体的蒸发、回流、冷凝带走聚合热。苯乙烯的聚合工艺主要分为预聚合、聚合、分离及后处理四个工段。

（1）预聚合

预聚合在预聚釜中完成。预聚釜是带搅拌装置的压力釜。带有球形盖及底的铝质或不锈钢的圆筒形设备，内部有传热盘管，外壁有钢质夹套。预聚釜依据产品的要求设计有多种类型。有单釜操作，也有双釜操作，以及多釜串联连续操作。预聚合的工艺条件及转化率也因装置设置的不同而不同。预聚合反应釜是带搅拌装置的压力釜。搅拌器设计为锚式、框式、螺旋式。预聚合过程中要采用惰性气体保护，一般采用脱氧氮气保护，可抑制聚苯乙烯热氧化而变黄。

图 3-12 为双釜并联操作的预聚合方式。预聚合的工艺条件为 80℃，6～7h，转化率 30%～35%。搅拌转速 30～36r/min。我国早期聚苯乙烯生产装置的预聚釜容积为 2m³。

预聚合工艺经改进后，单体转化率提高至 50%，相应的工艺条件为 115～120℃，物料停留时间至 4～5h。采用多釜串联的方式预聚合，预聚合的转化率可以提高至 85%，串联的反应釜聚合温度依次升高，单体转化率依次增加，物料黏度依次增加，其工艺流程如图 3-13 所示。每釜的充料系数为 50%～70%。物料处于沸腾状态，借助夹套冷却和溶剂回流冷凝带走反应热。一般反应温度为 100～140℃，有引发剂时为 90～140℃。改变反应条件可得到不同牌号的聚苯乙烯树脂。

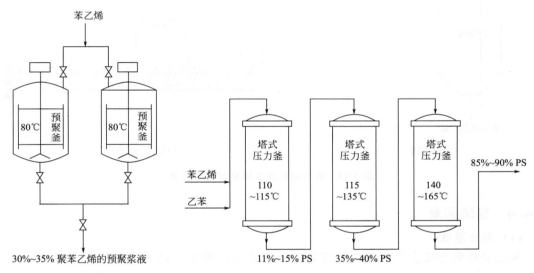

图 3-12　双釜并联操作的
苯乙烯本体预聚合

图 3-13　压力釜串联预聚合工艺流程

（2）聚合

苯乙烯本体聚合的高转化率阶段一般在塔式反应器，或装有螺旋推进器的卧式反应器中进行。图 3-14 为六段塔式反应器的结构。一般塔高 6m，内径 0.8m，外有夹套保护，内衬不锈钢的内胆，有六个加热段，因此称为六段塔式反应器。塔式反应器自上而下的聚合温度依次升高，从 100℃ 逐渐上升至 240℃。预聚浆液连续地流入聚合塔中，要求熔融状物料呈柱塞式向下流动，气化苯乙烯经塔顶冷凝器冷凝再循环使用。最后物料温度逐渐升高到 240℃，达到预定转化率。

（3）分离及后处理

来自聚合塔的熔融物料聚苯乙烯占 70%～90%，其余为溶剂和未反应单体，物料温度为 150～180℃。经加热器升温至 220～260℃，在附有夹套的闪蒸器中（4kPa），闪蒸除去溶剂和残留单体，溶剂和单体经精制后循环利用。熔融聚苯乙烯，添加适量添加剂后，经挤出造粒，水流冷却，脱水，干燥，成品包装。

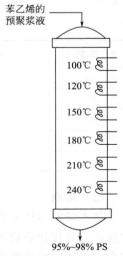

图 3-14　六段塔式
反应器的结构

脱除未反应单体及溶剂可采用闪蒸器或挤出脱挥装置，如图 3-15 所示。熔融态物料经加热器升温后，压力也进一步增大，当流入内压（4kPa）很小的闪蒸罐，单体及溶剂迅速挥发，从闪蒸罐顶部溢出脱除。挤出脱挥装置附设减压出口，熔融物料被挤出的过程中，单体及溶剂被负压抽出，同时熔融态物料挤出造粒。相对于闪蒸工艺，挤出脱挥工艺的设备投资及操作费用较大。

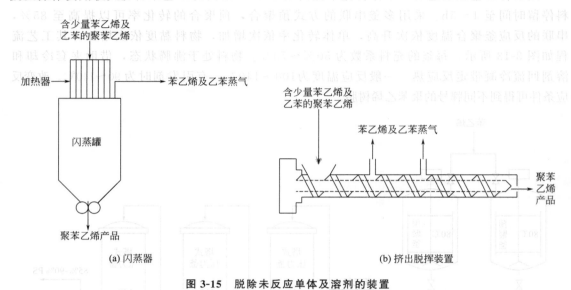

(a) 闪蒸器   (b) 挤出脱挥装置

图 3-15　脱除未反应单体及溶剂的装置

3.4.4　影响因素

（1）聚合温度

苯乙烯热聚合反应时，反应温度越高，形成的活性中心越多，反应速率越快，聚合物分子量越低。反应温度每上升 20℃，分子量会成倍地下降，同时聚合速率也快速增长，见表 3-7，聚合温度从 60℃ 上升至 160℃，聚苯乙烯的重均分子量从 225 万下降至 8.3 万。

表 3-7　聚合温度对聚合速率及聚合物分子量的影响

聚合温度/℃	起始聚合速率	重均分子量	聚合温度/℃	起始聚合速率	重均分子量
60	0.0089	2250000	110	4.25	310000
70	0.0205	1400000	120	8.5	230000
80	0.0462	880000	130	16.2	175000
90	1.02	610000	140	28.4	130000
100	2.15	420000	160	—	83000

（2）溶剂

苯乙烯的本体聚合工艺中，常常加入少量的甲苯、乙苯等芳烃溶剂。溶剂的作用有两个方面：一是优化合成工艺，通过溶剂与单体的共沸回流，去除聚合热，平稳聚合温度，控制聚合速率，同时降低物料的熔融黏度，有利于聚合体系的传热和传质；二是作为链转移剂调节聚合物的分子量。加有溶剂的本体聚合工艺，特别适合高抗冲聚苯乙烯的合成。溶剂除了有上述作用外，还可以有效防止橡胶大分子链段的交联。

3.5　氯乙烯本体聚合制备聚氯乙烯

3.5.1　聚氯乙烯

氯乙烯单体分子中的氯原子既有吸电子效应，又有 p-π 共轭的供电子效应，但是两者的效应均较微弱，因此氯乙烯单体的聚合只能采用自由基机理。采用自由基机理得到的聚氯乙烯（PVC），氯乙烯链节呈无规构型排列，聚合物的聚集态结构主要是无规的非晶态。聚氯乙烯具有较好的耐化学腐蚀性、透明性和机械强度。本体聚合法生产的聚氯乙烯产品主要用于生成管材管件、建筑及装饰材料、包装材料及薄膜、电子电器及电线电缆、交通运输材料、医用器材等透明材料制品。

世界上大规模生产聚氯乙烯的方法有三种，其中悬浮聚合法约占 75%，乳液聚合法约占 15%，本体聚合法约占 8%，溶液聚合法约占 2%。而在我国，悬浮聚合法占 94%，其余为乳液聚合法，本体聚合法仅在个别厂家有少量生产。氯乙烯本体聚合的优点有：工艺流程简单，聚合体系无需介质水，免去干燥工序，无废液排放；占地面积小，设备利用率高，生产成本低；产品热稳定性、透明性均优于悬浮聚合产品；产品质量优，吸收增塑剂速度快，成型加工流动性好。但是氯乙烯本体聚合工艺也有一些缺点：聚合釜容积较小，目前最大为 50m³，而悬浮聚合釜容积为 230m³，本体聚合工艺产能有限；聚合工艺技术没有悬浮法成熟，本体聚合方法正处于发展之中。

由于生成的聚氯乙烯不能溶于单体氯乙烯而沉淀析出，氯乙烯的本体聚合属于非均相聚合。本体聚合的产品形态与悬浮法所得产品相似，生成的聚氯乙烯产品为具有不同孔隙率的粉状固体。

3.5.2　聚合体系各组分及其作用

（1）氯乙烯

氯乙烯的沸点为 $-13.4℃$，加压或冷却可液化，工业上贮运时为液态；氯乙烯纯度的要求相当高，一般大于 99.9%，微量的杂质的存在对聚合过程和产品树脂的颗粒特性有着显著的影响。氯乙烯有较强的致肝癌毒性，树脂中残留单体应在 5mg/kg 以下。

（2）引发剂

氯乙烯本体聚合所用的引发剂多为有机过氧化物，一般为过氧化二碳酸二（2-乙基己酯）（PDEH 或 EHP）、过氧化乙酰基环己烷磺酰（ACSP）、过氧化十二酰（LPO）和丁基过氧化羧酸酯（TBPND）等，也可将两种以上引发剂复合使用。

（3）添加剂

为了稳定合成工艺，提高产品性能、保证生产过程安全，在聚合过程中需加入少量添加剂，包括抗氧化剂、pH 值调节剂、终止剂、增稠剂、润滑剂等。

① 抗氧化剂　聚合过程中，氧会使聚合反应终止，生成带有过氧结构的端基，此种过氧化物端基在较高温下分解生成自由基，促使聚氯乙烯大分子链脱去氯化氢，促使聚氯乙烯分解，使聚氯乙烯外观颜色加深。因而在加料前要尽量将釜内的空气抽走或排尽，在聚合过程中不断地排气，聚合体系中还要加入一定量的抗氧化剂，以中和未反应的引发剂，保证生产安全。常用的抗氧化剂为 2,6-二叔丁基羟基甲苯（BHT）。

② pH 值调节剂　当体系呈碱性时，一般用硝酸来调节 pH 值，保证聚合能稳定地进行，减缓聚氯乙烯颗粒皮壳的形成，防止粘釜和设备腐蚀。当体系呈酸性时，采用氨水中和聚合体系中过量的酸，同时调节聚氯乙烯树脂的颗粒形态和孔隙度，降低聚合釜内氯乙烯的分压，脱除聚氯乙烯中残留的单体，防止设备被腐蚀。

③ 终止剂　一般采用双酚 A。在聚合过程中若发生意外情况，如停水、断电等意外事故，为保证生产安全，就应向聚合釜内添加终止剂，立即停止聚合反应。

④ 增稠剂　一般是巴豆酸、醋酸乙基酯共聚物等。增稠剂用来调节产品的黏度、孔隙度和疏松度，以便于提高初级粒子的黏度，使之在凝聚过程中生成更为紧密的树脂颗粒。因为树脂颗粒中初级粒子之间的距离越小，孔隙度降低，树脂密度增加。

⑤ 润滑剂　又称抗静电剂，一般采用丙三醇。在聚氯乙烯树脂中加入润滑剂，能增加树脂光滑度，防止聚氯乙烯物料在输送过程中产生静电，同时增加树脂颗粒的流动性。

下面以 $50m^3$ 的反应釜聚合一个生产周期为例，介绍其典型配方。单体氯乙烯分两个阶段投料，预聚阶段为 16.5t，后聚合阶段补加氯乙烯单体 11.5～13.5t。引发剂也是分批加入，预聚合阶段加入复合引发剂过氧化二碳酸二（2-乙基己酯）和过氧化乙酰基环己烷磺酰，加入量分别为单体质量的 0.02%～0.01% 和 0.01%～0.04%；后聚合阶段加入引发剂过氧化十二酰，加入量为单体质量的 0.1%～0.3%。增稠剂巴豆酸，加入量为每釜 100～300g。抗氧化剂 2,6-二叔丁基羟基甲苯，加入量为每釜 1.800～2kg。20% 的硝酸加入量为每釜 0.7L。润滑剂丙三醇加入量为每釜 0.7～3L。终止剂双酚 A 加入量为每生成一吨聚氯乙烯需要 0.2～0.4kg。

3.5.3　氯乙烯本体聚合工艺

氯乙烯本体聚合生产工艺最早是由法国 Pechiney St. Gobain（PSG）公司研发出来的，生产工艺分预聚合和后聚合两个阶段。

(1) 预聚合

预聚合为第一阶段聚合，反应在预聚合釜中进行。预聚合釜为立式不锈钢压力釜，外设有冷却用夹套、冷凝器，内置四叶片涡轮式搅拌器，釜壁装有挡板，预聚釜容积一般为 8～25m^3。预聚合的工艺条件为 62～75℃，聚合 30min，转化率达 7%～12%。预聚合的作用就是释放一部分聚合热，同时生成聚合物微粒子可作为后续聚合的沉淀中心或种子粒子。

氯乙烯单体稍加压力后便液化为液体，将引发剂溶解在其中，一同加入预聚釜中，再加入抗氧化剂、增稠剂等助剂，加热、搅拌，迅速完成第一阶段聚合。

预聚合反应开始后，生成的聚氯乙烯迅速沉淀析出，由最初的微域结构逐渐增长为直径约为 0.7μm 的初级粒子。所有初级粒子在同一时间内生成，其直径随转化率的提高而增大。初级粒子的数目取决于聚合温度和引发剂用量。当转化率达到 1% 左右时，搅拌作用开始使初级粒子聚集为更大的聚集体粒子，一种球形絮凝物。初级粒子的聚集体粒子将在第二阶段聚合反应釜中，作为种子进一步增长为最终颗粒状产品。研究证明，预聚合阶段搅拌速度对控制种子粒子的粒径和数目有一定影响。图 3-16 为产物粒径与预聚搅拌速度的关系，可见搅拌速度越大，产物粒径越小。

预聚合时应选择分解速率很快的高活性引发剂，引发剂的半衰期低于 10min，用量控制在尽可能使 10% 以上单体转化为宜，并要求在第一阶段聚合结束时引发剂几乎全部消耗掉。因此预聚合阶段加入活性较高的复合引发剂过氧化二碳酸二（2-乙基己酯）（PDEH）和过氧化乙酰基环己烷磺酰（ACSP）。

预聚合体系物料黏度随转化率增高而增大，当转化率在 7%～12% 时，可同时采取夹套冷却和大量单体气化回流冷凝的办法来排除反应热。经验证明，为保证预聚反应热的排除，不必将全部单体都经预冷却，只需将聚合所需的一半单体通过预聚即可，剩下的单体可在后聚合过程中加入。

初级粒子聚集体颗粒的机械强度，随聚合反应温度的降低而下降。为了使它们在转移到第二阶段所用聚合釜的过程中颗粒形状不遭受破坏，聚合温度应不低于 62℃。但是，升高聚合温度会影响到初级粒子聚集体的孔隙率。因此，预聚合温度设计为 62～75℃。图 3-17 为聚氯乙烯粒子吸收增塑剂能力与预聚合温度的关系，可见降低预聚合温度，树脂颗粒吸收增塑剂的量增加，说明树脂颗粒的孔隙率增大。

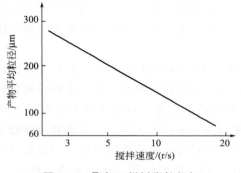

图 3-16　聚氯乙烯树脂粒径与
预聚搅拌速度的关系

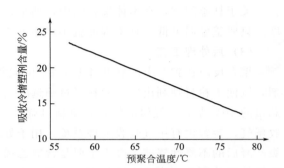

图 3-17　聚氯乙烯树脂颗粒吸收增塑剂
含量与预聚合温度的关系

预聚釜中形成的聚合物仅约占总量的 5%，因此不影响最终聚氯乙烯产品的分子量。

（2）后聚合

后聚合的工艺条件为不低于 62℃，反应 3～9h，转化率接近 80%。后聚合的过程就是预聚合阶段形成的种子在固相中种子进一步长大的过程。

后聚合聚合时间超过 3h，一般为 3～9h。当转化率达 20% 后液态单体全部转化为外观上看起来干燥的粉状物。此时，传热效率低，主要靠单体气化、回流带走热量。为了更好地排除后聚合阶段的聚合热，设备设置上后聚合釜与预聚釜数量以 5∶1 配套，即一个预聚釜可配备 5 个后聚合釜，而且各釜容积大于预聚釜 1 倍以上，搅拌转速仅为 6～10r/min。后聚合釜一般为立式反应釜，并配置搅拌、夹套冷却、冷凝器等辅助设施，利用夹套和上方连接的一个或数个冷凝器进行冷却。

预聚釜内转化率仅为 10% 左右的浆料，经重力作用流入后段聚合釜，并补充适量溶有引发剂的新鲜单体后，加热使之聚合。聚合过程中以已生产的初级粒子聚集体为种子，聚氯乙烯沉积使粒子逐渐增大，最终形成直径为 130～160μm 的产品颗粒。当单体转化率达到 20% 左右时，形成的颗粒与液态单体并存，所以呈现潮湿状态。当单体转化率提高到 40% 左右时，由于液态单体数量减少，而转变为无液态的干粉状态。转化率达规定的 70%～80% 后反应可停止。在真空条件下加热至 90～100℃，然后通氮气或水蒸气进一步脱除未反应的单体。回收的单体经精制压缩后循环利用。

由于氯乙烯本体聚合产品与悬浮聚合产品性能相似，其优点是不需要经过干燥工序，而且所用聚合设备的生产能力大，因此生产成本应低于悬浮聚合法；缺点是它需要经过两个阶段聚合，未反应的单体难以充分脱除并且约有 10% 的大颗粒，经筛分后研磨为合格品。

氯乙烯本体聚合产品的分子量，同样取决于聚合温度。由于聚合反应主要在第二阶段聚合反应釜中进行，所以此时的反应温度决定产品的分子量范围。聚合温度由50℃提高到70℃，分子量则由 $6.7×10^4$ 降低到 $3.5×10^4$。在氯乙烯本体聚合工艺控制中，只要转化率不是太高，压力与温度呈线性关系，可通过监测压力来控制反应温度。

由于产品颗粒在第二阶段聚合釜中形成，所以此阶段反应温度越高，孔隙率则下降。此外，脱单体量也会产生影响，所以转化率越高即脱除单体的量越少，颗粒的孔隙率越低。若要求产品孔隙率高，必须降低最终转化率或采用较低的聚合温度，也可两种措施并用。

后聚合反应中，应选择引发速率较慢的低活性引发剂，后聚合阶段加入引发剂有过氧化十二酰、过碳酸酯等。所需的引发剂可以溶在增塑剂中注入。

关于粘釜问题，在本体聚合法中，粘釜程度取决于单体纯度、引发剂的类型和釜壁的温度。只要釜壁温度低，粘釜程度就小。预聚釜不必定期清洗，后聚釜可用高压水定期清洗。

（3）后处理工艺

聚合反应达到要求的转化率后，减压排除并回收未反应的单体。最后加入适量抗静电剂，以便于粉料顺利出料。粉料经过筛选除去所含有的大颗粒后得到产品。大颗粒树脂约占总量的10%左右，经研磨粉碎后重新过筛，合格者与产品合并。废气主要是含氯乙烯的回收尾气，装置设有尾气吸收处理系统，用于处理来自氯乙烯回收工序经冷冻水和冷冻盐水两级冷凝后的不凝性气体。废水主要是含氯乙烯废水，装置设有废水汽提设施，用以处理含氯乙烯的工艺废水。废渣主要是聚氯乙烯大颗粒及块状物，研磨后作为次品处理。图3-18为本体聚合法合成聚氯乙烯的工艺流程。

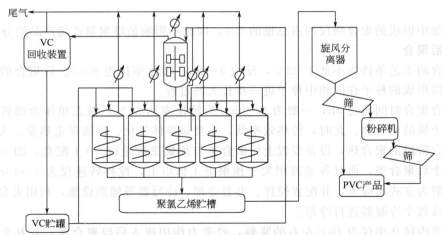

图3-18　本体聚合法合成聚氯乙烯的工艺流程

复杂工程问题案例

1. 复杂工程问题的发现

含烯类双键单体的聚合，特别是本体聚合，在聚合中后期，反应体系放热明显，出现所谓的自动加速现象。在工程实践中，烯类单体聚合过程中的自动加速现象具有非常大的危害性，轻者导致产品质量下降，重者导致生产事故，造成财产重大损失，甚至人员伤亡事故。烯类单体聚合过程中的自动加速现象归因于双键打开释放的热效应，由于不同单体聚合释放的热效应不同，不同工艺条件、生产装置、产品指标均会影响聚合过程中的自动加速现象，因此，合理设计工艺和装置，利用和控制好烯类单体本体聚合过程中的热效应，是一个典型的复杂工程问题。

2. 复杂工程问题的解决

如何有效利用和控制好烯类单体本体聚合过程中的热效应问题？首先考虑的是热效应要好好加以利用的，因为聚合反应需要热能，但是，热效应也是有危害的，因为控制不好，会带来产品质量问题和安全事故。解决问题的基本思路是：运用深入的数学模型、流体力学、热力学、化学键理论、取代基的电子与共轭效应、聚合反应、高分子物理、传质与传热过程、机械设备、工程制图等工程知识原理，经过分析、设计、研究等递进的过程，深入研究具体单体本体聚合的热效应情况，借助文献查阅和计算机模拟，确定设备选型和工艺条件，并能兼顾社会、环境、经济、安全、健康、职业规范等因素，同时注重发挥团队作用，培养学生沟通交流能力，国际视野和终身学习能力。问题解决的基本思路如图所示：

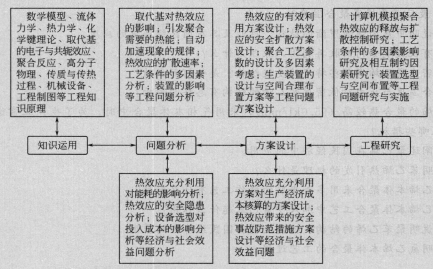

有效利用和控制好烯类单体本体聚合过程中的热效应

3. 问题与思考

（1）就如何有效利用和控制好烯类单体本体聚合过程中的热效应问题，举例说明相关工程知识和原理的深入运用。

（2）以铸塑本体聚合生产有机玻璃板材为例，对如何有效利用和控制好烯类单体本体聚合过程中的热效应问题，从工程的角度，进行问题分析、方案设计和工程研究，提出解决复杂工程问题的方案和措施，并加以模拟实施，同时兼顾社会可持续发展。具体如下：

① 构建技术研发与工程研究、工程施工及生产、质量管理与品质分析、市场、财务等主要部门，明确各部门职责，分工协作，发挥团队精神，培养沟通交流能力。

② 通过查阅中外文文献资料和市场调研，利用现代工具，包括国家标准、计算机模拟软件、文献数据库等，从工程的角度，进行问题分析、方案设计和工程研究，提出解决复杂工程问题的方案和措施，并加以模拟实施。

③ 从生产成本、安全生产、环境保护、人类健康的角度出发，分析方案实施的经济意义和社会效益。

习　题

1. 工业上采用自由基聚合机理获得的聚合物品种有哪些？

2. 自由基聚合的实施方法或聚合过程有哪些？

3. 自由基聚合的引发手段或方式有哪些？

4. 什么是超临界聚合方法？举例说明其在自由基聚合中的重要应用。

5. 实际应用时，如何正确地选用自由基引发剂？

6. 哪些因素会影响自由基聚合产物的分子量？并进行定量分析。

7. 说明自由基本体聚合工艺的特点，针对其固有的缺点，在实际操作时，应如何加以避免？

8. 生产平板有机玻璃为什么要设置预聚合工艺？

9. 生产平板有机玻璃的聚合工艺条件与板材厚度有什么关系？

10. 甲基丙烯酸甲酯本体铸板聚合工艺中，为什么聚合温度和聚合时间随板材厚度不同而不同？为什么最后还要提高聚合温度？

11. 试说明甲基丙烯酸甲酯的结构、性能及其在国民经济中的应用。

12. 废有机玻璃如何回收再利用，原理是什么？

13. 低密度聚乙烯有哪些特定的支链结构？是如何形成的？

14. 聚合温度与压力对低密度聚乙烯的结构有怎样的影响？

15. 乙烯的聚合热较高（95.0kJ/mol），采用气相本体聚合中时，为了生产正常进行，在工艺上需采取哪些措施？

16. 试阐述聚乙烯在国民经济中的应用。

17. 说明苯乙烯热引发的机理是什么？

18. 苯乙烯本体聚合采用多釜串联的操作工艺有什么好处？

19. 苯乙烯本体聚合工艺中加入少量乙苯起什么作用？

20. 试说明聚苯乙烯的结构、性能及其在国民经济中的应用。

21. 说明氯乙烯本体聚合的工艺过程。

课堂讨论

1. 统计国内外高压聚乙烯生产过程中的爆炸、燃烧等各种事故案例，并从聚合物合成机理和原理的角度分析事故原因，提出防范措施。

2. 目前聚乙烯聚合物的品种有哪些？比较不同聚乙烯品种的聚合机理（引发体系）、聚合原理（共聚、支化等）、聚合方法（本体、溶液、悬浮、乳液等；均相与非均相；气相、液相、固相；连续和间歇等）、聚合物结构上的差异、分子量范围、结晶度差异、性能、用途、产量。

3. 详细介绍高压气相本体聚合方法制备低密度聚乙烯的新工艺。

4. 说明熔融本体聚合制备聚苯乙烯的引发机理、反应原理、链结构类型、聚集态结构类型。总结聚苯乙烯的物性及机械性能，并从链结构、聚集态结构的知识加以解释。

5. 说明自由基本体聚合制备聚氯乙烯的引发机理、反应原理、链结构类型、聚集态结构类型。总结聚氯乙烯的物性及机械性能，并从链结构、聚集态结构的知识加以解释。

6. 详细介绍本体法聚氯乙烯的新工艺。

第4章　溶液聚合工艺

学习目标

（1）了解溶液聚合产品及主要原材料的理化性质、储运、要求、性能及用途；

（2）理解溶液聚合的工艺过程及其流程图解；

（3）掌握溶液聚合原理、聚合方法及影响聚合过程及产物性能的关键因素与解决办法。

重点与难点

（1）溶液聚合过程、醋酸乙烯及丙烯腈溶液聚合的工艺条件设定分析；

（2）自由基、阳离子、阴离子、配位聚合溶液聚合的工艺特点。

4.1　溶液聚合

4.1.1　溶液聚合概述

溶液聚合是指单体、引发剂溶于适当溶剂中聚合为聚合物的过程。依据生成的聚合物是否溶于溶剂分为均相溶液聚合与非均相溶液聚合。均相溶液聚合指生成的聚合物溶于溶剂，如丙烯腈的浓硫氰化钠水溶液聚合、丙烯腈的二甲基甲酰胺溶液聚合、丙烯酰胺的水溶液聚合、醋酸乙烯酯的甲醇溶液聚合、苯乙烯的甲苯溶液聚合等。非均相本体聚合指生成的聚合物不能溶解在溶剂中，聚合至一定转化率时聚合物从溶剂中析出成为新的一相，也形象地称之为沉淀聚合或淤浆聚合，如丙烯腈的水溶液聚合、丙烯酰胺的丙酮溶液聚合、苯乙烯和马来酸酐的甲苯溶液共聚合等。

溶液聚合由于采用了溶剂作为反应的介质而具有如下的特点。利用溶液聚合反应容易控制的优点，科学研究上选用链转移常数较小的溶剂，控制低转化率，容易建立聚合速率、数均聚合度和单体浓度、引发剂浓度的定量关系，方便动力学研究。生产工艺上，溶剂的存在使得聚合热容易扩散，控温容易，可避免局部过热，体系黏度较低，可推迟自动加速现象出现，甚至控制较低转化率结束反应可消除自动加速现象，接近匀速反应，分子量分布窄。但是溶液聚合的设备利用率低，需要分离聚合物时存在繁琐的溶剂分离与纯化工序，聚合速率慢，难以合成高分子量聚合物等。

工业上，溶液聚合多用于聚合物溶液直接使用的场合，如涂料、胶黏剂、浸渍液、合成纤维纺丝液等。

4.1.2　溶剂的影响

（1）溶剂对引发剂分解速率的影响

根据溶液聚合所用的溶剂性质、反应条件和引发剂半衰期来选择相应的引发剂。偶氮化合物引发剂的分解基本不受溶剂的影响，因此在溶液聚合体系应用较广泛。过氧化物的分解速度受极性溶剂的影响，而且分解产生的氧化物，可能进一步参加反应生成交联结构，因而可能产生凝胶，应谨慎使用。

有机过氧类引发剂在某些溶剂中有诱导分解作用，原理是首先引发剂分解的初级自由基向溶剂链转移产生溶剂自由基，然后溶剂自由基可诱导有机过氧类引发剂的分解。

诱导分解的结果是白白消耗了一个引发剂分子，导致引发效率降低。同时，由于溶剂分子诱导引发剂加速分解，导致引发剂的总反应速率增加，引发剂半衰期降低。不同类溶剂对有机过氧类引发剂的影响程度排序如下：

芳香烃＜脂肪烃＜醚类＜酚类＜醇类＜胺类

（2）溶剂对聚合速率的影响

除上述极性溶剂诱导引发剂加速分解而使聚合速率增加的情况外，链转移因素也是溶剂对聚合速率影响的关键。很多溶剂分子中存在容易被自由基进攻的弱键结构，而发生链自由基向溶剂分子的转移。链转移后对聚合速率的影响有以下三种情况：①当再引发速率常数与链增长速率常数相近时，溶剂的存在不影响聚合速率，仅充当链转移剂作用；②当再引发速率常数小于链增长速率常数时，溶剂的存在将降低聚合速率，充当缓聚剂的作用；③当再引发速率常数比链增长速率常数小很多时，溶剂的存在将使聚合速率降低很多，甚至终止聚合，充当阻聚剂的作用。

（3）溶剂对产物分子量的影响

溶液聚合的特征之一就是链自由基向溶剂的链转移反应。由于链转移反应，将导致聚合物分子量较低。其定量的数学表达式如式（4-1）所示：

$$\frac{1}{\overline{X}_n} = \frac{1}{(\overline{X}_n)_0} + C_S \frac{[S]}{[M]} \tag{4-1}$$

式中，$\overline{X}_n$ 为加入分子量调节剂后的聚合物平均聚合度；$(\overline{X}_n)_0$ 为未加分子量调节剂的聚合物平均聚合度。

可见，溶剂对产物分子量的影响取决于溶剂的用量和溶剂的链转移常数 C_S。链转移反应与单体、溶剂及聚合温度有关。溶剂的链转移能力和溶剂、单体分子中是否存在容易转移的原子有密切关系。若溶剂及单体分子中具有比较活泼的氢或卤原子，链转移反应常数大。温度越高，链转移常数越大。表 4-1 列出了常用向溶剂转移的链转移常数。

表 4-1　常用向溶剂转移的链转移常数　　　　　　　　单位：10^{-4}

溶剂	单体及聚合温度			
	苯乙烯（60℃）	苯乙烯（80℃）	甲基丙烯酸甲酯（80℃）	醋酸乙烯酯（60℃）
苯	0.023	0.059	0.075	1.2
甲苯	0.125	0.31	0.52	21.6
乙苯	0.67	1.08	1.35	55.2
异丙苯	0.82	1.30	1.90	89.9
叔丁苯	0.06			3.6
庚烷	0.42			17.0（50℃）
环己烷	0.031	0.066	0.10	7.0
正丁醇		0.40		20

溶剂	单体及聚合温度			
	苯乙烯（60℃）	苯乙烯（80℃）	甲基丙烯酸甲酯（80℃）	醋酸乙烯酯（60℃）
丙酮		0.40		11.7
醋酸		0.2		10
氯正丁烷	0.04			10
溴正丁烷	0.06			50
碘正丁烷	1.85			800
氯仿	0.5	0.9	1.40	150
四氯化碳	90	130	2.39	9600
四溴化碳	22000	23000	3300	28700（70℃）
叔丁基二硫化物	24			10000
叔丁硫醇	37000			
正丁硫醇	210000			480000

　　溶剂的溶解性能对产物大分子链形态和分子量分布也有一定影响。良溶剂使大分子链自由基处于伸展状态，易形成直链形大分子；不良溶剂导致大分子链自由基处于卷曲或球形状态，高转化率时，以溶胀状态析出，形成无规线团，同时活性中心容易被包埋，分子链进一步增长，导致分子量分布较宽。此外，自由基在有溶剂分子存在时，可以减少自由基向大分子的转移，使得形成支化或交联大分子的机会减少，特别是对含有叔氢原子的单体如丙烯酸酯、醋酸乙烯酯和丙烯酰胺的聚合。

4.1.3　溶剂的选择

　　根据溶剂对聚合的影响规律选择相应的溶剂或混合溶剂体系，如选择对引发剂分解速率影响较小的溶剂；选择对聚合速率影响较小的溶剂；选择向溶剂转移的链转移常数较小的溶剂。溶液聚合反应中，如希望得到分子量较高的聚合物，就得选用链转移作用较小的溶剂；反之，制备分子量低的聚合物则选用链转移作用较大的溶剂，如在硫氰酸钠水溶液中进行丙烯腈溶液聚合可获得分子量低的聚丙烯腈。根据产品用途选择相应的溶剂，若产品是聚合物溶液，则选择聚合物的良溶剂；若产品是固体，为方便后期分离，选用聚合物的不良溶剂或非溶剂。根据聚合温度选择相应沸点的溶剂，溶液聚合的温度与溶剂的沸点有关，一般情况下，溶液聚合的最高温度只能略高于溶剂沸点。根据生成效益选择价格低廉的溶剂。根据对环境和人畜的影响，选择毒性和腐蚀性较低的溶剂。在所有溶剂中，水是最好的溶剂，价廉易得，然而大多数单体不能溶于水。能选择水作为溶剂的单体有丙烯酸、甲基丙烯酸、丙烯酰胺、甲基丙烯酰胺、丙烯腈、顺丁烯二酸、衣康酸、甲基乙烯醚、乙烯基吡咯烷酮等。

4.1.4　向溶剂链转移的应用——调节聚合

　　利用链转移反应的原理可以有目的地控制聚合物分子量进行所谓的调节聚合，所制备的低分子量聚合物，也称低聚物或调聚物。当向溶剂转移的链转移常数接近 0.5 或更高时，该溶剂可作为分子量调节剂。例如，乙烯在四氯化碳溶剂中进行自由基聚合，四氯化碳作为分子量调节剂，制备得到聚乙烯低聚物，反应原理如下。

链引发：

$$\text{(苯甲酰基过氧化物)} \longrightarrow 2 \overset{\bullet}{\text{C}}\text{—O}^{\bullet} \longrightarrow 2 \overset{\bullet}{\text{(苯基)}} + 2CO_2$$

$$\overset{\bullet}{\text{(苯基)}} + CCl_4 \longrightarrow \text{(苯基)—Cl} + \overset{\bullet}{\text{C}}Cl_3$$

$$\overset{\bullet}{\text{C}}Cl_3 + CH_2{=}CH_2 \longrightarrow CCl_3{-}CH_2{-}\overset{\bullet}{\text{C}}H_2$$

链增长：

$$CCl_3{-}CH_2{-}\overset{\bullet}{\text{C}}H_2 + n\,CH_2{=}CH_2 \longrightarrow CCl_3{\text{-}(CH_2{-}CH_2)_n}{-}CH_2{-}\overset{\bullet}{\text{C}}H_2$$

链终止：

$$CCl_3{\text{-}(CH_2{-}CH_2)_n}{-}CH_2{-}\overset{\bullet}{\text{C}}H_2 + CCl_4 \longrightarrow$$
$$CCl_3{\text{-}(CH_2{-}CH_2)_n}{-}CH_2{-}CH_2{-}Cl + \overset{\bullet}{\text{C}}Cl_3$$

4.1.5　溶液聚合工艺过程

溶液聚合一般在聚合釜中进行，聚合釜外设夹套加热或冷却，内置搅拌器。引发剂事先配制成一定浓度的溶液，用量通常为单体量的 $0.01\%\sim2\%$，采用半连续操作方式添加引发剂溶液，便于控制聚合反应温度和聚合速率。根据单体聚合活性、溶剂沸点确定聚合温度与时间，达到预定的转化率，即可终止聚合。表 4-2 列出了几种典型的溶液聚合工艺条件。

表 4-2　溶液聚合体系及其合成工艺条件

单体	溶剂	合成工艺条件		
		温度/℃	时间/h	转化率/％
丙烯酸酯	苯、甲苯	50～70	6～8	＞95
丙烯酰胺	水	30～70	3～7	＞95
丙烯腈	二甲基甲酰胺	40～70	6～8	＞90
苯乙烯	乙苯	90～130	6～8	＞95
醋酸乙烯酯	甲醇	70～80	4～8	＞90
氯乙烯	氯苯	40～60	4～8	＞90

溶液聚合的后处理根据是否需要分离出固体聚合物分为两种情况。第一种情况是溶液聚合无需分离聚合物。均相溶液聚合结束后得到的聚合物溶液必须进行浓度调整，才能成为成品。聚合物溶液浓度调整是指聚合物溶液浓度的浓缩或稀释。浓缩或稀释达到一定浓度，过滤去除可能存在的不溶物杂质及凝胶，即得商品聚合物溶液。成品聚合物溶液存放时应注意避免与空气中的水分接触，吸收空气中水分使聚合物沉淀析出，维持合适的贮存温度，防止发生溶液黏度变化，甚至发生副反应，导致产物变质。第二种情况是需要从溶液中分离出聚合物固体，关键是对分离出的固体聚合物的干燥步骤。对于聚合物热稳定性差、水为溶剂的情况，高黏度难流动的溶液采用强力捏合机干燥脱水，或挤出机干燥脱水；而对于黏度不大、易流动的聚合物溶液，采用转鼓式干燥机脱水，或双辊扎片脱水。对于聚合物热稳定性高、有明显熔融温度，采用有机溶剂的情况，宜采用高温工艺和大面积、短扩散行程的设备同时脱除残存单体和溶剂，得到的聚合物熔体，经挤出后冷却，造粒。图 4-1 为溶液聚合的工艺流程。

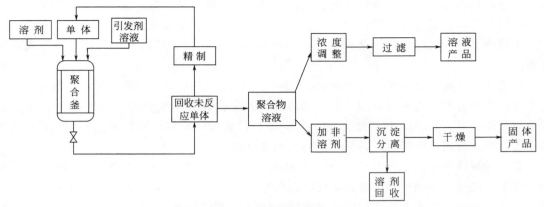

图 4-1　溶液聚合的工艺流程

4.2　醋酸乙烯溶液聚合制备聚乙烯醇

4.2.1　聚乙烯醇

聚乙烯醇（PVA），由聚醋酸乙烯酯醇解制得。用于纤维的聚乙烯醇的数均分子量为7.5 万～9 万。自由基机理合成的聚乙烯醇大分子链上，单体链节的构型呈无规排列，单体链节以头尾相连为主，头头相连的方式很少，但随着聚合温度的升高，头头连接的结构略有增加。因为侧羟基体积较小，且它们之间易氢键键合，导致聚乙烯醇有约 30％的结晶度。工业上，为提高聚乙烯醇的耐热水性，将聚乙烯醇经热处理后，其结晶度可提高至 60％，再辅助缩醛化工艺，达到提高耐热水性的目的。

$$\sim\!\!\sim\!CH_2\!-\!CH\!-\!CH_2\!-\!CH\!\sim\!\!\sim + RCHO \longrightarrow$$

$$\underset{\displaystyle OH \qquad\quad OH}{}$$

$$\sim\!\!\sim\!CH_2\!-\!CH\!-\!CH_2\!-\!CH\!\sim\!\!\sim + H_2O$$

$$\underset{\displaystyle O \qquad\quad O}{}$$

$$\underset{\displaystyle \quad CH}{}$$

$$\underset{\displaystyle \quad R}{}$$

100％醇解的聚乙烯醇很难获得，平时所讲的聚乙烯醇均是不同醇解度的聚乙烯醇。聚乙烯醇的性质与其醇解度、分子量及含水量有密切关系，如醇解度 98％～99％的聚乙烯醇的熔点为 230℃，玻璃化温度为 85℃；而醇解度 87％～89％的聚乙烯醇熔点为 180℃，玻璃化温度为 58℃。曾测得某一干燥的聚乙烯醇的玻璃化温度为 73℃，令其含水 20％后，测得玻璃化温度为 60℃。聚乙烯醇的溶解度与其醇解度最为敏感，如醇解度 99％～100％的聚乙烯醇仅溶于 90℃以上的热水；醇解度 87％～89％的室温下可溶于水；醇解度 78％～81％的仅溶于 10～40℃的温水，超过 40℃溶液立刻变浑（浊点）；醇解度 70％左右的仅溶于水和乙醇的混合体系；醇解度小于 50％的聚乙烯醇则不能溶于水。聚乙烯醇大分子链上的羟基能发生醚化、酯化、缩醛化反应，也能与强碱、硼酸、铜盐和钛酸酯发生作用，制备聚乙烯醇的衍生产品。

聚乙烯醇无毒、无味、无腐蚀性，其水溶液有很好的粘接性和成膜性，常常用于纸张胶水。聚乙烯醇能耐油类、润滑剂和烃类等大多数有机溶剂。聚合度越高其溶液的黏度越大，醇解度越低其低温溶解性越好。聚乙烯醇的用途广泛，如用于纺织行业的纱浆料、织物整理剂、维纶纤维原料；建筑装潢行业的 107 胶、内外墙涂料、黏合剂；化工行业用作聚合乳化剂、分散剂及聚乙烯醇缩甲醛、缩乙醛、缩丁醛树脂；造纸行业用作纸品黏合剂；农业方面用于土壤改良剂、农药黏附增效剂和聚乙烯醇薄膜；还可用于日用化妆品及高频淬火剂等方面。

聚乙烯醇产品有众多牌号，如 2099、1799、1799L、1799H、1799F 等，它们均有特定的含义，且有着不同的使用范围。聚乙烯醇后的数字代表数均聚合度和醇解度，例如 2099 代表数均聚合度为 2000，醇解度为 99%；字母 L 代表低碱醇解，H 代表高碱醇解，F 代表该聚乙烯醇主要用于纤维生产，无 F 标识的指非纤维生产专用。

聚乙烯醇最早是由德国化学家 W. O. Herrmann 和 W. W. Hachnel 博士于 1924 年发现的，由于它能进行典型的多元醇化学反应而具有不同的功能作用，从而产生一系列的合成材料，广泛地应用于工农业生产和医用等方面。1926 年聚乙烯醇实现了工业化生产，20 世纪 50 年代实现大规模工业化生产。2005 年，世界聚乙烯醇的需求总量约为 90 万吨。聚乙烯醇生产能力和产量最大的国家是中国、日本、美国等，其生产能力占世界总生产能力的 85%～90%。中国聚乙烯醇生产源于 20 世纪 60 年代，第一套年产 1 千吨规模的生产装置为自行设计建设，1965 年从日本引进年产 1 万吨聚乙烯醇的电石乙炔法成套装置。1974 年和 1983 年通过引进技术投资建设成了石油乙烯法和天然气乙炔法装置。经过 50 余年的发展，中国已成为世界上最大的聚乙烯醇生产国之一。特别是电石乙炔法工艺路线发展较快，其中以安徽皖维和山西三维两家公司发展最快。

生产维纶所需的原料是聚乙烯醇，而聚乙烯醇是聚醋酸乙烯酯醇解而得。聚醋酸乙烯酯是用醋酸乙烯酯经自由基溶液聚合而得。生产聚乙烯醇通常有三种原料路线：第一种是以乙烯为原料，制醋酸乙烯酯，再制得聚乙烯醇；第二种是电石乙炔法；第三种是天然气乙炔法。后两者都是以乙炔为原料制备醋酸乙烯酯，再制得聚乙烯醇。国外生产商大多采用石油乙烯法，而中国则多采用电石乙炔法。图 4-2、图 4-3、图 4-4 分别是石油乙烯法、电石乙炔法和天然气乙炔法的工艺流程。表 4-3 则列出了聚乙烯醇生产的三种原料工艺路线的比较。

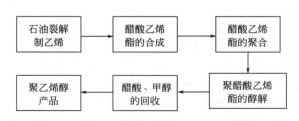

图 4-2　石油乙烯法的工艺流程

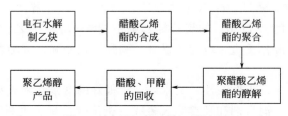

图 4-3　电石乙炔法的工艺流程

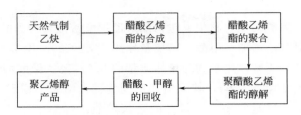

图 4-4　天然气乙炔法的工艺流程

表 4-3　聚乙烯醇生产的三种原料工艺路线的比较　　　　　　　　　单位：kg

比较项目	生成 1t 聚乙烯醇的原材料消耗、"三废"等		
	石油乙烯法	天然气乙炔法	电石乙炔法
乙炔（乙烯）	650	590	650
醋酸	60	122	80
甲醇	71	103	75
氢氧化钠	14	13	—
综合能耗（标煤）	1.88	2.01	4.5
"三废"排放	低	低	高
产品成本	低	高	高
"三废"治理占总投资	低	低	高
设备维修占总投资	低	低	高

4.2.2　聚合体系各组分及其作用

(1) 醋酸乙烯酯

醋酸乙烯酯（vinyl acetate）也称醋酸乙烯，是合成聚合物的单体，通常有石油乙烯法、电石乙炔法和天然气乙炔法三种制备醋酸乙烯酯的原料路线。醋酸乙烯酯常态下为一种无色、具有醚味的液体，沸点为 71.8～73℃，21.5℃下的饱和蒸气压为 13.3kPa，闪点为 −8℃，密度为 0.93g/cm³，微溶于水，溶于醇、丙酮、苯、氯仿等有机溶剂，主要用于合成维纶，也用于黏结剂和涂料工业等。

(2) 甲醇

甲醇（methanol，methyl alcohol）又名木醇，在聚合体系中担当溶剂和醇解剂的双重作用。甲醇来源于煤、石油和天然气化工。甲醇常态下为一种无色透明液体，略有刺激性气味，沸点为 64.8℃，21.2℃的饱和蒸气压为 13.33kPa，闪点为 11℃，密度为 0.79g/cm³，溶于水，可混溶于醇、醚等多数有机溶剂，主要用于制甲醛、香精、染料、医药、火药、防冻剂等。

(3) 引发剂

醋酸乙烯酯的聚合常用偶氮二异丁腈作为引发剂。它是一种白色针状结晶，不溶于水，溶于甲醇、乙醇、丙酮、乙醚、石油醚等有机溶剂中。偶氮二异丁腈的贮存温度不宜超过 28℃，防止阳光直射，包装密封，贮存期不可太长，规定三个月轮换一次，应与氧化剂分开存放，搬运时要轻装轻卸。其熔点为 102～104℃，64℃开始出现明显分解，100℃急剧分解。

工业上，生产聚乙烯醇的原材料构成包括醋酸乙烯酯溶液聚合和醇解两部分。醋酸乙烯酯溶液聚合体系包括醋酸乙烯酯和甲醇，其质量比约为 80：20，甲醇在此阶段仅作为溶剂。引发剂一般采用偶氮二异丁腈，用量约为单体质量的 0.025%。聚醋酸乙烯酯的醇解体系包括聚醋酸乙烯酯、甲醇、氢氧化钠，其配料比例约为：乙酰基：甲醇：氢氧化钠＝1：1：0.112（摩尔比），其中乙酰基的物质的量等同于聚醋酸乙烯酯中醋酸乙烯酯单元的物质的量。在醇解体系中，甲醇主要作为醇解剂，氢氧化钠为醇解催化剂。

4.2.3 聚乙烯醇的制备工艺

（1）醋酸乙烯酯的溶液聚合

工业上，聚乙烯醇的生产采用连续操作方式。醋酸乙烯酯的溶液聚合采用多釜串联连续操作的方式。每个反应釜都有回流冷凝装置，釜内搅拌器的类型根据釜内物料的黏度选配，物料高黏度的反应釜内设置双层螺带式搅拌器。多釜串联可以缩短生产周期。以两釜串联为例说明其工艺过程，将醋酸乙烯酯、溶剂甲醇、引发剂偶氮二异丁腈依次加入第一聚合釜，在 65℃±0.5℃，常压下，聚合大约 1h，转化率约为 20% 时，根据釜内液面下降指示控制连续出料时间。在第一聚合釜聚合达到一定转化率的物料连续转到第二聚合釜，在 65℃±0.5℃，常压下，大约 2.5h，转化率约 50%～70%，得到聚醋酸乙烯酯树脂的混合液。该混合液含有聚醋酸乙烯酯树脂、溶剂甲醇、未反应单体、残留引发剂等。图 4-5 为醋酸乙烯酯连续溶液聚合的工艺流程。

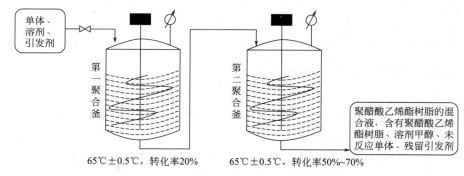

图 4-5 醋酸乙烯酯连续溶液聚合的工艺流程

（2）未反应单体的分离与回收利用

未反应单体的分离在吹出蒸馏塔中进行。将聚醋酸乙烯酯树脂的混合液连续进入吹出蒸馏塔，同时甲醇经蒸发器加热成为甲醇蒸气，以较高的流速连续进入吹出蒸馏塔。在塔内单体遇到热的甲醇蒸气，与甲醇一同被蒸（吹）出，吹出的混合蒸气经冷凝后，进入萃取塔。已除去未反应单体的聚醋酸乙烯酯溶液从吹出蒸馏塔底部连续流出。在萃取塔中，加水萃取，甲醇溶于水，进入下层水相，醋酸乙烯酯形成上层的油相。甲醇水溶液经塔底进入甲醇蒸出塔、回收甲醇、排放废水。单体经萃取塔顶部经冷凝器冷凝后，进入醋酸乙烯酯蒸馏塔，单体从塔顶蒸出，经冷凝器回收纯的单体，后馏分自塔底排放。图 4-6 为未反应单体分离与回收的工艺流程。

（3）聚醋酸乙烯酯的醇解

将聚醋酸乙烯酯溶液，再补充甲醇配制成 40% 的甲醇溶液，连续进入醇解机，同时加入催化剂氢氧化钠（含少量水助催化），醇解 20～30min，得到大小不匀的、且溶胀有甲醇

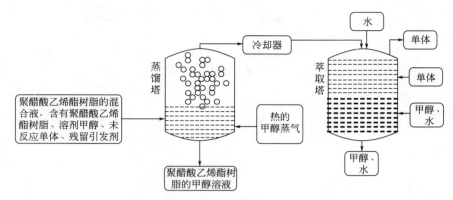

图 4-6　未反应单体分离与回收的工艺流程

的聚乙烯醇块状固体。再将聚乙烯醇块状固体经粉碎机粉碎，压榨机压榨除去大部分甲醇，得到含甲醇少的细粉状聚乙烯醇，再经干燥机干燥除去残留甲醇，得到成品聚乙烯醇。图4-7 为聚醋酸乙烯酯的醇解工艺流程。

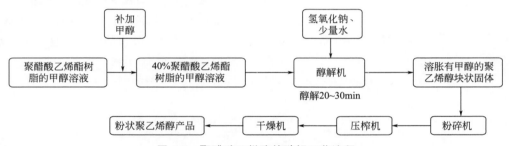

图 4-7　聚醋酸乙烯酯的醇解工艺流程

4.2.4　影响因素

（1）反应介质

聚合体系选用甲醇作为聚合体系的介质，具有以下优点：甲醇对聚醋酸乙烯酯溶解性好，使链自由基处于伸展状态，可推迟自动加速现象出现，分子量分布窄；甲醇的链转移常数较小，不是影响分子量的主要因素；甲醇是醇解反应的醇解剂，聚合反应后无需分离；甲醇与醋酸乙烯酯的恒沸点为 64.5℃，而聚合温度为 65℃±0.5℃，两者非常接近，聚合温度容易控制；甲醇也是一种价廉易得的原材料。

（2）聚合温度与转化率

醋酸乙烯酯的聚合温度与转化率设置为 65℃±0.5℃ 和 50%～60%。聚合温度设置为 65℃±0.5℃，巧妙地利用了甲醇与醋酸乙烯酯混合体系的恒沸点，利于聚合温度控制。虽然升高温度，提高了聚合速率，但是对于醋酸乙烯酯溶液聚合，温度超过 70℃，会出现明显的链转移反应，导致大分子链的支化，影响聚乙烯醇的产品质量。

控制转化率为 50%～60% 结束反应，可消除自动加速现象，聚合过程接近匀速反应，避免向大分子发生链转移反应，产物分子量分布较窄，对聚乙烯醇后期的纺丝工艺有利。

醋酸乙烯酯的溶液聚合，在较高温度和转化率的条件下，链自由基容易出现向大分子转移。大分子链上的醋酸乙烯酯单元有三处受到链自由基的进攻，温度低于 70℃，向大分子转移主要发生在聚合物链节上的（c）位置，聚合物进一步水解后仍为线形结构；高于 70℃

易发生在聚合物链节上的（a）和（b）位置，导致最后生成支化的聚乙烯醇。

$$\text{~~~CH}_2\text{—}\overset{\centerdot}{\text{CH}} + \text{~~~CH}_2\overset{(a)}{\text{—}}\overset{(b)}{\text{CH}}\text{~~~} \longrightarrow \text{~~~CH}_2\text{—CH} + \text{~~~}\overset{\centerdot}{\text{CH}}\text{—CH~~~}$$

（文中化学反应式）

用于生产维纶的聚乙烯醇，要求产物须具有线形结构（无支化及交联结构），且分子量分布较窄。例如，分子量分布较宽的纤维断面出现严重的不规则缺陷，如图 4-8 所示。

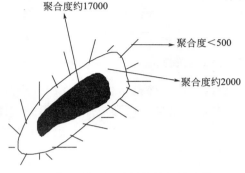

聚合度约17000
聚合度<500
聚合度约2000

图 4-8　聚乙烯醇纤维的断面结构

（3）空气中氧气的影响

空气中氧气对醋酸乙烯酯的聚合具有缓聚甚至阻聚和引发的双重作用，此种双重作用取决于温度和吸氧量。大量氧气存在，且温度较低时，起缓聚甚至阻聚作用；高温下，含氧量较低时，可产生自由基引发聚合。因此，当发生意外事故时，可通氧气、降温；事故排除后，可通氮气、升温，恢复生产。

$$\text{~~~CH}_2\text{—}\overset{\centerdot}{\text{CH}} + O_2 \longrightarrow \text{~~~CH}_2\text{—CH—O—O}^{\centerdot}$$
$$\qquad\qquad \text{OCOCH}_3 \qquad\qquad\qquad\qquad \text{OCOCH}_3$$

$$\text{~~~CH}_2\text{—CH—O—O}^{\centerdot} + N_2 \longrightarrow \text{CH}_2\text{—}\overset{\centerdot}{\text{CH}} + O_2$$
$$\qquad \text{OCOCH}_3 \qquad\qquad\qquad\qquad \text{OCOCH}_3$$

（4）副反应

醋酸乙烯酯自由基溶液聚合过程中，除正常地发生聚合反应外，还存在着醋酸乙烯酯的醇解、水解等副反应。副反应会导致单体的额外消耗，同时产生酯、羧酸、醛等低分子化合物，使聚合体系混有新的杂质。

$$\underset{\text{OOCCH}_3}{\text{CH}_2\text{=CH}} + \text{CH}_3\text{OH} \longrightarrow \text{CH}_3\text{COOCH}_3 + \text{CH}_3\text{CHO}$$

$$\underset{\text{OOCCH}_3}{\text{CH}_2\text{=CH}} + H_2O \longrightarrow \text{CH}_3\text{COOH} + \text{CH}_3\text{CHO}$$

4.3　丙烯腈溶液聚合制备聚丙烯腈

4.3.1　聚丙烯腈

经自由基机理聚合的聚丙烯腈大分子链结构单元构型同时存在无规及有规排列两种结构，X 衍射结果表明，有规（间同＋全同）结构与无规结构的比例约为 1∶1。大分子链上单体单元的连接方式以头尾相连为主。聚丙烯腈大分子链之间存在很强的极性作用力，具有一定的结晶性能，然而同一大分子链上氰基与氰基之间存在着相互排斥的作用，导致聚丙烯腈分子链堆砌成不规则的螺旋结构，结晶度很低。聚丙烯腈的低结晶度导致其具有可贵的热弹性能。纺丝条件下，大分子链被延伸，骤冷后，延伸的分子链被冻结，当温度提高至玻璃化温度时，纤维大幅度回缩，这就是聚丙烯腈的热弹性能，利用它可以制备腈纶膨体纱。氰基三键结构能吸收光能（紫外线）转变为热能，可避免或减轻大分子链的光降解老化，是耐光、耐候最好的纤维之一，纤维的保暖性好。聚丙烯腈的氰基能发生水解和热成环反应生成酰胺、羧基、六元酰亚胺环等多种结构。

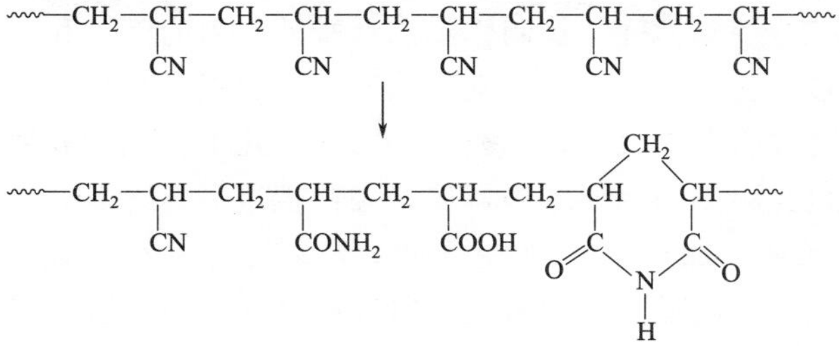

聚丙烯腈纤维具有较高的热稳定性，加热至 170～180℃，颜色不会变化（有杂质会加速分解变色）。在空气中慢慢加热至 200～300℃，可发生分子内的环化反应，进一步高温热处理可获得含碳量达 95％的碳纤维。

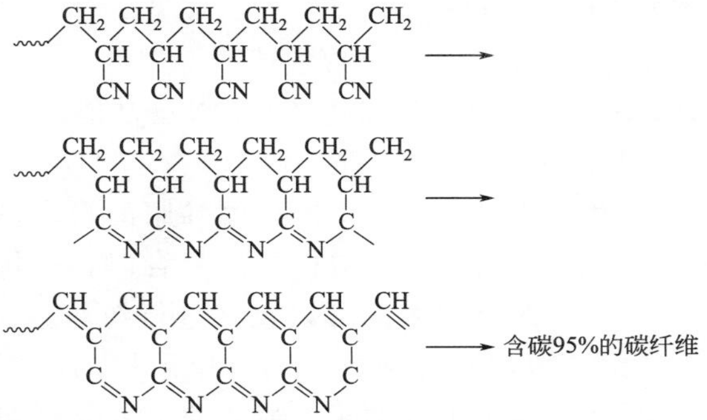

含碳95%的碳纤维

单体丙烯腈聚合生成聚丙烯腈时，由于 α 位上氰基为吸电子基团，能够使双键 π 电子云密度降低，并使阴离子活性种共振稳定，因此有利于阴离子聚合。同时，氰基对自由基有一定的共轭稳定作用，使形成的自由基呈中性，因此也能够进行自由基聚合。α-烯烃有利于配位聚合，所以丙烯腈也可以进行配位聚合。丙烯腈阴离子聚合和配位聚合的聚合工艺条件苛刻，因此目前工业上主要采取自由基机理合成聚丙烯腈。

丙烯腈均聚物中氰基极性强，分子间吸引力大，材料坚硬，在分解温度以下加热不熔融，熔融纺丝困难，因此需要共聚改性。经共聚改性使高分子链的无序程度增加，聚合物的玻璃化温度将下降至 75～100℃。为使共聚物的组成均一，保证产品质量的稳定，所采用各单体的竞聚率应相近。在实际应用中，常常采用一定比例的第二、第三单体进行共聚，通常丙烯腈含量＞85％，第二单体含量为 3％～12％，第三单体含量为 1％～3％。聚合的第二单体主要用丙烯酸甲酯，也可用甲基丙烯酸甲酯，目的是改善聚丙烯腈的可纺性及纤维的手感、柔软性和弹性。第三单体主要是改进纤维的染色性，一般为含有弱酸性染色基团的衣康酸，含强酸性染色基团的丙烯磺酸钠、甲基丙烯磺酸钠、对甲基丙烯酰胺苯磺酸钠，含有碱性染色基团的 α-甲基乙烯吡啶等。

聚丙烯腈主要用于制造合成纤维，也就是用 85％以上的丙烯腈和其他第二、第三单体共聚的高分子聚合物仿制的合成纤维，俗称人造羊毛。聚丙烯腈纤维有不同的种类，比如棉型聚丙烯腈短纤维、毛型聚丙烯腈短纤维、聚丙烯腈染色纤维、高收缩聚丙烯腈短纤维等。棉型聚丙烯腈短纤维可与棉、棉型黏胶短纤维等混纺或纯纺；服装用领域可用于制作各种内衣、衬衫、运动衫、童装等，产业领域可用于制作遮阳篷布、船舶帆布、过滤材料、包装袋布、保温材料等，此外还可用于制作窗帘以及室外用的旗帜等。毛型聚丙烯腈短纤维经纯纺可用于制作服用品外，还可用于制作毛毯、地毯、膨体仿毛线、人造毛皮以及宽幅的装饰织物。另外，它也可与羊毛混纺后制作针织物，如围巾、手套、袜子、毛毯等；或与黏胶及聚酯短纤混纺后织成"三合一"薄呢，供制作春、秋季外衣用的面料和裤子料等。

聚丙烯腈纤维经过碳化工艺可以制得碳纤维。生产过程经过预氧化、碳化和石墨化三个步骤。预氧化就是聚丙烯腈在空气中，200～300℃加热几十至几百分钟。通过预氧化使聚丙烯腈的线形分子链转化为耐热的梯形结构，使其在高温碳化时不熔不燃、并保持纤维状态。碳化工艺就是在惰性气氛中加热至1200～1600℃，维持几分钟至几十分钟，得到碳纤维。碳化工艺所用的惰性气体可以是高纯的氮气、氩气或氦气，但一般多用高纯氮气。石墨化工艺就是在惰性气氛，2000～3000℃，维持数秒至数十秒钟，以增进碳纤维强度。采用了石墨化工艺制得的碳纤维也称石墨纤维。聚丙烯腈碳纤维丝是一种高强纤维材料，具有密度小、比强度大、比模量高、热导率好、热胀系数小（尺寸稳定）、耐烧蚀、自润滑性良好等优点。聚丙烯腈碳纤维具有纤维的柔曲性，可编织加工，缠绕成型。它广泛应用在航空、航天、工业生产、土木工程建筑、体育器材、民用产品等领域。

聚丙烯腈纤维膜还具有透析、超滤、反渗透和微过滤等功能，可用于医用器具、人工器官、超纯水制造、污水处理和回用等。

在工业生产中，根据所用溶剂的溶解性不同，丙烯腈的自由基聚合方法可以分为均相溶液聚合和非均相溶液聚合两种。自由基均相溶液聚合时，采用既能溶解单体又能溶解聚合物的溶剂，反应完毕后，聚合物溶液可以直接进行纺丝。这种生产聚丙烯腈纤维的方法称为"一步法"。自由基非均相溶液聚合时，所采用的溶剂能溶解或部分溶解单体，但不能溶解聚合物。聚合过程中生成的聚合物以絮状沉淀不断地析出。若要制成纤维，必须将絮状的聚丙烯腈分离出来，再进行溶解得纺丝原液，才可纺制纤维，所以这种方法称为"二步法"。

4.3.2 聚合体系各组分及其作用

4.3.2.1 单体

丙烯腈是合成聚丙烯腈的主要单体。它是一种具有辛辣气味的无色液体，沸点为77.3℃，密度为0.806g/cm³，折射率为1.3882～1.3892。丙烯腈易燃、易爆，在空气中的爆炸极限为3.05%～17.0%（体积分数），遇火种、高温、氧化剂有燃烧爆炸的危险。丙烯腈能与苯、甲苯、四氯化碳、甲醇、乙醇、乙醚、丙酮、醋酸乙酯等许多有机溶剂以任何比例互溶，丙烯腈也能溶于水。丙烯腈能与水、苯、甲醇、异丙醇、四氯化碳等形成二元共沸物。其中丙烯腈与水的共沸温度为71℃，含水12%（质量分数）。丙烯腈极毒！不仅蒸气有毒，而且经皮肤吸入也能中毒。丙烯腈分子中含有碳-碳双键和氰基，化学性质很活泼，能进行聚合反应（均聚和共聚）、加成反应、氰基官能团的反应等。有氧存在下，遇光和热能自行聚合。丙烯腈在贮运时要特别采用铁桶包装。贮存、运输过程要加入酚类、胺类阻聚剂。丙烯腈属于基本有机化工原料，是合成纤维、合成橡胶、塑料的基本且重要的原料，在有机合成工业和人民经济生活中用途广泛。

第二单体最常用的是丙烯酸甲酯，还有醋酸乙烯酯、丙烯酸、甲基丙烯酸、甲基丙烯酸甲酯等。第二单体的加入主要是破坏大分子链的规整性，降低大分子链的内聚密度，改善聚丙烯腈纤维的硬脆性，增加柔韧性和弹性。

第三单体主要是改善聚丙烯腈的染色性能，利用第三单体与酸、碱性染料的作用规律，选择相应的第三单体。含酸性基团的乙烯基单体与碱性染料亲和性好，如衣康酸、丙烯磺酸钠、甲基丙烯磺酸钠；含碱性基团的乙烯基单体与酸性染料亲和性好，如乙烯基吡啶、2-甲基-5-乙烯基吡啶等。要求第二、第三单体与第一单体的竞聚率接近 1。

4.3.2.2　引发剂

均相溶液聚合一般采用偶氮二异丁腈引发剂。非均相溶液聚合一般采用水溶性氧化还原引发体系，如 $NaClO_3$-Na_2SO_3、$K_2S_2O_8$-SO_2、$K_2S_2O_8$-$NaHSO_3$、$NaClO_3$-$NaHSO_3$ 等。有时还加入少量的亚铁盐，如 $FeSO_4$，俗称活化剂（或促进剂），以提高反应速率。原因是 Fe^{2+} 与氧化剂也能构成氧化还原体系，Fe^{2+} 与氧化剂反应所需活化能要比原有氧化还原引发体系所需活化能低，这样就降低了体系的引发活化能，提高引发效率。例如，$K_2S_2O_8$-$NaHSO_3$ 氧化还原体系中加入少量 $FeSO_4$，可发生如下反应：

$$S_2O_8^{2-} + Fe^{2+} \longrightarrow SO_4^{2-} + SO_4^{\cdot -} + Fe^{3+}$$

但是，$FeSO_4$ 加的量较多时，则主要发生如下反应：

$$3S_2O_8^{2-} + 3Fe^{2+} \longrightarrow 6SO_4^{2-} + 2Fe^{3+}$$

水相沉淀聚合用得较多的氧化还原引发体系，如 $NaClO_3/Na_2SO_3/HNO_3$ 体系，引发机理如下，由于体系存在 H^+，所以 H^+ 首先与 SO_3^{2-} 结合为 H_2SO_3。

$$2H^+ + SO_3^{2-} \longrightarrow H_2SO_3$$

$$ClO_3^- + H_2SO_3 \longrightarrow ClO_2^- + H\overset{\cdot}{S}O_3 + \cdot OH$$

$$ClO_2^- + H_2SO_3 \longrightarrow ClO^- + H\overset{\cdot}{S}O_3 + \cdot OH$$

$$ClO^- + H_2SO_3 \longrightarrow Cl^- + H\overset{\cdot}{S}O_3 + \cdot OH$$

这类引发剂对 pH 值十分敏感，如常采用的 $NaClO_3$-Na_2SO_3 体系，当 pH＜4.5 时才能引发聚合，在 pH＝1.9～2.2 时最为合适。HNO_3 用来调节体系的 pH 值，HNO_3 游离出的 H^+ 参与引发反应，使引发剂能够有较好的引发效率。采用该引发体系，在大分子链上会引入磺酸基及羟基的端基官能团。

4.3.2.3　溶剂

均相溶液聚合采用的溶剂有氯化锌水溶液、二甲亚砜、44％～45％的硫氰化钠水溶液。它们对丙烯腈及聚丙烯腈均有较好的溶解性，聚合过程中能一直保持均相的溶液聚合体系。

非均相水相沉淀聚合的溶剂常采用去离子水。对聚合及聚合产品有影响的主要是水中的铁离子、镁离子、钙离子、溶解氧等，它们会影响聚合，并使聚合物产品外观色泽不良。丙烯腈单体在水中的溶解度与温度有关。如表 4-4 所示，温度升高，单体溶解度增加，则聚合速率增加。由于生成的聚丙烯腈不溶于水，从水中析出，较高的温度促使自动加速现象加快出现，影响聚合工艺的控制，所以温度通常采用控制在 35～55℃范围，45℃最为合适。

表 4-4　丙烯腈在水中的溶解度与温度的关系

温度/℃	0	20	40	60	80
溶解度/(g/100g 水)	7.2	7.35	7.9	9.10	10.80

4.3.2.4　浅色剂

丙烯腈的溶液聚合制备的聚丙烯腈色泽容易变深。二氧化硫脲能改善聚丙烯腈色泽，提高透光率。主要原因是二氧化硫脲遇热水能缓慢分解，产生次硫酸，不断中和因氰基水解而引起的溶液 pH 值升高，此外次硫酸还可吸收体系中的氧，有效避免其他物质被氧化。反应原理如下：

二氧化硫脲　　　　甲醚亚硫酸

$$H_2SO_2 \xrightarrow{O_2} H_2SO_3 \xrightarrow{O_2} H_2SO_4$$
$$H_2SO_3 \longrightarrow H^+ + (HSO_3)^-$$
$$H_2SO_4 \longrightarrow H^+ + (HSO_4)^-$$

4.3.2.5　典型配方及工艺

（1）均相溶液聚合

均相溶液聚合的原材料配方包括单体、引发剂、链转移剂、浅色剂、溶剂等。单体总量约占原材料总质量的 17%～21%，其中丙烯腈 88%～95%，第二单体如丙烯酸甲酯 5%～10%，第三单体如衣康酸 1%～5%；引发剂采用偶氮二异丁腈，用量为单体质量的 0.2%～0.8%；分子量调节剂采用异丙醇，用量为单体质量的 1%～3%；浅色剂采用二氧化硫脲（TUD），用量为单体质量的 0.5%～1.2%；溶剂采用 44%～45% 的硫氰化钠水溶液，用量占配方原材料质量的 79%～83%。单体聚合的转化率根据产物需求设置为低转化率 50%～55% 和中转化率 70%～75%。具体的配方及工艺条件，如表 4-5 所示。

表 4-5　均相溶液聚合制备聚丙烯腈的配方及工艺

组分	质量份	聚合工艺条件	参数值
丙烯腈	18	聚合反应温度/℃	75～80
丙烯酸甲酯	1.4	聚合反应时间/h	1.5～2.0
衣康酸	0.6	中转化率控制范围/%	70～75
偶氮二异丁腈	0.1	中转化率时聚合物浓度/%	14～15
异丙醇	0.4	低转化率控制范围/%	50～55
二氧化硫脲	0.16	低转化率时聚合物浓度/%	10～11
硫氰酸钠水溶液	80	搅拌速度/(r/min)	50～80

（2）非均相溶液聚合

非均相溶液聚合的原材料配方包括单体、引发剂、促进剂、终止剂、pH 调节剂、表面活性剂、溶剂等。单体总量约占原材料总质量的 28%～30%，其中丙烯腈 88%～95%，第二单体如丙烯酸甲酯 5%～10%，第三单体如丙烯磺酸钠 1%～5%；引发剂采用氧化还原引发体系，用量为单体质量的 0.1%～0.8%；pH 调节剂采用硝酸及氢氧化钠，调节体系 pH

值，用于引发或终止聚合反应；表面活性剂采用阴离子表面活性剂，用于提高起始聚合速率；溶剂去离子水，用量占配方原材料质量的 70%～72%。单体聚合的转化率相对较高，80%～85%。具体的配方及工艺条件，如表 4-6 所示。

表 4-6　非均相溶液聚合制备聚丙烯腈的配方及工艺

组分	质量份	聚合工艺条件	参数值
丙烯腈	25	聚合反应温度/℃	35～45
丙烯酸甲酯	2	聚合反应时间/h	1.0～2.0
丙烯磺酸钠	1	高转化率控制范围/%	80～85
氯酸钠、亚硫酸钠	0.14	高转化率时聚合物浓度/%	22.4～23.8
硝酸、氢氧化钠水溶液、十二烷基磺酸钠	适量	搅拌速度/(r/min)	55～80
去离子水	72		

4.3.3　均相溶液聚合工艺过程

将丙烯腈、丙烯酸甲酯、衣康酸、硫氰化钠水溶液加入匀温槽中，搅拌使各组分温度均匀；进入混合器，与浅色剂二氧化硫脲、分子量调节剂异丙醇，搅拌混匀，调节体系 pH 值为 4.8～5.2；物料在管路中与引发剂偶氮二异丁腈溶液混合，通过热交换器预热一定温度。混匀并预热的反应物料进入聚合釜，在 75～80℃下聚合 1.5～2h，搅拌速度维持在 50～80r/min。依照工艺及产品要求，转化率达 50%～55% 的低转化率或 70%～75% 的中转化率时，停止聚合。

聚合操作方式在工业上采用连续聚合，满釜操作。物料从反应釜下端进料，上端出料。反应釜容积一般为 8～25m³，长径比为（1.5～2）：1，内置三层斜桨搅拌器。反应釜材质采用含钼不锈钢材料。反应釜的工作原理，如图 4-9 所示。

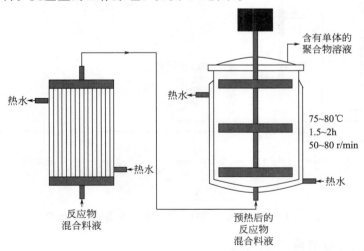

图 4-9　丙烯腈均相溶液聚合的反应釜工作原理

聚合结束，尚有 30%～50% 的未反应单体，需要回收和循环利用。来自聚合釜的聚合物溶液，进入第一单体脱除塔，第一单体丙烯腈（沸点 77.3℃）的蒸气负压脱除，单体蒸气进入喷淋式单体冷凝器，冷凝、回收、精制、循环利用；来自第一单体脱除塔底部的聚合物溶液，经预热器预热，进入第二单体脱除塔，按照相同的方式回收第二单体丙烯酸甲酯

（沸点80.3℃）。脱除单体采用的原理就是薄膜蒸发。单体脱除塔的内部设置有五层伞形蒸发板，最上一层起阻挡作用，以免进出的料液雾沫直冲真空管道。二至五层是使浆液在

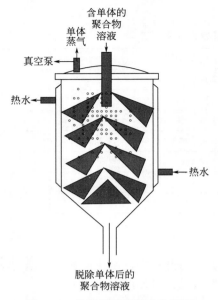

伞上形成薄膜以增加蒸发面积，使浆液内单体或气体易于逸出。伞的圆锥面一般为120°，如图4-10所示。操作条件是：真空度 670mmHg（1mmHg＝133.3Pa），温度77～80℃。

经脱除单体后的聚合物溶液，在纺丝前还需要经过一系列后处理工序。单体脱除后的聚合物溶液流入原液混合槽。混合槽体积较大，能将多次流进的聚合物溶液混合均匀，同时起到临时贮存的作用。在脱泡桶中，负压脱去溶液中溶入的气体及易挥发性物质，有利于纺丝；在混合器中，将纺丝需要的一些助剂，如消光剂等，加入混合均匀；最后，经过过滤机，滤去可见机械杂质，避免杂质阻塞纺丝孔，引起断头和毛丝等问题。经过上述后处理工序就得到可以纺丝的聚合物溶液，也称原液或纺丝液，可以直接进行湿法纺丝。图4-11为丙烯腈均相溶液聚合制备纺丝液的工艺流程。

图4-10 单体脱除塔的工作原理

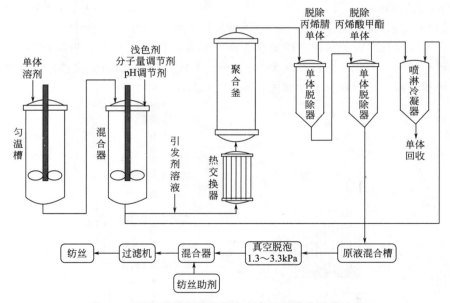

图4-11 丙烯腈均相溶液聚合制备纺丝液的工艺流程

4.3.4 非均相溶液聚合工艺过程

将丙烯腈、丙烯酸甲酯、丙烯磺酸钠、氧化剂氯酸钠与还原剂Na_2SO_3的水溶液、少量十二烷基磺酸钠，依次加入聚合釜中。用HNO_3调节体系pH值为1.9～2.2，达到引发反应要求的酸碱度。开动搅拌，控制在45℃，反应1～2h，搅拌速度55～80r/min，控制转化率80％～85％时，加NaOH水溶液使聚合终止。生成的聚合物不溶于水，以细颗粒形式悬浮于体系中，形成含有未反应单体的聚合物淤浆。

　　将含单体的聚合物淤浆送至单体脱除塔，单体脱除的工作原理同均相溶液聚合工艺相似。在单体脱除塔中用低压水蒸气加热，在减压下驱赶单体，单体蒸气经冷凝、回收、精制、循环利用。

　　脱除了单体的聚合物淤浆送至淤浆贮槽，进入聚合物后处理工序。聚合物淤浆在转鼓式真空过滤机中，加水洗涤至滤液中无硝酸根离子存在为止。脱除水的固体聚合物经造粒机造粒，粒状聚合物进入隧道式干燥机干燥，最后经粉碎机粉碎，得到粒状聚丙烯腈固体产品。图 4-12 为非均相丙烯腈溶液聚合的工艺流程。

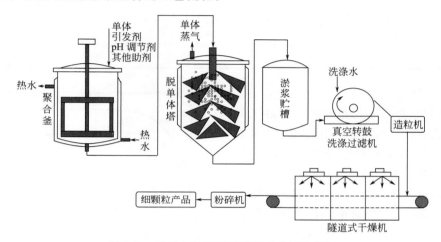

图 4-12　非均相丙烯腈溶液聚合的工艺流程

4.3.5　均相与非均相丙烯腈溶液聚合工艺的比较

　　以丙烯腈为主要单体的均相溶液共聚合具有聚合热容易排除，反应容易控制，分子量分布窄，可实现连续聚合，产物可直接纺丝等优点。但是，溶剂硫氰化钠易氧化导致聚合物色泽变深，较高的聚合温度也影响聚合物色泽，单程转化率较低，增加回收溶剂工艺等是缺点。

　　非均相聚合时采用的溶剂是水，也称水相沉淀聚合法。它有以下优点：采用水溶性的氧化还原引发体系，可在较低的温度下（一般在 35～55℃）引发的聚合，得到聚合物色泽较白；水相聚合的反应热容易排除，聚合反应容易控制，聚合物分子量分布窄，保证了产品质量；聚合物料为浆状液容易处理，可使溶剂回收工序略为简单一些；聚合物干燥后的固体粒子贮运方便，提供给其他纺丝厂纺丝。缺点是聚合物必须进行溶解后才可以纺丝，生产上增加了溶解工序；水相沉淀聚合工艺在实施过程中，聚合物会黏附在聚合釜的釜壁上引起"结疤"现象。

4.3.6　影响因素

（1）转化率、聚合温度

　　转化率高，设备利用率高，易出现大分子链支化，影响纺丝；转化率低，聚合物色泽浅，分子链不易支化，设备利用率低。聚合转化率还会影响到聚合物产品的分子量及其分布。对于丙烯腈均相溶液聚合的转化率控制在 50%～55% 的低转化率或 70%～75% 的中转化率较好，而对于丙烯腈的水相沉淀聚合，经验表明，转化率控制在 80%～85% 较好。

　　聚合温度高，速率增加，聚合物色泽黄，分子量下降，同时釜内蒸气压过高（丙烯腈沸点 77.3℃、丙烯酸甲酯沸点 80℃），形成压力反应，影响反应工艺的控制。温度低，聚合速率慢，甚至聚合反应难以进行。对于丙烯腈均相溶液聚合的聚合温度控制在 75～80℃较好，而对于丙烯腈的水相沉淀聚合，聚合温度控制在 35～55℃较好。

聚合温度、转化率对聚合物分子量有一致的影响规律，升高聚合温度和转化率，均会使聚合物分子量下降，如表 4-7 所示。

表 4-7　丙烯腈溶液聚合温度、转化率与聚合物分子量的关系

聚合温度/℃	转化率/%	数均分子量
70	70.60	78900
75	72.46	65800
80	76.47	43400

（2）pH 值

pH 值对均相与非均相的丙烯腈溶液聚合会有不同的影响。对于采用硫氰化钠水溶液为溶剂的均相溶液聚合，pH<4 时，硫氰化钠易分解，生成的硫化物有阻聚合链转移作用，导致聚合物分子量降低，还会使聚合物溶液发黄。pH 值对单体转化率、聚合物特性黏数的影响曲线，分别在 4～6 和 5～7 之间出现极大值，如图 4-13 所示。

pH>7 时，氰基易水解，产生氨气，反应机理如下：

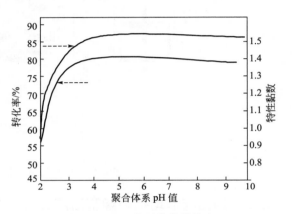

图 4-13　pH 值对单体转化率、聚合物特性黏数的影响

聚丙烯腈在氨气作用下产生胀基及共轭双键，显黄色。但是，这个能显黄色的结构经稀酸处理后就恢复成白色，反应机理如下：

所以，以硫氰化钠水溶液为溶剂的均相溶液聚合的 pH 值控制在 4.8～5.2 较适宜。而对于丙烯腈的水相沉淀聚合，则需要在酸性更强的环境下进行。由于采用氧化还原引发体系，特别是 $NaClO_3$-Na_2SO_3 体系，氧化还原引发反应对 pH 值的变化相当敏感，pH<4.5 时才能引发聚合，在 pH＝1.9～2.2 时最为合适。聚合结束，采用 NaOH 溶液调节体系 pH 值至碱性，引发自由基活性都将消失，聚合反应终止，从而达到控制聚合反应的目的。

（3）其他影响因素

对于丙烯腈的水相沉淀聚合，聚合物粒子的大小和其聚集状态是一个重要的控制指标，而搅拌速率对聚合物粒子的大小和粒径分布有较大的影响，会影响到后面聚合物淤浆的过滤性能，工业上搅拌速度一般控制在 55～80r/min。

水相沉淀聚合工艺在实施过程中，聚合物会黏附在聚合釜的釜壁上引起"结疤"，所以在工业生产中避免或克服"结疤"也是一个主要问题。"结疤"是沉淀聚合时产生了凝胶效应，使聚合物黏度急剧增大，从而导致釜壁上黏结聚合物。为了减轻"结疤"，需及时排除反应热，还要控制恰当的转化速率（80%～85%），反应后期要添加反应终止剂终止反应。如果产生了"结疤"，则要及时清洗釜壁，以免下次聚合物不纯净，另外釜壁上黏附有聚合物，反应热也不能及时散去。

水相沉淀聚合反应体系中加入少量十二烷基磺酸钠等阴离子表面活性剂的作用就是提高聚合反应的起始速率。主要原因是阴离子表面活性剂能够使水溶性引发体系所产生的引发自由基与丙烯腈单体很好地接触，使得有效碰撞的机会增多，从而能够加速反应的进行。

偶氮二异丁腈引发剂对聚合物的分子量及单体转化率的影响，也有研究报道，如图 4-14 所示。

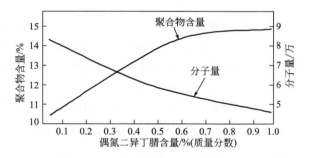

图 4-14　偶氮二异丁腈对聚合物分子量及单体转化率的影响

4.3.7　丙烯腈聚合技术发展

目前，聚丙烯腈及其共聚物一般通过自由基聚合、阴离子聚合制备而成。传统自由基聚合由于其可选择单体广泛以及聚合条件温和等特点，是制备聚合物的重要方法。但缺点是无法控制反应的进程和聚合物的微结构、聚合度及多分散性，不容易在聚合物链末端引入功能基团。阴离子聚合是一种活性聚合，能实现对反应的控制，但催化体系复杂，反应条件苛刻，单体选择局限性大，氰基与催化剂还可能发生副反应。可控/"活性"自由基聚合的问世使合成具有良好拓扑结构和化学组成的聚丙烯腈成为可能。当前广泛研究的氮氧自由基法（NMP）、引发转移终止剂法（iniferter）、原子转移自由基聚合（ATRP）和可逆加成-断裂链转移（RAFT）聚合都已经应用于聚丙烯腈的研制。多种可控/"活性"聚合方法已经被成功应用于丙烯腈聚合物的合成，在分子量及其分布的调控和具有可控拓扑结构聚合物的合成等方面取得了令人鼓舞的进展。其中，ATRP 和 RAFT 方法因其简便的聚合条件和良好的普适性等特点，表现出极大的优越性。然而，通过上述可控/"活性"聚合方法制得的丙烯腈聚合物分子量还不是很高，有待进一步的研究。此外，合成具有可控微观结构的功能性丙烯腈嵌段共聚物也值得深入探索。

聚丙烯腈中含有大量的疏水性基团，使得腈纶的吸湿性差，极易发生静电现象。在加工过程中，带有静电的纤维会缠绕或堵塞机件；织造时易出现经纱开口不清、织物折叠不齐等现象，影响生产的顺利进行。腈纶纺织品在使用过程中，静电荷积聚易引起灰尘附着，服装纠缠肢体，产生黏附不适感，并可引起血液 pH 值升高等生理变化。这些问题都极大地降低了腈纶纺织品的使用性能。此外，由静电所产生的较高电位可能会对人体产生电击，还可能击穿电子元件导致其损坏，静电放电产生的电磁辐射会对各种电子设备、信息系统造成电磁干扰。因此，腈纶易产生静电这一特性已经使其在生产及应用中受到极大的限制，腈纶及其纺织品的发展也受到极大的阻碍。为了促进腈纶生产的迅速发展，满足人们日益增长的对于高品质纤维和面料的需求，人们开始寻求对腈纶进行改性的方法，增强其吸湿性和抗静电性，改善其在生产和使用中的缺陷，尽量使其像羊毛一样既具备良好的舒适性和吸湿性，又能杜绝静电现象。这已经成为很多合成纤维工作者和染整工作者所共同关注与研究的重要课题。

4.4 阳离子溶液聚合制备丁基橡胶

4.4.1 阳离子聚合的工艺及影响因素

4.4.1.1 聚合工艺

由于阳离子聚合采用的引发剂遇水会发生反应，同时反应过程中的碳正离子增长链对水的作用是灵敏的，因此不能用水为反应介质。不能采用以水为反应介质的悬浮聚合和乳液聚合生产方法进行生产。工业上，阳离子聚合可以采用无反应介质的本体聚合方法；或有反应介质存在的溶液聚合方法，包括淤浆法和溶液法。

阳离子聚合的工艺过程，一般包括单体等组分的精制与配制，引发剂的制备，聚合过程，未反应单体与溶剂的分离、回收利用，聚合产物的后处理等工序。

4.4.1.2 影响因素

（1）溶剂

阳离子聚合一般情况下需要溶剂，溶剂的作用主要有排除聚合热和提供必要的反应介质两方面。溶剂的极性、亲核性对阳离子聚合有重要影响。

溶剂的极性强弱主要取决于溶剂分子的结构，但与产生极性作用的单体性质有一定关系，可以简单地用介电常数来相对衡量。注意介电常数仅仅是衡量溶剂极性的基本标准，比较溶剂极性强弱还要看具体的作用体系。溶剂极性对阳离子聚合过程影响有两个方面：第一，引发产生阳离子活性种阶段，溶剂极性强有利于产生阳离子活性种，增加引发速率；第二，链增长阶段，由于增长链端离子对的电荷分散，溶剂极性强，反而活化能垒高，降低链增长速率。

溶剂的亲核性强，与 Lewis 酸配位，形成较强的溶剂化作用力，抑制聚合进行，如烯烃的阳离子聚合在醚类溶剂难以进行。例如三氟化硼引发剂引发乙烯基醚的聚合速率，在己烷中的聚合速率比在乙醚中快。

此外，阳离子聚合一般在较低温度下进行，此时，溶剂必须保持较低的黏度，可以采用混合溶剂。例如，−180℃下，采用氯乙烷/氯乙烯/丙烷混合溶剂，进行异丁烯的阳离子聚合。表 4-8 为阳离子聚合的溶剂及相关参数。

表 4-8 阳离子聚合的溶剂及相关参数

溶剂	熔点/℃	沸点/℃	相对密度	介电常数
乙烯	−181	−103.7		
乙烷	−183.3	−88.6		
丙烷	−189.9	−42.1	0.585(−45℃)	1.61(0℃)
正丁烷	−138.9	−0.5	0.58	1.76(20℃)
正己烷	−95	69	0.660	1.890(20℃)
环己烷	6.6	80.7	0.779	2.023(20℃)
苯	5.5	80.1	0.879	2.248(20℃)
甲苯	−95	110.6	0.867	2.379(25℃)
氯甲烷	−97.7	−24.2	0.916	12.6(−20℃)
氯乙烷	−136.4	12.3	0.898	16.5(−72℃)
二氯甲烷	−95.5	40	1.327	9.08(20℃)
三氯甲烷	−63.5	61.7	1.483	4.806(20℃)
四氯化碳	−23	76.5	1.594	2.238(20℃)
1,2-二氯乙烷	−35.4	83.5	1.235	10.65(20℃)
氯苯	−45.6	132	1.106	5.708(20℃)
邻二氯苯	−17	180.5	1.305	9.93(25℃)
间二氯苯	−24.7	173	1.288	5.04(25℃)
硝基甲烷	−17	100.8	1.137	35.9(20℃)
硝基乙烷	−50	115	1.045	28.06(30℃)
硝基苯	5.7	210.8	1.204	34.82(25℃)
二氧化碳	−56.6(5atm)	−78.5		1.60(20℃,50atm)
二硫化碳	−110.8	46.3	1.263	2.641(20℃)
二氧化硫	−72.7	−10		17.6(−20℃)

阳离子聚合引发阶段，引发剂必须在溶剂的作用下形成相对稳定的活性离子对。不能使用强极性溶剂，因为它会导致引发剂过度活泼或使之破坏。所以阳离子聚合多采用弱极性溶剂。引发剂在弱极性溶剂中可以生成离子对，也可以生成自由离子。

选择溶剂的原则应考虑溶剂极性大小，对离子活性中心的溶剂化能力，可能与引发剂产生的作用以及熔点或沸点的高低、是否容易精制提纯以及与单体、引发剂和聚合物的相容性等因素有关。由于引发剂和增长链对水和杂质很敏感，所以要求溶剂应为高纯度，使用前溶剂要充分干燥。

（2）温度

阳离子增长活性链很活泼，容易发生向单体、溶剂的链转移，聚合温度高时，产物分子量会下降很多，为了合成高分子量的聚合物，必须在很低的温度下进行。

阳离子聚合的总活化能在 $-21 \sim 42 kJ/mol$ 范围，比较小。因此，改变温度对聚合速率的影响不明显。值得注意的是，当活化能为负值时，链增长速率随温度的降低而升高，这是阳离子聚合所特有的现象。

由于阳离子聚合活性很高，又容易发生链转移，因此只能在较低的温度下进行聚合。例如，异丁烯的阳离子聚合反应所得聚合物平均链长在 $-100℃$ 附近有一转折点，这是由于 $-100℃$ 以上主要是向溶剂进行链转移，$-100℃$ 以下则主要向单体进行链转移，工业生产丁基橡胶选择反应温度为 $-100℃$ 左右。

4.4.2 阳离子聚合的工业应用

高分子合成工业中应用阳离子聚合反应生产的聚合物主要品种有聚异丁烯、丁基橡胶、聚甲醛、聚四氢呋喃、聚乙烯亚胺、功能聚合物等。

异丁烯在阳离子引发剂 $AlCl_3$、BF_3 等作用下，控制不同的聚合工艺条件，如温度、单体用量、链转移剂、溶剂等，而制得不同用途的产品。分子量小于 5 万的低分子量聚异丁烯，在 $-40 \sim 0℃$ 的温度下聚合而得，为高黏度流体，主要用作机油添加剂、黏合剂等。5 万~100 万的高分子量聚异丁烯为弹性体，用作密封材料和蜡的添加剂或作为屋面油毡的制造材料。异丁烯与少量异戊二烯的共聚物称作丁基橡胶，所用引发剂为 $AlCl_3$，溶剂为二氯甲烷，于 $-100℃$ 下聚合得到，分子量达 20 万以上。丁基橡胶冷却时不结晶，$-50℃$ 时柔软、耐候、耐臭氧、气密性好，主要用作内胎。聚甲醛由三聚甲醛与少量二氧五环，经引发剂 $AlEt_3$、BF_3 等引发剂聚合而得，是一种工程塑料。经阳离子聚合制得的 α-蒎烯和 β-蒎烯的均聚物或共聚物，主要用作压敏黏合剂、热熔黏合剂、橡胶配合剂等。聚乙烯亚胺主要是环乙胺、环丙胺等经阳离子聚合反应制得的均聚物或共聚物，它们是高度分支的高聚物，可以用作絮凝剂，纸张湿强剂、黏合剂、涂料以及表面活性剂等。

随着控制/活性阳离子聚合的技术进步，许多功能性聚合物可以采用阳离子聚合机理得到。以乙烯基醚类单体制备的功能聚合物品种最多，列举如下：

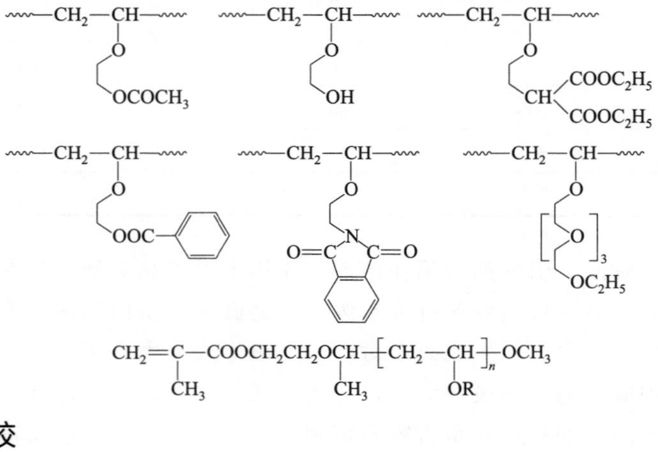

4.4.3 丁基橡胶

丁基橡胶的生产始于 20 世纪 40 年代，1943 年 Exxon 公司在美国 Baton Rouge 工厂实现了丁基橡胶的工业化生产。1944 年，加拿大 Polysar 公司采用美国技术在 Sarnia 建成丁基橡胶生产装置。1959 年后，法国、英国、日本也开始生产丁基橡胶。我国北京燕山石油化工公司合成橡胶厂等厂家生产丁基橡胶。

丁基橡胶是异丁烯和异戊二烯在阳离子引发剂作用下进行阳离子聚合得到的一种无规共

聚物。丁基橡胶的大分子链为线形结构，基本上没有支链，大分子链上异丁烯以头尾相连为主，异戊二烯以反式-1,4-结构为主，聚集态结构为无定形。在一般情况下，无定形丁基橡胶的玻璃化温度约为−70℃，拉伸下能结晶。结晶部分的相对密度为 0.94，无定形部分的为 0.84。丁基橡胶玻璃化温度低，大分子链上含有双键，可以硫化，可以作为橡胶使用。丁基橡胶的不饱和度为 0.7%～2.3%（摩尔分数），部分品种在 3%以上。虽然不饱和双键的含量仅为天然橡胶的 1/50 左右，但已足够供硫化交联之用。丁基橡胶的黏均分子量为 20 万～40 万，分子量分布指数为 2.5～3。

丁基橡胶外观为白色或淡黄色晶体，无臭无味，不溶于乙醇和丙酮。丁基橡胶具有优良的气密性和良好的耐热、耐老化、耐酸碱、耐臭氧、耐溶剂、电绝缘、减震及低吸水性等性能。丁基橡胶的透气性是烃类橡胶中最低的，表 4-9 列出了几种常用橡胶的气密性。以天然橡胶为 100，数字越小，气体透过量越少，气密性越好。

表 4-9　几种常用橡胶的气密性

橡胶品种	空气	氧气	氮气	二氧化碳	氢气
天然橡胶	100	100	100	100	100
丁苯橡胶	65	73	60	72	84
氯丁橡胶	30	17	24	25	27
丁基橡胶	13	6	11	14	15

与其他不饱和性高的橡胶相比，丁基橡胶的抗臭氧性比天然橡胶、丁苯橡胶等约高出 10 倍。耐热、耐阳光和氧的性能均比其他通用型橡胶要好，有较好的高温（>100℃）弹性及较高的耐热性（约 150℃）。耐酸碱和极性溶剂，但不耐浓的氧化酸，在脂肪烃中严重溶胀。电绝缘性好，优于一般橡胶，体积电阻在 $10^4\Omega\cdot cm$ 以上，为一般橡胶的 10～100 倍。

丁基橡胶也有缺点。由于异戊二烯量少，使硫化速度降低，妨碍了丁基橡胶与轮胎常用的高不饱和橡胶的共硫化，并且丁基橡胶与其他橡胶黏合性差，自黏性和互黏性差，与其他橡胶不易相容，回弹性差及发热量大。丁基橡胶的硫化胶经热老化后，分子量会降低，故属于热降解型聚合物。经过研究发现，丁基橡胶的卤化物即氯化丁基橡胶和溴化丁基橡胶，其活性高得多，而且与其他聚合物的相容性及自黏性和互黏性也比丁基橡胶好，这两种卤化丁基橡胶是目前轮胎气密层和药用瓶塞的常用材料。

丁基橡胶广泛应用于内胎、水胎、硫化胶囊、气密层、胎侧、电线电缆、防水建材、减震材料、药用瓶塞、食品（口香糖基料）、橡胶水坝、防毒用具、黏合剂、内胎气门芯、桥梁支承垫以及耐热运输带等方面。建筑材料方面也有应用，如屋顶胶板、防水衬里及遮雨板等。

丁基橡胶产品均为块状胶，胶块先用高压聚乙烯薄膜热合封装后放入木箱进行贮存和运输。胶块净质量为（25±0.2）kg。丁基橡胶应存放在通风、清洁、干燥的仓库中，严禁露天堆放和阳光直接照射。

丁基橡胶由主要单体异丁烯和少量辅助单体二烯烃（如异戊二烯、丁二烯等）共聚而成。最常用的二烯烃为异戊二烯，用量为 1.5%～4.5%。共聚反应如下：

聚合反应过程经过链的引发、增长、终止等基元反应，具体如下。

链的引发反应：

$$AlCl_3 + H_2O \longrightarrow H^+(AlCl_3OH)^-$$

$$H^+(AlCl_3OH)^- + CH_2=\underset{CH_3}{\overset{CH_3}{C}} \longrightarrow H-CH_2-\underset{CH_3}{\overset{CH_3}{\overset{|}{C}^+}}(AlCl_3OH)^-$$

$$H^+(AlCl_3OH)^- + CH_2=\underset{CH_3}{C}-CH=CH_2 \longrightarrow H-CH_2-\underset{CH_3}{C}=CH-CH_2^+(AlCl_3OH)^-$$

链的增长反应：

$$H-CH_2-\underset{CH_3}{\overset{CH_3}{\overset{|}{C}^+}}(AlCl_3OH)^- + n\ CH_2=\underset{CH_3}{\overset{CH_3}{C}} \longrightarrow H\left[CH_2-\underset{CH_3}{\overset{CH_3}{C}}\right]_n CH_2-\underset{CH_3}{\overset{CH_3}{\overset{|}{C}^+}}(AlCl_3OH)^-$$

$$H-CH_2-\underset{CH_3}{\overset{CH_3}{\overset{|}{C}^+}}(AlCl_3OH)^- + (m+1)CH_2=\underset{CH_3}{C}-CH=CH_2 \longrightarrow$$

$$H-CH_2-\underset{CH_3}{\overset{CH_3}{C}}\left[CH_2-\underset{CH_3}{C}=CH-CH_2\right]_m CH_2-\underset{CH_3}{C}=CH-CH_2^+(AlCl_3OH)^-$$

$$H-CH_2-\underset{CH_3}{C}=CH-CH_2^+(AlCl_3OH)^- + (n+1)CH_2=\underset{CH_3}{\overset{CH_3}{C}} \longrightarrow$$

$$H-CH_2-\underset{CH_3}{C}=CH-CH_2\left[CH_2-\underset{CH_3}{\overset{CH_3}{C}}\right]_n CH_2-\underset{CH_3}{\overset{CH_3}{\overset{|}{C}^+}}(AlCl_3OH)^-$$

$$H-CH_2-\underset{CH_3}{C}=CH-CH_2^+(AlCl_3OH)^- + m\ CH_2=\underset{CH_3}{C}-CH=CH_2 \longrightarrow$$

$$H\left[CH_2-\underset{CH_3}{C}=CH-CH_2\right]_m CH_2-\underset{CH_3}{C}=CH-CH_2^+(AlCl_3OH)^-$$

链的自发终止反应：

$$\sim\!\!\sim CH_2-\underset{CH_3}{C}=CH-CH_2\sim\!\!\sim CH_2-\underset{CH_3}{\overset{CH_3}{\overset{|}{C}^+}}(AlCl_3OH)^- \longrightarrow$$

$$\sim\!\!\sim CH_2-\underset{CH_3}{C}=CH-CH_2\sim\!\!\sim CH_2-\underset{CH_3}{C}=CH_2 + H^+(AlCl_3OH)^-$$

链的成键终止反应：

$$\sim\!\!\sim CH_2-\underset{CH_3}{C}=CH-CH_2\sim\!\!\sim CH_2-\underset{CH_3}{\overset{CH_3}{\overset{|}{C}^+}}(AlCl_3OH)^- \longrightarrow$$

$$\sim\!\!\sim CH_2-\underset{CH_3}{C}=CH-CH_2\sim\!\!\sim CH_2-\underset{CH_3}{\overset{CH_3}{C}}-OH + AlCl_3$$

　　异丁烯（M_1）与异戊二烯（M_2）共聚时，两种单体的竞聚率如表 4-10 所示。在 $AlCl_3$ 为引发剂，CH_3Cl 为溶剂，$-103℃$ 的反应条件下，$r_1 > r_2$，说明异丁烯活性大，易于进入共聚物中。实践数据表明，原料单体混合物中的异戊二烯大约只有 50%（质量分数）进入共聚物。而在 $Al(C_2H_5)Cl_2$ 引发剂，C_6H_{12} 为溶剂，$-80℃$ 反应条件下的竞聚率情况则相反，说明竞聚率的大小与反应条件有很大关系。$r_1r_2 \approx 1$ 说明两种单体的共聚反应趋于理想共聚。研究发现共聚物组成不均一，低分子量级分中异戊二烯含量稍大，高分子量级分中异戊二烯含量稍低。

表 4-10　异丁烯（M_1）与异戊二烯（M_2）的竞聚率

引发剂	溶剂	聚合温度	r_1	r_2	r_1r_2
$AlCl_3$	CH_3Cl	$-103℃$	2.5 ± 0.5	0.4 ± 0.1	1.00
$Al(C_2H_5)Cl_2$	C_6H_{12}	$-80℃$	0.80	1.28	1.02

　　丁基橡胶生产的聚合方法有溶液聚合和淤浆聚合两种方法。采用前一方法时，单体与聚合物皆溶解于溶剂（如己烷、四氯化碳）中。随反应的进行，聚合物溶解量增加时溶液黏度上升，造成传热困难，聚合物会粘釜壁、易于挂胶等，又有溶剂回收等后处理工作，故此法在工业中没有采用。工业中主要采用淤浆法。以强极性氯代甲烷作溶剂，它能溶解单体，但不溶解聚合物。生成的聚合物能成为细小颗粒分散于溶剂中形成淤浆状，这样可减少传热阻力、快速聚合，从而可提高生产能力。但生成的聚合物以沉淀形态析出，易于沉积于聚合釜底部及管道中，造成堵塞。为此需采用强力的机械搅拌，或者特殊的列管式内循环聚合釜，能使物料强制循环和导出聚合物。

4.4.4　聚合体系各组分及作用

（1）聚合单体

　　异丁烯常态下为无色气体，熔点为 $-140.3℃$，沸点为 $-6.9℃$，溶于有机溶剂，易聚合。异丁烯可与空气形成爆炸性混合物，爆炸极限为 $1.7\% \sim 9.0\%$（体积分数）。工业上高浓度异丁烯主要用于生产聚异丁烯以及与异戊二烯共聚生产丁基橡胶。异丁烯在工业上几乎都是由炼厂气和裂解 C_4 馏分中获得。炼厂气中异丁烯的含量一般为 $5\% \sim 12\%$，裂解 C_4 馏分中的含量一般为 $20\% \sim 30\%$。异丁烯库房应通风、低温、干燥，与氧气、空气等助燃气体钢瓶分开存。使用异丁烯过程中注意密闭操作，全面通风，操作人员穿防静电工作服，远离火种、热源，工作场所严禁吸烟。异丁烯具有窒息、弱麻醉和弱刺激性质。中毒后出现黏膜刺激症状、嗜睡、血压稍升高，高浓度中毒可引起昏迷。长期接触异丁烯，会有头痛、头晕、嗜睡或失眠、易兴奋、易疲倦、全身乏力、记忆力减退等症状。异丁烯释放至环境对水体、土壤和大气可造成污染。

　　异戊二烯，即 2-甲基-1,3-丁二烯，是合成橡胶的重要单体，熔点为 $-120℃$，沸点为 $34.07℃$，常温下为无色易挥发、刺激性油状液体，不溶于水，溶于苯，易溶于乙醇和乙醚。与空气形成爆炸性混合物，爆炸极限 $>1.6\%$。异戊二烯因含有共轭双键，化学性质活泼，易发生均聚和共聚反应，能与许多物质发生反应生成新的化合物。

　　工业上有多种方法生产异戊二烯。除 C_5 馏分分离得异戊二烯外，工业上还采用合成法生产。例如，采用 C_5 以下的有机原料如丙烯、异丁烯、甲醛、丙酮和乙炔来合成；也可从 C_5 馏分中的异戊烷、异戊烯脱氢制得。更多的异戊二烯还是直接来自 C_5 馏分分离。

（2）溶剂

溶剂采用一氯甲烷，也称氯甲烷或甲基氯，为无色易液化的气体，加压液化贮存于钢瓶中。氯甲烷的熔点为$-97.7℃$，沸点为$-24℃$，蒸气压为490kPa（20℃），微溶于水，易溶于氯仿、乙醚、乙醇、丙酮，有麻醉作用，易燃，闪点为$-46℃$，高温时（400℃以上）和强光下分解成甲醇和盐酸，加热或遇火焰生成光气，与空气形成爆炸性混合物，爆炸极限为8.1%～17.2%（体积分数），可腐蚀铝、镁和锌。

由于氯甲烷具有香气，作用缓慢（迟效性），刺激和麻醉作用都较弱，即使到了危险浓度，中毒者仍感觉不到，因此慢性中毒的情况较多。工作场所空气中最高容许浓度$80mg/m^3$。长时间吸入少量蒸气会发生慢性或亚急性中毒，从眩晕、酒醉样症状进而引起食欲不振、嗜睡、行走不便、行动失灵等，还可能出现视觉障碍。大量吸入会损害心肌，与液体氯甲烷接触，可致冻伤。症状严重时，则呈现痉挛、昏睡而致死。氯甲烷经加压液化后在500kg或1000kg钢瓶或槽车中贮运，避免曝晒，保存在40℃以下。

（3）引发剂

工业上丁基橡胶的合成采用$AlCl_3$为主引发剂，引发时须加入少量水分作为助引发剂。氯化铝（aluminium chloride）是一种无色透明晶体或白色而微带浅黄色的结晶性粉末，熔点为190℃（2.5atm），沸点为182.7℃，在常压下于177.8℃升华而不熔融，六水合氯化铝100℃开始分解。氯化铝可溶于许多有机溶剂，如乙醇、乙醚、氯仿、硝基苯、二硫化碳和四氯化碳，微溶于苯。易溶于水，并强烈水解，甚至爆炸，水溶液呈酸性，溶于水后生成六水合物$AlCl_3 \cdot 6H_2O$，同时放出大量的热。氯化铝在空气中极易吸收水分并部分水解放出氯化氢而形成酸雾，散发出强烈的氯化氢气味。

氯化铝的蒸气或溶于非极性溶剂中或处于熔融状态时，都以共价的二聚分子Al_2Cl_6形式存在。铝为sp^3轨道杂化，分子中存在桥键，和乙硼烷的结构相似，这样可以让Al达到八电子稳定结构。氯化铝可以和路易斯碱作用，甚至也可和二苯甲酮和均三甲苯之类的弱路易斯碱作用。若有氯离子存在，氯化铝会生成氯铝酸根离子$AlCl_4^-$。因此氯化铝仍然是一种非常好的路易斯酸，路易斯酸酸性较强，利用其性质常用来做有机反应的催化剂。

氯化铝对皮肤、黏膜有刺激作用。吸入高浓度氯化铝可引起支气管炎，个别人可引起支气管哮喘。误服量大时，可引起口腔糜烂、胃炎、胃出血和黏膜坏死。长期接触可引起头痛、头晕、食欲减退、咳嗽、鼻塞、胸痛等症状。对环境有危害，对水中生物有剧毒，即使低浓度也会与水结合形成腐蚀性混合物。

氯化铝要密封阴凉干燥保存，使用时谨慎小心。

4.4.5 聚合工艺过程

工业上丁基橡胶的生产以淤浆法为主，以氯甲烷为溶剂、三氯化铝为引发剂、水为共引发剂，在$-100℃$左右低温下进行阳离子共聚合，一般丁基橡胶生产聚合的工艺条件如表4-11所示。工艺过程包括单体准备及引发剂的配制、聚合、溶剂及未反应单体的回收、产物的分离及后处理等工序。

表4-11 丁基橡胶的合成工艺条件

项目	合成工艺条件
共聚单体投料比	异丁烯/异戊二烯，约97/3（质量分数）

续表

项目	合成工艺条件
单体浓度	异丁烯,25%～40%(质量分数);异戊二烯,0.75%～1.2%(质量分数)
溶剂及用量	氯甲烷,59%～74%(质量分数)
引发剂	三氯化铝,0.2%～0.3%(质量分数);少量水
聚合温度	约－100℃
聚合转化率	异丁烯75%～95%(质量分数);异戊二烯45%～85%(质量分数)
丁基橡胶的不饱和度	大于1.5%(摩尔分数)

(1) 单体准备及引发剂的配制

将粗异丁烯和氯甲烷分别在脱水塔和精馏塔进行脱水和精制以后,在用丙烯作冷却剂的带夹套的配制槽内将精制的异丁烯、异戊二烯单体按比例 97%～98%(质量分数)和 1.4%～4.5%(质量分数)以及 25%(质量分数)的氯甲烷配制成混合溶液。混合液在冷却器里冷却至－100℃,然后送入反应器。

催化剂的配制有常温配制法和低温配制法两种常用方法。常温配制法配制催化剂时,先把一部分氯甲烷溶剂直接加到固体 AlCl$_3$ 的容器中,调制成含 AlCl$_3$ 的 4%～5%的溶液,然后再稀释到 1%左右,并经液体乙烯冷却至－90～－95℃,送入聚合反应器。

(2) 聚合

经冷却至－100℃左右的单体溶液和催化剂溶液分别送入聚合反应釜,开动搅拌,聚合反应开始,迅速生成聚合产物,聚合物在氯甲烷中析出形成颗粒状悬浮浆液。反应热由通入反应釜内冷却列管的液态乙烯带出。

丁基橡胶合成过程中的原料系统的冷却和聚合反应体系的冷却都需要大量的动力和冷凝器、压缩机等冷却设备,存在较大的经济成本和工艺操作上的困难。

(3) 溶剂及未反应单体的回收

聚合后的淤浆液从聚合釜上部导出管溢流入盛有热水的闪蒸罐,在搅拌中与热水和蒸汽接触,未反应的单体和溶剂从塔顶蒸出。闪蒸罐出来的单体及溶剂蒸气,经脱水干燥、分馏后送到进料和催化剂配制系统循环使用。闪蒸时工艺条件为:温度 65～75℃,操作压力 140～150kPa,胶液与热水体积比为 1:(8～10),pH 值为 7～9。

从闪蒸罐出来的单体及溶剂混合蒸气可用两种方法进行脱水干燥,第一是用乙二醇吸收,第二是采用固体吸附干燥方法。

氯甲烷与未反应单体混合物进入吸收塔下部,乙二醇从顶部加入,在操作压力 170～340kPa(表压)、温度 40～50℃下,乙二醇吸收闪蒸气中大部分的水和少量氯甲烷,然后从塔底排出,乙二醇解析再生,循环使用。从塔顶出来的物料含水量小于 50mg/kg,送往固体吸附干燥塔进一步脱水。固体吸附干燥塔采用活性氧化铝或沸石、分子筛作为吸附剂。

来自干燥系统的未反应单体和溶剂进入精馏分离系统。第一精馏塔,塔顶蒸出烯烃含量 ＜50μL/L 的氯甲烷。塔底引出的异丁烯、异戊二烯和残余的氯甲烷被送入第二蒸馏塔。从第二蒸馏塔顶部得到含 3%～10%异丁烯的氯甲烷可再作为进料使用,从塔的底部得到异丁烯和异戊二烯。

(4) 产物的分离及后处理

如图 4-15 所示,经脱除未反应单体及溶剂的聚合物淤浆液,其中含有丁基橡胶胶粒、水、少量未除尽的单体和溶剂。进入真空脱气塔，脱除残余氯甲烷及未反应单体。为防止胶粒黏结和热老化，在真空脱气塔内加入 1.5%（与橡胶质量之比）分散剂（如硬脂酸锌或硬脂酸钙）和 0.3%（质量分数）防老剂水悬浮液，或分子量高的多酚类脱气用抗氧剂 [如 2,6-对叔丁基-4-甲酚（264）和 1010 等]。真空脱气塔内装有搅拌器，操作真空度为 30kPa，汽提温度 50～60℃。

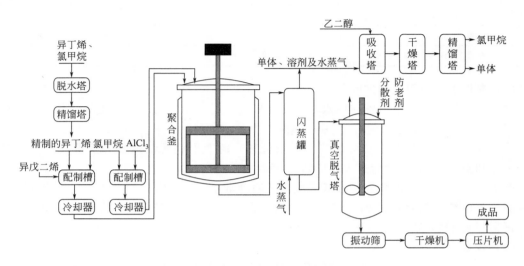

图 4-15　丁基橡胶的合成工艺流程

脱气后含水胶粒混合物，经振动筛除去大部分夹带的水后，再采取挤压膨胀干燥机或输送式热风箱进行干燥，最后经压片，称量，包装得成品。

4.4.6　影响因素

（1）聚合温度

阳离子聚合本身就存在大分子活性链易转移的特点，在丁基橡胶合成过程中，异丁烯本身就是一种有效的链转移剂，链转移反应很容易发生。由于链转移反应活化能大于链增长反应的活化能，故可降低反应温度以抑制链转移反应。表 4-12 列出了两种引发体系的不同温度对产物分子量的影响，采用的单体组成，异丁烯/异戊二烯的体积比为 92/8。可见，随着聚合温度的提高，聚合物的分子量呈直线下降趋势，产物分子链上的不饱和度也略呈下降趋势。

表 4-12　聚合温度对丁基橡胶分子量及不饱和度的影响

聚合温度/℃	聚合产物丁基橡胶的黏均分子量及不饱和度			
	AlCl₃引发体系		Al(C₂H₅)₂Cl引发体系	
−30	30000	2.8%	30000	3.3%
−78	149000	3.2%	182000	3.5%
−100	257000	3.3%	464000	3.4%
−125	487000	3.4%	529000	

图 4-16 为在氯乙烷和异戊烷两种不同溶剂体系中，温度对产物丁基橡胶的影响曲线。升高聚合温度，产物分子量均呈下降趋势。在氯乙烷溶剂中获得的丁基橡胶分子量相对较

高，而在异戊烷中的较低，因为前者为淤浆聚合工艺，后者为均相溶液聚合工艺。

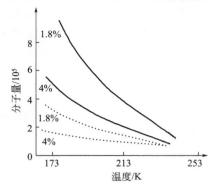

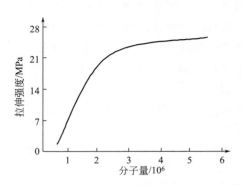

图 4-16　不同溶剂体系下温度对丁
基橡胶分子量的影响

图 4-17　丁基橡胶分子量与橡胶拉伸强度的关系

曲线旁的数值——异戊二烯单体的含量；实线——
在氯乙烷中聚合；虚线——在异戊烷中聚合

　　丁基橡胶的分子量对橡胶制品的拉伸强度有着重要影响。图 4-17 所示为丁基橡胶分子量与橡胶拉伸强度的关系。低分子量的丁基橡胶，其拉伸强度不够，只有当丁基橡胶的分子量大于 30 万，才能获得足够高的拉伸强度。因此，要获得高分子量的具有足够拉伸强度的丁基橡胶，聚合反应需在很低的温度下进行。

（2）单体组分及用量

　　聚合物的分子量除了强烈依赖于聚合温度外，还与单体浓度有关。图 4-18 为聚合温度 −100℃，单体转化率 75％～85％条件下，单体浓度与产物分子量的关系。此外，单体浓度过低，设备生产能力低，结冰现象严重，因为溶剂一氯甲烷的冰点为 −97.7℃，单体转化率不稳定；单体浓度过高，反应温度升高很快，导致聚合反应过程难以控制，进而聚合产物的分子量和分子量分布都难以控制，容易导致产物结块，甚至催化剂还未加足量就被迫停止反应。工业上一般采用的单体浓度（体积分数）为 20％～35％。

　　丁基橡胶的合成是一个二元共聚反应，根据两者竞聚率的数据，异戊二烯的聚合活性明显低于异丁烯。随着反应进行，异丁烯浓度降低更快，随着单体转化率提高，异戊二烯积累量增大，在混合料中的含量增加，导致丁基橡胶不饱和度随转化率增加而增大，因而在不同聚合阶段，共聚物组成可能出现不均匀性。在丁基橡胶工业生产中，单体转化率一般维持在 80％～90％。

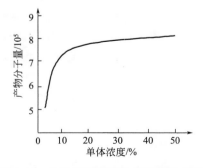

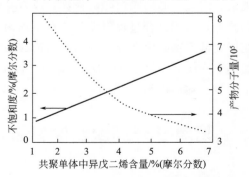

图 4-18　单体浓度与产物分子量的关系

图 4-19　共聚单体中异戊二烯含量对
产物不饱和度和分子量的影响

工业上生产丁基橡胶，借助单体中异戊二烯用量来调节聚合物的不饱和度，但异戊二烯本身也是一个链转移剂，在影响产物不饱和度的同时，也影响着产物的分子量。随着起始投料中异戊二烯浓度增加，共聚产物的不饱和度增加，分子量不断下降。因此在丁基橡胶工业生产中，异戊二烯相对于异丁烯浓度不超过 4％（质量分数）。图 4-19 为单体中异戊二烯含量对产物不饱和度和分子量的影响。

(3) 杂质

对于丁基橡胶的合成工艺，按照其作用原理，杂质可以分为给电子体杂质和烯烃两类。

给电子体杂质包括水、醚、醇、氨、硫化物等，当给电子体杂质含量极少时，与 AlCl₃ 生成的络合物可以离解成为活性催化剂，这类杂质含量高时，则破坏聚合，如水、甲醇、乙醇和氨等极性物质都会使引发剂失去活性，终止聚合。若给电子杂质与 AlCl₃ 反应生成物活性不高，会导致单体转化率降低，如二甲醚、硫化物等。

烯烃类杂质包括丁烯的各种异构体、二异丁烯等。1-丁烯和 2-丁烯可以作为链转移剂，降低聚合物分子量和单体转化率。二异丁烯是异丁烯的二聚体，是一种强烈的链转移剂，能显著降低聚合物的分子量和单体转化率。

因此，丁基橡胶的生产对原料的纯度要求很高，且聚合前原料必须提纯，一般要求异丁烯的纯度要达到 99％以上，异戊二烯的纯度要达到 98％以上，氯甲烷的纯度要大于 95％以上。

(4) 聚合热

阳离子聚合的特点之一是聚合反应速率快，即使在低温下进行反应也能在瞬间完成，因此，聚合热的去除就成了很重要的问题。聚合反应热常借助反应器夹套中液体乙烯的蒸发而移出。采用一氯甲烷为溶剂，聚合物体系呈淤浆状，体系黏度低，聚合热可以很方便地移出，且便于聚合物物料的强制循环和输送。

(5) 引发剂

引发剂用量少时，单体转化率低；用量大时，转化率高。工业生产中引发剂一般为单体质量的 0.02％～0.05％。图 4-20 为引发剂用量与单体转化率的关系。

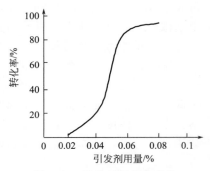

图 4-20　引发剂用量与单体转化率的关系

(6) 结垢

丁基橡胶的淤浆聚合因在低温下进行，容易出现聚合物的粘釜、结垢及聚合物堵塞管道等现象。因此，必须采用强力搅拌，或者釜内配制列管式内循环结构，强制循环物料。

此外，由于聚合过程引发剂分布不均匀，热量集中会造成局部过热或单体中有害物质的存在形成低聚物附集在反应釜内壁上形成黏结挂胶的现象。清理挂胶一般采用溶剂法，溶剂用加热至 60℃的己烷或石脑油，清理与置换时间为 10～12h。清釜液可经凝聚、干燥，回收其中的聚合物加以利用。

4.5　阳离子开环聚合制备聚甲醛

4.5.1　聚甲醛树脂

聚甲醛树脂（acetal resins），又称聚氧化亚甲基（polyoxymethylenes）、聚缩醛（polyacetals），

是指分子主链中含有"CH₂O"重复链节的一类聚合物，是一种重要的热塑性工程塑料。聚甲醛树脂有均聚物和共聚物两种，均聚物的分子链全由"CH₂O"重复链节构成，共聚物的分子链中除含有大量"CH₂O"重复链节外，还含有少量共聚单体链节。聚甲醛分子链几乎无分枝，也无侧基，碳原子上只带氢原子，结构规整性高，结晶度高，碳氧键的键长较短，内聚能密度高，分子链聚集紧密，这使聚甲醛树脂具有优异的刚性和力学强度。聚甲醛是结晶性聚合物，结晶度通常为 60%～77%。商品聚甲醛的数均分子量为 2 万～9 万。聚甲醛树脂的性能随树脂种类（均聚物还是共聚物）、分子量和填充剂种类的不同而有所不同。一般来说，均聚甲醛的力学性能优于共聚甲醛，而共聚甲醛的热稳定性和耐化学品性又优于均聚甲醛；分子量高的聚甲醛树脂，冲击韧性明显优于分子量低的聚甲醛树脂；添加填充剂、改性剂可改进某些使用性能。

聚甲醛树脂具有均衡的力学强度、刚性和韧性，而且它们自润滑性好，摩擦系数低，适于制作与金属和其他塑料接触的机械零部件。此外，聚甲醛树脂的抗蠕变性好，在很宽的使用条件下，其弯曲压缩和拉伸蠕变都较低，耐疲劳性好，可经受反复的应力负荷而不破裂。而且即使在水和一些溶剂中仍有很高的抗疲劳性，不会出现变形。长期空气中热稳定性研究表明，均聚甲醛在 60℃下连续使用 5 年，其拉伸强度仍超过 55MPa，而在 82℃下连续使用 2 年，其拉伸强度只有 15MPa，共聚甲醛的热老化研究亦有类似的结果，说明聚甲醛树脂的热稳定性仍不够令人满意。聚甲醛树脂耐热水性好，共聚甲醛在 82℃热水中浸泡 1 年其力学性能基本不变。聚甲醛树脂的耐化学品性优良，耐有机溶剂性极好，但受强无机酸的攻击会迅速引起降解。聚甲醛树脂对碱性物质相当稳定，但酯化封端的均聚甲醛遇碱会水解脱下酸端基，接着发生甲醛链的顺序脱落。聚甲醛树脂在 −40～50℃的使用温度范围内，其介电常数和介电损耗角正切变化极小。用作电器时长期使用温度上限为 105℃，通常在 −50℃仍能保持相当好的力学强度和电性能。它可代替有色金属作为工程结构材料广泛用于国民经济各领域，特别是电子电器工业、汽车工业、水暖五金等工业领域。

甲醛分子中含有不饱和羰基，可以通过阴、阳离子聚合机理合成聚甲醛。例如，采用无水甲醛为单体，采用阴离子聚合机理合成得到高分子量聚甲醛，此法对单体甲醛纯度的要求非常苛刻；利用三聚甲醛为单体，采用阳离子聚合机理合成得到聚甲醛，由于三聚甲醛价廉易得，易于精制，目前工业上大规模生产多采用此法；采用甲醛水溶液或醇溶液进行线形缩聚也能制得聚甲醛，但此法生产周期长，不能共聚，工业上没有采用。以三聚甲醛为单体的聚合路线，可以采用气相聚合、固相聚合、本体聚合和溶液聚合等方法，工业上多采用后两种方法。

以三氟化硼为主引发剂引发三聚甲醛合成聚甲醛的反应包括链引发、链增长、链转移等基元反应，机理表示如下。

链引发：

$$BF_3O(C_4H_9)_2 + H_2O \longrightarrow H^+BF_3OH^- + O(C_4H_9)_2$$

链增长：

$$R-O-CH_2O\overset{+}{C}H_2 \cdot BF_3OH^- + n\,\square + m\,\square \longrightarrow R-O-CH_2O\overset{+}{C}H_2CH_2 \cdot BF_3OH^-$$

链转移：

$$R-O-\overset{+}{C}H_2 + CH_3OCH_2OCH_3 \longrightarrow R-O-CH_2OCH_3 + CH_3O\overset{+}{C}H_2$$

$$R-O-CH_2-O-\overset{+}{C}H_2 + \begin{matrix} CH_2-CH_2-O-R' \\ O \\ CH_2-O-CH_2-CH_2-O-R'' \end{matrix} \rightleftharpoons R-O-CH_2-O-CH_2-\overset{+}{O}\begin{matrix} CH_2-CH_2-O-R' \\ \\ CH_2-O-CH_2-CH_2-O-R'' \end{matrix} \longrightarrow$$

$$R-O-CH_2-O-CH_2-O-CH_2-O-R' + \overset{+}{C}H_2-O-CH_2-CH_2-O-R''$$

聚甲醛大分子两端含有对热不稳定的半缩醛（—OCH$_2$OH）结构，100℃以上开始解聚，甲醛分子逐个脱去，单体得率可达100%，反应式如下：

$$\sim\!\!\sim\!\!CH_2OCH_2OCH_2OH \xrightarrow{\Delta} \sim\!\!\sim\!\!CH_2OCH_2OH + CH_2O\uparrow$$

为了获得有应用价值的聚甲醛，必须解决其对热不稳定的问题。方法有封端法和共聚法两种。其中封端法有酯化和醚化封端法。酯化封端法就是采用酸酐等物质与聚甲醛端基的羟基发生酯化反应，破坏对热不稳定的半缩醛结构，达到阻隔解聚的目的。常用的酸酐主要有醋酸酐，其他脂肪族或芳香族的酸酐也可以，可以根据需要选用。醋酸酐封端的反应式如下：

$$HOCH_2\!-\!\!\!\left[OCH_2\right]_n\!\!\!-\!OCH_2OH + (CH_3CO)_2O \longrightarrow CH_3COOCH_2\!-\!\!\!\left[OCH_2\right]_n\!\!\!-\!OCH_2OCOCH_3 + H_2O$$

醚化封端法是指外加醚化剂与聚甲醛的端羟基发生醚化反应，破坏对热不稳定的半缩醛结构，达到阻隔解聚的目的。醚化产物比上述的乙酰化物更耐热和耐碱，但收率低，醚化时产生有害的卤化氢气体。常用的醚化剂有卤代烃、环氧氯丙烷等。采用三苯基氯代甲烷醚化封端的反应式如下：

$$HOCH_2\!-\!\!\!\left[OCH_2\right]_n\!\!\!-\!OCH_2OH + (C_6H_5)_3CCl \longrightarrow (C_6H_5)_3C\!-\!OCH_2\!-\!\!\!\left[OCH_2\right]_n\!\!\!-\!OCH_2O\!-\!C(C_6H_5)_3 + HCl$$

共聚法就是指采用第二单体与甲醛共聚，在大分子链上引入对热稳定的链接，达到阻隔聚甲醛持续解聚的目的。常用的共聚单体有环状缩醛（二氧五环等）、环氧烷烃、环硫烷烃、乙烯基单体（苯乙烯等）、内酯（β-丙内酯）等。从共聚单体的精制、共聚反应能力、工艺控制、产物结构与性能等方面综合考虑，二氧五环最为适合。

4.5.2 聚合体系各组分及其作用

（1）单体

三聚甲醛是合成聚甲醛的主单体，也称三氧六环，是甲醛的三聚体。工业上采用甲醛水溶液，在浓硫酸、110℃下反应得到，经结晶提纯后作为聚合的单体。三聚甲醛外观为白色结晶，熔点为64℃，沸点为114.5℃，闪点为（开环）45℃，有氯仿或乙醛样气味，性质比甲醛稳定，能升华。易溶于水、乙醇、乙醚、丙酮、氯代烃、芳香烃和其他有机溶剂，微溶于石油醚、戊烷。与水形成共沸混合物，沸点为 91.4℃。三聚甲醛水溶液能被强酸逐渐解聚，但不被碱解聚。非水体系中能被少量强酸转为甲醛单体，其转化速率依酸的浓度而定。因此三聚甲醛是甲醛的一种特殊商品形式。三聚甲醛易燃易爆，爆炸极限范围为 3.6％～28.7％（体积分数），需要密封阴凉保存。

二氧五环，也称 1,3-二氧杂环戊烷，是合成聚甲醛的第二单体，主要作用是阻隔聚甲醛的解聚，提高其热稳定性。它是由多聚甲醛与乙二醇在浓硫酸存在下反应，然后经盐析、干燥、精馏制得。二氧五环常温下为无色透明液体或水白色液体，沸点为 74～75℃，熔点为 -26℃，闪点为 -6℃，自燃点为 274℃。溶于乙醇、乙醚、丙酮。与水可任意互溶，与水共沸，共沸点为 70～73℃，共沸物水含量为 6.7％。在中性和微碱性时稳定。具有还原性，与氧化剂强烈反应，能使溴水脱色。遇明火、高热、强氧化剂有引起燃烧的危险。贮运要求库房通风、低温、干燥，与氧化剂、酸类分开存放。二氧五环为低毒物，但是若长期皮肤接触能使皮肤脱脂老化。

（2）引发体系

三氟化硼是三聚甲醛阳离子聚合的主引发剂。三氟化硼是一种有刺激性臭味的无色气体，有窒息性，有毒和腐蚀性，在潮湿空气中可产生浓密白烟，熔点为 -126.8℃，沸点为 -100℃，不燃烧，不助燃。可溶于有机溶剂。遇水发生爆炸性反应生成氟硼酸和硼酸。潮湿的三氟化硼可腐蚀许多金属，与金属、有机物等发生激烈反应，与铜及其合金可能生成具有爆炸性的氟乙炔，冷时也能腐蚀玻璃。三氟化硼加热或与湿空气接触会分解形成有毒和腐蚀性的烟（氟化氢），腐蚀眼睛、呼吸道和皮肤，吸入毒烟会导致肺气肿，甚至死亡。与其接触后有咽喉刺痛、咳嗽、呼吸困难、眼睛及皮肤充血、疼痛、视力模糊、皮肤灼烧现象。

三氟化硼用作阳离子聚合引发剂时，事先配制成三氟化硼的乙醚溶液。三氟化硼在乙醚中形成络合物，结构式如下：

$$F-\underset{\underset{F}{|}}{\overset{\overset{F}{|}}{B}} \rightarrow :O\begin{smallmatrix}C_2H_5\\C_2H_5\end{smallmatrix}$$

三氟化硼乙醚络合物

商品级三氟化硼乙醚溶液，其中三氟化硼占 47％，乙醚占 53％，常态下为无色至淡黄色透明液体，有刺激性气味，熔点为 58℃，沸点为 126℃，爆炸极限为 2％～11.1％（体积分数），适宜在 2～8℃下密封贮存。

（3）溶剂

三聚甲醛的阳离子聚合，一般采用溶剂汽油（沸点 60～90℃）、石油醚（沸点 40～80℃）、环己烷（沸点 81℃）、正己烷（沸点 69℃）为溶剂，要求溶剂能溶解单体和引发剂，而不能溶解聚合物，促使生成的聚合物成为细小颗粒，便于聚合工艺操作。采用的溶剂沸点要略高于聚合温度，防止聚合温度（沸点 65～70℃）下溶剂剧烈沸腾。

此外，采用溶剂法聚合结束时，必须人为加入终止剂，使引发剂失效而终止聚合。常用的终止剂有有机胺、氨水、水、碳酸钠水溶液、低级醇等。

4.5.3 聚合工艺过程

在聚合釜中依次加入溶剂、三聚甲醛、二氧五环，升温至 70℃，使三聚甲醛溶解。降温至 65℃ 时，加入引发剂三氟化硼乙醚溶液，聚合立刻开始。

用冷却水维持釜内聚合温度在 65~70℃，进行平稳正常的聚合约 2h，加入含 3％氨的甲醇终止聚合。单体转化率约 80％，产物混合物为聚甲醛的浆料体系。

得到的粗制的共聚甲醛需要进行稳定化处理。将粗制的聚甲醛浆料混合体系，转入后处理釜，用 4％的氨水，在 146~147℃ 下处理数小时，使聚甲醛稳定化。

未反应三聚甲醛、溶剂等液体组分，进入共沸塔、结晶器，进一步分离、提纯未反应的单体和溶剂，循环利用。最后得到的聚甲醛产品为白色细粉状固体。图 4-21 为溶剂法生产聚甲醛的合成工艺流程。

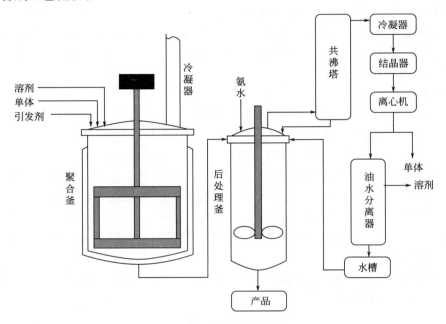

图 4-21　溶剂法生产聚甲醛的合成工艺流程

4.5.4　影响因素

（1）共聚单体

选择共聚单体需要考虑其共聚能力、单体转化率及产物分子量等因素。大量研究表明，与三聚甲醛共聚效果较好的单体主要有二氧五环、环氧乙烷及环氧氯丙烷。以环己烷为溶剂，在 65℃ 下，采用总单体含量 3％（摩尔分数）的共聚单体进行共聚反应。聚合结束后，用 2％氨的苯甲醇溶液，在 160℃ 下进行后处理，除去聚合物中对热不稳定的部分。表 4-13 列出了三种共聚单体共聚情况的比较。

表 4-13　三种共聚单体与三聚甲醛共聚情况的比较

共聚单体	1h 的聚合转化率/％	热稳定聚甲醛的含量/％	相对黏度	聚甲醛熔点/℃
二氧五环	65	90	1.70	170
环氧乙烷	50	90	1.45	171
环氧氯丙烷	57	83	1.55	168

共聚单体的用量对产物性能也有显著影响。例如采用二氧五环共聚，加入少量共聚单体，共聚物热稳定性迅速提高，主要是因为随二氧五环链节的增加，聚合物分子链上对热不稳定部分的链段减少，但是用量超过 5% 后则作用不明显。随着共聚单体用量的增加，大分子链的规整性被破坏的长度增加，导致聚合物熔点急剧下降。因此，一般共聚单体的用量控制在 3%～5% 范围。图 4-22 是二氧五环共聚单体用量对共聚产物热稳定性及熔点的影响。

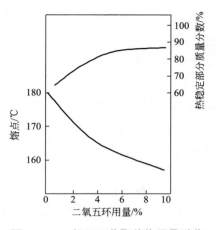

图 4-22　二氧五环共聚单体用量对共聚产物热稳定性及熔点的影响

（2）后处理

聚甲醛大分子两端含有对热不稳定的半缩醛（—OCH$_2$OH）结构，即使采用二氧五环等共聚单体共聚后，在大分子链端依然会存在少量不稳定的半缩醛结构，必须经过后处理，除去对热不稳定的结构，获得对热稳定的聚甲醛。经过后处理的聚甲醛的热稳定性可以从 100℃ 提高到 230℃ 左右。基本原理如下：

$$\sim\!\!\!-\!\!\big[OCH_2\big]_n\!\!-\!\!OCH_2CH_2\!\!-\!\!\big[OCH_2\big]_m\!\!-\!\!OH \xrightarrow{\text{后处理}}$$
不稳定部分

$$\sim\!\!\!-\!\!\big[OCH_2\big]_n\!\!-\!\!OCH_2CH_2\!\!-\!\!OH \ + \ m\,HCHO$$
稳定部分

后处理的方法有熔融法、氨水法和氨醇法三种。熔融法，也称排气熔融法，就是指将共聚甲醛在防老剂、稳定剂存在的条件下，加热至熔融状态，使大分子链端的不稳定结构除去。常用的防老剂有 2,6-二叔丁基苯酚，防止共聚物氧化。常用的稳定剂有双氰胺，主要用以吸收释放的甲醛。熔融法适用于本体聚合制备共聚甲醛的工艺。熔融法的后处理温度在熔点到 240℃ 之间，同时采用适当真空度进行排气，分解出的甲醛被排走，处理时间很短，一般不到 10min。熔融法所用设备为辊磨、单螺杆或双螺杆排气挤出机。排气熔融后处理可以直接得到商品聚甲醛粒子。

溶液聚合方法制备共聚甲醛的后处理工艺，一般采用氨水法或氨醇法。氨水法是指将 2%～4% 的氨水与共聚甲醛在热压釜中加热至 137～147℃ 处理数小时，使不稳定结构分解除去。氨醇法是指将共聚甲醛在含有少量氨的乙醇水溶液加热溶解后，在 160℃ 处理 15～30min，使不稳定结构分解除去。若在水解后处理时加入水溶性有机溶剂，如乙醇、异丙醇等，可以使共聚物完全溶解成为溶液，可以缩短后处理时间。后处理结束，再加入过量的水，降低温度的同时，共聚甲醛从溶液中析出。

共聚甲醛的后处理是在中性至碱性的条件下除去了大分子链结构中的对热不稳定结构部分，因此获得的共聚甲醛是耐热、耐碱的，但是对酸，特别是强酸，依然存在不稳定性。

（3）混配造粒

共聚甲醛中加入抗氧剂、甲醛吸收剂和其他稳定剂可以使其进一步稳定化。有大量专利文献介绍聚甲醛树脂的稳定剂。20 世纪 80 年代末 Ciba-Geigy 公司推荐使用酚类抗氧剂。芳胺类抗氧剂对提高聚甲醛树脂的热稳定性有明显的效果，但它会使树脂逐渐变成棕色，只能用在深色制品中。酚类化合物不会带来变色污染问题，常用的是抗氧剂 2246、抗氧剂 1010、抗氧剂 259、抗氧剂 245 等。常用的甲醛吸收剂有双氰胺、三聚氰胺、共聚酰胺等。常用的紫外线吸收剂有 UV-9、苯并三唑等。常用的润滑剂为硬脂酸钙、Acrawax C 等。抗氧剂和各种助剂的用量通常为 0.05%~1.0%，稳定剂经适当组配对提高树脂的热稳定性有协同作用。后处理好的聚合物粉体混入各种助剂后，塑化挤出成商品共聚甲醛树脂粒子。

4.5.5　聚合技术发展

三聚甲醛的聚合方法有气相、溶液-悬浮（淤浆）、本体聚合方法等。溶液-悬浮聚合是将溶剂、单体、共聚单体、引发剂等加入带搅拌的聚合反应器中，生成的聚合物既不溶于溶剂，也不溶于单体，聚合体为淤浆状态。

三聚甲醛的聚合热为－15.08kJ/mol，有利于采用本体聚合。实施方法有板框、传送带、转鼓、捏合机和双螺杆设备等，采用连续本体聚合的设备通常要有良好的混合性和自清理性。

当采用双螺杆挤出设备时，三聚甲醛和适量（1%~5%）的共单体如二氧环戊烷和极少量（0.005%~0.1%）的引发剂如三氟化硼丁醚络合物的环己烷溶液，以及必要的分子量调节剂如甲缩醛，一起从特殊设计的进料口加入双螺杆挤出聚合设备中。通常，聚合反应在20~90℃下进行，物料在聚合反应器中的停留时间不超过 10min。当停留时间为 0.5~2min时，从反应器出口排出固体聚合物料，其聚合转化率可达 60%以上。

4.6　阴离子嵌段共聚合制备 SBS 热塑性弹性体

4.6.1　阴离子聚合的工艺及影响因素

4.6.1.1　阴离子聚合工艺

由于阴离子聚合采用的引发剂遇水会发生反应，同时反应过程中的碳负离子增长链对水的作用是灵敏的，因此不能用水为反应介质。不能采用以水为反应介质的悬浮聚合和乳液聚合生产方法进行生产。工业上，阴离子聚合可以采用无反应介质的本体聚合方法；或有反应介质存在的溶液聚合方法，包括淤浆法和溶液法。

阴离子聚合的工艺过程，一般包括单体等组分的精制与配制、引发剂的制备、聚合过程、未反应单体与溶剂的分离、回收利用，聚合产物的后处理等工序。

4.6.1.2　影响因素

（1）溶剂

阴离子聚合一般情况下需要溶剂，溶剂的作用主要有排除聚合热和提供必要的反应介质两方面。阴离子聚合一般选用不同极性的非质子溶剂，如四氢呋喃、二氧六环、芳烃、烷烃、醚等，而质子溶剂如水、醇、酸、胺则不能作为阴离子聚合的溶剂，因为它们会阻止聚合。溶剂对聚合的影响主要源于溶剂对引发剂、单体及增长链端基的溶剂化作用。所谓溶剂化作用，就是指溶剂分子通过分子间作用力与引发剂、单体及增长链端基之间发生的相互作用。这种相互作用直接影响到引发活性中心离子对的疏密程度、聚合活性和产物结构等。溶剂化作用与溶剂的极性、溶剂化能力有关。溶剂的极性一般用介电常数表征，溶剂化能力用溶剂的电子给予指数表征。表 4-14 列出了常用溶剂的介电常数和电子给予指数。

表 4-14　常用溶剂的介电常数和电子给予指数

溶剂	介电常数	电子给予指数	溶剂	介电常数	电子给予指数
正己烷	2.2	—	四氢呋喃	7.6	20.0
苯	2.2	2	丙酮	20.7	17.0
二氧六环	2.2	5	硝基苯	34.5	4.4
乙醚	4.3	19.2	二甲基甲酰胺	35	30.9

　　溶剂的介电常数越大，极性越强；溶剂的电子给予指数越大，溶剂化作用越大。这两种情况均会导致引发中心更容易地形成疏松的离子对，甚至是自由离子，聚合速率加快，但对控制产物的立构规整性不利。

　　溶剂对聚合产物的构型也有重要影响。以异戊二烯的阴离子聚合为例，丁基锂引发聚合，发现随着溶剂极性的增加，顺式结构含量减小，极性溶剂条件下难以获得顺式结构的聚异戊二烯，表 4-15 列出了戊烷、苯、环己烷、四氢呋喃等溶剂极性对异戊二烯聚合产物构型的影响。

表 4-15　溶剂极性对异戊二烯聚合产物构型的影响　　　　　单位：%

溶剂	聚异戊二烯分子链中各种构型的含量			
	顺式 1,4-结构	反式 1,4-结构	1,2-结构	3,4-结构
戊烷	93	0	0	7
苯	75	12	0	7
环己烷	68	19	0	13
戊烷/THF(90/10)	0	26	9	66
四氢呋喃(THF)	0	12	27	59

（2）温度

　　温度对阴离子聚合的影响有两个方面。一方面是对链增长速率常数的影响，升高温度，链增长速率常数增加，导致聚合速率加快；另一方面是对离子对离解平衡常数的影响，升高温度，离解平衡常数降低，也即较疏松的离子对或自由离子的浓度降低，导致聚合速率减慢。以上两方面对聚合速率的影响是相反的。研究证明，温度对阴离子聚合速率的影响不如自由基聚合，影响相对较小。此外，聚合体系中的一些活性杂质对活性链的终止也会随着温度的升高而明显。因此，阴离子聚合温度一般在 20～80℃下进行。

（3）反离子

　　阴离子聚合的活性中心主要以离子对形式存在，其中的反离子主要是金属阳离子。金属阳离子的半径及其溶剂化程度对聚合速率有明显的影响，表 4-16 列出了苯乙烯阴离子聚合速率常数与反离子的关系。

表 4-16　苯乙烯阴离子聚合速率常数与反离子的关系　　　单位：L/(mol·s)

反离子		锂离子	钠离子	钾离子	铷离子	铯离子
聚合速率常数	在四氢呋喃中	160	80	60～80	50～60	22
	在二氧六环中	0.94	3.4	19.8	21.5	24.5

表 4-16 中的数据表明：在非极性溶剂中，阴离子聚合速率常数随着反离子半径增加而加快；而在极性溶剂中，聚合速率常数随着反离子半径增加而减慢。因为在非极性溶剂中，溶剂化作用极其微弱，此时，离子对的疏密程度主要取决于离子半径的大小。随着离子半径的增大，离子对之间的静电作用力减小，离子对变得疏松，有利于单体的插入增长反应。在极性溶剂中，溶剂化作用对活性中心离子对的形态起决定作用。离子半径越小，与溶剂的溶剂化作用越强，离子对越疏松，越有利于链增长反应。

反离子半径大小对聚合产物构型有影响。以丁二烯聚合为例，在戊烷中，0℃的聚合条件下，采用锂、钠、钾、铷、铯碱金属引发聚合，发现随着反离子半径的增大，聚丁二烯大分子链上的顺式含量逐渐减少，表 4-17 列出了反离子半径对聚丁二烯构型的影响。

表 4-17   反离子半径对聚丁二烯构型的影响　　　　　　　　　　　单位：%

反离子	聚丁二烯分子链中各种构型的含量		
	顺式 1,4-结构	反式 1,4-结构	1,2-结构
锂	35	52	13
钠	10	25	65
钾	15	40	45
铷	7	31	62
铯	6	35	59

（4）缔合现象

研究发现，烷基锂在非极性溶剂如苯、甲苯、己烷中存在不同程度的缔合作用，而只有处于单分子状态的烷基锂才具有引发活性，缔合的烷基锂必须解缔合后才能引发聚合。丁基锂（butyllithium）是最常见的阴离子聚合引发剂之一，它以离子对的形式引发丁二烯、异戊二烯聚合。丁基锂在苯、环己烷等非极性溶剂中以几个分子缔合（association phenomenon）状态存在，使其引发能力减弱，即所谓的缔合现象。丁基锂在极性溶剂中或升高温度后解缔合为单分子，与单体作用形成离子对或自由离子，然后引发单体聚合。

$$(C_4H_9Li)_n \xrightarrow{\text{烷烃}} C_4H_9Li \xrightarrow{\text{单体}} C_4H_9^- Li^+$$

$$C_4H_9^- Li^+ + M \longrightarrow C_4H_9M^- Li^+$$

采用强极性的四氢呋喃作溶剂，四氢呋喃中氧原子的孤对电子与锂离子络合，使丁基阴离子成为自由离子或疏松离子对，引发活性得到显著提高。

$$C_4H_9Li + :OC_4H_8 \longrightarrow C_4H_9^- + \left[Li \leftarrow OC_4H_8 \right]^+$$

在聚合体系中加入路易斯酸可以破坏丁基锂的缔合作用，这是由于路易斯酸与金属锂配位的结果。此外，升高温度也能破坏丁基锂的缔合结构。

4.6.2   阴离子聚合的工业应用

阴离子聚合由于引发中心几乎可以在同一时间快速地形成，因此特别适合合成分子量窄分布的聚合物，如用于凝胶渗透色谱分级的分子量狭窄的标准试样聚苯乙烯就是采用阴离子聚合机理合成的。

阴离子活性链难以自行终止，必须添加终止剂，因此可以通过添加不同结构的终止剂，在终止活性链的同时，合成链端具有－OH、－COOH、－SH 等功能基团的聚合物。

阴离子聚合的增长链具有长时间的活性，可以依次添加不同品种的单体进行聚合，合成不同结构与性能的嵌段共聚物、接枝共聚物，如热塑性弹性体 SB、SBS 等。

通过阴离子开环聚合机理合成聚环氧乙烷、聚环氧丙烷、聚己内酰胺等重要的聚合物品种。

4.6.3 SBS 热塑性弹性体

SBS 是一个三嵌段共聚物，由室温下处于高弹态的丁二烯链段和室温下处于玻璃态的苯乙烯链段构成，如图 4-23 所示。

上述结构在受到外力拉伸时，丁二烯柔性链段将沿外力方向大幅度伸长，而苯乙烯链段作为物理交联点限制其伸长，并将在撤销外力时使伸长的丁二烯链段恢复原状，如图 4-24 所示。

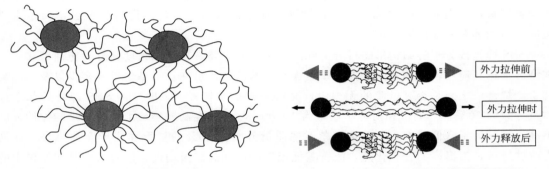

图 4-23　SBS 三嵌段结构　　　　图 4-24　SBS 弹性体恢复性弹性形变的原理

SBS 主要用作橡胶和胶黏剂。用 SBS 代替硫化橡胶和聚氯乙烯制作的鞋底弹性好，受力残余变形小，色彩美观，且具有良好的抗湿滑性、透气性、耐磨性、低温性和耐曲挠性，不臭脚，穿着舒适等优点，而且对沥青路面、潮湿及积雪路面有较高的摩擦系数，更重要的一个优点是废 SBS 鞋底可回收再利用。目前采用 SBS 制作的鞋底式样可为半透明的牛筋底或色彩鲜艳的双色鞋底，也可制成发泡鞋底。用 SBS 制成的整体模压帆布鞋，其质量比聚氯乙烯树脂鞋轻 15%～25%，摩擦系数高 30%，具有优良的耐磨性和低温柔软性。SBS 可以取代硫化橡胶和塑料而成为制备玩具、家具和运动设备的主要原料，还可以制成各种胶板用作地板材料，也可用于汽车内坐垫材料，还可代替其他橡胶和塑料，用于电线和电缆的外皮。SBS 胶黏剂用途广泛，如冶金粉末成型剂，木材快干胶，标签、胶带用胶，一次性卫生用品用胶，覆膜黏合剂，密封胶；用于挂钩、电子元件的一般强力胶、万能胶以及不干胶等。

SBS 可以在很宽的范围内和多种塑料共混而改善其性能，是一种很好的塑料改性剂。用 SBS 对 PP 进行改性，可以改善其耐寒抗冲击性，使 PP 在低温下 -29℃ 的抗冲击性大大提高，从而为 PP 的用途提供了广阔的前景，改性后的产品可用于制造汽车保险杠、制造洗衣机内桶和洗衣机零部件等。用 SBS 与 PP 或 HDPE 共混，或采用三元共混改性后的产物，可用于制造汽车方向盘和仪表板。用 SBS 对 PS 进行共混改性，可大大改善 PS 的脆性，使其抗冲击性能大大增强，且透明性好，广泛用作透明板材、仪表外壳以及各种装饰制品等。SBS 改性沥青可提高沥青混合料的耐高温、低温，抗疲劳，抗湿滑性，对低温抗裂性和耐久性也有很好的改善。用 SBS 改性的沥青路面耐车辙能力和抗疲劳寿命可提高一倍以上。

近几年，随着国内外环境的变化，SBS 产能产量、进出口量、下游领域等也在不断变化。2006~2013 年，是我国 SBS 产量迅速增长的阶段，产量从 20 万吨增长至 61.2 万吨。近几年产量走势相对平稳，处于小幅波动的状态，2018 年产量约为 70.5 万吨。从进出口市场来看，目前我国 SBS 进出口总量相对较小，对外依存度低，2018 年进口量约为 2.88 万吨，出口量上升至 2.35 万吨，对外依存下降至 4.1%。SBS 的下游主要为 TPR 鞋材、溶剂型胶黏剂、SBS 改性沥青防水卷材、道路改性沥青四个领域。从行业下游的需求变化来看，近几年国内 TPR 鞋材、溶剂型胶黏剂对 SBS 的需求处于逐年萎缩的状态，而随着国家持续性加大基础设施方面的投入，尤其是在高速公路、地下工程、轨道交通领域，对 SBS 改性沥青防水卷材、道路改性沥青需求增长相对稳定，这也成为拉动 SBS 需求的主要动力。此外，随着国内人工成本的上升，近几年全球市场低端运动鞋生产线从我国逐步向越南等东南亚国家转移，东南亚地区对 SBS 等热塑性弹性体的需求增长显著，我国的 SBS 出口也主要流向了越南等东南亚国家。

SBS 牌号按分子链结构形态可分为线形和星形两大类，从使用角度又分为充油型和非充油型。根据其应用领域的不同，按分子量大小、苯乙烯含量和乙烯基含量的多少以及苯乙烯和丁二烯链段之间是否有过渡的无规段，又可分成众多牌号。一般通用 SBS 牌号的苯乙烯质量分数为 30%~45%，相对分子质量为 10 万~30 万。在制鞋领域由于所要求的拉伸强度不高，同时为了降低成本，一般选用苯乙烯质量分数为 40% 的星形和线形充油牌号。在沥青改性领域，为提高沥青软化点，改善其低温屈挠性和高温流动性，同时考虑其在沥青中的相容性，一般采用苯乙烯质量分数为 30% 的高分子量的星形牌号。在塑料改性方面，为提高相容性，一般选用高苯乙烯含量和与塑料分子量相匹配的牌号。在黏合剂方面，热熔型和压敏型黏合剂所需牌号有所不同，一般压敏型黏合剂选用苯乙烯含量低、分子量相对高的线形牌号。

目前工业上 SBS 主要采用阴离子机理合成。线形嵌段 SBS 采用丁基锂引发，经三步链增长，最后加终止剂完成聚合过程。首先，丁基锂引发苯乙烯生成苯乙烯基阴离子，一经产生的阴离子活性中心迅速与苯乙烯分子发生链增长反应，形成分子量不断增加的、可进一步引发链增长的阴离子活性大分子。当加入第二种单体丁二烯后，继续链增长，形成聚苯乙烯-聚丁二烯基阴离子，接着再引发并聚合第三步加入的苯乙烯，形成聚苯乙烯-聚丁二烯-聚苯乙烯基三嵌段聚合物阴离子，最后加入水终止反应，得到目标产物的 SBS。第一步聚合反应因生成的碳阴离子与苯环共轭，溶液颜色呈金黄色或橙红色，第二步加丁二烯后，颜色基本消失，第三步再加苯乙烯时，聚合物溶液又恢复金黄色或橙红色，加入水终止后聚合物溶液颜色再次消失。三步嵌段共聚反应如下：

$$RLi + n\,CH_2{=}CH{-}C_6H_5 \longrightarrow R{\left(CH_2{-}\underset{C_6H_5}{CH}\right)}_{n-1}CH_2{-}\underset{C_6H_5}{CH^-}Li^+ \xrightarrow{+\,m\,CH_2{=}CH{-}CH{=}CH_2}$$

$$R{\left(CH_2{-}\underset{C_6H_5}{CH}\right)}_n{\left(CH_2CH{=}CHCH_2\right)}_{m-1}CH_2CH{=}CHCH_2^-Li^+ \xrightarrow[\ \ C_6H_5\ \ ]{+\,p\,CH_2{=}CH}$$

$$R{\left(CH_2{-}\underset{C_6H_5}{CH}\right)}_n{\left(CH_2CH{=}CHCH_2\right)}_m{\left(CH_2{-}\underset{C_6H_5}{CH}\right)}_{p-1}CH_2{-}\underset{C_6H_5}{CH^-}Li^+ \xrightarrow{+\,H_2O}$$

$$R\text{---}(CH_2\text{---}CH)_n\text{---}(CH_2CH=CHCH_2)_m\text{---}(CH_2\text{---}CH)_{p-1}\text{---}CH_2\text{---}CH_2$$
$$\qquad\quad\ C_6H_5 \qquad\qquad\qquad\qquad\qquad\qquad C_6H_5 \qquad\quad C_6H_5$$

SBS 是苯乙烯和丁二烯通过无终止阴离子聚合机理合成的热塑性弹性体，它的合成路线主要有三种，即单锂（R-Li）为引发剂的单体顺序加料法、偶合法、双锂（Li-R-Li）引发法。

单体顺序加料法是把苯乙烯、丁二烯、苯乙烯在三个反应阶段顺序加到反应器中，过程中只需引发剂，不用偶合剂。顺序加料法的优点是：引发剂用量少，每千克聚合物所用引发剂量仅为偶合法的一半；避免使用价格昂贵的偶合剂；二嵌段物的浓度低；可根据需要调节各嵌段的分子量大小。

偶合法是先用引发剂引发苯乙烯单体，再与丁二烯共聚形成二嵌段共聚物，加偶合剂偶合得到产物。采用不同偶合剂，可得到结构为线形或星形的不同产物。偶合法优点是：偶合迅速省时；杂质对偶合过程影响较小；多官能团的偶合剂可制备加工性能及抗冷流形变性能的星形聚合物。但偶合法生产的产品往往存在二嵌段（SB）含量高（5%～10%）、产品耐老化性能相对不足的局限性。偶合法的合成反应如下：

$$2SB\text{---}Li + COCl_2 \longrightarrow SB\text{---}\overset{\displaystyle O}{\underset{}{\overset{\|}{C}}}\text{---}BS + 2LiCl$$

$$4SB\text{---}Li + SiCl_4 \longrightarrow SB\text{---}\underset{\underset{\displaystyle BS}{|}}{\overset{\overset{\displaystyle BS}{|}}{Si}}\text{---}BS + 4LiCl$$

对于双锂（Li-R-Li）引发法，国外 Dow、Dexco、Polymer、Buna、Phillips 公司和国内中石油公司等相继进行了此项工艺的开发，1990 年已有 Vector 等牌号面世。双锂引发法可以减少聚合过程中的第三步加料工艺，产品不含或仅含微量二嵌段物，均聚物含量很少，产品的耐老化性能得到根本性改善，且可在原有单锂 SBS 生产装置上实施此生产工艺，能有效地降低引发剂的成本，因此是一个值得推广的制备 SBS 的工艺方法。但双锂引发剂在非极性溶剂中溶解度很低，热稳定性差，一定程度上限制了双锂引发剂的使用范围。双锂引发法的合成反应原理如下。

引发：

$$2CH_2=CHCH=CH_2 + Li\text{---}R\text{---}Li \longrightarrow$$
$$Li^+{}^-CH_2CH=CHCH_2\text{---}R\text{---}CH_2CH=CHCH_2^-Li^+$$

第一次增长：

$$Li^+{}^-CH_2CH=CHCH_2\text{---}R\text{---}CH_2CH=CHCH_2^-Li^+ \xrightarrow{CH_2=CHCH=CH_2}$$

$$Li^+{}^-(CH_2CH=CHCH_2)_m\text{---}R\text{---}(CH_2CH=CHCH_2)_n^-Li^+$$

交叉引发：

$$Li^+{}^-(CH_2CH=CHCH_2)_m\text{---}R\text{---}(CH_2CH=CHCH_2)_n^-Li^+ \xrightarrow{\hspace{1cm}}$$

$$Li^+{}^-CHCH_2\text{---}(CH_2CH=CHCH_2)_m\text{---}R\text{---}(CH_2CH=CHCH_2)_n\text{---}CH_2CH^-Li^+$$

第二次增长：

$$Li^{+-}CHCH_2-(CH_2CH=CHCH_2)_m-R-(CH_2CH=CHCH_2)_n-CH_2CH^-Li^+$$

(苯乙烯结构) $-CH=CH_2$ →

$$Li^{+-}(CHCH_2)_q(CH_2CH=CHCH_2)_m-R-(CH_2CH=CHCH_2)_n(CH_2CH)_p^-Li^+$$

4.6.4 聚合体系各组分及其作用

（1）单体

苯乙烯是一种无色、有特殊香味的有毒液体，能溶于汽油、乙醇和乙醚等有机溶剂，主要由乙苯制得，是聚合物的重要单体，沸点在标准大气压下为145℃。苯乙烯可燃，毒性中等，挥发出的蒸气对眼睛和呼吸系统有刺激作用，蒸气浓度高时对中枢神经系统起抑制作用。为避免发生聚合，贮存和运输中一般加入至少10mg/kg的TBC（叔丁基苯酚）阻聚剂，TBC的有效阻聚作用要求含有一定量的溶解氧，故最好不要用密闭容器，尽量在室温下贮存，室温高于27℃时，要考虑冷冻措施。贮存的容器要求不用橡胶或含铜的材料制造。用于制备SBS的苯乙烯单体需满足下列指标要求：外观为清澈透明液体，无可见机械杂质和游离水；纯度≥99.5%，色度（铂-钴色号）≤15，苯甲醛≤0.02%，聚合物≤10mg/kg，水分≤0.015%，乙苯≤0.27%，异丙苯≤0.08%，a-MeSt≤0.07%，硫≤30mg/kg，过氧化物（H_2O_2）≤100mg/kg，阻聚剂≤0.02%。

丁二烯单体是一种具有共轭双键的最简单的二烯烃，是一种有特殊气味的无色气体，有麻醉性，特别刺激黏膜，易液化。温度达到临界温度152℃以下，并对其加压可使丁二烯液化。丁二烯的相对密度为0.6211，沸点为-4.45℃，稍溶于水，溶于乙醇、甲醇，易溶于丙酮、乙醚、氯仿等，与空气形成爆炸性混合物，爆炸极限为2.16%～11.47%（体积分数）。丁二烯具有对称的结构，化学性质活泼，能参与许多化学反应，如加成反应、聚合反应、氧化反应、Diels-Alder反应等。制法主要有丁烷和丁烯脱氢，或由C_4馏分分离而得。丁二烯的生产及贮存过程中极易产生过氧化物自聚物及端聚物，过氧化物自聚物一般呈浅黄色油状的黏稠液体。试验表明，过氧化物在受到撞击后能产生强烈爆炸，其威力相当于等量的TNT炸药；丁二烯端聚物呈白色"爆米花"状，质地坚硬，一经形成便以自我为中心加速生长膨胀，生产中易发生堵塞设备、管道和胀裂事故，危害极大，必须予以高度重视。因为氧、Fe^{2+}不可能绝对避免，故过氧化物及端聚物的形成是必然的，形成的自聚物不能及时处理，长时间积累恶化产生变质，因此减少贮存及生产过程中物料停留时间，及时消除死角是必要的。预防过氧化物采用的措施有：严格控制系统氧含量；尽可能采取低压低温操作；妥善保管阻聚剂。

（2）引发剂

合成SBS使用的引发剂为丁基锂。丁基锂是多用途的阴离子引发剂，可以引发合成微观结构和性能不同的高聚物。丁基锂引发剂能溶于烃类溶剂之中，引发速率较快，形成单阴离子活性中心，C—Li键的性质取决于溶剂的性质，在非极性溶剂中属于极性共价键，在极性溶剂中属于离子键。

丁基锂为淡棕色液体，密度为 0.78g/cm³，闪点为 -12℃。丁基锂对眼睛、皮肤、黏膜和呼吸道有强烈的刺激作用，吸入后可引起支气管痉挛、炎症等疾病，化学反应活性很高，与空气接触会着火，燃烧产物为一氧化碳、二氧化碳、氧化锂。若不慎泄漏应迅速撤离泄漏污染区人员，并进行隔离，切断电源，用沙土等惰性材料吸收，并转移到收集器内，回收或处理掉。在丁基锂工作场所严禁吸烟，工作过程中应戴橡胶手套。

（3）溶剂

合成 SBS 使用的溶剂为环己烷。环己烷为无色液体，有类似汽油的气味，对酸、碱比较稳定，能与甲醇、乙醇、苯、醚和丙酮相混溶，难溶于水，易燃，与空气能形成爆炸性混合物，爆炸极限为 1.3%～8.3%，沸点为 80.7℃。环己烷也可以发生氧化反应，在不同的条件下所得的主要产物也不同。

操作注意事项：密闭操作，全面通风。操作人员必须经过专门培训，严格遵守操作规程。建议操作人员佩戴自吸过滤式防毒面具（半面罩），戴安全防护眼镜，穿防静电工作服，戴橡胶耐油手套。远离火种、热源，工作场所严禁吸烟。使用防爆型的通风系统和设备。防止蒸气泄漏到工作场所空气中。避免与氧化剂接触。灌装时应控制流速，且有接地装置，防止静电积聚。搬运时要轻装轻卸，防止包装及容器损坏。配备相应品种和数量的消防器材及泄漏应急处理设备。倒空的容器中可能残留有害物。

贮存注意事项：贮存于阴凉、通风的库房。远离火种、热源。库温不宜超过 30℃。保持容器密封。应与氧化剂分开存放，切忌混贮。采用防爆型照明、通风设施。禁止使用易产生火花的机械设备和工具。贮区应备有泄漏应急处理设备和合适的收容材料。

（4）其他

水为反应终止剂，在阴离子聚合反应过程中，活性高分子（即聚合物阴离子）与质子受体作用终止反应，当质子受体是水时则优先终止反应而得到饱和烃端基的聚合物。当多嵌段活性聚合物体系遇到水分子等质子受体时，由于阴离子被质子化，这种终止反应使体系中一定数量的活性高分子迅速失活，终止聚合链的增长，分子不能再增大，新的单体不能再加接上去，生成一定数量的单一单体聚合物。

粗氮气先经硅胶器干燥，再与氢气按比例混合后进入反应器，在催化剂的作用下，在常温下，氢气与氮气中的氧反应脱除氧，再进入 4A 分子筛干燥器，进一步干燥。精制氮气可达到氧气含量 $<10\times10^{-6}$，水 $<20\times10^{-6}$。

填充油一般选用环烷油，旨在降低 SBS 熔体黏度，改善加工性能，调节 SBS 的硬度和模量。但用量过多会降低产品的拉伸强度、耐磨性。

表 4-18 为工业上合成 SBS 弹性体的典型配方，所设计的配方旨在合成一种线形结构的 SBS 弹性体聚合物，分子量在 10 万左右。

表 4-18　合成 SBS 的典型配方

聚合体系	原料名称	用量
单体	苯乙烯 丁二烯	S：B=4：6（摩尔比） 总量 15%（质量分数）
引发剂	丁基锂	微量
溶剂	环己烷	85%（质量分数）

续表

聚合体系	原料名称	用量
填充油	环烷油	适量
终止剂	水	适量

4.6.5　聚合工艺过程

工业上合成 SBS 弹性体的工艺过程包括单体的精制、引发剂的制备、聚合、溶剂回收及聚合物后处理等工序。

4.6.5.1　单体精制

（1）苯乙烯单体的精制

苯乙烯首先采用 15％左右的氢氧化钠水溶液碱洗除去阻聚剂 TBC，然后水洗除去残留的碱液，再经精馏塔精馏，脱除重组分和部分水分，最后经过干燥塔进一步除去微量的水分，得到可以用来聚合的精制苯乙烯。为防止苯乙烯在精馏过程中自聚，采用减压精馏。

在苯乙烯的精馏工艺过程中，采用高效丝网波纹填料塔具有较高的分离效率，且可有效避免苯乙烯在精馏过程中的自聚现象。金属丝网填料是国内外应用比较广泛的高效填料，是由垂直排列的波纹网片组成的盘状规整填料。使用金属丝网填料精馏的优点有理论板数高，通量大，压力降低；低负荷性能好，理论板数随气体负荷的降低而增加，几乎没有低负荷极限；操作弹性大；放大效应不明显；能够满足精密、大型、高真空精馏装置的要求。

为减小苯乙烯成品中的水分含量，在精馏塔上部采用侧线液相出料。同时，精馏塔塔顶出料的苯乙烯通过填充 $\gamma\text{-}Al_2O_3$ 的干燥塔进行吸附干燥。

精馏塔工艺条件：塔顶温度（45±2）℃，塔釜温度（62±2）℃，塔顶压力 2.66kPa，塔釜压力 4.18kPa，进料量 500～700kg，回流比 0.6。图 4-25 为苯乙烯的精制工艺流程。

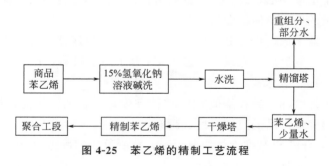

图 4-25　苯乙烯的精制工艺流程

（2）丁二烯单体的精制

丁二烯首先采用 15％左右的氢氧化钠水溶液碱洗除去阻聚剂 TBC，然后经水洗塔脱除残留碱液、乙腈、二聚物和醛酮等含氧化合物，再经脱轻塔脱除丙炔和氧气，经脱重塔分离重组分，最后丁二烯经活性氧化铝和 5A 分子筛干燥、精制后，水分含量可小于 2.0×10^{-6}，得到合格的聚合级丁二烯，用作 SBS 生产原料。

丁二烯在脱轻塔、脱重塔系统内易自聚，主要是端聚物，经常出现在测量管口、过滤器、塔内死角处，造成堵塞情况，影响正常生产。图 4-26 为丁二烯的精制工艺流程。

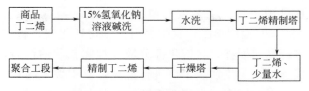

图 4-26 丁二烯的精制工艺流程

原料中含氧量对丁二烯的自聚影响较大，随着氧含量的增大，丁二烯的自聚速率明显加快。许多研究已证明，氧在端聚物形成的过程中起了决定作用，氧是引发丁二烯端聚的必要条件。可将脱轻塔、脱重塔系统的阻聚剂加入点进行改造，将阻聚剂的加入改为多点、多次加入，完善了阻聚剂的加入方法，使阻聚剂尽可能地与物料接触，很好地发挥防自聚作用。在检修中改进清理的方法，用高压水枪清理塔内、塔板等死角处的自聚物，大大地减少了残存的端聚物种子，也就减少了自聚的引发剂。

丁二烯过氧化自聚物形成机理：首先丁二烯与氧发生过氧化反应，形成环状过氧化物，然后开环聚合形成所谓的自聚物。反应如下：

$$CH_2{=}CH{-}CH{=}CH_2 + O_2 \longrightarrow$$

$$\cdot CH_2{-}CH{=}CH{-}CH_2{-}O{-}O\cdot \;+\; CH_2{=}CH{-}CH{-}\dot{C}H_2$$
$$\underset{O{-}O\cdot}{}$$

$$CH_2{-}CH{=}CH{-}CH_2 \qquad CH_2{=}CH{-}CH{-}CH_2$$
$$\underset{O{-}O}{} \qquad\qquad \underset{O{-}O}{}$$

$${+}(CH_2{-}CH{=}CH{-}CH_2{-}O{-}O)_m\,(CH_2{-}\overset{CH{=}CH_2}{CH}{-}O{-}O)_n$$

丁二烯过氧化端聚物形成机理：丁二烯在氧的作用下生成丁二烯过氧化物自由基，然后引发丁二烯聚合，生成的聚合物被氧进一步引发增长，最后生成交联的所谓的端聚物。反应如下：

$$2CH_2{=}CH{-}CH{=}CH_2 + O_2 \longrightarrow$$

$$\cdot CH_2{-}CH{=}CH{-}CH_2{-}O{-}O{-}CH_2{-}CH{=}CH{-}\dot{C}H_2 \xrightarrow{CH_2{=}CH{-}CH{=}CH_2}$$

$$\begin{array}{c} {\sim}CH_2{-}CH{=}CH{-}CH_2{-}O{-}O{-}CH_2{-}CH{=}CH{-}CH_2{\sim} \\ {+}(CH_2{-}CH{=}CH{-}CH_2)_m(CH_2{-}\underset{\underset{CH_2}{CH}}{CH})_n \end{array} \xrightarrow{O_2}$$

$$\begin{array}{c} {-}CH_2{-}CH{=}CH{-}CH_2{-}O{-}O{-}CH_2{-}CH{=}CH{-}CH_2{\sim} \\ \qquad\qquad {\sim}O \qquad\qquad O \\ {+}(CH_2{-}CH{=}CH{-}CH)_m(CH_2{-}\underset{\underset{CH_2}{CH}}{C})_n{\sim} \end{array}$$

4.6.5.2　引发剂的制备

丁基锂的合成原理就是采用相应的氯代烷烃在烃类溶剂中与金属锂直接反应制得，反应式如下：

$$C_4H_9Cl + 2Li \xrightarrow{\text{氩气保护溶剂}} C_4H_9Li + LiCl$$

丁基锂制备的配比见表 4-19。工艺流程如图 4-27 所示，首先将金属锂锭在熔锂器内，氩气保护下，加热到 180.5℃温度熔融，在熔融后，制得熔化锂；将熔化锂放入分散釜，同时加入白油、环己烷进行高速搅拌，将熔化锂分散成细颗粒状的锂砂，制得锂砂的悬浮液；将锂砂悬浮液加入合成釜，均匀滴加氯丁烷进行反应，氯丁烷大约在 5h 内滴加完毕，再经一段时间搅拌后即可认为反应完全，得到含丁基锂的混合物；然后将反应混合液加到沉降槽中自然沉降，分层后抽清液过滤，得到透明的丁基锂溶液。

表 4-19 合成丁基锂各种物料配比

原材料	金属锂	氯丁烷	白油	环己烷
投料量	12kg	82～84L	100L	370L

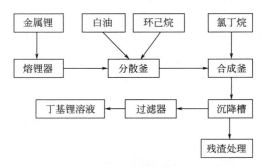

图 4-27 丁基锂溶液引发剂的制备工艺流程

反应过程中要特别注意氯丁烷的滴加速度，如滴加速度过快或不均匀，易导致局部温度偏高，发生伍尔兹副反应，影响产品收率，反应式为：

$$n\text{-}C_4H_9Cl + n\text{-}C_4H_9Li \longrightarrow C_8H_{18} + LiCl$$

4.6.5.3 聚合过程

线形 SBS 采用三步法间断聚合方法合成。一段聚合在聚合釜内进行，先加入环己烷溶剂，并预热到 60～70℃，加入已事先控温在 0～10℃的苯乙烯，当釜温调至 50～60℃，加入引发剂，维持在 60～70℃反应 30min 左右，一段聚合结束；当釜温调至 50～60℃，缓慢加入丁二烯，温度控制在 90～105℃，反应 15～30min，二段聚合结束；调节温度控制在 80～100℃，持续 2～5min 后加入苯乙烯进行三段聚合反应，同时补充适量的溶剂。三段聚合的转化率均控制在 99% 以上，总的聚合时间约 2h。聚合转化率达到要求时，加入终止剂，终止反应，出料获得 SBS 的胶液。图 4-28 为 SBS 聚合过程的工艺流程。

聚合温度对各段单体聚合的转化率有着明显的影响。研究表明，第一段聚合在 40℃聚合，反应时间在 90min 以上，转化率仅 95% 左右，当引发温度升至 60℃，则 20min 可达 99% 以上；第二段聚合在引发温度为 60℃时，1h 转化率约 99%，若在 70℃反应，则 30min 转化率可达 99%；第三段聚合在引发温度为 60℃时，40min 转化率达 99%，在 70℃时，20min 转化率可达 99% 以上。

三段转化率均控制在 99% 以上，因此无需设置未反应单体的回收、循环使用流程。苯乙烯增长阴离子因碳负离子与苯环共轭，呈现出金黄色或橙红色的特征颜色；当第二步加丁二烯后，颜色基本消失；第三步再加苯乙烯时，聚合溶液又呈金黄色或橙红色；加入水终止后聚合物溶液颜色消失。

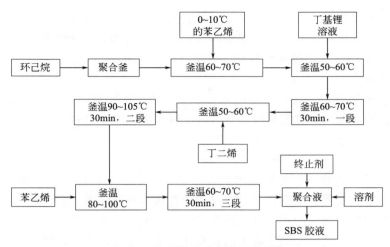

图 4-28　SBS 聚合过程的工艺流程

增长阴离子为 Lewis 碱，聚合活性与其碱度有关（pK_a），pK_a 值大的可以引发 pK_a 小的单体，反之则不行。苯乙烯与丁二烯的 pK_a 值相当，因此可不受加料顺序的限制。研究表明，苯乙烯阴离子引发丁二烯的活性要高于丁二烯阴离子引发苯乙烯，因此第二次加苯乙烯的釜温 80～100℃高于第一段釜温 60～70℃。

4.6.5.4　溶剂回收

聚合结束得到的 SBS 胶液含有大量的溶剂环己烷，必须回收利用。将胶液用泵送入闪蒸器，经脱除溶剂浓缩后的胶液用泵送至后处理工段，闪蒸得到的溶剂送至溶剂回收工段。在溶剂回收工段，含杂质及水分的环己烷首先经过预热器，预热到 65～70℃进入脱水塔，控制塔顶温度（75±5）℃，塔底温度（78±3）℃，塔顶压力 0.1MPa，塔底压力 0.12MPa。轻组分由塔顶排出，塔中环己烷及水经静止分层，分离出环己烷，然后用泵送至脱重组分塔，进料温度为（79±3）℃，塔顶温度（80±4）℃，塔底温度（90±5）℃，塔顶压力 0.1MPa，塔底压力 0.12MPa，回流比 0.8～1，从塔顶收集到精环己烷，进入精环己烷罐。图 4-29 为溶剂回收利用的工艺流程。

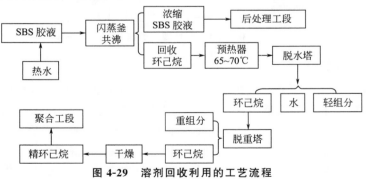

图 4-29　溶剂回收利用的工艺流程

4.6.5.5　聚合物后处理

（1）凝聚

利用 SBS 不溶于水的原理，通过热水、水蒸气及搅拌作用，将溶解在溶剂环己烷中的 SBS 共聚物成块状析出，并经过振动筛脱去 SBS 胶块表面的自由水。将存贮罐中浓缩的

SBS 胶液用泵打至凝聚槽，由两个喷嘴从上而下喷入，釜上部通入热水，釜底直接通入水蒸气，胶液借助蒸汽和搅拌进行分散，在釜内进行等速气化和减速扩散两个过程，脱出溶剂，析出 SBS 胶块。析出胶块与热水一起送去振动筛初步脱水。

（2）挤压脱水

经振动筛脱水后的 SBS 胶块内部仍含有水分，经过挤压脱水机，强制脱除 SBS 胶块中的大部分水。由振动筛来的胶粒从料斗进入挤压脱水机，胶粒中的水分被挤出，脱水后的胶粒从机头的出料孔中排出，经切片机切成圆片。

（3）膨胀干燥

经挤压干燥得到的 SBS 圆形胶片中仍含有微量的水分。经膨胀干燥机中的螺杆输送挤压，物料沿螺杆轴向被剪切增压、升温，因此物料从高弹态过渡为黏流态。当黏流态物料通过模板孔挤出的瞬间，其中的水分及其他挥发性组分由于压力急剧下降而迅速气化，因此物料得到干燥。圆形胶片进入膨胀干燥机的胶料斗，经螺杆输送挤压，物料沿螺杆轴向逐渐升压，由于挤压、剪切物料温度上升，物料形态发生变化，由高弹态变为黏流态，具有一定压力和温度，获得足够能量的物料，在从模板孔挤出的瞬间，其中的水分及其他轻组分由于外界条件忽然变化而迅速气化，闪蒸溢出，于是物料压力急剧下降，温度随之下降，物料得到干燥，干燥的物料由切料装置切成一定大小的颗粒。图 4-30 为后处理工艺流程。

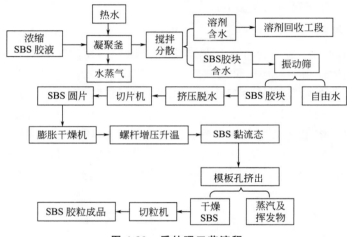

图 4-30 后处理工艺流程

4.6.6 聚合技术发展

目前 SBS 生产技术主要来自美国 Phillips 公司、Shell 公司和中国石化公司。工业生产 SBS 装置及综合技术水平的高低取决于产品牌号多少、产品质量技术指标，以及生产每吨 SBS 产品的能耗、物耗和生产工艺自动化控制水平等。产品牌号、品质主要取决于聚合配方及工艺技术路线，产品的能耗和物耗主要取决于闪蒸浓缩、掺混和汽提、聚合物后处理及溶剂回收精制等主要工艺单元的技术水平。中国石化公司在生产 SBS 的某些技术方面处于世界先进水平，其消耗指标如表 4-20 所示。

表 4-20 SBS 工业生产技术消耗定额指标

指　　标	中国石化公司技术	国外某公司技术
生产规模/(t/a)	25000	25000

指　标	中国石化公司技术	国外某公司技术
单体质量/kg	1015	1015
溶剂质量/kg	35	30
引发剂和化学品质量/kg	3	3
稳定剂质量/kg	8	8
电能/（kW·h）	500	550
蒸气质量/t	516	510
冷却水体积/m³	250	350
工艺水体积/m³	20	20

目前大部分生产 SBS 工业装置的凝聚釜顶有 100℃ 左右的溶剂、蒸气混合气的热能没有得到充分利用。我国燕山石化公司利用自己开发的吸收式热泵工业成套技术（AHT）成功地回收了 SBS 凝聚过程的耗散热能。在年产能 3 万吨 SBS 工业装置上实施结果表明，AHT 技术可回收 40％ 的耗散热能。在新工艺开发方面，为大幅度降低蒸气消耗，将向直接干燥法方向发展。在传统的蒸气汽提工艺中，每蒸发 1t 溶剂需携带 1t 多的蒸气，改进的工艺是采用直接干燥方式，即将聚合釜出来的胶液，经过闪蒸和浓缩，直接进入排气式双螺杆出机，此工艺可以取消凝聚工段，大幅度降低蒸气消耗，但需解决 SBS 成品中残余引发剂杂质的脱除，以及在干燥过程中物料的热老化降解等技术难题。

目前，新建的 SBS 生产装置都趋向于建成既能生产 SBS，又能生产 SSBR、LCBR 等多品种锂系高聚物的联合装置，以提高装置的利用率及产品对市场需求的适应性。氢化 SBS 作为 SBS 的深加工品种具有耐老化、透明的特点，被广泛应用于医疗器材、家用电器、汽车工业等领域，目前国内年需求约 7000t，全部依赖进口，售价是 SBS 的几倍。

总之，SBS 工业生产技术未来的趋势是向品种的多样化、牌号的精细化和专用化以及工艺的节能化方向发展。

4.7　环氧丙烷阴离子开环聚合制备聚醚多元醇

4.7.1　聚醚多元醇

聚醚多元醇简称聚醚，是一类含有多个羟基端基、主链上含有大量醚键的低分子量低聚物，20 世纪 50 年代问世，主要用于聚氨酯工业。一般采用环氧化物开环制得，常用的环氧化物有环氧乙烷、环氧丙烷、四氢呋喃等。由一种环氧化物制得的聚醚为均聚醚，两种及以上环氧化物制得的聚醚为共聚醚，这些环氧化物链节可以是无规排列形成无规共聚醚，或有序排列形成嵌段共聚醚。

环氧丙烷开环聚合后生成羟基封端的聚醚，由于甲基的存在造成结构上的不对称。因此单体排列有几种不同的结构。亲核进攻可以发生在环氧丙烷的伯碳原子上（尾部），也可以发生在仲碳原子上（头部），造成聚合物主链中有头-头、头-尾、尾-尾相连三种可能。在碱引发聚合时，由于优先攻击尾部的伯碳原子，因此聚环氧丙烷多元醇的工业产品主要是由头-尾相连（90％）的重复单元链组成，如下式：

$$-O-CH_2-\overset{\displaystyle CH_3}{\underset{\displaystyle |}{CH}}-O-CH_2-\overset{\displaystyle CH_3}{\underset{\displaystyle |}{CH}}-O-CH_2-\overset{\displaystyle CH_3}{\underset{\displaystyle |}{CH}}$$

另外亦有少量的头-头（5％）和尾-尾（5％）相连的链结构。由于环氧丙烷链节存在一个手性碳原子，进一步造成了大分子链结构上的复杂性。根据立体构型可形成全同立构、间同立构和无规立构等排列方式。环氧丙烷单体原料一般是外消旋混合物，但实验室中已合成出纯的右旋和左旋的环氧丙烷，并且研究了它们的聚合反应，利用纯的异构体和特殊的催化剂可以生成立体等规聚合物。研究表明，商品级环氧丙烷聚醚是无规结构，即使分子量相当高时仍然是一种黏性液体，在-20～50℃低温范围内仍然可以流动。环氧丙烷聚醚的分子量分布较窄，这是因为环氧丙烷的加成速率随分子量的增加而降低，阻碍了高分子量产物的形成，使得分子量比较均匀。

聚醚的物理及化学性质与起始剂及其官能度、环氧化物、分子量、端基结构等因素有关。大多数工业品聚醚为无色透明液体，吸湿而不易挥发，50℃的蒸气压低于10kPa，闪点和燃点分别高于100℃和200℃。

聚醚的一些物理性质指标，如密度、折射率和热容等对于起始剂官能度、分子量以及环氧乙烷相对用量的改变并不敏感。密度一般为$1.0～1.1g/cm^3$，折射率分别为$1.444～1.455$。但是聚醚的另外一些重要物理性质，如黏度和溶解性能等随起始剂官能度、分子量以及环氧乙烷相对含量的变化而有很大差异。由于聚醚的极性和亲水性随羟基和环氧乙烷含量的增加而提高，所以聚醚在水中的溶解度随所用起始剂的官能度和环氧乙烷相对含量的增加而提高，随分子量的增加而降低。通常环氧丙烷聚醚可以溶于芳烃、卤代、醇、酮和脂类等有机溶剂中。分子量很小而羟基含量又很高的聚醚不溶于非极性的烷烃，但可以在较低温度下和任何比例的水相混溶。环氧丙烷聚醚二元醇和水的混合热与其分子量有关，当分子量低于2000左右时混合放热，而高于此分子量时混合吸热。环氧丙烷聚醚二元醇的黏度随分子量的增加而线性上升。多官能度起始剂制备的聚醚的黏度明显高于聚醚二元醇的黏度。

聚醚多元醇的化学性质主要取决于聚醚链和端羟基。由于醚键具有优良的水解稳定性，即使在酸和碱存在时也不易被水解，只有在高温和浓的强酸作用下才发生裂解。氧气对聚醚链的影响不容忽视，特别在温度较高时氧化速率将明显加快。醚链被氧化后可生成过氧化物、酸、醛和酯。通常在生产过程中要加入0.05％～0.5％的抗氧剂（如叔丁基对甲苯酚）防止聚醚被氧化。由于羟基的存在，聚醚多元醇可以进行脂肪族醇的典型反应，其中最重要的是和异氰酸酯反应生成聚氨酯，反应式如下：

$$n\,HO{-}R{-}OH + n\,OCN{-}R'{-}CNO \longrightarrow \left(\!O{-}R{-}CONHR'NHCO\!\right)_n$$

　　　聚醚多元醇　　　　异氰酸酯　　　　　聚氨酯

在反应体系中，端羟基的浓度和活性将影响该化学反应。显然，端羟基的浓度随它所连接的聚醚分子量的增高而下降，而其活性则取决于它是伯羟基还是仲羟基。研究证明，聚醚与异氰酸酯反应时，伯羟基比仲羟基的反应活性快3倍左右。当用碱引发环氧丙烷聚合时，根据其反应机理，引发剂优先进攻空间位阻较小的位置，使绝大多数反应按下式的路线2进行，因此，生成的端羟基绝大多数是仲羟基，反应如下：

当环氧乙烷存在时，由于引发剂进攻环氧乙烷而生成的端羟基是伯羟基，因此通过环氧丙烷聚醚的长链分子末端加上 5%～20% 的环氧乙烷可调节伯、仲羟基的比例。市面上有多个牌号的含不同伯羟基比例的聚醚产品，有些产品中，伯羟基的含量可能高达羟基总含量的 90%。因此，环氧乙烷在聚醚分子链中的含量和链节所处的位置，对聚醚的反应活性将有很大影响。

聚醚的官能度对其反应活性有重要影响。在生成聚氨酯的化学反应中，聚醚的官能度对聚氨酯生成过程中体系黏度的增长速度有很大影响。特别是采用官能度为 2～3 的聚醚生产软泡弹性体时，这种影响更为明显。此外，环氧丙烷在碱引发聚合时存在副反应。环氧丙烷在碱存在时发生异构化反应生成丙烯醇结构，最后形成有不饱和端基的单羟基聚醚，这种副反应将降低聚醚的分子量和官能度。这种单羟基聚醚的含量用每克聚醚中所含单羟基聚醚的物质的量表示，即聚醚的不饱和度。

$$CH_2-CH-CH_3 \xrightarrow[\text{碱}]{\text{异构化}} CH_2=CH-CH_2-OH \xrightarrow[\text{碱}]{n\ CH_2-CH-CH_3} CH_2=CH-CH_2-O\left[CH_2-\underset{CH_3}{CH}-O\right]_n H$$

单羟基聚醚在制备聚氨酯时将消耗异氰酸酯而不能形成聚合物交联网络，特别是制备聚氨酯弹性体、软泡和涂料时，需要分子量较高的聚醚，此时这种副反应的影响就特别明显。由于异构化程度随反应温度、引发剂浓度和反应器中的金属表面积等因素有关，有时单羟基的副反应可以达到 20%～30%（摩尔分数），因此，必须控制好反应条件和选好设备材质，减少副反应。

聚醚的反应活性还与其存在的某些微量杂质有关。例如，只要存在百万分之几的过氧化氢，就可能破坏与异氰酸酯反应的有机锡催化剂，致使聚醚反应活性降低。聚醚中的少量酸或碱同样会影响聚醚与异氰酸酯的反应活性。

聚醚主要应用于聚氨酯树脂的制造。由于聚氨酯材料性能多样，可以制成弹性体及硬塑料，聚氨酯材料可以是密度为 $1200kg/m^3$ 的硬制品，也可以是 $6kg/m^3$ 很低密度的软制品，因此要求生产不同型号的聚醚来满足聚氨酯工业的需求。一般聚醚工业产品的分子量为 200～10000，官能度为 2～8。可根据聚氨酯制品要求的性能选择相应的聚醚原料，制造硬质聚氨酯的聚醚要求有较高的官能度和较低分子量，通常分子量低于 1200，官能度高于 3；制造软质聚氨酯的聚醚要求官能度低于 3，高分子量在 2000～10000。在实际聚氨酯材料的生产过程中，为了使聚醚既能有适当的流动性易于填满复杂形状的模具，又能得到力学性能和尺寸稳定性良好的聚氨酯制品，很多时候采用多种聚醚的混合料。表 4-21 列出了一系列不同牌号的聚醚物性指标。

表 4-21   不同牌号的聚醚物性指标

聚醚牌号	官能度	羟值/(mgKOH/g)	酸值/(mgKOH/g)	数均分子量	pH 值	总不饱和度/(mol/g)
PPG-400	2	270～290	<0.05	400	6～8	<0.01
PPG-700	2	155～165	<0.05	700	6～7	<0.01
PPG-1000	2	109～115	<0.05	1000	5～8	<0.01
PPG-1500	2	72～78	<0.05	1500	5～8	<0.03
PPG-2000	2	54～58	<0.05	2000	5～8	<0.04
PPG-3000	2	36～40	<0.05	3000	5～8	<0.1

环氧丙烷聚醚通常是用多元醇为起始剂，在氢氧化钾引发下使环氧丙烷进行阴离子开环聚合而得到。聚醚二元醇通常用丙二醇和一缩丙二醇为起始剂，聚醚三元醇则可以用1,2,6-己三醇、三羟甲基丙烷、丙三醇等为起始剂。获得更高官能度的聚醚可以采用多官能度的醇、胺等作为起始剂，如山梨醇、二亚乙基三胺、季戊四醇、乙二胺或蔗糖等。

环氧丙烷属于三元环醚，环的张力较大，采用阴离子聚合机理可以制得相应的聚合物，聚合历程包括链的引发、增长和终止三步。

链引发：　　　$R-OH + KOH \longrightarrow RO^{-}\cdots^{+}K + H_2O$

链增长：　$RO^{-}\cdots^{+}K + n\,CH_2-CH-CH_3 \longrightarrow R-\left[O-CH_2-\overset{CH_3}{\underset{}{CH}}\right]_n O^{-}\cdots^{+}K$

链终止：　$R-\left[O-CH_2-\overset{CH_3}{\underset{}{CH}}\right]_n O^{-}\cdots^{+}K \xrightarrow{水或酸}$

$$R-\left[O-CH_2-\overset{CH_3}{\underset{}{CH}}\right]_n OH + KOH$$

4.7.2　聚合体系各组分及其作用

单体环氧丙烷在常温常压下为无色、透明、低沸、易燃液体，具有类似醚类气味。环氧丙烷工业产品为两种旋光异构体的外消旋混合物，凝固点为 $-112.13℃$，沸点为 $34.24℃$，相对密度 d_{20}^{20} 为 0.859，折射率为 1.3664，黏度（25℃）为 0.28mPa·s。与水部分混溶 [20℃时环氧丙烷在水中的溶解度为 40.5%（质量分数）；水在环氧丙烷中的溶解度为 12.8%（质量分数）]，与乙醇、乙醚混溶，并与二氯甲烷、戊烷、戊烯、环戊烷、环戊烯等形成二元共沸物。环氧丙烷产品是易燃品，应贮存于通风、干燥、低温（25℃以下）阴凉处，不得于日光下直接曝晒，并隔绝火源。环氧丙烷有毒性，液态的环氧丙烷会引起皮肤及眼角膜的灼伤，其蒸气有刺激和轻度麻醉作用，长时间吸入环氧丙烷蒸气会导致恶心、呕吐、头痛、眩晕和腹泻等症状。所有接触环氧丙烷的人员应穿戴规定的防护用品，工作场所应符合国家的安全和环保规定。环氧丙烷是易燃、易爆化学品，其蒸气会分解。应避免用铜、银、镁等金属处理和贮存环氧丙烷。也应避免酸性盐（如氯化锡、氯化锌）、碱类、叔胺等过量地污染环氧丙烷。环氧丙烷发生的火灾应特殊泡沫液来灭火。环氧丙烷主要用于生产聚醚多元醇、丙二醇和各类非离子表面活性剂等，其中聚醚多元醇是生产聚氨酯泡沫、保温材料、弹性体、胶黏剂和涂料等的重要原料，各类非离子型表面活性剂在石油、化工、农药、纺织、日化等行业得到广泛应用。同时，环氧丙烷也是重要的基础化工原料。

单体环氧乙烷（EO）为一种最简单的环醚，属于杂环类化合物，是重要的石化产品。环氧乙烷在低温下为无色透明液体，在常温下为无色带有醚刺激性气味的气体，气体的蒸气压高，30℃时可达 141kPa，这种高蒸气压决定了环氧乙烷熏蒸消毒时穿透力较强。环氧乙烷的熔点为 $-112.2℃$，相对密度为 0.8711（$\rho_水 = 1$），折射率为 1.3614（4℃），沸点为 10.4℃，闪点 $<-17.8℃$，爆炸极限为 3%~100%（体积分数），能与水以任何比例混溶，能溶于醇、醚。环氧乙烷化学性质非常活泼，能与许多化合物发生开环加成反应。环氧乙烷能还原硝酸银，受热后易聚合，在有金属盐类或氧的存在下能分解。环氧乙烷是一种有毒的致癌物质，以前被用来制造杀菌剂。环氧乙烷易燃易爆，不易长途运输，因此有强烈的地域性。贮存于阴凉、通风的库房，远离火种、热源，避免光照，库温不宜超 30℃，应与酸类、碱类、醇类、食用化学品分开存放，切忌混贮。采用防爆型照明、通风设施。禁止使用易产

生火花的机械设备和工具。贮区应备有泄漏应急处理设备。

引发剂一般采用氢氧化钾。它是一种白色晶体，溶于水、乙醇，微溶于醚，易潮解并吸收二氧化碳。其化学性质类似氢氧化钠（烧碱），水溶液呈强碱性，能破坏细胞组织。固体氢氧化钾遇水或水蒸气产生热量，会使易燃物质达到燃烧温度，故应置于干燥场所贮存。皮肤接触后，立即用水冲洗至少 15min，有条件的用弱酸清洗伤口（如醋酸、硼酸）。眼睛接触后，立即提起眼睑，用流动清水或生理盐水冲洗至少 15min，或用 3％硼酸溶液冲洗。

4.7.3　聚合工艺过程

在世界范围内环氧丙烷聚醚几乎都采用不连续的分批生产工艺。工艺过程包括起始剂的制备、开环聚合和产物精制三个主要工序。

（1）起始剂的制备

最常用的碱引发剂是氢氧化钾，为了使起始剂保持适当的黏度和较低的聚合速率，通常要控制氢氧化钾的用量，用量为物料量的 0.1％～1％。制备时，将适量的多元醇和引发剂混合，经强制而充分地脱水，制得起始剂。用多釜工艺生产时，将制取的起始剂转移到另一个反应器中进行开环聚合。少量水的存在会降低最终产物的官能度，因此除水就非常重要。

（2）开环聚合

开环聚合通常在 10～90m³ 容积的碳钢或不锈钢压力釜中进行。反应釜上装有搅拌器和压力自动释放装置，同时要求具有高效加热和冷却的能力，并连接真空系统和氮气管道。环氧丙烷在一定温度下（＞80℃）分步加入起始剂溶液中即可开环聚合。控制加成反应在 80～170℃之间完成。正常情况下聚合在液相中进行，反应釜的压力控制在 0.8MPa 以下。在反应过程中，环氧烷烃用连续加料方法加入反应器中。根据不同产品的要求，加料可以在 1～20h 内完成。

反应过程中聚醚多元醇的分子量和反应器中产物的体积逐渐增大。通常对于制造硬泡沫体用的低分子量聚醚，最后产品与醇化物溶液的累积体积比约为 3∶1。但是对于制造软泡沫体用的高分子量聚醚，这种体积比可以高达 80∶1。当累积体积比大于 10∶1 时，因为搅拌和反应初期散热的困难，就难以采用单釜生产工艺。因此，通常在制备高分子量聚醚时，加成反应分两个阶段进行。在第一阶段醇化物和环氧烷烃反应生成中等分子量聚醚，贮存在贮槽中。然后再将这种中间产物部分返回到反应釜中进一步聚合，或者把全部中间产物转移到第二个更大的反应釜中完成聚合。这个容积更大的反应器可以用一个与泵相连接的循环回路以及通过换热器来满足充分散热的要求。在加成聚合过程中，反应釜中的物料是聚醚以及未反应原料的混合物，其中环氧丙烷的比例可能相当高。这种比例取决于反应温度、压力和聚醚分子量。如果冷却系统失灵，会导致反应物密度的迅速升高，造成部分在液相中的环氧丙烷沸腾而增高反应釜内的压力。为了防止这种潜在危险，在聚合釜上必须安装压力自动释放系统，另外在环氧丙烷加料完毕后，必须放置一段时间，等待它消耗完全。聚醚多元醇的连续生产工艺虽然也有所报道，但尚未在工业上产生重要价值。

为了防止聚醚在高温下被氧化，在生产过程中应避免氧的存在。

（3）产物精制

通常在加聚反应结束后，要除去未反应的残留环氧烷烃，然后再中和或除尽碱引发剂。由于氢氧化钾的存在会使聚醚多元醇和异氰酸酯的反应难以控制，还会使制造聚氨酯泡沫体所用的有机硅表面活性剂发生降解，所以产品的纯化十分重要。

最常用的除去残余催化剂的方法是加吸附剂或者加酸中和，如图 4-31 所示。有专利表明，纯化方法对保证聚醚质量和降低成本有很大影响。最简单的纯化方法是用硅酸镁或硅酸铝等吸附剂处理聚醚；但由于过滤得到的吸附剂滤饼中会保留部分产品而降低产率，同时丢弃这些滤饼还会造成严重的环境污染，因此必须采用从滤饼中回收聚醚产品以及吸附剂的再活化技术。用酸中和的方法亦很简便，可以用油酸、醋酸或甲酸、柠檬酸等有机酸，也可以用磷酸、硫酸、盐酸等无机酸。如果中和后生成的碱金属盐不溶于聚醚，需过滤除去，如果可溶于聚醚，这种聚醚将由于盐的催化作用而增加和异氰酸酯的反应活性。制造硬泡沫体的聚醚对碱金属残存含量的要求较低，有时可直接使用中和后的聚醚；即使不能直接使用，也只要把钾、钠离子处理到含量低于 100mg/L，即能满足要求，但是在许多其他应用中不允许聚醚中存在可溶性金属盐，必须进一步处理，制造软泡沫体或和异腈酸酯制备预聚体所用的聚醚，对纯度要求很高，钾、钠离子的含量要处理到含量小于 5mg/L。用离子交换树脂除去残余引发剂虽然非常有效，但成本很高。此外也还有用其他处理方法的报道，例如，用溶剂萃取法直接除去碱金属引发剂，但最常用的仍然是先中和再除盐的工艺。另外也有专利介绍可以用氯化氢将钾引发剂转变为氯化钾或用二氯化碳将其转变成碳酸盐等方法。

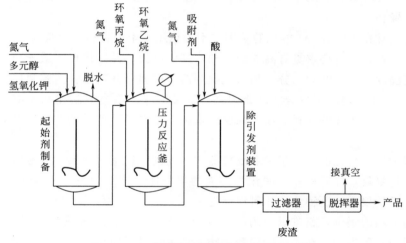

图 4-31　环氧丙烷聚醚的典型生产工艺流程

4.7.4　影响因素

（1）引发剂

除氢氧化钾以外，还有许多试剂可以作为环氧丙烷聚合的引发剂。氢氧化钾是常用的一种，但它会使产物含有较多的不饱和端基。用不同的碱金属氢氧化物作引发剂时，生成聚醚的不饱和度似乎随金属离子的增加而减少，和氢氧化钾相比，用氢氧化铯作催化剂时，可获得不饱和端基少得多的产物，但由于成本高而未被工业上采用，冠醚和环氧乙烷的六聚体与氢氧化钾共用可以增加反应速率和降低不饱和度。添加四丁基硫酸氢铵也可以有同样的效果。这些添加剂可以和钾阳离子形成络合物而增加烷氧阴离子的活性。另外如三乙胺等叔胺都可以作为引发剂用于制备聚醚多元醇，特别是生产硬泡沫体用的聚醚多元醇。

（2）反应热

由于环氧丙烷和环氧乙烷的三元环有相当大的张力，在聚合过程中会剧烈放热，每千克环氧乙烷和环氧丙烷在聚合时分别放出 2100kJ 和 1500kJ 热量，因此必须十分小心地控制反应的进行。

（3）氢键

环氧丙烷聚醚多元醇，特别是用环氧乙烷封端的聚醚加水后，由于水合醚键之间形成氢键引起黏度的明显上升并有生成凝胶的倾向。随着温度的提高，由于氢键被破坏而使分子亲水性降低，从而也降低了水在这些聚醚多元醇中的溶解度。

4.8　配位聚合制备高密度聚乙烯

4.8.1　配位聚合的工艺及影响因素

（1）聚合工艺

由于配位聚合采用的引发剂遇水会发生反应，同时反应过程中的链增长活性中心对水的作用是灵敏的，因此不能用水为反应介质。不能采用以水为反应介质的悬浮聚合和乳液聚合生产方法进行生产。工业上，配位聚合可以采用无反应介质的本体聚合方法，如气相法；或有反应介质存在的溶液聚合方法，包括淤浆法和溶液法。

配位聚合的工艺过程，一般包括单体等组分的精制与配制，引发剂的制备，聚合过程，未反应单体与溶剂的分离、回收利用，无规聚合物的分离，聚合产物的后处理等工序。

（2）影响因素

① 引发剂　引发剂体系复杂、品种多。配位聚合引发剂为多组分体系，多活性中心。例如丙烯定向聚合的引发剂也存在两种活性中心，一种是引发产生等规体，而另一种是产生无规体。活性中心具有对单体的高度选择性，例如 Ti^{2+} 活性中心可引发乙烯聚合，但不能使丙烯聚合。主引发剂中 Ti 含量超过一定范围后，高活性引发剂表现为随引发剂单位质量的 Ti 含量的增加，引发活性降低。助引发剂活性与烷基及金属的性质有关，表 4-22 列出了一些助引发剂的相对活性。其中乙基铍活性最高，但毒性大，未获得工业应用。工业上普遍采用烷基铝化合物，其中烷基的碳原子数为 2～10。

表 4-22　一些助引发剂的相对活性

助引发剂	相对活性	助引发剂	相对活性
$Be(C_2H_5)_2$	250	$Zn(C_2H_5)_2$	1
AlR_3	100～130	$AlC_2H_5Cl_2$	0
AlR_2Cl	5～12		

② 单体结构　对于相同引发剂体系，不同单体类型不影响活性中心的数目，但单体空间位阻影响链增长速率常数。乙烯增长速率是丙烯的 14 倍。常见配位聚合单体的链增长速率常数顺序如下：

$$乙烯 > 丙烯 > 1-丁烯 > 4-甲基-1-戊烯 > 苯乙烯$$

③ 聚合温度　温度会导致引发剂的结构、形态及活性改变，进而影响聚合反应速率、产物立构规整度，甚至导致聚合不能进行。例如，乙烯不存在立构规整度，因此乙烯聚合温度为 80～150℃；丙烯聚合涉及立构规整性，因此需要在较低温度下进行，丙烯的聚合温度为 65～80℃。

④ 氢气　在一些引发剂体系，氢气压力增加则聚合速率加快，最后达一极限值。原因

是在高浓度单体和分子氢条件下，可创造新的活性中心从而提高反应速率，而原子氢则减缓反应速率。

4.8.2 配位聚合的工业应用

配位聚合已经形成十分庞大的规模化工业体系，如聚乙烯、聚丙烯、顺丁橡胶、聚异戊二烯橡胶、乙丙橡胶的生产。配位聚合机理制备的聚乙烯相比自由基机理制备的具有较高的密度，也称高密度聚乙烯（HDPE）。采用配位聚合机理用乙烯和 α-烯烃共聚，制备线形低密度聚乙烯（LLDPE）、超低密度聚乙烯（ULDPE）等品种。采用配位聚合机理制备的聚丙烯具有高度的立构规整性，制得的聚丁二烯、聚异戊二烯具有高度的顺式结构。

4.8.3 高密度聚乙烯

高密度聚乙烯 1956 年问世，其技术水平、用途开发等处于不断发展之中。采用配位聚合机理合成，产物为乙烯均聚物或有少量单体的共聚物，分子链上没有支链，分子链排布规整，重均分子量范围是 4 万～30 万。高密度聚乙烯属于非极性的热塑性树脂，具有较高的密度和结晶度，结晶度为 $80\%～90\%$，均聚物的密度为 $0.960～0.970\mathrm{g/cm^3}$，乙烯与 1-丁烯或 1-己烯的共聚物的密度为 $0.940～0.958\mathrm{g/cm^3}$。高密度聚乙烯的密度与共聚单体的种类、用量有关。共聚单体如 1-丁烯、1-己烯或 1-辛烯主要用于改进聚合物的性能，共聚单体的含量一般不超过 $1\%～2\%$。共聚单体的加入，不仅降低了聚乙烯的密度，同时也降低了聚合物的结晶度，研究表明，聚乙烯的密度与结晶度呈线性关系。高密度聚乙烯的外观呈乳白色，在外部截面处呈一定程度的半透明状。

高密度聚乙烯无毒、无味、无臭，熔点为 130℃，使用温度可达 100℃，具有良好的耐热性和耐寒性。化学稳定性好，在室温条件下，不溶于任何有机溶剂，耐酸、碱和各种盐类的腐蚀；在较高的温度下，高密度聚乙烯能溶于脂肪烃、芳香烃和卤代烃等，在 80～90℃以上能溶于苯，在 100℃ 以上可溶于甲苯、三氯乙烯、四氢萘、十氢萘、石油醚、矿物油和石蜡中。具有较高的刚性和韧性，机械强度好，介电性能、耐环境应力开裂性亦较好；薄膜对水蒸气和空气的渗透性小、吸水性低。易燃，离火后能继续燃烧，火焰上端呈黄色，下端呈蓝色，燃烧时会熔融，有液体滴落，无黑烟冒出，同时发出石蜡燃烧时发出的气味。

高密度聚乙烯的主要用途有：用于挤出包装薄膜、绳索、编织网、渔网、水管，注塑较低档日用品及外壳、非承载荷构件、胶箱、周转箱，挤出吹塑容器、中空制品、瓶子；用于中空成型制品和吹膜制品如食品包装袋、杂品购物袋、化肥内衬薄膜等。

高密度聚乙烯的合成工艺有淤浆法和气相法，也有少数用溶液法生产。淤浆法反应器一般为搅拌釜或是一种更常用的大型环形反应器，在其中料浆可以循环搅拌。当单体和引发剂一接触，就会形成聚乙烯颗粒，除去稀释剂后，聚乙烯颗粒或粉粒干燥后，加入添加剂，就生产出粒料。带有双螺杆挤出机的大型反应器的现代化生产线可以大幅度地提高生产效率。新的引发剂开发为改进新等级高密度聚乙烯的性能作出贡献。两种最常用的引发剂种类是菲利浦（Phillips）的铬氧化物为基础的引发剂和钛化合物-烷基铝引发剂。Phillips 引发剂生产的产品有中宽度分子量分布；钛-烷基铝引发剂生产的产品分子量分布窄。

4.8.4 聚合体系各组分及其作用

（1）单体

乙烯为生产聚乙烯的主单体，无色气体，沸点为 −103.9℃，爆炸极限范围是 $2.7\%～36.0\%$（体积分数），不溶于水，微溶于乙醇、酮、苯，溶于脂肪烃、醚、四氯化碳等有机溶剂。

共聚单体常用 1-丁烯、1-己烯或 1-辛烯等。1-丁烯常态下为无色气体，熔点为 -185.3℃，沸点为 -6.3℃，爆炸极限范围是 1.6%～10%（体积分数），不溶于水，微溶于苯，易溶于乙醇、乙醚。1-己烯常态下为无色液体，熔点为 -139℃，沸点为 63.5℃，不溶于水，易溶于醇、醚、苯、石油醚、氯仿等有机溶剂。1-辛烯常态下为无色液体，熔点为 -102℃，沸点为 122℃，折射率为 1.4087，闪点为 21℃，能与醇、醚混溶，几乎不溶于水。

（2）引发剂体系

代表性的引发体系有 Ziegler-Natta 引发剂（$TiCl_4 + R_3Al$）和 Phillips 引发剂（CrO_3/SiO_2）。引发剂经历了以下的改进历程。采用 $TiCl_4$ 和 $Al(C_2H_5)_2Cl$ 引发剂，产率为 2～3kg/gTi；CrO_3 载于 SiO_2-Al_2O_3 载体上，产率为 5～50kg/gCr；MoO_3 载于活性 γ-Al_2O_3 载体上，产率为 5～50kg/gCr；20 世纪 70 年代，比利时索尔雅（Solvay）公司将特制的 CrO_3 载于特制的脱水硅胶或 MgO 或 $MgCl_2$ 等载体上制得索尔雅引发剂，产率为 300～600kg/gCr，引发活性高，引发剂残留 2～3mg/kg，对产品性能无不良影响，无需将残留引发剂分离，目前工业上主要采用此引发剂。

（3）溶剂

溶液法及淤浆法工艺需要用到溶剂。常用的溶剂主要是脂肪烃，如异丁烷、己烷、庚烷、环己烷、溶剂汽油等。乙烯单体能溶于上述溶剂，但是产物在常温下则不能溶解，必须升高至一定温度时才能溶解。因此，淤浆法可以采用较低的聚合温度，而溶液法必须采取较高的聚合温度，以确保产物能溶解在溶剂中形成均相。溶剂必须进行精制以脱除水分和有害杂质。常用净化剂有活性炭、硅胶、活性氧化铝、分子筛等。

（4）其他组分

其他组分有分子量调节剂氢气，用于聚合结束时破坏引发剂和吸收重金属的螯合剂，防止聚合、加工、使用过程中老化的抗氧剂，根据需要添加的阻燃剂、抗静电剂、少量填料等。

聚合前聚合体系的各组分原料必须经过纯化处理达到一定标准才能使用。聚合反应系统也要用不活泼气体（如氮气）处理除去空气及水分。否则由于某些杂质含量过高会造成不聚合。

4.8.5 聚合工艺

（1）气相法合成高密度聚乙烯工艺

气相本体法合成工艺流程主要包括进料、聚合、未反应单体循环利用、聚合物后处理等工序。

引发剂事先配制成溶液或悬浮液贮存在引发剂加料罐中备用，接到进料指令时，引发剂将连续不断地、通过专门的引发剂加料罐、定量地进入反应器。同时，经精制、压缩所需压力的单体和分子量调节剂氢气进入反应器。连续进入的单体很快被引发剂表面吸附进行聚合反应。

连续进入的物料于 2～3MPa，70～110℃ 条件下聚合。用压缩机进行气流循环，从反应器底部连续进入大量的冷惰性气体使反应器底部的聚合物固体流态化（似沸腾状态），一则依靠冷的惰性气体和乙烯带走反应热，二则便于气流输送固体物料，循环的气流经冷却器后再进入反应器。反应生成的聚乙烯颗粒经减压阀流出。聚合采用沸腾床反应器，也称流动床反应器，如图 4-32 所示。

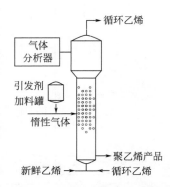

图 4-32 沸腾床聚合反应器工作原理

未反应的乙烯单体经过沸腾床反应器上部的膨胀段时流速降低，使聚乙烯粒子大部分沉降。未反应乙烯经反应器顶部流出，经循环冷凝器冷却，压缩机压缩至一定压力，进入反应器底部。未反应乙烯得到循环回收利用。

颗粒状流态聚合物产物从反应器下部，通过减压控制阀流进产品室，经树脂脱气后，冷却，制得粒状高密度聚乙烯产品。图 4-33 为气相法合成高密度聚乙烯工艺流程。

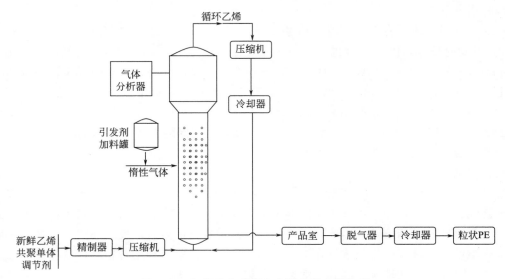

图 4-33　气相法合成高密度聚乙烯工艺流程

（2）淤浆法合成高密度聚乙烯工艺

淤浆法工艺与气相本体法工艺相比，在聚合体系中增加了溶剂，因此在工序上多了溶剂的回收利用，同时工艺条件也要相应变化。聚合工艺过程包括进料、聚合、未反应单体回收利用、溶剂回收利用、聚合物分离与后处理等工序。

以三乙基铝-四氯化钛的引发剂为例，事先配制好溶液或悬浮分散液，在管路中加入。新鲜乙烯、回收乙烯和共聚单体经干燥与精制后，溶于异丁烷等脂肪烃溶剂中，然后进入反应器。淤浆法工业上采用双环反应器，工作原理如图 4-34 所示。反应器管径为 760mm，总长为 137m。为防止聚合物在管中沉降堵塞，管上装有循环泵强制循环，物料流速的线速度为 6m/s。管外装有夹套冷却，利用反应器较大的长径比和冷却面积排除反应热。该聚合反应器适用于淤浆法、溶液法、液相本体法聚合等。

聚合条件为 0.5～3MPa，70～110℃。在反应器中单体与引发剂接触迅速发生反应，生成的聚乙烯颗粒悬浮于介质中，并逐渐沉降增浓，当聚合物含量达 50%～60% 时，物料进入闪蒸槽，闪蒸除去异丁烷溶剂和未反应单体，溶剂及单体经精制、干燥后循环利用。聚合物经干燥、添加助剂、造粒，制得高密度聚乙烯产品。图 4-35 为淤浆法合成高密度聚乙烯的工艺流程。

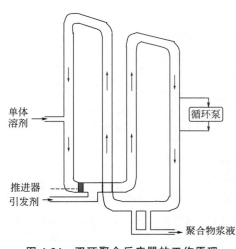

图 4-34　双环聚合反应器的工作原理

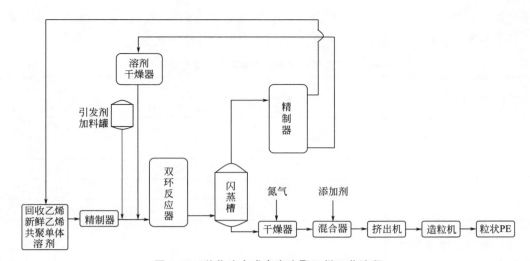

图 4-35 淤浆法合成高密度聚乙烯工艺流程

（3）溶液法合成高密度聚乙烯工艺

溶液法与淤浆法工艺相比，虽然都有溶剂组分，但是淤浆法生成的聚合物不溶于溶剂，而溶液法生成的聚合物溶于溶剂，聚合体系为均相体系（引发剂除外）。由于聚合结束形成的是聚合物的均相溶液，且黏度很高，因此需要在较高的温度下进行聚合。聚合工艺过程包括进料、聚合、未反应单体回收利用、溶剂回收利用、聚合物分离与后处理等工序。

聚合条件为 2~4MPa，150~250℃。乙烯及共聚单体精制后溶于环己烷中，加压、加热至反应温度，与相同温度的引发剂溶液一起进入一级反应器。聚乙烯溶液由一级反应器到管式反应器，聚合至聚合物含量达 10%，连续出料。管式反应器出口处注入螯合剂络合未反应的引发剂，并加热使引发剂失活，进一步除去残存引发剂。热的聚乙烯溶液经闪蒸槽、闪蒸除去溶剂和未反应单体。熔融聚乙烯挤出，造粒。图 4-36 为溶液法合成高密度聚乙烯的工艺流程。

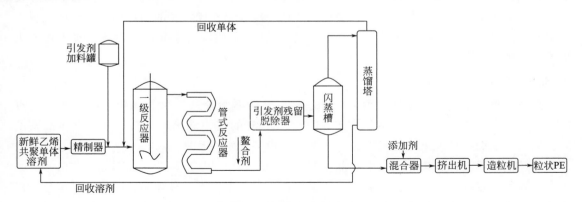

图 4-36 溶液法合成高密度聚乙烯工艺流程

4.8.6 影响因素

（1）杂质

聚合前单体及其他原料必须经过纯化处理达到一定标准才能使用。聚合反应系统也要用惰性气体（如氮气）处理，除去空气及水分。否则由于某些杂质含量过高而造成聚合活性低，甚至不聚合。表 4-23 为乙烯单体中一些杂质对聚合活性的影响。

表 4-23　乙烯单体中杂质含量对聚合活性的影响　　　　　　　　单位：%

乙烯中杂质含量					聚合活性
乙烷	甲烷	乙炔	二氧化碳	一氧化碳	
0.47	0.00484	0.0002	0.4624	0.0002	不聚合
—	—	—	0.003	0.0027	不聚合
—	—	0.00114	—	—	不聚合
0.58	0.01524	—	0.00562	0.0001	聚合活性低
—	—	—	0.0023	0.00077	聚合活性低

（2）聚合温度及压力

聚合温度对引发剂的活性及聚乙烯的特性黏度、产率都有影响。其中对收率的影响较大，对特性黏度的影响不太大。聚合压力对高活性引发剂而言，压力增加使乙烯在溶剂中吸收速率增加，所以聚合速率增大，但所得产物的分子量与压力无关。采用不同的工艺方法，应采用相应的聚合温度及压力。表 4-24 列出了三种不同工艺方法的聚合温度及压力。

表 4-24　三种不同工艺方法的聚合温度及压力

工艺方法	温度/℃	压力/MPa
气相法	70～110	2～3
淤浆法	70～110	0.5～3
溶液法	150～250	2～4

4.8.7　安全及"三废"处理

固体废料主要来源于引发剂残渣、氧化铝、硅胶和分子筛、低聚物、聚乙烯废料以及粉尘等，可通过回收处理或埋地。粉尘可通过过滤器脱除，并定期清理或更换过滤器。液体废料主要来源于清洗工艺设备的溶剂、造粒工段用于冷却聚乙烯颗粒的切粒用水。气体废料主要来源于溶剂、乙烯、共聚单体、水（蒸气）、低沸点杂质等的泄漏，从设备中排出送入火炬系统处理。

4.8.8　聚合技术发展

高密度聚乙烯的生产方法主要有气相法、淤浆法和溶液法三种。气相法的生产工艺有 UNIPOL、BP、海蒙特工艺。我国以 UNIPOL 和 BP 的气相流化床工艺为主。低压高密度聚乙烯的发展概括地说就是引发剂、工艺条件、设备的发展及进步。

引发剂体系活性越来越高，引发剂在聚合物中的残留量越来越低，大部分工艺已经省去了去除残留引发剂的工艺。乙烯聚合用的引发剂，大体上形成两种体系。西欧、日本是齐格勒型引发剂，以钛作为活性成分，烷基铝作为助引发剂组分。采用齐格勒型引发剂的代表公司是索尔维、蒙埃、赫斯特等公司。美国的大多数公司采用金属氧化物型引发剂，活性组分是金属铬等化合物，以菲利浦石油化学公司等的工艺为代表。

1982 年以来，联碳流化床反应器的生产能力已在原设计基础上提高了 2/3，除了引发剂效率提高以外，工艺上也有不少进展，其中较突出的是工业化冷凝态聚合法，增加排除反应热的速度以提高生产效率。将循环气冷凝到露点以下，将含有小于 20％ 液体的循环气送入反应器，液体在反应器内气化吸热，以控制流化床在所要求的温度下操作；另外还有提高循环气中可冷凝液含量（＜20％），以及降低循环气中不可冷凝气含量等方法提高循环气露点的温度，使反应段高度与反应器直径比由（2.7～4.6）∶1 改为 2.7∶1，气体表观速度由 0.06～0.15m/s 增大到 0.76m/s。菲利浦公司宣布已经用双管聚合工艺生产出双峰 HMWHDPE 和 LLDPE。

近年来为使制品轻量化、薄壁化，节约树脂用量，降低成本，需要开发高强度、耐环境应力开裂性能优良的 HDPE 树脂产品。双峰型 HMWHDPE，高分子量 HDPE（HMWHDPE）已发展成一类重要产品，尤其是全双峰型宽分子量分布的树脂，由于用于超薄薄膜、管材、大型中空制品和汽车燃料油箱具有较好的竞争力，其需求量进一步增长。分子量在 20 万～50 万的 HMWHDPE，强度高，韧性和耐环境应力开裂性能好，拓宽了 HDPE 的应用范围。随着催化技术的应用与改进，通过聚合可直接得到高强度物理性能的高分子量 PE 和改善加工性能的低分子量 PE 相结合的新树脂。分子量在 100 万～600 万的超高分子量的高密度聚乙烯（UHMWHDPE），具有突出的抗冲击性、耐环境应力开裂性、耐磨性、自润滑性和耐药品性，可做齿轮等机器零部件、设备衬里、泵体和阀体、人工关节和高强度轻型纤维等，是已成为工程塑料中的后起之秀的新品种。

4.9　配位聚合制备立构规整聚丙烯

4.9.1　立构规整聚丙烯

聚丙烯（PP）是仅次于聚乙烯和聚氯乙烯的第三大品种合成树脂。聚丙烯分子链上的单体单元含有不对称碳原子，所以根据甲基在空间结构的排列不同，有等规聚丙烯、间规聚丙烯和无规聚丙烯三种立体异构体。单体单元全部头尾相连且构型相同的异构体为等规聚丙烯；单体单元全部头尾相连且构型严格交替排列的异构体为间规聚丙烯；单体单元无规律任意排列的异构体为无规聚丙烯。工业生产的都是等规聚丙烯，间规聚丙烯及无规聚丙烯无实际应用价值。表 4-25 列出了聚丙烯三种异构体的物性数据。

表 4-25　聚丙烯三种异构体的物性数据

项目	等规聚丙烯	间规聚丙烯	无规聚丙烯
等规度/％	95	92	5
密度/(g/cm³)	0.92	0.91	0.85
结晶度/％	90	50～70	无定形
熔点/℃	176	148～150	75
在正庚烷中溶解情况	不溶	微溶	溶解

等规聚丙烯和间规聚丙烯由于分子构型规整，它们都可以结晶，结晶聚丙烯具有 α、β、γ、拟六方等 4 种晶型。α 晶型属单斜晶系，是最为常见、热稳定性最好、力学性能最好的晶型；β 晶型属六方晶系，抗冲击性能好，但制品表面多孔或粗糙；γ 晶型属三斜晶系；拟六方晶型为不稳定结构，主要用于拉伸单丝和扁丝制品。

在结晶结构中，由于甲基之间的相互作用，等规聚丙烯分子链设想为螺旋形构型，测得其等同周期长度为 0.65nm，C—C 间键角为 109°28′，C—C 原子间键距为 0.154nm，因此设想等规聚丙烯大分子链在晶体中为三个单体单元重复排列的螺旋形构型。等规聚丙烯螺旋状分子堆积成平板状的微晶，其大小为 10～50nm；平板状微晶再集合为更大的三堆结构的球晶，其大小为 10^3～10^5nm，因结晶条件的不同而有变化。当熔融的聚丙烯冷却时，由于分子链的缠绕以及螺旋状分子必须折叠形成平板，因而对微晶的形成产生阻力，所以等规聚丙烯的结晶度不可能达到 100%。聚丙烯成型制品结晶度最低的为快速冷却的薄膜，仅30%。注塑制品结晶度可达到 50%～60%。工业生产的聚丙烯树脂产品中要求等规聚丙烯含量在 95% 以上。此外，根据其熔融指数，是否含有共聚单体、乙烯、1-丁烯等，以及其应用范围划分为若干牌号。

聚丙烯与聚乙烯相似，是非极性聚合物，力学性能好，无毒，相对密度低，具有优良的耐酸、碱以及耐极性化学物质腐蚀的性质，耐热，容易加工成型，原料易得，价格低廉，已成为五大通用合成树脂中增长速度最快、新品开发最为活跃的品种。但聚丙烯可以在高温下溶于高沸点脂肪烃和芳烃，可被浓硫酸和硝酸等氧化剂作用。聚丙烯分子所含的叔氢原子易被氧气氧化，而导致链断裂，制品性能脆化。此外，温度、光和机械应力也可促进聚丙烯氧化，因此必须加入稳定剂。

聚丙烯树脂广泛用于化工、化纤、建筑、轻工、汽车制造、家电、包装材料等，并且还在不断拓展新的应用。聚丙烯塑料主要用途为经注塑成型生产汽车配件，电器设备配件、空气过滤机外壳、仪表外壳、盛水器皿等；经挤塑成型生产管道、薄板、薄膜等；经熔融纺丝生产单丝和丙纶纤维；经吹塑成型生产吹塑薄膜、中空容器。为了利用聚丙烯的耐腐蚀性和耐热温度高于聚乙烯的特点，发展了玻璃钢为外层、聚丙烯管为内层的复合管道，用于腐蚀介质的输送。挤塑法生产的薄膜经拉伸取向提高强度后与吹塑薄膜可经切割为扁丝后，用来生产编织袋、捆扎绳等，挤塑生产的薄板可用热成型法制成淋水板、盖板、外壳等制品。聚丙烯纤维主要用来生产丙纶地毯。由于聚丙烯无毒，用它生产的薄膜、容器可用作食品包装材料以及日用化学品的包装材料。

聚丙烯采用低压定向配位聚合机理合成得到。工业上，生产聚丙烯的工艺路线有淤浆法、液相本体法和气相本体法。淤浆法是将丙烯溶解在己烷、庚烷或溶剂汽油中进行聚合，反应器为连续搅拌釜式反应器、间歇搅拌釜式反应器或环管反应器。液相本体法以液体丙烯为稀释剂的溶液聚合法，聚合后，闪蒸未聚合的丙烯即得到产品，反应器为液体釜式反应器或环管反应器。气相本体法是利用丙烯气流强烈的搅拌增大丙烯分子与引发剂接触，生成的一部分聚丙烯作为引发剂载体，在反应器内形成流化床。

4.9.2 聚合体系各组分及其作用

(1) 单体丙烯及其精制工艺

丙烯主要来源于石油裂解的乙烯装置和炼油厂的炼厂气，沸点为 −47.7℃，临界温度为 92℃，临界压力 4.6MPa，蒸气压为 0.98MPa（20℃）。原材料丙烯一般含有的杂质有水、甲醇、氨、氢、甲烷、乙烷、丙烷、丁烷、乙烯、丙炔、丙二烯、丁二烯、异丁烯、1-丁烯、氧、氮、硫及硫化物、CO、CO_2 等。活泼氢化合物会破坏引发剂，氢及烷烃能调节分子量，烯烃参与共聚，因此丙烯要纯化至纯度高于 99.6%。其他杂质的质量分数满足：水<2.5mg/kg，氧<4mg/kg，S<1mg/kg，CO<5mg/kg，乙烯<10mg/kg，甲醇<0.4mg/kg，CO_2<5mg/kg，丁二烯<1mg/kg，丙炔<5mg/kg，丙二烯<5mg/kg。

从裂解气和炼厂气获得的丙烯，经分离、精制，虽可得到纯度 95% 或更高的化学纯级丙烯，但达不到聚合级纯度，必须进行进一步精制。精制方法是将丙烯通过固碱塔脱除酸性杂质；通过分子筛塔、铝胶塔脱除水分；再通过镍催化剂或载体铜催化剂塔脱氧和硫化物。图 4-37 为丙烯单体的精制工艺流程。

为了改进聚丙烯的一些性能，工业上常常用少量烯类共聚单体进行共聚改性，常用的共聚单体有乙烯、1-丁烯等。例如采用 2%～6% 的乙烯共聚改进聚丙烯的透明性，并降低其熔点。这些单体原料，其纯度也要求达到聚合级，一般 >99.9%。

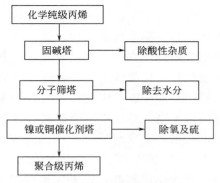

图 4-37 丙烯单体的精制工艺流程

(2) 稀释剂

液相本体法以液态丙烯单体自身为稀释剂，而淤浆聚合法则需要外加稀释剂。稀释剂的作用就是使丙烯单体溶解在其中，然后与悬浮在稀释剂中的引发剂颗粒作用而聚合，同时将聚合热传导至冷却介质。

常用的稀释剂是一些饱和烃类如碳原子数为 4～12 的烷烃、芳烃等，以 C_6～C_8 饱和烃为主。例如国外技术采用庚烷较多，我国用铂重整抽余油较多。稀释剂要求含有的醇、碳基化合物、水合硫化物等极性杂质含量应低于 10^{-6}；芳香族化合物含量低于 0.1%～0.5%（体积分数），取决于所用引发剂的活性。稀释剂用量一般为生产的聚丙烯量的 2 倍。可用紫外光谱、红外光谱、折射率等参数监测稀释剂的质量。甲苯作为稀释剂能除去 $AlCl_3$，反应速率初期高，下降快，分子量分布窄，有毒，成本高；己烷、庚烷、辛烷、汽油作为稀释剂，反应速率初期低，下降慢，分布宽，毒性小。

稀释剂要求杂质含量少；丙烯在其中溶解度大，分散引发剂好；无毒；有萃取无规物的作用，使产品等规度提高到 95%～97%；与甲醇的沸点（64.9℃）相差大，易分离；成本低，对聚丙烯无规物无膨润作用。

(3) 引发剂及其制备工艺

目前所有生产高等规度聚丙烯的装置都采用非均相 Ziegler-Natta 引发体系。它是由固态的过渡金属卤化物，通常是 $TiCl_3$ 和烷基铝化物如二乙基氯化铝组成。此引发体系自 1957 年开始应用于工业生产以来，已经过四个发展阶段，即第一代、第二代、第三代引发体系及引发剂后发展时代，其发展阶段与工艺特点见表 4-26。

表 4-26 Ziegler-Natta 引发丙烯聚合发展阶段及工艺特点

引发体系	引发剂效果			工艺特点
	聚丙烯(kg)/引发剂(g)	聚丙烯(kg)/Ti(g)	立构规整度/%	
第一代 $TiCl_3$-$AlEt_2Cl$	0.8～1.2	3～5	88～93	脱灰工序；脱无规聚合物工序
第二代 $TiCl_3$-$AlEt_2Cl$-Lewis 碱	3～5	12～20	92～97	脱灰工序；免脱无规聚合物工序
第三代 $TiCl_4$-$AlEt_3$-$MgCl_2$ 载体	5～20	300～800	≥98	免脱灰工序；免脱无规聚合物工序
引发剂后发展时代 超高活性引发剂	—	600～2000	≥98	免脱灰工序；免脱无规聚合物工序

目前认为聚合活性中心在载体上的结构是三维立体结构，它能够被增长的聚合物颗粒所膨胀。膨胀后的结构，其接受单体的活性和聚合活性均无变化。当单体分子到达引发剂颗粒后，它开始在最易接受它的活性位置上聚合。聚合物分子开始链增长，它不仅在表面的活性位置上增长，还在结晶颗粒的内部增长。引发剂颗粒内部的链增长使引发剂颗粒逐渐膨胀。因此，引发剂颗粒的机械强度必须与聚合反应的活性相适应。如果聚合活性太高，则反应不能控制，聚合物增长链产生的机械力会使引发剂颗粒破碎为细小粉末。如果引发剂颗粒的机械强度过高，则聚合活性降低，因为内部活性中心缺乏聚合物增长的空间。只有当载体引发剂的聚合活性与载体引发剂颗粒的强度能够很好平衡时，随着聚合反应的进行，引发剂颗粒膨胀增大，不会破碎，聚合活性不降低。要达到上述要求，高效引发剂应满足一些要求：具有很高的表面积；高孔隙率，具有大量的裂纹均匀分布于颗粒内外；机械强度能够抵抗聚合过程中由于内部聚合物增长链产生的机械应力，又不影响聚合物链的增长，保持均匀分散在由于聚合进行而增大膨胀的聚合物中；活性中心均匀分布；单体可自由进入引发剂颗粒的最内层。

高活性引发剂的制备工艺包括 Z-引发剂、B-引发剂、A-引发剂、高活性引发剂复配等工序。Z-引发剂的制备工艺是将干燥的己烷、$AlC_2H_5Cl_2$、K_2TiF_6 加热至 $60℃$，恒温陈化 $12～15h$，取样测定 $Cl：Al=0.55\pm0.005$ 时，生成 $AlC_2H_5Cl_{0.55}F_{1.45}$，迅速降温至 $35℃$，停止反应，再静置沉降 $24h$，上层为 Z-引发剂清液，下层固体移至分解槽，加氢氧化钠水溶液分解后，废弃。B-引发剂的制备工艺是将 Z-引发剂清液、$TiCl_3$、己烷，按照 $Al：Ti=1$ 的比例混合，得到 B-引发剂。A-引发剂的制备工艺是在烯丙基正丁醚中加入己烷，当浓度达到 $0.3mol/L$，得到 A-引发剂。最后将 A-引发剂和 B-引发剂按一定比例在聚合釜中混合，得到四组分高活性引发剂。图 4-38 为高活性引发剂的制备工艺流程。

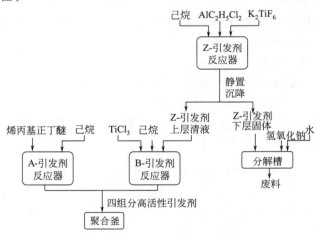

图 4-38　高活性引发剂的制备工艺流程

（4）分子量调节剂

高纯度氢气用来调节聚丙烯的分子量，即调节产品的熔融指数，其中应当不含有极性化合物和不饱和化合物。用量为丙烯量的 $0.05\%～1\%$（体积分数），其反应为：

$$Cat\text{\textasciitilde}+H_2\longrightarrow Cat—H+H\text{\textasciitilde}$$

4.9.3　聚合工艺过程

(1) 淤浆法工艺

工业上，早期聚丙烯的生产采用淤浆法工艺，工艺过程包括单体、溶剂等原料的精制，引发剂的制备，聚合，未反应单体及溶剂的循环利用，残留引发剂清除，聚合物分离及后处理等工序。聚丙烯淤浆聚合法的后处理与溶剂回收流程长，是世界各国聚丙烯厂家竞争的关键技术。表 4-27 列出了传统的淤浆法原料配方。

表 4-27　淤浆法生产聚丙烯的传统配方

原料名称	规格	作用	用量
丙烯	纯度＞99.6%	单体	25%
己烷	含水量＜25μg/mL	溶剂或稀释剂	75%
三氯化钛		主引发剂	0.024%～0.032%
二乙基氯化铝		助引发剂	0.64%
氢气		分子量调节剂	100～200μL/L
异丙醇	0.1%～0.5%HCl	终止剂	2%～20%

经精制、干燥、压缩的丙烯通入聚合釜，同时经精制、干燥的溶剂己烷、分子量调节剂氢气，也加入至聚合釜，引发剂制备己烷的悬浮分散液加入聚合釜。在聚合釜中，单体分子遇到引发剂便迅速发生聚合反应，生成的聚丙烯不溶于己烷而呈淤浆状。聚合条件为 50～70℃、0.5～1MPa，引发剂在反应釜内的停留时间为 1.3～3h，采用第一和第二聚合釜两釜串联、连续操作。反应釜为附设搅拌装置的釜式压力反应器，容积为 10～30m^3，最大者 100m^3。反应后浆液浓度一般低于 42%（质量分数）。

由聚合反应釜流出的物料进入压力较低的闪蒸釜，脱除未反应的丙烯和易挥发物。丙烯经冷却、冷冻为液态后，经分馏塔顶回收纯丙烯，经循环压缩机回到聚合釜循环使用。

脱除丙烯后的浆液流入分解槽，加 2%～20% 的醇，如异丙醇、乙醇、丙醇、丁醇等，加入的低分子醇能与引发剂形成络合物，使引发剂失去活性而终止聚合反应，进一步水洗，将形成的络合物、醇等水溶性物质转入水相，静置除去大部分水溶液，与聚丙烯浆液分离。残留引发剂的存在会影响聚合物的色泽、电性能和染色性能，为了提高清除引发剂残留的效率，终止剂中常采用强酸性或强碱性介质，例如加入含有 0.1%～0.5%HCl 的异丙醇作为终止剂。经以上工艺处理后的聚丙烯含有 10^{-6}～$3×10^{-5}$Ti、10^{-6}～$4×10^{-5}$Al 和 $2×10^{-5}$～$4×10^{-5}$Cl 的残渣。

将除去单体、引发剂的浆液，经离心分离得到聚丙烯滤饼，其中约含 50% 的溶剂以及少量溶解于其中的无规聚丙烯。经溶剂洗涤后除去无规聚丙烯，无规聚丙烯在塔底呈黏稠溶液。如果采用高沸点溶剂可先经水蒸气蒸馏，使溶剂与水蒸气蒸出，聚丙烯则悬浮于水相中，离心分离得到聚丙烯滤饼（含水）。如采用低沸点溶剂则采用不含水分和氧气的惰性气体氮气，在闭路循环干燥系统中进行干燥，以防止产生爆炸性混合气体。经离心分离得到的稀释剂必须精制提纯后循环使用。

聚丙烯滤饼（含水）经离心机除去水分后，经气流干燥、沸腾干燥器，除去残余水分，经混炼装置，与配剂混合，加入抗氧化剂等必需的添加剂后经混炼、挤出、造粒得粒状聚丙烯商品。图 4-39 为淤浆法生产聚丙烯工艺流程。

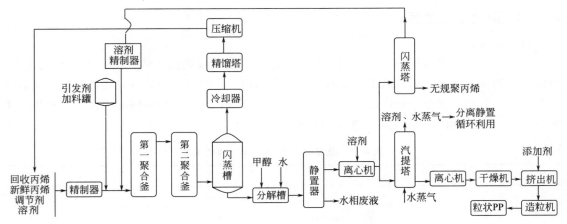

图 4-39　淤浆法生产聚丙烯工艺流程

（2）液相本体法工艺

采用间歇式单釜操作工艺，在一定压力下丙烯液化为液体，作为稀释剂，聚合法工艺流程简单，原料适应性强、投资少、见效快、产品满足中低档客户需求。由于多采用高活性引发剂，因此免去脱灰工序。

经精制、干燥、压缩的丙烯及分子量调节剂氢气通入聚合釜，同时将主引发剂三氯化钛固体粉末、助引发剂二乙基氯化铝液体，按一定比例加入聚合釜。加料完毕，夹套热水加热，聚合反应迅速发生，生成的聚丙烯颗粒悬浮在液态丙烯中。聚合条件为 75℃、3.5MPa。随着反应进行，液相中聚丙烯颗粒越来越多，液相丙烯越来越少，当液相丙烯消失时，即所谓的"干锅"状态，聚合结束，聚合时间为 3～6h。此时，釜内主要是产物聚丙烯和未反应的气态丙烯。图 4-40 为丙烯液相本体聚合反应釜的工作原理。反应釜内置搅拌，聚合热主要靠夹套冷却，为提高冷却效果，用冷冻食盐水或液氨冷却，也可采用附加回流冷凝器。丙烯液相本体聚合时，50%～60% 的聚合热借丙烯气化、冷凝移去，因此采用附加回流冷凝器。

未反应的气态丙烯，经冷却水冷却后，循环利用。颗粒聚丙烯经通入空气去活，再用氮气置换吸附的少量丙烯，制得聚丙烯粉料产品。图 4-41 为丙烯液相本体聚合工艺流程。

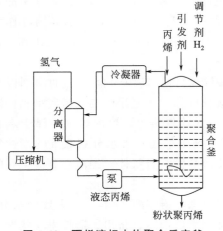

图 4-40　丙烯液相本体聚合反应釜
工作原理

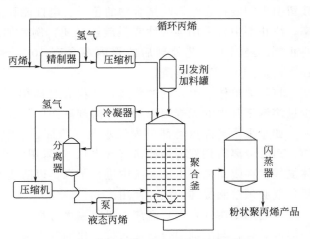

图 4-41　丙烯液相本体聚合工艺流程

（3）气相本体法工艺

气相本体法工艺就是指气态丙烯与悬浮引发剂颗粒发生聚合制备聚丙烯的工艺过程。采用流化床（沸腾床）工艺，选用高活性引发剂，免去后续脱灰工序。

经精制、干燥、压缩的丙烯及分子量调节剂氢气通入沸腾床反应器，同时将引发剂各组分，按一定比例加入反应器。加料完毕，加热至聚合温度，聚合反应迅速发生。聚合条件为温度<88℃、压力<4MPa。沸腾床反应器直径上大下小，能避免生成的粉状聚丙烯被带出反应器。生成的聚丙烯粉末，随气流上升至反应器分配板的出口处流出，制得粉状聚丙烯产品。图 4-42 为丙烯气相本体聚合工艺流程。

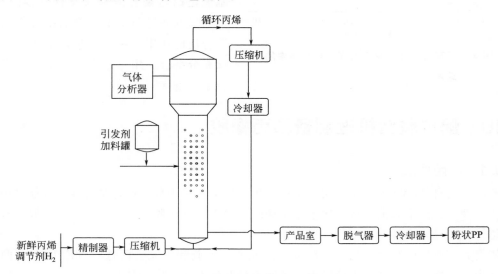

图 4-42　丙烯气相本体聚合工艺流程

4.9.4　影响因素

（1）聚合反应温度

温度对丙烯聚合反应速率、立构规整度、分子量等均有重要影响。升高温度，聚合反应速率加快，但是产物的立构规整度会有所下降，同时链转移反应速率增加，引发剂因为高温失活导致聚合终止，引起产物分子量下降。研究表明，当温度低于 50℃，聚合反应速率很慢，高于 75℃，产物立构规整度有明显下降，且由于聚合热排散困难（丙烯的聚合热为 2514kJ/kg），易引起爆聚，因此，适宜的聚合温度一般设定在 50～75℃。

（2）反应压力

丙烯常态下为气体，因此，必须要有适当压力才能促进聚合反应正常进行。增加压力，能增加丙烯气体在溶剂或稀释剂中的溶解性，增加聚合单体的浓度，因此，聚合速率及产物分子量均增加。对于液相本体聚合，增加压力有利于丙烯单体的液化；对于气相本体聚合，增加压力，有利于物料的分散悬浮。然而，增加压力，由于聚合速率的增加，体系中聚合物含量较大，物料疏松困难，散热难以控制。工业上，压力范围设定在 0.5～4MPa。

（3）反应时间

延长聚合反应时间，单体转化率或单程转化率增加，但设备利用率降低。研究发现，聚合时间与分子量关系不大。因此，工业上设法减少聚合反应时间，具体措施有缩短单体聚合的诱导期，适当提高引发剂的浓度，增加丙烯的分压，适当提高聚合温度。图 4-43 为丙烯分压、聚合时间与聚合速率的关系。

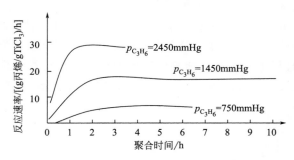

图 4-43　丙烯分压、聚合时间与聚合速率的关系 （1mmHg=133.3224Pa）

（4）引发剂

工业上合成聚丙烯，主引发剂一般采用三氯化钛。研究发现，随着三氯化钛的用量增加，聚合速率增加，三氯化钛的粒径越小，聚合速率越快。而助引发剂二乙基氯化铝与聚合速率却没有直接的关系，助引发剂通过与主引发剂的络合作用影响聚合反应速率，用量过少，不能与三氯化钛充分络合，用量过多，会引起链终止和分子量下降。

4.10　配位聚合机理制备乙丙橡胶

4.10.1　乙丙橡胶

乙丙橡胶自 20 世纪 60 年代实现工业化生产以来发展十分迅速，是合成橡胶品种中发展最快的一种。其产量和消费量仅次于丁苯橡胶和聚丁二烯橡胶，位居世界合成橡胶品种中的第三位。

依据共聚单体的数量，乙丙橡胶分为二元乙丙橡胶和三元乙丙橡胶（EPDM），两种橡胶总称为乙丙橡胶。二元乙丙橡胶由乙烯和丙烯共聚而成，由于其分子链上不含可交联的双键，不能硫化，因而限制了它的应用，在乙丙橡胶商品牌号中，二元乙丙橡胶只占总数的 10％左右。三元乙丙橡胶由乙烯、丙烯及少量非共轭双烯为单体共聚而成，由于三元乙丙橡胶分子链上用于交联的双键位于侧链上，这样的双键既提供了硫化的反应点，又不影响主链是饱和烃（不含双键）的特点，因此获得了广泛的应用，成为乙丙橡胶的主要品种，在乙丙橡胶商品牌号中占 90％左右。

乙丙橡胶采用配位共聚合机理合成，早期采用的 Ziegler-Natta 引发剂，所合成的共聚物中的乙烯链段太长，极易结晶，不能作为弹性体使用，后来采用钒-铝配合物引发剂，制得的共聚物分子主链上，乙烯和丙烯单体呈无规排列，失去了纯乙烯链段或纯丙烯链段的规整性，使共聚物具有很好的柔顺性，可以作为弹性体使用。

典型的高弹性和综合性能好的二元、三元乙丙橡胶中，乙烯含量为 45％～70％（摩尔分数）。研究表明，乙烯链段的长度 $\ppcparen{CH_2-CH_2}_x$ 中，$x \geqslant 8$ 时会发生乙烯链段结晶，破坏共聚物的高弹性能。乙丙橡胶的转变温度十分复杂，除了 T_g 与 T_m 外，还有许多次级转变温度。工业上通用的乙丙橡胶，其乙烯含量为 45％～70％（摩尔分数），$T_g = -50℃$ 左右，而乙丙橡胶的熔点主要体现在乙烯链段的熔点，不同品种的温度范围可宽至 70～120℃。乙丙橡胶结构中，乙烯与丙烯的结构单元含量对生胶和混炼胶性能及工艺性能均有直接影响。应用时，可并用 2～3 种乙烯与丙烯结构单元含量不同的乙丙橡胶进行共混，以满足不同的性能要求。一般认为乙烯含量控制在 60％左右，才能获得较好的加工性能和硫化胶性能。丙烯含量较高时，对乙丙橡胶的低温性能有所改善。乙烯含量较高时，易挤出，挤出表面光滑，挤出件停放后不易变形。

乙丙橡胶的重均分子量为 20 万～40 万，数均分子量为 4 万～20 万，黏均分子量 10 万～40 万，分子量分布指数一般为 2～5，大多在 3 左右，最高可达 8～9。乙丙橡胶的重均分子量与门尼黏度值密切相关。乙丙橡胶的门尼黏度值($ML_{1+4}^{100℃}$)为 25～90，高门尼值105～110 也有不少品种。随着门尼黏度值的提高，填充量也能提高，硫化后的乙丙橡胶的拉伸强度、回弹性均有提高，但加工性能变差。分子量分布宽的乙丙橡胶具有较好的开炼混炼性和压延性。已研制出分子量采用双峰分布形式的三元乙丙橡胶，在低分子量部分再出现一个较窄的峰，并减少极低分子量部分，此种三元乙丙橡胶既提高了物理机械性能，有良好的挤出后的挺性，又保证了良好的流动性。

乙丙橡胶是二元或三元的共聚物，其性能与共聚单体的品种及用量，共聚物组成及其结构单元序列分布，分子量及其分布等因素有关。乙丙橡胶的结构组成很大程度上取决于乙烯与丙烯的竞聚率，而两者的竞聚率又与引发剂的结构、聚合温度紧密相关。表 4-28 列出了不同条件下的乙烯和丙烯共聚的竞聚率值。由表 4-28 可知，乙烯的聚合活性总是大于丙烯的（$r_1 \gg r_2$），所以乙烯易进入共聚物中，形成较长的乙烯链段，这对制备乙丙橡胶来说非常不利，因此在合成乙丙橡胶时，就必须加以控制。

表 4-28　不同共聚条件下乙烯（M_1）与丙烯（M_2）的竞聚率

引发体系的结构	聚合温度/℃	r_1	r_2
VCl_3-$Al(C_6H_{13})_3$	75	5.61	0.15
VCl_4-$Al(C_6H_{13})_3$	25	7.08	0.09
VCl_4-$Al(C_2H_5)_2Cl$		13.7	0.02
$VOCl_3$-$Al(C_6H_{13})_3$	25	17.8	0.07
$VO(OC_2H_5)_3$-$Al(i\text{-}C_4H_9)_2Cl$		15.0	0.07
$VO(OOCCH_3)_3$-$Al(C_2H_5)_2Cl$		15.0	0.04
三乙酰丙酮钒-$Al(C_2H_5)_2Cl$	－20	15.0	0.04
三乙酰丙酮钒-$Al(i\text{-}C_4H_9)_2Cl$		16.0	0.04
$TiCl_2$-$Al(C_6H_{13})_3$	25	15.7	0.11
$TiCl_3$-$Al(C_6H_{13})_3$	75	15.7	0.11
$TiCl_4$-$Al(C_6H_{13})_3$	75	33.4	0.03

合成三元乙丙橡胶的配方设计中，第三单体的选择是十分重要的。一个理想的第三单体应该满足的主要条件有：合适的共聚活性，聚合时有较高的转化率，且能均匀地分布在共聚物长链中；两个非共轭的双键各有不同的反应活性，第一个打开后，希望第二个不反应，否则会生成凝胶，影响橡胶的性能；不影响共聚速率、共聚物分子量及其分布；合成的三元乙丙橡胶的硫化性能好，硫化速度快；本身的分子量不宜过大，除两个双键外，其余部分越轻越好，可减少橡胶的重量；价廉易得，无毒无害，对环境友好。第三单体的存在，并不会改变大分子链的柔顺性，若分布不均匀时，会使双键的分布疏密不一，影响橡胶制品的弹性性能。

已经研制出的第三单体种类很多，工业化生产的三元乙丙橡胶常用的第三单体有亚乙基降冰片烯（ENB）、双环戊二烯（DCPD）、1,4-己二烯（HD）。第三单体技术又有新发展，国外研制出用 1,7-辛二烯、6,10-二甲基-1,5,9-十一三烯、3,7-二甲基-1,6-辛二烯、5,7-二甲基-1,6-辛二烯、7-甲基-1,6-辛二烯等作为三元乙丙橡胶的第三单体,使三元乙丙橡胶的性能有了新的提高。

亚乙基降冰片烯　　　　双环戊二烯

$$CH_3-CH=CH-CH_2-CH=CH_2$$
1,4-己二烯

三元乙丙橡胶中第三单体种类和含量对硫化速度、硫化橡胶的性能均有直接影响。其中,双环戊二烯作为第三单体,虽然制品耐臭氧性较高,成本较低,但此三元乙丙橡胶的硫化速度慢,难以与高不饱和度的二烯烃类橡胶并用,且制品有臭味。以亚乙基降冰片烯、6,10-二甲基-1,5,9-十一三烯等为第三单体的三元乙丙橡胶硫化速度快,前者已成为三元乙丙橡胶的主要品种,含亚乙基降冰片烯为第三单体的三元乙丙橡胶,其硫化橡胶则具有较高的耐热性和拉伸强度以及较小的压缩永久变形。含 1,4-己二烯的三元乙丙橡胶不易焦烧,硫化后压缩永久变形较小。表 4-29 列出了一些第三单体对共聚合和产物性能的影响。

表 4-29　第三单体对共聚合和产物性能的影响

第三单体	共聚合情况		硫化速度		橡胶耐热性	橡胶耐臭氧性	橡胶其他性能
	活性	产物分子链支化程度	硫黄硫化	过氧化物硫化			
亚乙基降冰片烯	共聚速率较快	少量支化	快	中	好	中	硫化胶拉伸强度高,永久变形小,成本高
双环戊二烯	共聚速率适中	大量支化	慢	快	差	好	硫化胶永久变形小,价廉,有臭味
1,4-己二烯	共聚速率较慢	无支化	中	慢	中	差	硫化胶压缩形变小,不易焦烧,易回收,成本较高

第三单体含量以碘值表示,三元乙丙橡胶的碘值一般为 6～30,大多在 15 左右。碘值为 6～10 时,硫化速度慢,难与高不饱和橡胶并用;碘值为 25～30 时,为超高速硫化型,可用任何比例与高不饱和二烯烃橡胶并用。因此三元乙丙橡胶在与其他橡胶并用时,应注意选择适宜的三元乙丙橡胶品种。

不论是二元还是三元乙丙橡胶,其最大的特点是它的完全饱和的主链,所以这类橡胶具有卓越的耐热、耐氧、耐臭氧、耐候、耐水、耐水蒸气、耐酸碱、耐辐射、耐化学介质等特性,以及极好的电绝缘性。另外,它的弹性大、压缩形变小、发热低、密度小。缺点是不耐脂肪烃及芳烃,在脂类和芳香类溶剂(如汽油、苯等)及矿物油中稳定性较差,在浓酸长期作用下性能也要下降。乙丙橡胶的黏着性差,硫化速度慢。总之,综合物理机械性能大致介于天然橡胶与丁苯橡胶之间。

乙丙橡胶的使用温度范围可达 $-57～150℃$,乙丙橡胶制品在 120℃ 下可长期使用,在 150～200℃ 下可短暂或间歇使用。乙丙橡胶有优异的耐水蒸气性能并优于其耐热性。在 230℃ 过热蒸汽中,近 100h 后外观无变化。而氟橡胶、硅橡胶、氟硅橡胶、丁基橡胶、丁腈橡胶、天然橡胶等在同样条件下，经历较短时间外观发生明显劣化现象。

三元乙丙橡胶在臭氧浓度 50mg/L、拉伸 30％ 的条件下，可达 150h 以上不龟裂。乙丙橡胶对各种极性化学品如醇、酸、碱、氧化剂、制冷剂、洗涤剂、动植物油、酮和酯等均有较好的抗腐蚀性。

乙丙橡胶是密度较低的一种橡胶，其相对密度为 0.87，且可大量充油和加入填充剂，因而可降低橡胶制品的成本，弥补了乙丙橡胶生胶价格高的缺点，并且对高门尼值的乙丙橡胶来说，高填充后物理机械性能降低幅度不大。

乙丙橡胶具有优异的电绝缘性能和耐电晕性，电性能优于或接近丁苯橡胶、氯磺化聚乙烯、聚乙烯和交联聚乙烯。

由于乙丙橡胶分子结构中无极性取代基，分子内聚能低，分子链可在较宽范围内保持柔顺性，仅次于天然橡胶和顺丁橡胶，并在低温下仍能保持。

乙丙橡胶由于分子结构中缺少活性基团，内聚能低，加上胶料易于喷霜，自黏性和互黏性很差。

目前乙丙橡胶主要用作各种工业橡胶制品，如耐热运输皮带、胶管、垫圈及胶布等。利用其电性能好的特点，可用作电缆包皮、电线及电器的部件。汽车工业中，可作汽车零件、轮胎的内胎和胎侧材料。在建筑材料方面也有大量用途。因黏着性差，不能用作轮胎胎面橡胶。乙丙橡胶与其他橡胶并用时起着高分子抗氧剂和防老剂的作用，以改善并用橡胶耐气候、耐臭氧和耐老化性能差的缺点。它可以与塑料共混，以改善此塑料的低温脆性，并提高其抗冲击性能。

乙丙橡胶在汽车制造行业中应用量最大，主要应用于汽车密封条、散热器软管、火花塞护套、空调软管、胶垫、胶管等。在汽车密封条行业中，主要利用 EPDM 的弹性、耐臭氧、耐候性等特性，其 ENB 型的 EPDM 橡胶已成为汽车密封条的主体材料，国内生胶年消耗量已超过 1 万吨，但由于品种关系，其一半还依靠进口。由于热塑性三元乙丙橡胶 EPDM/PP 强度高、柔性好、涂装光泽度高、易回收利用的特点，在国内外汽车保险杠和汽车仪表板生产中已作为主导材料。截至 2010 年仅汽车保险杠和仪表板两项产品，EPDM/PP 的国内年用量已达 4.5 万吨。此类产品的回收利用主要采用的工艺方法是：先去掉产品表面的涂料→粉碎→清洗→再造粒→添加新料后生产新产品。这样在保险杠和仪表板生产中，就能节约大量原材料，取得较好的经济效益。目前，我国乙丙橡胶在汽车工业中的用量占全国乙丙橡胶总用量的 42％～44％，其中还不包括船舶、列车和集装箱密封条的乙丙橡胶用量。因乙丙橡胶的粘接性能不好，在汽车轮胎行业中在大量用料的轮胎主体和胎面部位上无法推广使用乙丙橡胶，只在内胎、白胎侧、胎条等部位少量使用乙丙橡胶。

由于乙丙橡胶具有优良的耐水性、耐热耐寒性和耐候性，又有施工简便等特点，因此乙丙橡胶在建筑行业中主要用于塑胶运动场、防水卷材、房屋门窗密封条、玻璃幕墙密封、卫生设备和管道密封件等。乙丙橡胶在建筑行业中用量最大的还数塑胶运动场和防水卷材，就国内用量而言，已占乙丙橡胶总用量的 26％～28％。用 EPDM 生产的防水卷材已逐渐代替其他材料（如 CMS）制作的防水卷材，尤其是用于地下建筑的防水卷材。

在电气和电子行业中主要利用乙丙橡胶的优良电绝缘性、耐候性和耐腐蚀性，在许多电气部件中采用了此类橡胶。例如用乙丙橡胶生产电缆，尤其是海底电缆用 EPDM 或 EPDM/PP 代替了 PVC/NBR 制作电缆的绝缘层，电缆的绝缘性能和使用寿命有了大幅度提高。在变压器绝缘垫、电子绝缘护套方面也大量采用了乙丙橡胶制作。

乙丙橡胶与其他橡胶并用也是乙丙橡胶应用的一个很大的领域。乙丙橡胶与其他橡胶并用在性能上可互补并改善工艺和降低成本。但由于各种配合剂对不同高聚物的亲和能力各异，共硫化性又取决于各高聚物交联效率，不同高聚物并用共混不可能达到分子级相容，而是分相存在的不均体系。配合剂的这种相间不均分配，对乙丙并用橡胶的性能有重大影响。

4.10.2 聚合工艺过程

乙丙橡胶的合成工艺有两种，溶液法和悬浮法。溶液法是指在烷烃溶剂中进行的共聚合，而悬浮法是指以液态丙烯作悬浮介质的条件下进行的共聚合。

（1）溶液法制备乙丙橡胶的工艺

将处理过的单体按比例加入，并在聚合过程中保持恒定。加入溶剂使单体溶解在其中，达到饱和状态，立刻加入引发剂，聚合反应开始。聚合开始后，在各聚合釜入口处连续补加一定组成的单体和引发剂，使反应体系处于饱和状态，确保连续聚合工艺的顺利进行。聚合条件为：反应温度为38℃，压力为 $1.4 \sim 1.7 \mathrm{MPa}$，己烷为溶剂，$VOCl_3\text{-}Al(C_2H_5)_{1.5}Cl_{1.5}$ 为引发体系，二烷基锌或氢为分子量调节剂。反应物料达到预定停留时间后，混合物料进入混合器，加入防老剂等，经两次闪蒸，蒸出的单体回收后循环利用，余下的混合物经洗涤、凝聚、筛分等过程，将溶剂回收循环使用，分离出引发剂残渣，橡胶挤出干燥。图 4-44 为溶液法生产乙丙橡胶的工艺流程。

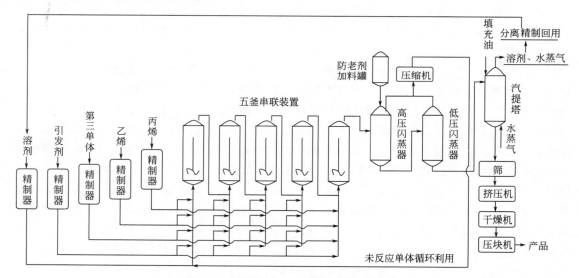

图 4-44 溶液法生产乙丙橡胶的工艺流程

溶液聚合工艺特点是技术比较成熟，操作稳定，是工业生产乙丙橡胶的主要方法。溶液法产品品种牌号较多，质量均匀，灰分含量较少，应用范围广泛，产品电绝缘性能好。但是由于聚合是在溶剂中进行，传质传热受到限制，聚合物的质量分数一般控制在 $6\% \sim 9\%$，最高达 $11\% \sim 14\%$，聚合效率低。同时，由于溶剂需回收精制，生产流程长，设备多，建设投资及操作成本较高。

（2）悬浮法制备乙丙橡胶的工艺

按一定比例将乙烯、丙烯、亚乙基降冰片烯单体混合物和引发剂各组分，分别由聚合釜底部进料，将聚合温度控制在10℃，压力为 0.98MPa，聚合热由单体蒸发移出，蒸出的乙烯、丙烯由聚合釜上部排出，在分离器中与夹套的胶粒分离。气相单体经压缩机压缩后在换热器中冷凝，液相单体返回聚合釜，氢气作为分子量调节剂在分离器前加入。

含聚合物 30%（质量分数）的悬浮液由聚合釜底部导出，送到脱引发剂装置。在强化混合器内加入水使引发剂分解。在洗涤塔中使油相与水相逆流接触，在 0.78MPa 条件下脱除未反应的单体乙烯、丙烯。脱除的单体依次经湿式分离器、空气冷却器、水冷凝器、盐水冷凝器后的冷暖液和气相混合物，分别回收丙烯、乙烯。脱除单体的水-胶液用泵送入两段脱气塔，在 130℃ 和 0.19MPa 条件下脱除残余的单体。脱气塔用喷射泵送来的蒸汽直接加热，从第一脱气塔顶部出来的气相产物进入第二脱气塔的底部。脱气后的水-胶液经筛分，湿的胶料经脱水干燥，制得产品乙丙橡胶。图 4-45 为悬浮法生产乙丙橡胶的工艺流程。

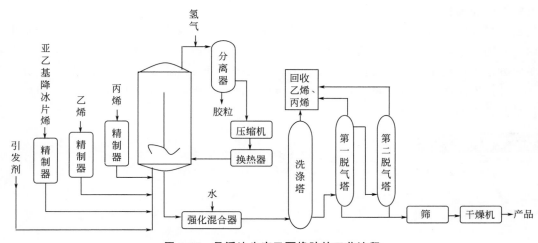

图 4-45　悬浮法生产乙丙橡胶的工艺流程

悬浮聚合工艺的特点是聚合产物不溶于反应介质丙烯，体系黏度较低，提高了转化率，聚合物的质量分数高达 30%～35%，因而其生产能力是溶液法的 4～5 倍；无溶剂回收精制和凝聚等工序，工艺流程简化，基建投资少；可生产高分子量的品种；产品成本比溶液法低。而其不足之处是，由于不用溶剂，从聚合物中脱离残留引发剂比较困难；产品品种牌号少，质量均匀性差，灰分含量较高；聚合物是不溶于液态丙烯的悬浮粒子，使之保持悬浮状态较难，尤其当聚合物浓度较高和出现少量凝胶时，反应釜易于挂胶，甚至发生设备管道堵塞现象；产品的电绝缘性能较差。

在聚合过程中，第三单体的加料工序对产物结构有至关重要的影响。除了第三单体分布含量外，它本身能否均匀地分布对三元乙丙橡胶的性能也有很大的影响。在第三单体总量相等的情况下，若能多次分批地加入，可使它分布均匀，并提高硫化胶的强度。

4.10.3　聚合技术发展

溶液聚合法的发展主要是引发剂体系的演变，从钒-铝、钛-铝，到载体型钒、钛系引发剂，发展到现在的茂金属引发剂以及单中心非茂引发剂等，使乙丙橡胶生产过程日趋完善。生产技术除了各种以提高质量、降低成本、增加性能为目的的技术改进外，DuPont Dow、Exxon、Mitsui 等公司茂金属乙丙橡胶已实现工业化生产，这是溶液聚合法近年来最重要的进展之一。悬浮聚合法的发展主要是使用了高效钛引发剂使生产过程简化。茂金属引发剂在该方法中的应用不多。气相聚合法是乙丙橡胶生产技术的重要进展，而且其引发剂体系从

Ziegler-Natta 经典型的预聚合型发展到茂金属型。同时生产工艺不断优化和完善，如消除了气相聚合过程中挂胶堵塞现象；通过改进高活性钒引发剂的制备工艺，把副产物生成量降至最低限度等。一段时间以来，茂金属引发剂的研究一直比较活跃，茂金属引发剂应用于乙丙橡胶合成并实现工业化，标志着乙丙橡胶合成技术进入一个崭新的发展阶段。随着茂金属引发剂在乙丙橡胶生产中的成功应用，不仅传统的溶液聚合法被赋予新的技术内涵，而且使气相聚合法合成乙丙橡胶成为乙丙橡胶发展史上的一个飞跃，乙丙橡胶新产品开发也因茂金属引发剂的成功应用而层出不穷，进展迅速。其他新技术的应用使乙丙橡胶的性能更理想和完善，也不断有新的产品出现。预计在今后相当长的时间内溶液聚合技术因其技术成熟性和产品牌号的广泛性仍是乙丙橡胶生产的主导技术，气相聚合技术和茂金属引发剂将是乙丙橡胶发展的方向和趋势。

乙丙橡胶应用越来越广泛，硫化废橡胶和废产品如何回收再生利用是一个值得研究开发的课题。随地废弃，对环境有很大污染，而用传统方法脱硫再生效果不好。目前世界上用微波脱硫方法进行硫化乙丙废橡胶的回收再生利用的研究开发已获成功，但国内还处于研究阶段。一旦此方法在国内研究开发成功，废乙丙橡胶回收再生利用所产生的经济效益和社会效益将是非常大的。

复杂工程问题案例

1. 复杂工程问题的发现

溶液聚合所用溶剂主要是有机溶剂。根据单体的溶解性质以及所生产聚合物的溶液用途，筛选适当的溶剂。常用的有机溶剂有醇、酯、酮以及芳烃（苯、甲苯）等；此外，脂肪烃、卤代烃、环烷烃等也有应用。在工程应用过程中，溶液聚合选择溶剂时，常需注意以下问题：①溶剂对聚合活性的影响。溶剂往往并非绝对惰性，对引发剂有诱导分解作用，链自由基对溶剂有链转移反应。这两方面的作用都可能影响聚合速率和分子量。在离子聚合中溶剂的影响更大，溶剂的极性对活性离子对的存在形式和活性、聚合反应速率、聚合度、分子量及其分布以及链微观结构都会有明显影响。对于共聚反应，尤其是离子型共聚，溶剂的极性会影响到单体的竞聚率，进而影响到共聚行为，如共聚组成、序列分布等。②溶剂对聚合物的溶解性能和凝胶效应的影响。选用良溶剂时，为均相聚合，如果单体浓度不高，可能不出现凝胶效应，遵循正常的自由基聚合动力学规律。选用沉淀剂时，则成为沉淀聚合，凝胶效应显著。不良溶剂的影响则介于两者之间，影响深度则视溶剂优劣程度和浓度而定。有凝胶效应时，反应自动加速，分子量也增大。链转移与凝胶效应同时发生时，分子量分布将决定于这两个相反因素影响的深度。③其他方面：诸如经济性好，易于回收，便于再精制，无毒，商业易得，价廉，便于运输和贮存等。在工程实践过程中，溶液聚合反应所涉及的溶剂筛选与回收利用已成为一个典型的复杂工程问题。

2. 复杂工程问题的解决

针对高分子材料溶液聚合技术领域的复杂工程问题，合理设计并筛选材料制备和加工所需的溶剂、技术路线或工艺方法，设计方案中能够体现创新意识，考虑社会、健康、安全、法律、文化以及环境等因素。主要解决思路：①在选择溶剂时要十分周详。各类溶剂对过氧类引发剂的分解速率的影响（依次增加）如下：芳烃、烷烃、醇类、醚类、胺类。偶氮二异丁腈在许多溶剂中都有相同的一级分解速率，较少诱导分解。向溶剂链转移的结果，将使分子量降低。各种溶剂的链转移常数变动很大，水为零，苯较小，卤代烃较大。为保证聚合体系在反应过程中为均相，所选用的溶剂应对引发剂或催化剂、单体和聚合物均有良好的溶解性。这样有利于降低黏度，减缓凝胶效应，导出聚合反应热。必要时可采用混合溶剂。②对于无法找到理想溶剂的聚合体系，主要从聚合反应需要出发，选择对某些组分（一般是对单体和引发剂）有良好溶解性的溶剂。如乙烯的配位聚合，以加氢汽油为溶剂，尽管对引发体系和聚合物溶解性不好，但对单体乙烯有良好的溶解性。当然，从环境友好角度讲，在聚合结束后能方便地将溶剂和聚合物分离开来，如合理采用数控防爆溶剂回收机。问题解决的基本思路如图所示：

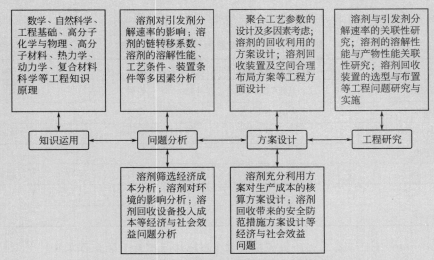

有效筛选和回收利用溶液聚合反应过程中的溶剂

3. 问题与思考

（1）就如何有效筛选和回收利用溶液聚合反应过程中的溶剂，举例说明相关工程知识和应用案例。

（2）以丙烯腈溶液聚合生产聚丙烯腈为例，就如何有效筛选与回收利用反应溶剂的问题，从工程的角度，进行问题分析、方案设计和工程研究，提出解决复杂工程问题的方案和措施，并加以模拟实施，同时兼顾社会可持续发展。

（3）从生产成本、安全生产、环境保护、人类健康的角度出发，分析方案实施的经济和社会效益。

习　　题

1. 溶剂对自由基溶液聚合有哪些重要的影响？

2. 聚乙烯醇的醇解度对其水溶性有何影响，为什么？

3. 聚合温度、转化率对醋酸乙烯酯溶液聚合及其产物结构有怎样的影响？

4. 醋酸乙烯在甲醇中溶液聚合的工艺条件为：聚合温度控制在 $65 \pm 0.5℃$，转化率控制在 $50\% \sim 60\%$，为什么？

5. 聚醋酸乙烯醇水解时为什么不用酸而用碱作催化剂？为什么不在完全无水的条件下进行

醇解？为什么要控制水的用量并要防止醇解温度过高？

6. 丙烯腈自由基溶液聚合工艺中，添加的第二、第三单体有何作用？

7. 丙烯腈非均相溶液聚合为什么要严格控制好体系的 pH 值？

8. 自由基溶液法合成聚乙烯醇的工艺中，选择甲醇有何作用？为什么选择甲醇？

9. 比较均相与非均相溶液共聚合法生产聚丙烯腈的聚合工艺特点。

10. 已知在苯乙烯单体中加入少量乙醇进行聚合时，所得聚苯乙烯的分子量比一般本体聚合要低，但当乙醇量增加到一定程度后，所得到的聚苯乙烯的分子量要比相应条件下本体聚合所得的要高，试解释之。

11. 阳离子聚合为什么需要在 -100℃左右的温度下进行？

12. 根据表中提供的数据，你能得到哪些结论，并分析原因。

阳离子聚合与自由基聚合的动力学参数

聚合组分及动力学参数	异丁基乙烯基醚阳离子聚合	苯乙烯阳离子聚合	苯乙烯自由基聚合
引发剂	$(C_6H_5)_3C^+ SbCl_6^-$	硫酸	过氧化二苯甲酰
引发剂浓度/(mol/L)	6.0×10^{-5}	10^{-3}	$10^{-4} \sim 10^{-2}$
溶剂	二氯甲烷	二氯甲烷	本体聚合
聚合温度/℃	0	25	60
$k_p/[L/(mol \cdot s)]$	7.0×10^3	7.6	145
$k_{tr,M}/[L/(mol \cdot s)]$	1.9×10^2	1.2×10^{-1}	$10^{-5} \sim 10^{-4}$
k_t/s^{-1}	0.2	4.9×10^{-2}	$10^6 \sim 10^8$

13. 溶剂对阳离子聚合有怎样的影响？如何合理地选择阳离子聚合的溶剂？

14. 简述丁基橡胶的结构与性能。

15. 简述异丁烯共聚合制备丁基橡胶工艺中温度对聚合反应速率、聚合物分子量的影响，并结合高分子化学相关知识加以解释。

16. 聚甲醛为何对热不稳定？如何采用化学合成的方法加以解决？

17. 浓硫酸、磷酸、高氯酸、三氯代乙酸等强质子酸在非水介质中能引发烯类单体阳离子聚合。但氢卤酸也是强质子酸，却不能作为阳离子聚合引发剂。简述为什么？

18. 溶剂、温度、反离子对阴离子聚合有何影响？

19. 使用环氧丙烷合成聚丙二醇的工艺中，为什么要添加一定量的环氧乙烷？

20. Ziegler-Natta 引发剂有哪些组分构成？

21. 使用 Ziegler-Natta 引发剂时应注意些什么？为什么？

22. 简述高密度聚乙烯的结构与性能。

23. 比较气相法、淤浆法、溶液法制备高密度聚乙烯的工艺特点。

24. 比较全同、间同、无规聚丙烯的物理性质，分析原因。

25. 简述淤浆法制备聚丙烯的工艺过程，画出相应的工艺流程图。

26. 分析聚合温度、压力、时间对丙烯聚合的影响。

27. 简述乙丙橡胶的结构与性能。

28. 采用乙烯、丙烯制备乙丙橡胶的工艺中，为何添加第三单体？有哪些常用的第三单体？

29. 比较溶液法和悬浮法制备乙丙橡胶的两种工艺的特点。

课堂讨论

1. 详细分析溶液聚合体系中溶剂对聚合过程工艺、聚合产品结构与性能、环境保护、生产成本等方面的影响。

2. 从单体、溶剂、引发剂、添加剂、均相与非均相聚合、未反应单体回收、溶剂回收及利用，聚合后处理等方面对自由基溶液聚合工艺过程中的一些关键问题进行分析。

3. 介绍目前国内外聚乙烯醇的合成方法，产品规格，结构与性能，重要用途，主要生产厂家，近五年来市场价格的走势。

4. 介绍目前工业上采用溶液聚合生产的聚合物产品的品种、特性及主要用途，合成原理，国内外主要生产厂家简介。

5. 介绍丁基橡胶的改性方法。

6. 介绍聚甲醛的改性方法。

7. 简述聚甲醛与尼龙的区别。

8. 简述 SBS 国内外生产技术概况及发展趋势。

第5章 悬浮聚合工艺

5.1 悬浮聚合

5.1.1 悬浮聚合概述

　　悬浮聚合是指溶有引发剂的单体，借助悬浮剂的悬浮作用和机械搅拌，使单体分散成小液滴的形式在介质水中的聚合过程。一个单体小液滴相当一个本体聚合单元，因此悬浮聚合也称小本体聚合。一般悬浮聚合体系以大量水为介质，因此不适合阴离子、阳离子、配位聚合机理的高分子合成反应，因为这些反应的引发剂遇水会剧烈分解。

　　依据单体对聚合物是否溶解，分为均相悬浮聚合和非均相悬浮聚合。均相悬浮聚合是指聚合物溶于单体，产物呈透明小珠，也称珠状聚合，如苯乙烯和甲基丙烯酸甲酯的悬浮聚合。非均相悬浮聚合是指聚合物不溶于单体，以不透明小颗粒沉淀出来，呈粉状，也称沉淀聚合或粉状聚合，如氯乙烯、偏二氯乙烯、三氟氯乙烯、四氟乙烯等的悬浮聚合。

　　悬浮聚合工艺过程简单，聚合热易于排除，操作控制方便，聚合物易于分离、洗涤、干燥，产品也较纯净，且可直接用于成型加工，特别适于大规模的工业生产。

　　工业上用悬浮聚合生产的聚合物产品有聚氯乙烯、聚苯乙烯、（甲基）丙烯酸酯共聚物等。

5.1.2 悬浮聚合过程的成粒机理

　　单体受到搅拌剪切作用，先被打碎成条状，再在界面张力作用下形成球状小液滴，小液滴在搅拌作用下因碰撞凝结为大液滴，再重新被打碎为小液滴，因而短时间后处于动态平衡状态，形成能够存在的最小液滴分散体系，如图 5-1 所示。

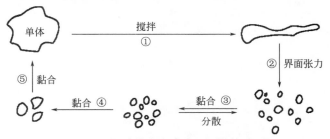

图 5-1　悬浮单体液滴分散及聚并过程

悬浮聚合的产物为粒状，具体形态及粒径大小与聚合过程的成粒机理有关。均相与非均相悬浮聚合的成粒过程是不一样的。

(1) 均相悬浮聚合的成粒过程

聚合反应初期时，单体在搅拌下分散成直径一般为 $0.5 \sim 5\mu m$ 的均相液滴，在分散剂的保护下，于适当的温度时引发剂分解为初级自由基，引发单体分子开始链增长。聚合物形成初期，单体聚合的链增长速率较慢，生成的聚合物因能溶于自身单体使反应液滴保持均相。随聚合物增多，透明液滴的黏度增大，此阶段液滴内放热量增多，黏度上升较快，液滴间黏结的倾向增大，所以自转化率 20% 以后，进入液滴聚集结块的危险期，同时液滴的体积也开始减小。转化率达 50% 以上时，聚合物的增多使液滴变得更黏稠，聚合反应速率和放热量达到最大，此时若散热不良，液滴内会有微小气泡生成。转化率在 70% 左右，反应速率开始下降，液滴内单体浓度开始减小，大分子链越来越密集，大分子链活动越受到限制，黏性逐渐减少而弹性相对增加。这时液滴黏结聚集的危险期渡过。当转化率达 80% 后，液滴内单体显著减少，聚合物大分子链因体积收缩被紧紧黏结在一起，残余单体在这些纠缠得很紧密的大分子链间进行反应并形成新的聚合物分子链，提高聚合温度使残余单体进一步反应接近完全，这些残余单体分子的进一步聚合使聚合物粒子内大分子链间愈来愈充实，弹性逐渐消失，聚合物颗粒变得比较坚硬。均相悬浮聚合生成的聚合物颗粒内大分子链相互无规地纠结在一起形成均匀的一相，成为均匀、坚硬、透明的球形珠状粒子。均相悬浮聚合的成粒过程如图 5-2 所示。

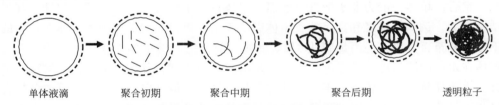

| 单体液滴 | 聚合初期 | 聚合中期 | 聚合后期 | 透明粒子 |

图 5-2 均相悬浮聚合的成粒过程

(2) 非均相悬浮聚合的成粒过程

以氯乙烯非均相悬浮聚合为例。当引发剂自由基引发氯乙烯单体发生聚合，链增长至 10 个单体链节以上时，便从单体相中析出。含有约 50 个的增长链自由基聚集形成直径为 $10 \sim 20nm$ 的微域结构，形成第一次聚集，此时单体转化率小于 1%。微域结构不稳定，大约 10 个微域结构立即聚集形成一个区域结构，形成第二次聚集，区域结构的直径为 $0.1 \sim 0.2\mu m$，单体转化率为 1%～2%。在区域结构中，进一步引发增长的大分子链使区域空间增大，形成所谓的初级粒子，直径为 $0.2 \sim 0.4\mu m$，单体转化率为 4%～10%。随着聚合的深入，颗粒中逐渐形成聚氯乙烯相，它被单体溶胀为聚氯乙烯溶胶。该凝胶体易变形、容易聚集为直径为 $1 \sim 2\mu m$ 聚集体。随单体转化率提高，上述聚集体直径可增加到直径为 $2 \sim 10\mu m$，形成第三次聚集，即所谓的次级粒子。这些聚集体在搅拌作用下再次相互黏结，形成第四次聚集，就形成了直径为 $100 \sim 180\mu m$ 的悬浮法聚氯乙烯产品颗粒。非均相悬浮聚合的成粒过程如图 5-3 所示。

非均相悬浮聚合的产物为多孔性不规则细粒状固体。孔隙的形成主要是由于初级粒子聚集时会产生孔隙。如果在聚合过程中，这些孔隙不被收缩作用或后来生成的聚氯乙烯分子所填充，则最终产品为多孔性、形状不规整的颗粒，即疏松型树脂，否则为孔隙甚少、形状近于圆球的紧密型树脂。此外，次级粒子的再次聚集也会形成一定量的孔隙。

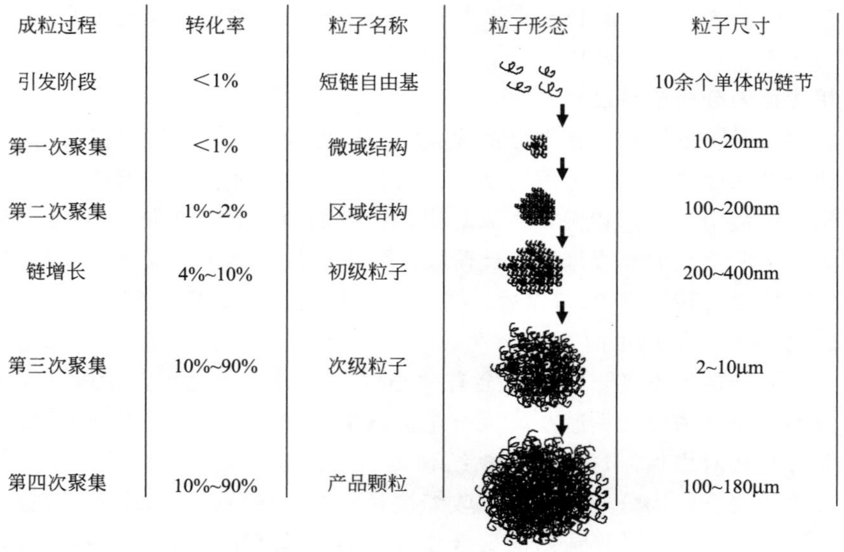

成粒过程	转化率	粒子名称	粒子形态	粒子尺寸
引发阶段	<1%	短链自由基		10余个单体的链节
第一次聚集	<1%	微域结构		10~20nm
第二次聚集	1%~2%	区域结构		100~200nm
链增长	4%~10%	初级粒子		200~400nm
第三次聚集	10%~90%	次级粒子		2~10μm
第四次聚集	10%~90%	产品颗粒		100~180μm

图 5-3　非均相悬浮聚合的成粒过程

5.1.3　悬浮聚合体系

5.1.3.1　单体

悬浮聚合的单体一般为非水溶性。然而，单体在水中总有或多或少的溶解性，其程度与单体结构有关。例如，烯烃和高级酯类单体微溶于水，卤代烃和低级酯类单体在水中的溶解度有千分之几至百分之几，丙烯腈达8%，低级酸类和酰胺类单体能溶于水。表5-1列出了常用单体在水中的溶解度及常压下的沸点。从溶解度极小到百分之几的单体，均可以进行悬浮聚合。水溶性较大的单体，虽不能单独进行悬浮聚合，但可以与非水溶性单体共聚合，如苯乙烯与丙烯腈悬浮共聚、甲基丙烯酸甲酯与丙烯酸的悬浮共聚等。在这类共聚合中，非水溶性单体相当于萃取剂，可将水溶性单体从水中萃取到油相单体液滴中进行悬浮共聚。操作时，若水溶性单体用量较多，可添加适量的电介质，如硫酸钠、氯化钠等，起到盐析作用，以减少单体在水中的溶解度。

表 5-1　单体在水中的溶解度（25℃）及常压下沸点

单体名称	沸点/℃	在水中的溶解度/(g/L)	单体名称	沸点/℃	在水中的溶解度/(g/L)
一氟乙烯	−57	0.1	丙烯酸乙酯	100	15.02
四氟乙烯	−76	0.1	甲基丙烯酸甲酯	100.3	15.02
丙烯酸正辛酯	108(2.9kPa)	0.063	氯乙烯	−13.9	10.63
丙烯酸正己酯	40(0.15kPa)	0.188	醋酸乙烯酯	72.7	24.97
α-甲基苯乙烯	165.38	0.118	丙烯酸甲酯	80	55.96
苯乙烯	145.2	0.365	丙烯腈	77.3	84.90
丙烯酸正丁酯	140	1.410	丙烯酸	141	互溶
氯丁二烯	59.4	1.151	甲基丙烯酸	161	互溶
丁二烯	−4.41	0.811	丙烯酰胺	125(3.3kPa)	204
偏氯乙烯	31.7	6.4			

悬浮聚合的单体聚合过程中应处于液态，方能进行正常的聚合反应。多数单体在常压下处于液态，如表 5-1 所示。常压下为气态的单体，如氯乙烯，适当加压液化后进行反应。有些结晶性单体，如 N-乙烯咔唑，熔点为 67℃，可在加热熔融后，进行悬浮聚合。

进行悬浮聚合的单体和其他聚合方法一样，对单体纯度有较高的要求。单体中存在一些杂质可能对聚合及产物质量产生不良影响。杂质对聚合有阻聚和缓聚作用，如氯乙烯中乙炔的存在使诱导期延长，许多无机盐及金属离子均有不同程度的阻聚作用。杂质对聚合有加速作用和导致产物凝胶化作用，如苯乙烯中含对二乙烯苯会加速反应，还会使聚苯乙烯支化，甚至凝胶。活性链向杂质发生链转移，导致产物分子量下降，如苯乙烯中的甲苯、乙苯，氯乙烯中的乙醛、氯乙烷。

5.1.3.2　水

水在悬浮聚合体系中作为单体的分散介质和悬浮介质，维持单体和聚合物粒子稳定悬浮，同时作为传热介质，及时排出聚合热。水中的杂质，如铁、钙、镁等金属离子会阻碍聚合和产品着色，导致产物的热性能及电绝缘性能下降；水中的氯离子还会破坏悬浮体系的稳定性，使聚合物粒子增大；水中的溶解氧能阻碍聚合。因此作为悬浮聚合的水必须满足以下技术指标：pH＝6～8；氯离子质量分数≤10×10^{-6}；导电度为 $10^{-5} \sim 10^{-6} \Omega/cm$；水的硬度≤5；无可见机械杂质。

5.1.3.3　分散剂

悬浮聚合能否顺利进行的关键是使单体能均匀分散于水相中并始终保持其相对稳定的分散状态，直至完成聚合反应。在悬浮聚合体系中加入悬浮分散剂，可以实现悬浮聚合的正常进行。分散剂的作用是：使聚合反应能度过危险期，消除处于分散-聚集动态平衡状态中发黏液滴的聚集趋向，防止因相互黏结而引起的凝聚结块，使单体分散得更均匀，产物粒径均匀。分散剂是一类分子结构含有亲水和亲油结构的高分子化合物或者对单体液滴具有较强吸附作用的无机物。因此，分散剂的种类有水溶性高分子化合物和不溶于水的无机化合物两大类。水溶性高分子化合物分散剂有明胶、纤维素醚、聚乙烯醇、聚丙烯酸、聚甲基丙烯酸盐等。不溶于水的无机化合物分散剂有碳酸钙、碳酸镁、碳酸钡、硫酸钙、硫酸钡、磷酸钙、滑石粉、高岭土、硅藻土、白垩等。

悬浮聚合常用的分散剂见表 5-2。

表 5-2　悬浮聚合常用的分散剂

种类			举例
水溶性高分子化合物	天然高分子	糖类	淀粉、果胶、植物胶、海藻胶
		蛋白质类	明胶、鱼蛋白
	改性天然高分子	纤维素衍生物	甲基纤维素、甲基羟丙基纤维素、羟乙基纤维素、羟丙基纤维素
	合成高分子	含羟基	部分醇解聚乙烯醇
		含羧基	苯乙烯-马来酸酐共聚物、醋酸乙烯酯-马来酸酐共聚物、(甲基)丙烯酸酯类共聚物
		含氮	聚乙烯基吡咯烷酮
		含酯基	聚环氧乙烷脂肪酸酯、失水山梨糖脂肪酸酯

种类			举例
不溶于水的无机化合物	无机分散剂	天然硅酸盐	滑石、膨润土、硅藻土、高岭土等
		硫酸盐	硫酸钙、硫酸钡
		碳酸盐	碳酸钙、碳酸钡、碳酸镁
		磷酸盐	磷酸钙
		草酸盐	草酸钙
		氢氧化物	氢氧化铝、氢氧化镁
		氧化物	二氧化钛、氧化锌

(1) 水溶性高分子化合物

明胶的主要成分是动物皮骨熬煮而成的动物胶蛋白，分子量300～200000，属两性天然聚合物，分子结构中含有羧基阴离子和铵基阳离子。明胶原料丰富，价廉易得，保护能力强，适于水油比较小的情况，能提高设备利用率。用量为水量的0.1%～0.3%，因用量较大，分散剂沉积在聚合物粒子表面，难以洗去，同时使粒子表面坚硬，光泽度变差，导致产物粒子吸收增塑剂的能力降低。明胶属天然高聚物，成分复杂，易受到微生物作用使聚合物分解变质。目前国外一般不采用此种分散剂。

纤维素醚有甲基纤维素（MC）、羟乙基纤维素（HEC）、羟丙基纤维素（HPC）、乙基羟乙基纤维素（EHEC）等。工业上广泛采用的是甲基纤维素，一种白色、无臭味的粉末或纤维状固体。用量为水量的0.004%～0.2%。纤维素醚用作分散剂能减轻聚合物粒子的粘釜现象。聚合物粒子小而均匀，聚合物粒子结构疏松，吸收增塑剂能力强，是一种有前途的分散剂。

聚乙烯醇是一种合成高分子树脂，其醇解度、聚合度及温度等因素对其分散作用有重要影响。作为分散剂，用量为水量的0.02%～1%。

醇解度100%的聚乙烯醇仅溶于90℃以上的热水；醇解度88%的聚乙烯醇在室温下可溶于水；醇解度80%的聚乙烯醇仅溶于10～40℃的水，超过40℃变浑；醇解度70%的聚乙烯醇仅溶于水和乙醇的混合溶液；醇解度＜50%的聚乙烯醇不溶于水。作为分散剂聚乙烯醇的醇解度在75%～89%的范围内较好。

聚乙烯醇的聚合度较低时，作为分散剂的分散能力和保护能力较弱，导致聚合物粒子粗大，粒度分布宽；聚合度较高时，导致溶液黏度大，传热困难。一般作为分散剂的聚乙烯醇，数均聚合度为1700～2000较好。

温度高于100℃，聚乙烯醇会失去分散和保护能力，因此不能作为高温反应条件下的分散剂，适宜的悬浮聚合温度范围为40～90℃。

水溶性高分子化合物之所以能作为悬浮分散剂，主要原理是利用其分子链上亲水和亲油结构。分散剂分子链上的亲油结构与液滴表面接触，同时分子链上的亲水结构朝向水相，形成一个相对紧密的保护层，使得液滴能相对稳定地分散悬浮在水相中。图5-4为聚乙烯醇分散剂的分散保护。

(2) 不溶于水的无机化合物

不溶于水的无机化合物的分散保护机理主要是利用细颗粒的高吸附作用，使细颗粒紧密地吸附在液滴表面形成一层保护层，起到隔离分散保护作用，用量为水量的0.1%～1%。无机物的粉末越细，分散和保护能力越强，得到的聚合物粒子越细。因此，通常采用在水中进行化学反应的方法临时制备无机分散剂。非水溶性无机粉末分散保护原理如图 5-5 所示。非水溶性无机分散剂的优点是：所制备聚合物粒子粒度均匀、表面光滑、透明度好，适合于高温悬浮聚合反应，分散剂容易洗涤干净。然而，无机分散剂粉末的液体湿润性较差，为促进无机粉末被水及单体液滴湿润，加少量表面活性剂作助分散剂，用量一般为分散剂的 1%。

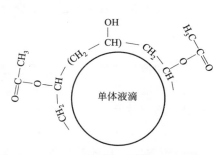

图 5-4　聚乙烯醇分散剂的分散保护

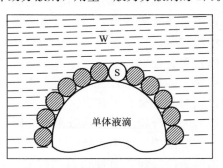

图 5-5　非水溶性无机粉末分散保护原理

5.1.3.4　引发剂

悬浮聚合一般采用油溶性引发剂，如偶氮类、过氧化二酰类、过氧化二碳酸酯类等的一种或几种复合。引发剂复合使用的效果比单独使用好，其优点是可使反应速率均匀，操作更加稳定，产品质量好，同时使生产安全。采用油溶性引发剂，说明引发剂存在于单体相，即悬浮聚合的聚合场所在单体液滴内。

此外，工业上的悬浮聚合体系，为了稳定聚合工艺和产品质量，还需要添加分子量调节剂、表面活性剂、水相阻聚剂、消泡剂、防粘釜剂等。

5.1.4　悬浮聚合工艺

悬浮聚合体系的水的用量是一个重要参数。悬浮聚合必须要求符合一定范围的水油比，即聚合体系中介质水和单体的质量比。水油比大时，反应热扩散效果较好，产物颗粒大小均匀，产物分子量分布较窄，聚合工艺易控制，但设备利用率低；反之，水油比小，传热效果差，聚合工艺难控制。一般情况下，悬浮聚合体系的水油比控制在（1～2.5）∶1 较合理。悬浮聚合过程中，根据釜内物料体积收缩情况，及时补充水，维持水油比。

温度对悬浮聚合的影响遵循自由基聚合的一般规律，如温度升高，聚合速率加快，但易发生链转移反应，使分子量降低。聚合时间与单体性质、温度、引发剂等因素有关。一般完成聚合则需要几小时至十几小时的时间。一般实际生产，聚合至转化率达 90% 后终止反应，未反应单体回收利用。悬浮聚合工艺流程如图 5-6 所示。

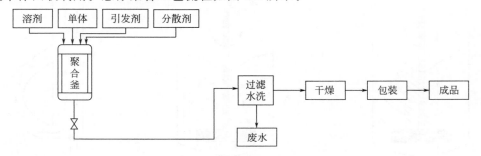

图 5-6　悬浮聚合工艺流程

5.1.5　聚合热的问题和防黏结措施

自由基悬浮聚合和本体、溶液聚合一样，聚合过程中有大量聚合热需要及时排散，维持聚合温度的稳定和产物的质量稳定。此外在悬浮聚合过程中，还容易出现粘釜壁现象，当聚合至一定转化率时，被分散的液滴逐渐变成黏性物质，经桨叶甩向釜壁上而黏结结垢。结垢后聚合釜传热效果变差，结垢后聚合物加工不易塑化。聚合物的扩散及聚合过程中聚合物的黏结结垢问题，与聚合釜、搅拌的设计有密切关系。

（1）聚合釜

工业上，悬浮聚合一般采用立式聚合釜，附有夹套冷却和搅拌装置。釜的容积、釜型及冷却设施对悬浮聚合工艺有重要影响。聚合釜的容积越大，产能高，但传热效果差。釜型对反应物料的混合程度及传热效果也有影响，细长型轴向混合均匀性差，短粗型径向混合均匀性差，一般釜的高度为直径的 1.25 倍。为改善传热，可在釜外附加回流冷凝器，在釜的上方外加回流冷凝器，通过物料的挥发、冷凝回流调节釜温和釜压；在夹套中安装螺旋导流板，延长冷却水的路径，增加传热效果。选用搪瓷反应釜，物料不易结垢。

（2）搅拌

悬浮聚合过程中，搅拌的作用是使釜内物料混合均匀，温度均一，同时保持单体分散成小液滴而不聚并。搅拌器的类型及搅拌速度对于聚合工艺、物料黏结、产物粒径有影响。搅拌的剪切力越大，形成的液滴越小，聚合物粒子的规整性差。当搅拌速度增加到某一数值时，物料产生强烈的涡流，导致物料粒子严重黏结，此时的搅拌速度称为临界速度，也称危险速度。三叶片后掠式搅拌器是一种径流型搅拌器，配合指型挡板可获得釜内物料的上下循环流动，循环量大，在挡板的配合下剪切作用也好，不会产生不必要的涡流，不易粘釜。搅拌器的三叶片呈弯曲状，每个叶片与旋转平面呈一定的上翘角，可产生较大的轴向分流。

（3）挡板及其作用

在聚合釜内设置挡板，可以改善物料流动，提高搅拌效果，防止物料黏结。物料在没有挡板的情况下，搅拌物料呈回转流动，在离心力作用下，物料涌向釜壁，并沿釜壁上升，中心部分液面下降，形成下凹的漩涡，导致无径向和轴向流动，物料混合均匀性差，易产生严重的粘釜壁现象，硬化的粒子易沉到釜底，漩涡处易吸入气体，影响粒径和粒子品质。图5-7为无挡板时的物料流动状况。

釜内设置挡板后，搅拌时可以改变釜内物料的流向，将物料的切向（回转）流动形式改变为轴向和径向流动形式，抑制下凹漩涡，增加物料的混合均匀性，如图5-8所示。若在挡板内通入传热介质，还可以增加传热效果，如采用 D 形挡板，可向其中通入冷却水，同时起到挡板和传热的双重作用，如图5-9所示。

  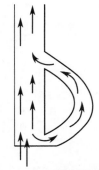

图5-7　无挡板时的物料流动状况　　图5-8　有挡板时的物料流动状况　　图5-9　D形挡板的结构

5.2　氯乙烯悬浮聚合制备聚氯乙烯树脂

5.2.1　聚氯乙烯树脂

在本书第 3 章中已经简单介绍到聚氯乙烯树脂，一种主要采用自由基机理聚合得到的聚合物材料。受到合成机理的制约，聚氯乙烯大分子链属于无规结构，不容易结晶，是一种很好的透明高分子材料。

聚氯乙烯材料的发现不仅仅提供了一种用途广泛的材料，同时为氯元素的实际应用提供了重要途径。氯碱工业在制取烧碱的同时，产生大量的氯气，聚氯乙烯很好地解决了氯气的出路问题。聚氯乙烯质量的 56.8% 是氯元素，可见聚氯乙烯有很大的吸收氯的能力。

经自由基机理合成的聚氯乙烯大分子结构，单体单元主要是头尾相连为主。然而，聚氯乙烯在合成过程、使用过程中，大分子链上因为各种原因而出现一些异常的结构，而导致聚氯乙烯的性能受到影响。这些异常结构归纳为合成过程中产生的头头相连的单元结构、氯甲基侧基、1,3-二氯丁基短支链、大分子链的支化、双键、叔氯原子、向单体转移终止产生的多种端基结构，有氧存在下发生氧化生成的酮基烯丙基结构，在高温和紫外线作用下产生的多烯结构等。

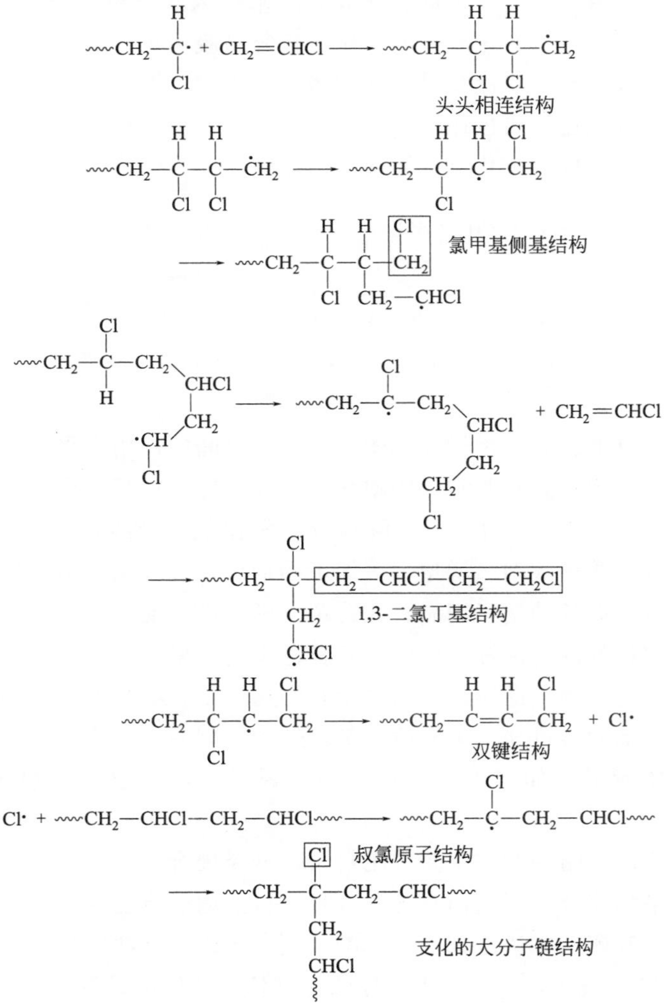

137

氯乙烯的自由基聚合过程中，向单体发生链转移反应而终止的情况非常显著，转移终止主要有以下几种形式。温度越高链转移越显著，因此聚氯乙烯的分子量可以通过聚合温度来控制。向单体链转移形成的单体自由基含有双键，继续引发聚合生成含末端双键的结构，这种结构也会导致聚氯乙烯的稳定性下降。

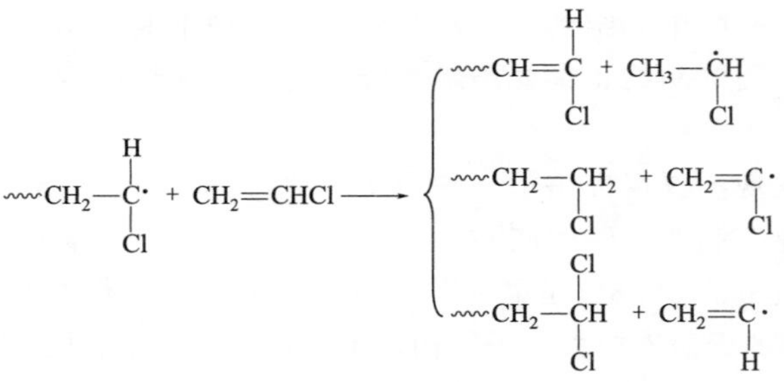

聚氯乙烯大分子内的双键还可能被聚合体系存在的微量氧，或脱除单体时介入的微量氧，或加工时介入的氧，氧化后生成酮基烯丙基结构。这种结构被认为是聚氯乙烯树脂耐热性差的主要原因。聚氯乙烯分子中含有氧原子的来源有空气中介入的氧或过氧化物引发剂分解产生的分子碎片。聚氯乙烯大分子链上双键和酮基烯丙基结构，会影响相邻的单体单元，激发相连结构单元原子活性，在热或光的作用下很容易脱去氯化氢，生成多烯结构。随着温度升高或强光照射，大分子中双键数量逐渐增多，产生"拉链"效应，生成大共轭的多烯结构，聚氯乙烯材料外观颜色从白色逐渐变成淡黄色、深黄色、棕色、黑色，材料也由软逐渐变得僵硬，同时有不断生成的氯化氢气体逸出。

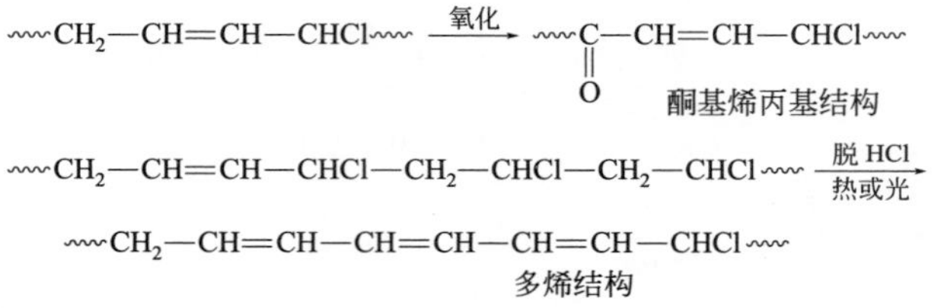

聚氯乙烯大分子链上含有大量极性基团，分子链之间的作用力很强，因此聚氯乙烯材料能耐酸、碱和非极性溶剂，具有非常好的耐化学腐蚀性能。尽管，聚氯乙烯具有对热、光不稳定的缺点，如受热超过100℃则逐渐分解释放出氯化氢，光线作用下会逐渐老化、降解、颜色变深等。但加入一些稳定剂、增塑剂等加工助剂后，可以制备出硬质至软质不同软硬程度的聚合物实用材料，如各种塑料制品、人造革、密封件、泡沫塑料等，用途甚为广泛。聚氯乙烯树脂与各种颜料的混溶性好，可以制备颜色丰富的聚合物制品。聚氯乙烯树脂原料来源充沛、价格低廉，是一种广泛应用、前景很好的通用聚合物品种。例如，聚氯乙烯树脂添加增塑剂和必要的助剂后，可加工为软质聚氯乙烯塑料制品，用作电缆绝缘层、薄膜、人造革等；聚氯乙烯硬质制品，如管道、塑料门窗、板材等，在建筑与包装行业的应用日益广泛。

工业生产聚氯乙烯树脂的方法主要采用自由基悬浮聚合法。产品为直径 $100\sim180\mu m$ 的多孔性颗粒。因为平均聚合度不同而有各种牌号，行业内聚氯乙烯树脂的分子量大小常常采用"黏数"来表示。其测定方法是按国家标准，用乌氏黏度计测定聚氯乙烯树脂的环己酮溶液，溶液浓度为 $0.005g/mL$，实验测得的比浓黏度值为树脂的黏数，如表 5-3 所示。

表 5-3　不同牌号聚氯乙烯的黏数与数均聚合度的对照表

树脂牌号	S-PVC1	S-PVC2	S-PVC3	S-PVC4	S-PVC5	S-PVC6
黏数/(mL/g)	127～135	119～126	107～118	96～106	87～95	73～86
数均聚合度	1250～1350	1150～1250	1000～1100	850～950	750～850	650～750

氯乙烯的悬浮聚合方法，具有操作简单、生产成本低、产品质量好、经济效益好、用途广泛等特点，适于大规模的工业生产。在树脂质量上，用悬浮聚合生产的聚氯乙烯树脂的孔隙率可以提高 300% 以上，单体氯乙烯的残留量可以降到 5mg/kg 以下。同时，通过生产设备的结构改进，采用大型化生产工艺，以及采用计算机数控联机质量控制，使批次之间树脂的质量更加稳定。另外，清釜技术、大釜技术和残留单体回收技术的发展，减少了开釜次数，减少了氯乙烯单体的泄漏，生产环境得到进一步改善。

5.2.2　聚合体系各组分及其作用

(1) 氯乙烯单体

氯乙烯常态下为无色气体，沸点为 −13.4℃，加压或冷却可液化，氯乙烯在贮运和使用过程中，液化为液态。氯乙烯的闪点为 −77.75℃，易燃，与空气混合后可形成爆炸混合物，爆炸极限范围是 4%～22%（体积分数）。氯乙烯微溶于水，25℃溶解度为 0.11g/100g 水，易溶于烃、醇、氯代烃等溶剂。

氯乙烯纯度的要求相当高，一般大于 99.9%，微量的杂质的存在对聚合过程和产品树脂的质量有着显著的影响。单体中的杂质可能导致阻聚和缓聚作用。例如，氯乙烯中乙炔含量从 0.0009% 增至 0.13%，诱导期从 3h 延长至 8h，达转化率 85% 的时间从 11h 延长至 25h，聚合物的数均分子量从 144000 降至 20000。乙炔参与聚合后，形成不饱和键使产物热稳定性变坏。单体中多氯化物存在，不但降低聚合速率，降低产物聚合度，还容易产生支链，使产品性能变坏，"鱼眼"增多。这里的"鱼眼"是指透明坚硬、表面光滑的聚氯乙烯树脂，此树脂结构紧密，缺乏孔隙，不利于后期加工和树脂的正常使用。例如，氯乙烯中的二氯乙烷的质量分数从 0 增至 11×10^{-6} 时，可使聚氯乙烯的平均聚合度从 935 下降至 546。无空气和水分条件下的纯氯乙烯很稳定，对碳钢设备无腐蚀作用。有氧存在时，可生成氯乙烯过氧化物，它可水解生产盐酸从而腐蚀设备，过氧化物还可以使氯乙烯产生自聚作用，长距离输送时应加入阻聚剂氢醌。单体在使用前要经过精制，精制过程包括碱洗除酸，水洗除碱，干燥除水，精馏除去前后馏分，获得单体的纯品。

氯乙烯单体贮存与运输过程中，为压缩后液化的液体，所以管道与容器必须耐压。万一稍有泄漏则气化为氯乙烯蒸气，其蒸气与空气混合后，遇到明火容易燃爆。由于它比空气重，所以易沉积在容器底部或接近地面的区域，因此发生氯乙烯气体泄漏时，接近地面的环境中氯乙烯含量较大，且不容易扩散掉，使人畜中毒的危险性和易燃爆的风险更大。

氯乙烯有较强的致肝癌毒性，高浓度下会致人死亡。业界规定，厂区可接触的氯乙烯浓度，1mg/kg 时为 8h，5mg/kg 时为 15min，树脂中残留单体应在 5mg/kg 以下。

(2) 去离子水

氯乙烯悬浮聚合所用的反应介质为去离子水。水中的氯离子、铁的含量要严格控制，其中氯离子超过一定含量会造成树脂颗粒不均，"鱼眼"增多。水中的铁会降低树脂的热稳定性，并能终止反应，影响树脂色泽。处理办法是将自然水经过离子交换树脂或磺化煤进行脱盐处理。处理后的水 pH 值为 5～8，水的硬度值、氯含量、铁含量、二氧化硅等杂质含量均为零（检测不出）。

（3）引发剂

由于氯乙烯悬浮聚合温度为 50～60℃，应根据反应温度选择合适的引发剂，其原则为反应温度条件下引发剂的半衰期约为 2h。表 5-4 列出了氯乙烯聚合常用的引发剂相关数据。

表 5-4　氯乙烯聚合常用的引发剂相关数据　　　　　　　　　　单位：℃

引发剂名称	贮存温度	商品形态	不同半衰期的温度条件		
			10h	1h	6min
过氧化乙酰基环己烷磺酸	−15	溶液	37	51	66
过氧化二碳酸二（乙基己酯）	−15	溶液或乳液	44	61	80
过氧化二碳酸二（环己酯）	10	固体	45	61	81
过氧化二碳酸二（十六酯）	10	固体或分散液	49	66	83
偶氮二异庚腈	10	固体	57	76	93
过氧化十二酰	30	固体	62	80	99

由于反应后期单体浓度降低，为了使反应后期仍具有适当反应，所以反应前期与反应后期应当使用不同半衰期的引发剂。因此聚氯乙烯树脂生产工厂目前多数使用复合引发剂。引发剂的选择及复合引发剂的配比，要依照生产树脂的牌号来确定。活性较大的引发剂，即半衰期较短者，主要在反应前期发生作用，半衰期较长、活性较差的则维持反应至结束。图 5-10 为引发剂复合前、后的引发速率曲线。图 5-10 各曲线对应的引发剂及引发工艺条件见表 5-5 及表 5-6。

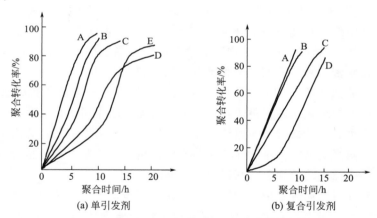

图 5-10　不同引发剂引发氯乙烯的聚合速率曲线

表 5-5　图 5-10（a）各曲线对应的引发剂及引发工艺条件

曲线名称	引发剂	用量为单体质量分数/%	聚合温度/℃
A	过氧化乙酰基环己烷磺酸	0.05	50
B	过氧化二碳酸二异丙酯	0.05	50
C	过氧化二碳酸二（环己酯）	0.05	50
D	偶氮二异庚腈	0.02	55
E	过氧化十二酰	0.1	55

表 5-6　图 5-10（b）各曲线对应的引发剂及引发工艺条件

曲线名称	引发剂	用量为单体质量分数/%	聚合温度/℃
A	过氧化二碳酸二异丙酯 偶氮二异庚腈	0.02 0.02	55
B	过氧化乙酰基环己烷磺酸 过氧化十二酰	0.02 0.2	50
C	偶氮二异庚腈 过氧化十二酰	0.02 0.03	55
D	过氧化二碳酸二(环己酯) 过氧化十二酰	0.02 0.2	50

　　氯乙烯聚合常用的引发剂有偶氮类、过氧化二酰类、过氧化二碳酸酯类的一种或几种复合。采用复合引发剂还能使得聚合反应在接近匀速的条件下进行，聚合工艺平稳易控，操作更加稳定，产品质量好，同时使生产安全。工业生产中聚合时间一般控制在 5～10h，应选择半衰期为 2～3h 的引发剂。如果采用复合型引发剂，最好是一种引发剂的半衰期为 1～2h，另一种引发剂的半衰期为 4～6h。

　　生产平均分子量较低的聚氯乙烯树脂时，则可仅用一种引发剂，如过氧化二碳酸酯，聚合温度相对较低。在生产平均聚合度超过 1200 的聚氯乙烯情况下，聚合反应温度要求在 52℃ 以下，此时使用过氧化二碳酸酯类引发剂，如过氧化二碳酸二（2-乙基己酯）、过氧化二碳酸二（环己酯）、过氧化二碳酸二（十六酯）等为主引发剂，而用活性较高的过氧化乙酰基环己烷磺酸进行辅助，以使其在较低的反应温度下有足够的聚合反应速率。有的工厂使用过氧化二（2-乙基己酯）与偶氮二异腈复合引发剂，后者的活性则低于前者。在聚合反应温度高于 62℃ 的情况下，使用过氧化二碳酸酯类引发剂，为了防止引发剂消耗过快，应当加入活性较低的过氧化二酰基引发剂如过氧化十二酰作为辅助。偶氮二异丁腈（AIBN）和偶氮二异庚腈（ABVN）在氯乙烯悬浮聚合中都有应用。偶氮二异丁腈活性相对较低，一般在 45～65℃ 下使用，而偶氮二异庚腈活性较高，在氯乙烯悬浮聚合中使用较多。

　　选择引发剂的条件除其半衰期外，还要考虑其在水中的溶解度、贮存条件以及聚合过程中反应器壁沉积物的情况等。引发剂如果在水中的溶解度高时，将影响其引发效率，还会影响氯乙烯单体液滴粒子的粒径分布，溶解度越高，则粒径大小分布越窄。

　　常温下为固体的引发剂易于贮存和运输，但使用时应配制成溶液，以便于加料。大型聚合反应器采用计算机控制自动计量加料装置，因此引发剂必须配制成液体状态。当前发展了高分子分散乳液状引发剂体系，其优点是可以改进单体液滴的分布状态，使之更为均一。并且易于贮存和加料，而且安全性提高，分散液的浓度一般为 25%～40%。

（4）分散剂

　　悬浮聚合生产的聚氯乙烯颗粒的大小与形态，主要取决于所用分散剂种类及用量。分散剂的存在一方面可降低氯乙烯与水的界面张力，有利于在搅拌作用下实现氯乙烯液滴的分散；另一方面分散剂吸附在氯乙烯液滴表面，起保护液滴、阻止聚并的作用。分散剂有主分散剂与辅助分散剂。主分散剂的主要作用是控制所得颗粒大小，但也会影响聚氯乙烯颗粒的孔隙率和某些形态。辅助分散剂的作用是提高颗粒中的孔隙率，并使之均匀，以改进聚氯乙烯树脂吸收增塑剂的性能。

主分散剂主要有纤维素醚和部分醇解的聚乙烯醇等。纤维素醚主分散剂包括甲基纤维素（MC）、羟乙基纤维素（HEC）、羟丙基纤维素（HPC）、羟丙基甲基纤维素（HPMC）等，具有较好的水溶性和分散效果，应用较多的有羟丙基甲基纤维素。聚乙烯醇作为主分散剂，其分散效果与结构、聚合度和醇解度有关，羟基基团为嵌段分布的结构分散效果较好。随着聚乙烯醇醇解度的降低，所得聚氯乙烯颗粒的孔隙率增高，如图 5-11 所示。醇解度对颗粒大小也有影响，如图 5-12 所示。由于醇解度低于 70％时的聚乙烯醇不溶于水，将丧失其使颗粒稳定的能力，所以聚乙烯醇的醇解度为 75％～90％的分散效果较好。用聚乙烯醇作分散剂，所得聚氯乙烯为疏松型棉花球状的多孔树脂，吸收增塑剂速度快，加工塑化性能好，"鱼眼"少。聚合过程中，再配合于适当的搅拌速度，方能得到最佳的粒径和最佳的孔隙率。

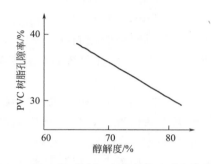

图 5-11　聚乙烯醇醇解度对产物孔隙率的影响

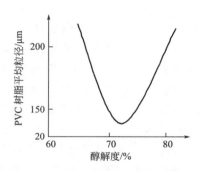

图 5-12　聚乙烯醇醇解度对产物粒径的影响

用作辅助分散剂的主要是低分子量表面活性剂。许多非离子表面活性剂可以用作辅助分散剂，工业常用脱水山梨醇单月桂酸酯作为辅助分散剂。用作辅助分散剂的聚乙烯醇，通常是分子量和醇解度均较低，其醇解度通常在 40％～55％范围，羟基分布为无规型。如果低醇解度聚乙烯醇不溶于水，则配制成甲醇溶液后使用。分散剂配方中加有辅助分散剂时，则应调整主分散剂的用量。两种分散剂的总用量要根据反应器尺寸、形状和搅拌器形状、搅拌速度等参数来确定。主、助分散剂的复合使用可使产物粒度分布均匀，表面疏松，吸收增塑剂能力强，使用效果好。

国内悬浮聚合过去常用的一种分散剂是明胶，如用作氯乙烯悬浮聚合，所得树脂的颗粒为乒乓球状，不疏松、粒度大小不均、"鱼眼"多，因此，一般较少采用。

（5）防粘釜剂

在生产聚氯乙烯树脂的过程中，生成的聚氯乙烯树脂黏结到聚合釜内壁和釜内构件等表面，如不及时清除就会逐渐累积，并且不断地被填隙、聚合而致密，升温聚合后会黏结得更为结实，这种现象称之为粘釜壁现象。这些粘釜物一方面使物料传热系数变小，釜传热能力下降，不利于反应热的移走，增加搅拌装置负荷；另一方面部分粘釜物脱落掺杂在树脂中，使树脂的颗粒特性、热稳定性、脱除残留单体和加工性能变差，也影响产品的质量。另外，人工清釜劳动强度大，条件恶劣，影响工人健康。因此，粘釜壁现象是悬浮法生产聚氯乙烯树脂必须解决的工艺问题之一，解决的方法是加入防粘釜剂。防粘釜剂的种类很多，而且生产工厂技术保密，但主要是苯胺染料、蒽醌染料、多元酚的缩合物等的混合溶液或这些染料与某些有机酸的络合物等。使用时，将防粘釜剂的溶液喷涂在聚合釜内壁和内构件的表面。

此外，选择合适的引发剂，在水相中加入水相阻聚剂如亚甲基蓝、硫化钠等，也有利于减轻粘釜壁现象。工业上，一旦发现有粘釜现象，可采用高压（14.7～39.2MPa）水冲洗法清除。

生成粘釜物的原因目前还不完全了解，一般认为氯乙烯首先被釜壁吸附，然后聚合而形成粘釜物，最初形成的聚氯乙烯粘釜物被氯乙烯单体溶胀后继续聚合，从而形成较厚的粘釜物。

反应釜材质与粘釜现象有一定关系。搪玻璃压力釜，由于内壁表面光洁，不易黏结釜垢，容易清釜，但由于玻璃的热导率低，仅可用于小型反应釜。不锈钢反应釜的热导率远高于搪玻璃釜，缺点是粘釜现象较严重。

（6）pH 调节剂

氯乙烯悬浮聚合的 pH 值控制在 7～8，即在偏碱性的条件下进行聚合。目的是为确保引发剂良好的分解速率，分散剂的稳定性，防止因产物裂解时产生 HCl，造成悬浮液的不稳定，进而造成粘釜，传热困难，频繁清釜，并影响产品质量。为此需要加入水溶性碳酸盐、磷酸盐、醋酸钠等起缓冲作用的 pH 调节剂。

（7）终止剂及链转移剂

为了保证聚氯乙烯树脂质量，使聚合反应在设定的转化率时终止，或防止发生意外停电事故，临时终止反应时必须使用终止剂。工业生产中使用聚合级双酚 A、叔丁基邻苯二酚、α-甲基苯乙烯等终止剂。

当氯乙烯转化率大于出现压降时的临界转化率后，如果继续聚合就会导致聚氯乙烯树脂空隙率下降。更重要的是当转化率大于 80% 以后，大分子自由基之间的歧化终止增加，易形成较多的支链结构，影响产品的热稳定性和加工性能。

为了控制聚氯乙烯的平均聚合度，除严格控制反应温度外，必要时添加链转移剂。常用的链转移剂有硫醇、巯基乙醇等。

（8）其他组分

聚氯乙烯树脂热稳定性较差，尤其是在聚合温度较高、水相酸性过大或存在促进热分解的金属离子时，聚氯乙烯分解加剧，使产品白度下降。为了防止聚氯乙烯降解，得到热稳定性好、白度高的产品，必须加入一定量的热稳定剂。

为了减少聚氯乙烯树脂中的乒乓球树脂的数量，可加入抗鱼眼剂，主要是叔丁基苯甲醚和苯甲醚的衍生物。

氯乙烯悬浮聚合体系还加有泡沫抑制剂邻苯二甲酸二丁酯、不饱和的 $C_6 \sim C_{20}$ 羧酸甘油酯等。

因为氧对聚合有缓聚和阻聚作用，在单体自由基存在下，氧能与单体作用生成过氧化高聚物 $\{CH_2—CHCl—O—O\}_n$，该物质易水解成酸类物质，破坏悬浮液和产品的稳定性。所以，无论从聚合的角度还是从安全的角度都应将各种原料中的氧和反应系统中的氧彻底清除干净。

氯乙烯的悬浮聚合体系组分较多，根据产品牌号、用途不同作相应的设计。氯乙烯悬浮聚合是以水为连续相，氯乙烯为分散相的非均相沉淀聚合。水相是影响成粒机理和树脂颗粒特性的主要因素，此外还作为排除反应热的传热介质。根据树脂成粒和反应热的要求，水相与单体的质量比一般为（3～1）∶1。水油比增大，聚合釜的利用率或生产能力都降低。表5-7 列出了一个氯乙烯悬浮聚合的简易配方。

表 5-7 氯乙烯悬浮聚合的简易配方

组分名称	所起作用	用量/质量份	组分名称	所起作用	用量/质量份
去离子水	反应介质	100	过氧化二碳酸二异丙酯	引发剂	0.02~0.3
氯乙烯	聚合单体	50~70	邻苯二甲酸二丁酯	消泡剂	0~0.002
聚乙烯醇	分散剂	0.05~0.5	硫化钠溶液	水相阻聚剂	0.01~0.4
磷酸氢二钠	缓冲剂	0~0.1			

5.2.3 聚合工艺过程

(1) 聚合

将计量去离子水泵入聚合釜，开启搅拌，依次往聚合釜中加分散剂溶液、水相阻聚剂硫化钠溶液、缓冲剂磷酸氢二钠溶液等。然后对聚合釜进行试压，试压合格后，用氮气置换釜内空气。

单体加入聚合釜内，向聚合釜夹套内通入蒸气和热水，当聚合釜内温度升高至聚合温度（50~58℃）后，加入引发剂溶液，聚合反应随即开始，改通冷却水，控制聚合温度不超过规定温度的±0.2℃，在聚合反应放热强力阶段通入的冷却水应低于5℃。

当转化率达60%~70%，有自加速现象发生，反应加快，放热现象激烈，应加大冷却水量。当釜内压力从最高0.69~0.98MPa降到约0.50MPa时，转化率80%左右，加终止剂结束反应。

(2) 单体分离

聚合结束，聚合产物悬浮混合液中还有接近20%的单体未反应。将混合液转移至贮液罐，同时压力迅速降低，脱除大部分未反应单体，得到含2%~3%单体的聚氯乙烯浆料。

含少量单体的浆料经预热后，从单体剥离（汽提）塔顶进入，在塔中浆料与塔底通入的热水蒸气做逆向流动，氯乙烯与水蒸气一同逸出，进入单体精制、回收程序。从塔底获得的聚氯乙烯浆料，单体含量为10^{-6}~10^{-5}，已经达到要求。图5-13为单体汽提塔的工作示意。

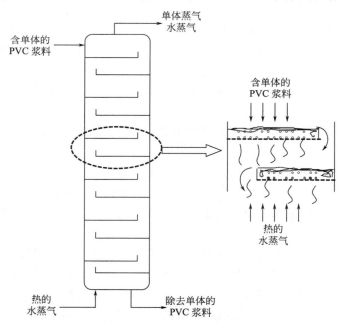

图 5-13 氯乙烯单体汽提塔的工作示意

（3）聚合物后处理

将脱除单体并冷却的聚氯乙烯浆料，在离心机中洗涤、离心、脱除盐水，得到含水20％～30％的滤饼。滤饼用螺旋输送机送往气流干燥器，热风干燥除去一部分水分，再经沸腾床干燥器进一步干燥。干燥好的聚氯乙烯中挥发物含量低于 0.3％～0.4％。最后筛分除去大颗粒树脂，获得聚氯乙烯悬浮聚合成品。图 5-14 为氯乙烯悬浮聚合工艺流程。

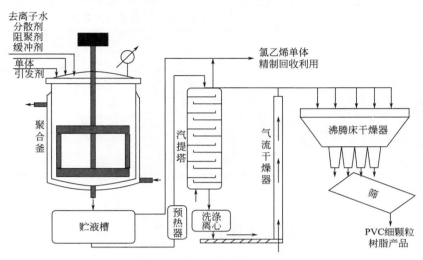

图 5-14　氯乙烯悬浮聚合工艺流程

5.2.4　影响因素

（1）聚合温度及压力

氯乙烯悬浮聚合一般在 $50～60℃$ 进行，根据树脂牌号选择相应的温度，但是温度容许的波动范围小于 $±0.2℃$。对氯乙烯来说，聚合温度主要影响聚合物的分子量。氯乙烯的自由基聚合主要是向单体转移终止为主，计算公式表示如下：

$$\overline{X}_n = \frac{R_p}{R_t + \sum R_{tr}} = \frac{R_p}{R_{tr,M}} = \frac{k_p[M][M\cdot]}{k_{tr,M}[M][M\cdot]} = \frac{k_p}{k_{tr,M}} = \frac{1}{C_M}$$

$$k_p = A_p e^{-E_p/RT}$$

$$k_{tr,M} = A_{tr,M} e^{-E_{tr,M}/RT}$$

$$C_M = (A_{tr,M}/A_p) e^{(E_p - E_{tr,M})/RT}$$

可见，升高温度，向单体的链转移常数增大，产物聚合度降低。聚合温度高不仅会使分子量减小，还会引起树脂颗粒的孔隙率下降。温度高时，甚至出现活性链向大分子转移，导致分子链支化。表 5-8 为聚合温度对聚氯乙烯分子量和树脂孔隙率的影响。

表 5-8　聚合温度对聚氯乙烯分子量和树脂孔隙率的影响

聚合温度/℃	数均分子量	树脂孔隙率/％	聚合温度/℃	数均分子量	树脂孔隙率/％
50	67000	29	64	44000	13
57	54000	24	71	33000	7

氯乙烯常态下为气体，应在压力作用下成为液相才可以聚合。在聚合温度下，氯乙烯有相应的蒸气压力。只有在聚合末期，大量单体聚合后，压力才明显下降。因此，可以根据釜

压来确定聚合终点。聚合初期，釜压较高，当转化率 70% 以上时，游离单体数急剧减少，釜压开始下降，当转化率大于 80% 时，聚合速率很低，釜压降至 0.50MPa 左右，确定为终点。表 5-9 列出了不同牌号聚氯乙烯的聚合工艺的温度及压力条件。图 5-15 为氯乙烯悬浮聚合过程中的温度、压力、冷却水温控制情况。技术先进的生产装置，温度与压力的控制全部由计算机按预定的程序自动控制。

表 5-9　不同牌号聚氯乙烯的聚合工艺温度及压力条件

工艺条件	树脂牌号			
	XS-1	XS-2	XS-3	XS-4
数均聚合度	1500～1300	1300～1100	1100～980	980～800
聚合温度/℃	47～48	50～52	54～55	57～58
温度波动/℃	±(0.2～0.5)	±(0.2～0.5)	±(0.2～0.5)	±(0.2～0.5)
聚合压力/MPa	0.65～0.7	0.7～0.75	0.75～0.8	0.8～0.85
终点压力/MPa	0.45	0.45	0.50	0.55

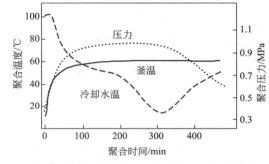

图 5-15　氯乙烯悬浮聚合过程中的温度、压力、冷却水温控制情况

（2）转化率

氯乙烯属于沉淀聚合，生成的聚氯乙烯不溶于氯乙烯单体中，然而聚氯乙烯可以溶胀一定量的氯乙烯单体，因此，在不同转化率阶段，聚合工艺过程及产物结构会表现出不一样的特点。

转化率低于 5% 的聚合阶段，聚合反应发生在单体相中。由于所产生的聚合物数量甚少，反应速率符合自由基的微观动力学方程，即聚合反应速率与引发剂浓度的平方根成正比，与单体的浓度成正比。

转化率在 5%～65% 的聚合阶段，随着转化率的提高，聚合物生成量增加，聚合速率常数开始发生偏差。此阶段，聚合反应在富单体相和聚氯乙烯/单体溶胶相中同时进行。转化率在 20% 之前，液滴中有较多单体及聚合物溶胶，粒子黏稠，容易聚集成较大颗粒。转化率达 20% 之后，粒子黏稠性逐渐下降，再加上分散剂聚乙烯醇与单体发生接枝反应的程度增加，阻止了粒子的碰撞聚集。

转化率高于 65% 的聚合阶段，大分子活性链在黏稠的聚合物/单体溶胶相的扩散速率显著降低，因而链终止速率减慢，所以聚合速率加快，转化率 70% 后才出现明显的自动加速现象。氯乙烯的悬浮聚合属沉淀聚合，按照沉淀聚合的原理，聚合不久应出现自动加速现象，但实际上氯乙烯的悬浮聚合直到转化率 70% 后才开始出现明显的自动加速现象。因为，转化率 70% 之前，体系内存在含氯乙烯 27% 的聚氯乙烯树脂颗粒溶胶体和单体液滴，聚合热由单体液滴的蒸发冷凝排除，同时由于溶胶体内聚氯乙烯分子链堆砌疏松，能进行正常的链增长和向单体转移的链终止反应，自动加速现象尚不明显。转化率达 70％时，体系内单体液滴已近乎消失，同时由于转化率的提高，溶胶体内聚氯乙烯分子链堆砌较紧密，链终止反应受阻，而溶胶体内尚能进行正常的链增长，因此自动加速现象明显。

当单体转化率达到 70％以上时，由于游离的液态单体数量急骤减少，所以反应釜内的压力随即开始下降，而当游离的液态单体消失时，压力下降明显，然后聚合反应在凝胶内进行。

转化率 80％后，聚合反应速率逐渐降低，可根据生产产品的牌号，及时加入终止剂，停止聚合。

根据要求生产的树脂牌号，氯乙烯单体的转化率选定在 70％～95％范围，过高的转化率需要更长的反应时间，因而经济上不合算，而且转化率超过 85％～95％以后，树脂的热稳定性变差。工业上生产软质聚氯乙烯塑料制品用树脂时，一般要求转化率达到 85％左右停止反应。生产硬质聚氯乙烯塑料制品用树脂时，则要求转化率约为 90％。

(3) 产物颗粒形态和粒径分布的影响因素

聚氯乙烯产品的颗粒形态及粒径分布对树脂加工及产品性能有关键影响。氯乙烯悬浮聚合要求生产直径为 $100～180\mu m$ 的多孔性颗粒状树脂，而且要求颗粒大小分布狭窄。树脂的颗粒形态有紧密型和疏松型。紧密型树脂颗粒呈乒乓球状，表面有鱼眼且光滑，不易塑化，吸收增塑剂能力差，加工性能差。疏松型树脂颗粒呈棉花球状，表面疏松，容易塑化，吸收增塑剂能力强，加工性能好。树脂颗粒粒径过大，软化温度和冲击强度高，成型加工困难。树脂颗粒过小，加工时易飞扬，导致粉尘污染。

通常使用的分散剂浓度高，则易得孔隙率低（≤10％）的圆球状树脂颗粒，尤其是使用明胶作为分散剂时，其影响最为显著。由于低孔隙率树脂在反应结束后，脱除残存的单体较困难，而且吸收增塑剂速度慢，难以塑化，所以逐渐被淘汰。分散剂明胶对单体液滴保护作用太强，对树脂的压迫力大，易形成紧密型树脂。分散剂聚乙烯醇对单体液滴的保护作用适中，易形成疏松型树脂。聚乙烯醇分子量大，对单体液滴的保护作用增强，树脂粒径减小。聚乙烯醇分子量分布宽，则形成树脂的粒度分布也宽。机械搅拌速度越快，粒径越小；搅拌速度越均匀，粒度分布越窄。聚合转化率越高，树脂颗粒越紧密。配方体系中水油比大时，反应热扩散效果较好，产物颗粒大小均匀。产品的平均粒径因不同用途而有不同要求。用于生产软质制品的聚氯乙烯树脂平均粒径要求低些，在 $100～130\mu m$ 范围；用于生产硬质制品者要求在 $150～180\mu m$ 范围；分子量较低的牌号则要求在 $130～160\mu m$ 范围。

氯乙烯悬浮聚合过程生成多孔性不规整颗粒的事实，比较成熟的理论解释如下：第一，单体在水相中的分散过程和在水相及氯乙烯/水相界面发生的反应过程，主要控制聚氯乙烯颗粒的大小及其分布；第二，在单体液滴内和聚氯乙烯溶胶相内发生的化学与物理过程，主要控制聚氯乙烯颗粒的形态。

在聚合反应釜中液态氯乙烯单体在搅拌和悬浮分散剂的作用下，在水相中分散为平均直径为 $30～40\mu m$ 的液珠，单体液珠与水相的界面上吸附了分散剂。当聚合反应发生后，界面上的分散剂聚乙烯醇和氯乙烯发生接枝聚合。此过程中，单体液珠开始由于碰撞而聚集为较大粒子，并处于聚集和分散的动态平衡状态，此时单体转化率为 4％～5％。当转化率进一步提高至 20％后，由于分散剂接枝反应的深入进行，能够阻止粒子的聚并，所以所得聚氯乙烯颗粒的数目开始处于稳定状态。

聚氯乙烯不溶于液态的单体氯乙烯中，当引发剂自由基引发氯乙烯单体发生聚合后，链增长至 10 个单体链节以上时,从单体相中沉淀析出,形成直径为 15～20nm 的微域结构(第一次聚集),含有 20 个以上的增长链自由基,此时单体转化率仅为 0.01%。形成的微域结构不稳定,立即聚集为区域结构(第二次聚集),直径约为 $0.1\mu m$。区域结构作为进一步链增长的核心,其数目不再增加,进一步的链增长使区域结构增大,形成初级粒子。随着聚合深入,聚氯乙烯相形成,并溶胀有单体形成聚氯乙烯溶胶,易变形,有黏性,易于聚集形成初级粒子的聚集体(第三次聚集),直径为 $1～2\mu m$,继续链增长,聚集体的直径增长至 $2～10\mu m$,形成次级粒子。聚合反应进行过程中处于凝胶状态的次级粒子,在搅拌作用下相互黏结堆积,最终形成直径为 $100～180\mu m$ 的聚氯乙烯颗粒。这些次级粒子聚集时会产生孔隙,如果在聚合过程中,这些孔隙不被收缩作用或后来生成的聚氯乙烯分子所填充,则最终产品为多孔性形状不规整的颗粒,即疏松型树脂,否则为孔隙甚少,形成近于圆球的紧密型树脂。聚氯乙烯初级粒子聚集体的排列与所形成的最终颗粒的孔隙率有很大关系。聚氯乙烯树脂的实体密度为 $1.4g/cm^3$,而孔隙率较大的悬浮法树脂密度仅为 $0.85g/cm^3$,显然由于孔隙率的存在使密度降低近 40%。

(4)热效应

由于氯乙烯聚合时,反应放热量大(1540kJ/kg),而且反应过程为了控制树脂型号,必须严格控制反应温度在某设定值的范围,上下波动要求 $\pm0.2℃$,所以如何及时导出聚合反应热,成为氯乙烯聚合过程工艺控制的重要问题。改善传热主要有三个途径:增大传热面积,提高传热系数和增大传热介质温差。

增大传热面积与聚合釜的釜型有关。聚合釜的高径比越大(瘦长型),传热面积越大;高径比越小(矮胖型),传热面积越小。聚合釜的比传热面积(单位体积的传热面积)随釜容积的增加而减少。在工业设计中,釜体设计为瘦长型,以提高夹套冷却面积,大型釜内釜壁增加可水冷的挡板;反应釜上方安装回流冷凝装置,此时将有大量单体通过回流达到冷凝散热的目的。然而,生产过程中常常发现冷凝器壁上易形成聚氯乙烯粘壁物,增加了清理难度。

传热系数与体系黏度、自由水量有关。体系黏度越小,搅拌强度越大,则内壁液膜越薄,热阻越小,传热系数越大。氯乙烯悬浮聚合过程中,釜内物料主要由水、氯乙烯、聚氯乙烯组成,且体系的黏度和自由水含量随聚合转化率而变化。无论是紧密型树脂,还是疏松型树脂,在开始阶段可流动的水量(自由水量)较大,所以传热系数较大,随着聚合的进行,体系总体积收缩,黏度增加,并且粒子表面吸附有水分,尤其是疏松型树脂,内部吸收有一定的水分,使得流动的水量减少,造成传热系数下降。因此,在聚合过程中从釜的底部陆续补加水,补加速度最好与体积收缩速度相当。此外,反应釜的搅拌装置不仅对增大传热系数、传热效果发生重要作用,对悬浮聚氯乙烯颗粒的形态与大小及其分布也将产生重要影响,所以搅拌器叶形状、叶片层数、转速等的设计也很重要。

氯乙烯悬浮聚合采用的冷却介质为水。冷却水水温因品种而异,夏季水在 30℃ 左右,深井水可常年保持 12～15℃,冷冻水可达 5～8℃,更低的冷冻盐水可达 -15～-35℃。深井水和冷冻水最为常用。为了提高传热效率,降低冷却水的温度以加大反应物料与冷却水之间的温差,工业上采用经冷冻剂冷却的低温水(9～12℃,或更低些)进行冷却。冷却水的出入口温度差越大,越有利传热,但对产品质量控制不利,因此,多采用大流量低温差循环方式。

由于聚合过程中放热量大,如果产生突发性事故,例如突然停电,搅拌器不能转动或冷却水系统出现故障，不能及时供给必要的冷却水量等，都将使反应釜内物料温度上升，导致釜内压力升高，甚至超过安全限制发生爆炸，造成严重的生产事故。防范措施是：首先，反应釜的釜盖上设置有与大口径排气管联结的爆破板，一旦釜内压力急骤升高，可能产生爆炸危险时，爆破板首先爆破，氯乙烯单体与物料自排气管中迅速排出而避免反应釜爆炸；其次，反应釜设置有自动注射阻聚剂的装置，当温度急剧升高超出所设定的界限时，自动向釜内注射阻聚剂，立刻停止聚合反应。采用的阻聚剂有叔丁基邻苯二酚、α-甲基苯乙烯或双酚A等。

(5) 干燥

氯乙烯悬浮聚合获得的颗粒状树脂含有一定量的水分，必须经过干燥程序脱水干燥后才能使用。树脂的孔隙率决定其含水量及干燥工艺。一般认为，紧密型树脂含水率为8%～15%，疏松型树脂含水率为15%～20%。

聚氯乙烯树脂颗粒表面粗糙且内部有孔隙，干燥难度较大。工业上常常采用两段干燥工艺。第一段为气流干燥管干燥，干燥工艺条件为：干燥温度40～150℃，风速15m/s，物料停留时间1.2s，干燥后树脂含水率小于4%。第二段为沸腾床干燥，干燥工艺条件为干燥温度120℃，物料停留时间12min，干燥后树脂含水率小于0.3%。气流干燥管主要是脱除树脂表面的水，沸腾床干燥器主要是脱除树脂内部结合的水。二段式干燥过程物料停留时间长，投资大，热效率较低，费用较高，但设备工艺成熟，目前仍在使用。

改进的干燥方法是采用旋风干燥器干燥。该方法具有停留时间适中、热效率好的特点。利用这种旋风分离干燥器能干燥高度疏松的聚氯乙烯树脂，干燥前含水量为30%，干燥后的含水量可下降到0.2%以下。图5-16为旋风分离干燥器的工作原理。干燥器为一个垂直的圆柱形塔，其中用环形挡板分成若干个干燥室，将热气和湿树脂切向高速进入最下的A室，在旋转流动中使热气体和固体树脂接触干燥树脂。在A室利用离心力将固体树脂颗粒与气体分离开来。粉粒在A室中旋转流动中通过挡板的中心开口流入上一层B室，同时，新的树脂进入A室循环工作。树脂粒子由A室进入B室，先是最细颗粒，最后是最粗的颗粒。携带着树脂粉粒的气体离开干燥室的顶部，输送到气-固分离器。

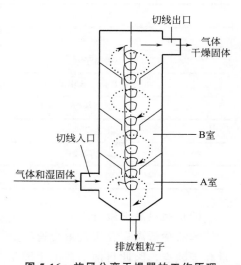

图 5-16　旋风分离干燥器的工作原理

物料在干燥器中的停留时间对干燥效果有重要影响。干燥器设计的基本原则是物料在干燥器中的停留时间必须等于或稍大于所需的干燥时间。树脂在干燥器内的停留时间过短，就不能有效地干燥，往往只是树脂表面水分得以干燥，内部水分还没有及时扩散至表面而得以充分除去。这种情况下，当成品包装后，树脂内部的水分会自动向外表扩散，完成"内外平衡"过程，即我们所说的"返潮"现象，致使树脂含水量偏高。虽然物料在干燥器内的停留时间是已经设定的，但可根据需要对旋风干燥器挡板中心孔的形状进行修改来改变停留时间。在实际生产中，我们往往是通过调整风量来改变物料在干燥器内的停留时间。另外，在成品包装过程中，应避免外界湿空气的"侵入"，这些因素都会引起树脂的含水量升高。

5.3 苯乙烯及其共聚物悬浮聚合工艺

5.3.1 苯乙烯悬浮聚合工艺

聚苯乙烯系树脂包括通用型、抗冲型、可发性聚苯乙烯和聚苯乙烯共聚物四大类。通用型、可发性聚苯乙烯及很多聚苯乙烯共聚物树脂主要采用悬浮聚合方法生产。与氯乙烯悬浮聚合不同，苯乙烯及其共聚物的悬浮聚合大多是均相聚合，因此产物大多为透明的细小珠粒。根据聚合温度的高低，苯乙烯悬浮聚合工艺有低温和高温悬浮聚合两种工艺，两种工艺中采用的引发剂和分散剂不同。

（1）低温悬浮聚合工艺

低温悬浮聚合是在约85℃的温度下聚合，采用过氧化苯甲酰引发剂，聚乙烯醇为分散剂。表5-10列出了苯乙烯低温悬浮聚合的配方及工艺条件。按照表5-10中的聚合条件聚合完毕后，再水洗、离心过滤、干燥，得到产品。85℃下过氧化苯甲酰的半衰期为3.6h，与聚合时间匹配。苯乙烯在85℃下聚合速率较低，单体转化率较低，因此聚合后期，通入高温水蒸气，一则提高单体转化率，使树脂颗粒进一步熟化；二则汽提掉未反应单体。

表 5-10　苯乙烯低温悬浮聚合的配方及工艺条件

配　　方	质量份
苯乙烯	100
去离子水	200
过氧化二苯甲酰	0.3～0.4
聚乙烯醇	0.04～0.05
工艺条件	温度/时间
聚合阶段	85℃/8h
熟化阶段	100℃/4h

（2）高温悬浮聚合工艺

苯乙烯低温聚合工艺聚合速率低，生产周期长，粘釜现象严重，产物珠粒中残留单体含量高等缺点，因此目前工业上主要采用高温悬浮聚合工艺。高温悬浮聚合是在120～150℃的温度下进行热聚合，不加引发剂，采用无机分散剂和苯乙烯-马来酸酐共聚物钠盐分散剂复合使用。表5-11列出了苯乙烯高温悬浮聚合的配方及工艺条件。按照表5-11中的聚合条件聚合完毕后，再水洗、酸洗、水洗、离心过滤、干燥，得到产品。

表 5-11　苯乙烯高温悬浮聚合的配方及工艺条件

配　　方	质量份
苯乙烯	100
去离子水	140
碳酸钠（16%）	9
硫酸镁（16%）	11

续表

配　　方	质量份
苯乙烯-马来酸酐共聚物钠盐	0.015～0.017
2,6-二叔丁基对甲酚	0.025～0.030
工艺条件	温度/时间
聚合阶段	150℃/2h
熟化阶段	155℃/2h 140℃/4h

高温聚合的温度高于聚苯乙烯的玻璃化温度，因此不存在玻璃化效应，单体转化率高，产物珠粒中单体残留量低。无机分散剂碳酸镁采用碳酸钠和硫酸镁水溶液在 80℃ 下现制备使用。在常压下，水和苯乙烯的沸点分别为 100℃ 和 145℃，150℃ 下两者的蒸气压分别为 0.485MPa 和 0.016MPa，合计 0.5MPa 左右。苯乙烯的高温悬浮聚合属于压力条件下的聚合，且釜压必须超过 0.5MPa，否则，物料处于沸腾状态，破坏了液液悬浮分散体系，因此必须向釜内充入一定量氮气使釜压达到 0.7MPa 左右，才能进行正常的高温悬浮聚合。采用上述无机和有机复合分散剂，聚合结束，先要水洗除去苯乙烯-马来酸酐共聚物钠盐，然后酸洗除去碳酸镁，再水洗至中性，否则会使产物珠粒的透明性下降，产品质量下降。

5.3.2　可发性聚苯乙烯悬浮聚合工艺

（1）可发性聚苯乙烯树脂

可发性聚苯乙烯（EPS）又称发泡聚苯乙烯，采用自由基悬浮聚合方法生产而成。1950 年，德国 BASF 公司开发出可发性聚苯乙烯，1950 年获得"在聚合物中产生多空隙的方法"的专利。在泡沫塑料中，聚苯乙烯泡沫塑料仅次于聚氨酯泡沫塑料，居于第二位。聚苯乙烯泡沫塑料具有很好的隔热、隔音、防震、防水、防潮、绝缘性能，以及生产成本低廉等优点，而获得了广泛的应用，主要应用于建筑、包装、一次性纸杯、餐盒和食品容器等。

然而，可发性聚苯乙烯易燃，燃烧时放出大量有毒浓烟。解决的办法是生产阻燃型可发性聚苯乙烯代替常规产品。大量使用的可发性聚苯乙烯制品废弃在环境中，造成了严重的环境污染。因此，政府部门应该制定相应扶持政策，支持可发性聚苯乙烯制品的回收再利用企业的良性发展。可发性聚苯乙烯生产过程中，过去常常采用卤代烃发泡剂，长期使用会对大气臭氧层有不良影响，经改良后，如今的可发性聚苯乙烯已经不含有氟氯烃或加氢氯氟烃发泡剂，部分已经使用碳氢化合物的发泡剂来代替。

可发性聚苯乙烯的制备方法有两种。一种方法是将普通的聚苯乙烯珠粒，分散于水中，加入低沸点烃类发泡剂，使之在受热条件下溶胀，溶胀的聚苯乙烯珠粒经冷却和发泡剂挥发后，制得多孔性聚苯乙烯。另一种方法是苯乙烯悬浮聚合体系中，加入发泡剂，如低沸点脂肪烃 C_4、C_5 馏分或石油醚等，苯乙烯经悬浮聚合得到为低沸点脂肪烃溶胀的聚苯乙烯珠粒，脱水以后，置空气中使低沸点烃逐渐挥发形成为空气置换的孔隙，制得可发性聚苯乙烯产品。

生产聚苯乙烯泡沫塑料制品时，将可发性聚苯乙烯珠粒置于模具中，通入热的水蒸气加热到 110～120℃ 使之发泡充满模具，即得到一定形状的聚苯乙烯泡沫塑料制品。

（2）悬浮聚合法直接制备可发性聚苯乙烯

悬浮法直接制备可发性聚苯乙烯的工艺与悬浮聚合工艺制备通用型聚苯乙烯相似，不同的是在聚合体系中加入了发泡剂。表 5-12 列出了悬浮法直接制备可发性聚苯乙烯的配方及工艺。

表 5-12　悬浮法直接制备可发性聚苯乙烯的配方及工艺

配方	质量份
苯乙烯	100
去离子水	100
发泡剂,C_5	10
活性磷酸钙	0.7
β-萘硫酸钠	1.2
偶氮二异丁腈	0.074
过氧化二苯甲酰	0.036
过氧化苯甲酸叔丁酯	0.9
工艺条件	参数值
温度/℃	85～150
时间/h	14～15
最大压力/MPa	0.3～1

　　分散剂是保证悬浮体系稳定的重要因素，它能够保护胶体，防止珠状聚苯乙烯在成型时分离，防止聚苯乙烯于软黏阶段时分散不好凝结在一起而胶结；还可以控制和调节可发性聚苯乙烯珠粒的形状和粒径大小。常用的有活性磷酸钙、羟乙基纤维素、明胶等。活性磷酸钙（TCP），学名羟基磷酸钙（HAP），是一种非水溶性无机细微粉末。由于它的构成特殊，具有一定的活性和悬浮分散性，用作分散剂还可提高树脂产品外观和生产效率，降低成本。

　　引发剂采用中温和高温引发剂复合，中温引发剂采用偶氮二异丁腈和过氧化二苯甲酰，高温引发剂采用过氧化苯甲酸叔丁酯。

　　可发性聚苯乙烯的发泡剂主要是戊烷，其异构体有正戊烷和异戊烷两种。通常用正戊烷和异戊烷按一定比例配制成发泡剂。正戊烷和异戊烷的配比对可发性聚苯乙烯的贮存期和发泡性能有很大影响。工业品戊烷中，烯烃含量对可发性聚苯乙烯的加工性能影响很大，烯烃含量过高，易于引起产品收缩。

　　戊烷发泡剂可在聚合初期或中途加入。聚合初期加入，可能会减慢聚合速率，尤其是戊烷中含有阻聚杂质存在的情况下。中途加入戊烷的工艺是：先在常压、90℃的条件下聚合，当聚合物粒子初步形成时，用氮气压入戊烷发泡剂，升温升压，进一步聚合，同时戊烷在压力条件下溶胀在聚苯乙烯粒子内。聚合完毕，聚苯乙烯珠粒经洗涤、离心，滤去水分，贮存在较低温度下。

　　预发泡和熟化工艺。贮存后的可发性聚苯乙烯颗粒，在 90℃以上的温度下，进行膨胀发泡制得珠状泡沫颗粒，此过程称之为预发泡。加热方式可采用红外、热空气、热水、蒸气等。预发泡后的发泡颗粒在环境温度下自然冷却，贮存一段时间后，泡孔内的发泡气体和水蒸气冷凝成液体，形成局部真空状态，这时周围的空气通过泡孔膜渗透入泡孔中，使泡孔内的压力与外界压力达成平衡，此过程称为熟化。最适宜的熟化温度为 22～26℃，一般室温下熟化时间为 8～24h。

可发性聚苯乙烯制品的生产，一般用蒸气加热模压成型的方法。蒸气的压力控制在 0.05～0.25MPa，加热时间 35～40s，冷水冷却时间为 420～480s。模压成型是指在模具型腔内填满熟化的可发性聚苯乙烯颗粒，经加热使颗粒软化，并在受热蒸发的发泡剂和渗入加热介质的作用下使颗粒进一步膨胀。因模具腔所限，受热膨胀的颗粒熔结成一体，冷却定型后就得到模压发泡制品。成型过程中，预发泡颗粒软化膨胀，相互黏结为一体，靠近模壁的泡沫珠粒受到中心部位珠粒向外的膨胀力和模壁对内的反作用力，两个相反方向的作用力使最外层的泡沫塑料表皮密度最高，而中心部位的泡沫珠粒仅受到珠粒间膨胀力的作用，能自由地膨胀，使中心密度变小，所以在加工应用时要注意泡沫塑料的密度梯度分布。

5.3.3　苯乙烯-丙烯腈悬浮共聚合工艺

（1）苯乙烯-丙烯腈共聚物

苯乙烯-丙烯腈共聚物是一种大分子链上结构单元呈无规排列，聚集态结构呈无定形的非晶态聚合物，具有刚性、耐热性、耐化学品、光学透明性等优点，维卡软化温度约为 110℃，载荷下挠曲变形温度约为 100℃。共聚物制品，有时呈微黄色，是由于丙烯腈链节成环形成带色基团所致，因此共聚物受热的情况下，产品可能会发生颜色变深。共聚物为极性聚合物，一般与非极性树脂（包括聚苯乙烯）不相容，但是与 ABS 树脂相容良好，因此该共聚物树脂常常用作 ABS 树脂的掺混料。共聚物树脂有吸水性，加工成型前应进行干燥处理。共聚物树脂可进行二次加工，而且其性能变化很小，因此回收利用价值较高。

共聚物的性能与结构中丙烯腈单元的含量关系很大。丙烯腈所含质量分数为 20%～35% 时，具有较好的透明度，熔融流动性好，易于加工，主要生产注塑产品。丙烯腈所含质量分数为 60%～85% 时，具有较低的透气性，适用于食品及饮料的包装材料。

苯乙烯与丙烯腈的自由基共聚合特性符合一定的规律，如图 5-17 所示，图中实线和虚线分别代表不同转化率下的共聚物组成和单体组成，曲线旁的数字代表苯乙烯/丙烯腈的投料质量比。苯乙烯与丙烯腈在 60℃ 下的竞聚率为：$r_1 = 0.41$，$r_2 = 0.04$，显然是一个具有恒比点的二元共聚体系，经计算，此温度条件下的苯乙烯与丙烯腈单体的恒比组成为 75:25（质量比）。工业上实际聚合的温度更高，竞聚率是一个与温度有关系的值，实践表明，共聚物中丙烯腈含量可以在 20%～35% 的范围内调节，数均分子量为 3 万～15 万，粒径为 0.6mm。

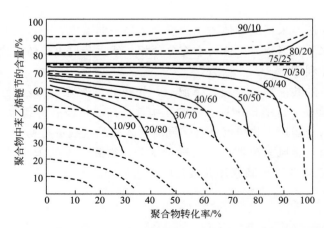

图 5-17　聚合过程中单体中苯乙烯及共聚物中苯乙烯含量与转化率的关系

（2）苯乙烯-丙烯腈的悬浮共聚过程

表 5-13 列出了苯乙烯与丙烯腈悬浮共聚合的典型配方。配方中的硫酸镁和碳酸钠是用来制备不溶性无机分散剂碳酸镁，新制备的碳酸镁分散剂分散相好，制得树脂颗粒均匀，且耐高温，因为苯乙烯-丙烯腈悬浮共聚的温度在 100℃ 以上。配方中加有少量苯乙烯-马来酸酐共聚物钠盐，也是用作分散剂，同时可以减少硫酸镁和碳酸钠的用量。聚合工艺条件是 140℃，聚合 8～24h。

表 5-13　苯乙烯与丙烯腈悬浮共聚合的典型配方

配　方	质量份	配　方	质量份
苯乙烯	70	碳酸钠(16%)	0.09
丙烯腈	30	苯乙烯-马来酸酐共聚物钠盐	0.012
去离子水	140～160	对叔丁基邻苯二酚	0.028
硫酸镁(16%)	0.12		

苯乙烯-丙烯腈高温悬浮共聚合的优点：可不使用引发剂，在氮气保护下高温热聚合，反应速率快，生产周期短；采用无机盐为分散剂，耐温性好，树脂易洗涤、分离，聚合物中不含引发剂、分散剂等杂质，产品性能好；聚合过程粘釜现象减少，减轻清釜工作。

苯乙烯-马来酸酐共聚物钠盐的制备：在 2～4kg 水中加入 8g 氢氧化钠和 39g 苯乙烯-马来酸酐共聚物，于 80℃ 下搅拌 2h 即可。

无机分散剂碳酸镁的制备：预先分别配制好 16% 的碳酸钠和硫酸镁水溶液。在聚合釜中加入去离子水，加入碳酸钠水溶液，升温至 78℃，加入硫酸镁溶液，搅拌 30min，制得碳酸镁分散剂。

向聚合釜中通入热的水蒸气，排除空气，然后闭釜，并降温至 75℃，致使釜内形成 27kPa 的负压。加入单体，搅拌并升温至 92℃，同时通氮至 0.15MPa，形成一定压力，防止物料剧烈沸腾。继续升温至 150℃，聚合 2h 左右，树脂颗粒已初步硬化，该过程釜压约 0.6MPa；进一步升温至 155℃，继续聚合 2h 左右，提高单体转化率，此阶段釜压为 0.7～0.75MPa；然后在 140℃ 下熟化 4h，再次提高单体转化率，达到要求后，停止聚合。

聚合结束，先卸压，未反应单体与水的混合蒸气一同蒸出，进入回收单体冷凝器，在回收单体冷却器和油水分离器中，单体与水充分分相，然后分离出单体，废水排放。回收单体经蒸馏精制后，循环利用。

除去未反应单体的共聚物悬浮液，降温后，先离心洗涤除去苯乙烯-马来酸酐共聚物钠盐，再用 98% 硫酸酸洗，除去碳酸镁，水洗至中性，离心过滤后得到含水量小于 2% 的湿物料。湿物料经螺旋输送器送入热风气升管，同时通入热的空气进行初步干燥。热风气升管中的物料被热气流输送至旋风分离器，除去微量水分，得到干燥的苯乙烯-丙烯腈共聚合颗粒产品。图 5-18 为苯乙烯与丙烯腈悬浮共聚合的工艺流程。

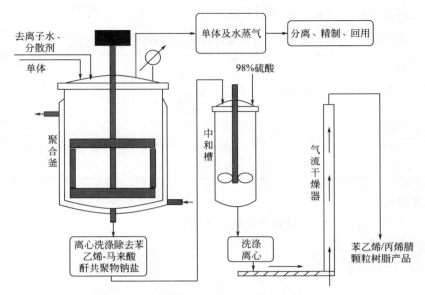

图 5-18　苯乙烯与丙烯腈悬浮共聚合的工艺流程

5.4　甲基丙烯酸甲酯及其共聚物悬浮聚合工艺

聚甲基丙烯酸甲酯的合成方法主要有悬浮聚合、乳液聚合、溶液聚合、本体聚合等。其中采用悬浮聚合制备的聚甲基丙烯酸甲酯在制备模塑粉中的应用最为广泛。

5.4.1　甲基丙烯酸甲酯悬浮聚合工艺

5.4.1.1　聚合体系各组分及其作用

(1) 甲基丙烯酸甲酯

聚合级甲基丙烯酸甲酯（MMA）含量≥98.5%、酸度≤0.08%、α-羟基异丁酸甲酯<2%。聚合前须用洗涤法、蒸馏法或离子交换法去净阻聚剂。

(2) 分散剂

MMA 的聚合过程与苯乙烯悬浮聚合很类似，所使用的分散剂除了常使用的聚乙烯醇、碳酸镁外，还用聚甲基丙烯酸钠（Na-PMAA）。这是一种用 MMA 皂化后的聚合物，属于合成高分子分散剂。由于 Na-PMAA 的结构与 MMA 相似，又具有—Na 亲水基团，所以能很好地聚集在单体液滴表面形成保护膜，并因能降低 MMA-水间界面张力而对 MMA 有很强的分散能力，所以能形成较细的和均匀的粒子。

Na-PMAA 可按表 5-14 配方合成。于 800L 带搅拌器、回流冷凝器的反应釜中先加入 80% 的去离子水，粉碎的 NaOH，搅拌并溶解冷却；于 40～50℃在 3～3.5h 内以先快后慢的速度加入 MMA，并维持釜温 40～50℃，之后加入余下的水，并在 3～4h 内升温至 100℃，此时回流管内开始蒸出甲醇，待甲醇蒸完后即冷却反应物至 30℃，将预先配制的连二亚硫酸钠和过硫酸铵水溶液（连二亚硫酸钠与过硫酸铵先分别溶解在 4kg 水中）加入釜内，在搅拌下甲基丙烯酸钠开始聚合反应，15min 后聚合完成即可出料。聚合物为微黄半透明液体。Na-PMAA 的含量为 50%，冷却后结成硬块。继后再往反应釜投入 400g 去离子水，加热至沸，在搅拌下再投入切成小块的上述含量为 50% 的 Na-PMAA，搅拌溶解至釜中已无块状物时即可放出供悬浮聚合用，此即为 10%Na-PMAA 的水溶液。

表 5-14　聚甲基丙烯酸钠的聚合配方

组分	纯度或级别	用量/kg
甲基丙烯酸甲酯	>98.5%	250
去离子水	—	250
氢氧化钠	工业	80
连二亚硫酸钠	化学纯	1
过硫酸铵	化学纯	15

（3）其他组分

MMA 悬浮聚合组分还有引发剂及辅助单体等。

5.4.1.2　聚合配方

MMA 悬浮聚合的配方如表 5-15 所示。

表 5-15　MMA 悬浮聚合配方

原料	用量/kg
甲基丙烯酸甲酯	70
去离子水	420
聚乙烯醇	0.025
聚甲基丙烯酸钠	18
过氧化苯甲酰	0.54

5.4.1.3　MMA 悬浮聚合工艺过程

MMA 悬浮聚合工艺流程如图 5-19。在带有搅拌装置的不锈钢或搪瓷聚合釜中加入水，搅拌下依次加入聚乙烯醇、聚甲基丙烯酸钠，搅拌溶解后加入溶有过氧化苯甲酰的 MMA 单体溶液，夹套内通蒸气加热，在 40～45min 内逐步升温 82℃，停止加热，并向夹套通冷

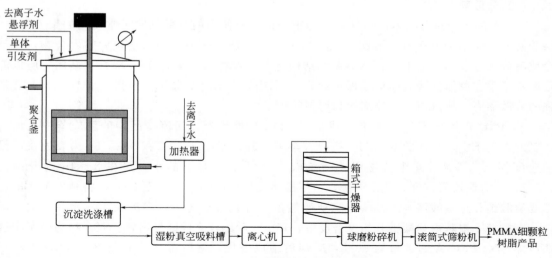

图 5-19　MMA 悬浮聚合工艺流程

却水维持聚合温度不超过±5℃。约 1h 后，通入蒸气加热至 93℃维持 40min，降温至 65℃放料，经过过滤、洗涤、干燥至含水量小于 1%。然后经过粉碎、过筛即得模塑粉。

在聚甲基丙烯酸甲酯的悬浮聚合过程中存在两大难题，一是制备过程是一个分散-凝聚的动态平衡体系，一般当单体转化率达 25%左右时，由于液珠的黏性开始显著增加，凝聚倾向增强，容易发生凝聚，在工业生产上常称这一时期为"危险期"，这时特别要注意保持良好的搅拌，保证稳定的低转速是获得所需产品的必要条件；二是如何获得均匀的颗粒尺寸分布。颗粒大小及其分布的影响因素有：反应器几何形状，如反应器长径比、搅拌器形式与叶片数目，搅拌器直径与釜径比、搅拌器与釜底距离等；操作条件，如搅拌器转速、搅拌时间与聚合时间的长短、两相体积比、加料高度、温度等；材料物理性质，如两相液体的动力黏度、密度以及表面张力等；分散剂，如分散剂浓度增加或表面张力下降，颗粒粒径下降。

聚甲基丙烯酸甲酯若经球磨、过筛，颗粒粒度有 40 目、120 目的产品，分别可作牙托粉、牙粉的原料。40 目牙托粉或 120 目假牙粉，经颜料染色后与牙托水（即溶有 0.005%～0.007%对苯二酚的 MMA）调成胶泥，然后填于用石膏制成牙托或假牙的阴模中，闭模夹紧，置于沸水中加热，冷却后即成牙托或假牙。

聚甲基丙烯酸甲酯模塑粉比浇铸型的聚甲基丙烯酸甲酯分子量低，相对密度为 1.19，无色透明，透光度 91%，折射率 1.49，吸水率 0.4%，流动性好，耐化学品性能与普通有机玻璃相同。聚甲基丙烯酸甲酯模塑粉的主要性能见表 5-16。

聚甲基丙烯酸甲酯模塑粉可注射、模压和挤出成型，主要用于制汽车尾灯罩、交通信号灯罩、工业透镜、仪表盘盖、控制板、设备罩壳等。

表 5-16 聚甲基丙烯酸甲酯模塑粉主要性能

性能	数值	性能	数值
拉伸强度/MPa	76.5	热变形温度(1.82MPa)/℃	90
撕裂伸张率/%	5～7	体积电阻率/(Ω·cm)	10^{15}～10^{17}
冲击强度(缺口)/(kJ/m²)	1.76	介电损耗角正切值	0.03～0.05
洛氏硬度	M85～105		

5.4.2 悬浮法甲基丙烯酸甲酯的改性产品

5.4.2.1 甲基丙烯酸甲酯（MMA）-丙烯酸丁酯（BA）的悬浮共聚物

这种共聚物除单体配比按 MMA：BA=66.5：3.5（质量份）外，其配方和工艺条件同 MMA 悬浮聚合相同或相似。MMA-BA 悬浮共聚物产品可作自凝牙托粉。自凝牙托粉与普通牙托粉比较，抗横断挠度断裂时载荷由 83.3N 提高到 92.1N，断裂时挠度由 4.7mm 提高到 6mm。

甲基丙烯酸甲酯-丙烯酸丁酯模塑粉可用于制自凝牙托粉或假牙。120 目这种模塑粉经加入颜料、1%的过氧化二苯甲酰，球磨 2h 后即成为自拟牙托粉（或假牙粉）。此自凝牙托粉（或假牙粉）与自凝牙托水（含溶有 0.5% N,N-二甲基对甲苯胺及 0.006% 2,6-二叔丁基对甲苯酚的 MMA 溶液）混合成胶泥，室温下经模塑成型即成牙托或假牙。

5.4.2.2 甲基丙烯酸甲酯（MMA）-苯乙烯（S）的悬浮共聚物

以 $MgCO_3$ 作为分散剂，BPO 为引发剂，甲基丙烯酸甲酯与苯乙烯配比（质量份）为

85∶15，其生产方法同高温法苯乙烯悬浮聚合类似，可制得一种用途广泛的高分子合成材料，又称 372 塑料。

甲基丙烯酸甲酯-苯乙烯共聚树脂，具有很好的透明性、着色性、流动性、加工性等特点，可用注射、挤出等方法制作许多工业品及文教用品。

5.4.2.3 甲基丙烯酸甲酯（MMA）-丙烯酸甲酯（MA）悬浮共聚物

甲基丙烯酸甲酯、丙烯酸甲酯、去离子水、碳酸镁、过氧化二苯甲酰，其质量份分别按 92、8、400、1.4、0.6，而聚合工艺基本同高温法苯乙烯悬浮聚合，即可制得透明性优良、耐擦伤性良好的共聚树脂。

甲基丙烯酸甲酯-丙烯酸甲酯共聚树脂具有一定的抗冲性、韧性，可用于制造手表透明面盖，其表面耐擦伤性比普通有机玻璃大有改进。

5.5 微悬浮聚合、反相悬浮聚合和反相微悬浮聚合

5.5.1 微悬浮聚合

悬浮聚合的产物粒径一般在 $50\sim2000\mu m$，乳液聚合的产物粒径一般在 $0.1\sim0.2\mu m$，而微悬浮（microsuspension）的产物粒径一般在 $0.2\sim1.5\mu m$，达亚微米级，与常规乳液聚合的单体液滴直径相当，因此也称细乳液（miniemulsion）聚合。例如微悬浮法制备的聚氯乙烯和乳液聚合制备的聚氯乙烯混合使用配制聚氯乙烯糊，可以提高固含量，降低糊的黏度，改善涂布施工条件，提高生成能力。

微悬浮聚合需要特殊的复合乳化体系，一般为离子型表面活性剂十二烷基硫酸钠和难溶助剂长链脂肪醇或长链烷烃按一定比例构成。一方面复合乳化体系可以大大降低油水界面张力，稍加搅拌便可获得亚微米级的单体液滴；另一方面，复合乳化体系对微米级液滴和产物颗粒有很强的保护作用，有效防止液滴聚并，阻碍液滴间单体的相互扩散、传递和重新分配，以至产物颗粒数、粒径及其分布与起始时的液滴情况相当。这是微悬浮聚合技术的一个重要特点。

5.5.2 反相悬浮聚合

由于水溶性聚合物和高吸水性树脂的应用日益扩大，反相悬浮聚合（inverse polymerization，或称反悬浮聚合生产）工艺得到了发展和应用。它是以水溶性单体的水溶液作为分散相，油性介质脂肪烃、芳烃、环烷烃等作为连续相，分散剂可用高分散性无机盐、非离子表面活性剂和 HLB 值较大的阴离子表面活性剂，引发剂为水溶性化合物。聚合结束后，得到聚合物水溶液微球或被水溶胀的聚合物微粒在油相中的分散体系，用共沸法脱水后得到聚合物固体微粒。

水溶性单体通常采用水溶液聚合法进行生产。聚合结束后得到的高黏度水溶液虽可直接作为商品供应市场，但运输费用提高了生产成本；如果进一步加工为固体，则需要专门设备，还要消耗大量热量；因此大规模生产水溶性聚合物或生产高吸水性交联聚合物时应采用反相悬浮聚合法。

5.5.3 反相微悬浮聚合

将水溶性单体如丙烯酰胺配成水溶液，用油溶性乳化剂并辅以搅拌，使在非极性有机介

质中分散成微小液滴，形成油包水（W/O）型乳液，这与水包油（O/W）型乳液恰恰相反，因此称为反相乳液。这种聚合的液滴和最终粒子很微小（0.1~0.2μm），与常规乳液聚合粒径相近，但液滴是聚合反应的场所，在机理上更接近于悬浮聚合，因此可称作反相微悬浮聚合。

反相微悬浮聚合体系主要包括水溶性单体、水、油溶性乳化剂、非极性有机溶剂、水溶性或油溶性引发剂等。

常用的水溶性单体是丙烯酰胺（AM）、甲基丙烯酸（MAA）和丙烯酸（AA）及其钠盐、丙烯腈、N-乙烯基吡咯烷酮等单体也有研究报道。

油溶性乳化剂的亲水亲油值 HLB 值一般在 5 以下，山梨糖醇脂肪酸酯（Span 类）及其环氧乙烷加成物（Tween 类）最常用，如 Span 60，Span80 或 Span 80/Tween 80 的混合物等。

用得较多的连续介质是芳香族溶剂，例如甲苯、二甲苯等，环己烷、庚烷、异链烷烃等烷烃溶剂也可使用。

反相微悬浮聚合可以是油溶性的引发剂，如过氧化二苯甲酰、偶氮二异丁腈等；也可是水溶性的，如过硫酸钾等。

非水分散聚合的分散液具有流动性好、固体物含量高、黏度低、剪切稳定性好、溶剂汽化热低及聚合物粒子可做到单分散性等特点，主要用于涂料工业，尤其是汽车用漆。还可用于油墨、复印、胶粘剂、聚合物混凝土等。

复杂工程问题案例

1. 复杂工程问题的发现

聚四氟乙烯树脂是重要的含氟塑料，其具有使用温度范围广、化学稳定性好、介电性能优良、自润滑性及防黏性等一系列独特的性能，应用范围逐年扩大。聚四氟乙烯树脂主要是通过悬浮聚合法工艺进行生产，它以过硫酸盐为引发剂，并加入一定量的硫酸亚铁、盐酸或硫酸，在一定压力下，于水相介质中进行聚合，聚合产物经捣碎洗涤，干燥等处理后得到聚四氟乙烯树脂产品。然而，国内大部分厂家所生产的中粒度产品，经放置一段时间后就会闻到产品包装袋内有刺鼻性的气味，也就是常说的"酸味"。这主要是在整个聚合过程中，端基没有完全耦合终止而从分子链上脱去，伴随时间的变化，导致一些活性基团逐渐释放出来造成。因此，在聚四氟乙烯树脂悬浮聚合反应工程实践过程中，如何避免产品释放刺鼻性气味是一个典型的复杂工程问题。

2. 复杂工程问题的解决

针对聚四氟乙烯高分子材料悬浮聚合技术领域的复杂工程问题，合理设计技术路线或工艺方法，设计方案中能够体现创新意识，考虑社会、健康、安全、法律、文化以及环境等因素。主要解决思路：①调整聚合过程中的压力。四氟乙烯分子上的 C—F 的键能为 486kJ/mol，其中 F^- 离子很难被提取而转移或歧化终止。在聚合过程中，聚合的主要终止方式是双基偶合。但大量聚四氟乙烯长链自由基因被包埋在聚合物颗粒中，一般是由颗粒中新生成的或由颗粒外部进入的初级自由基来偶合终止。常规的操作方法中，在压力控制转为自动控制后的聚合过程中，压力控制过于平稳，颗粒内外无压力差，即无动力使颗粒外部的短链自由基进入颗粒内部与内部被深埋的自由基相遇，形成耦合终止；同时无动力使颗粒外表面包覆的气相四氟乙烯进入颗粒内部，以生成的新的初级自由基来与内部的自由基偶合终止。对聚合压力调整，将聚合前期几个压降后的整个过程的压力控制，改为"锯齿形"波动的控制。这样处理后，可增加聚合母液中小分子进入聚合物颗粒中的机会，同时也可增大母液中小分子进入聚合物颗粒中动力，使其通过颗粒表面的纤维层进入颗粒内部与内部被深埋的自由基相遇产生偶合终止。同时使活性基上的 SO_4^{2-} 掉下、四氟乙烯分子上的 F^- 离子被提取，并从颗粒内部"挤"出，进（溶解）入聚合母液中。②改进聚合过程中的温度控制方法。聚四氟乙烯自由基寿命较长，在自然存放的条件下，因 F^- 离子很难被提取或歧化终止，故其寿命可达几天到几十天，甚至更长。在聚合过程中，自由基是不断产生和不断偶合终止的。在聚合过程末期，如能使最后产生的自由基，在某温度条件下停留足够长的时间，即可使聚合物中所有的端基全部偶合终止，从而避免了产品中"酸味"的产生。③改进聚合末期操作程序。常规的操作方法中，在聚合末期停止供料及聚合压力降至微负压后，立即向釜内通入高纯氮气进行置换，然后在釜内停留数分钟，以进行封端处理。但上述操作往往效果不好。在聚合末期，在需要对颗粒内外的介质进行交换、传质时，即需要进行最终封端处理时通入了氮气，通入的氮气被搅拌分散成微小的气泡悬浮在聚合母液中，并附着在聚合母料表面形成一氮气气泡层，由于此气泡层的存在，使聚合母液中带有活性基的小分子，更难进入聚合母料中与母料中的活性基产生偶合终止。这与聚合过程中情况不同，聚合过程中母料表面附着的是四氟乙烯气泡层，在压力波动的作用下，可将该气泡层中的气相四氟乙烯挤入颗粒内部，生成初级自由基与母料中的自由基产生偶合终止。改进的操作步骤如下：在聚合末期，停止供料及聚合压力降至微负压后，在由残余的四氟乙烯聚合成聚四氟乙烯所自然形成的真空状态下，停留 30min。然后直接进行抽空处理，不再采用高纯氮气置换处理的方法。或者，在停止供料及聚合压力降至微负压后，直接抽空至 $-0.85 \sim -0.9 kg/cm^2$。在该高真空状态下停留 30min（注：如采用高真空度处理的方法，其真空度应达到或接近釜温所对应的水的饱和蒸汽压，以使釜内的水接近于沸腾状态，一般可控制在 $-0.85 \sim -0.9 kg/cm^2$，以确保处理的可靠性，同时为聚合母料中的 SO_4^{2-} 及 F^- 离子的释放提供一定的动力）。问题解决的基本思路如图所示。

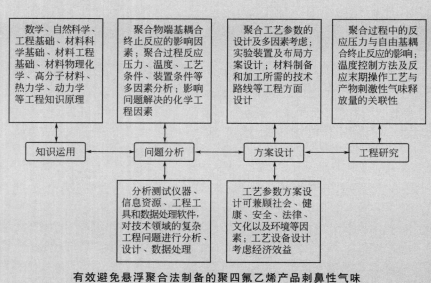

有效避免悬浮聚合法制备的聚四氟乙烯产品刺鼻性气味

3. 问题与思考

（1）从工程实践角度出发，就悬浮聚合反应生产的聚四氟乙烯树脂产品刺鼻性的气味进行问题分析、方案设计和工程研究，提出解决复杂工程问题的方案和措施，并加以模拟实施，同时兼顾社会可持续发展。

（2）使用恰当的分析测试仪器、信息资源、工程工具和数据处理软件，对悬浮聚合法生产的聚四氟乙烯工程技术领域的复杂工程问题进行分析、设计、数据处理；

（3）从环境保护和可持续发展的角度思考悬浮聚合工程实践的可持续性，评价产品周期中可能对人类和环境造成的损害和隐患。

习　　题

1. 简述均相自由基悬浮聚合的成粒过程。

2. 简述非均相自由基悬浮聚合的成粒过程。

3. 自由基悬浮聚合采用的分散剂有哪些？说明它们的使用性能及使用范围。

4. 简述悬浮聚合中工艺条件（水油比、聚合温度、聚合时间、聚合装置等）的控制并说明原因。

5. 氯乙烯自由基聚合过程中会产生哪些异常的分子结构，说明这些结构的成因与影响。

6. 聚合温度与压力对氯乙烯悬浮聚合有怎样的影响？

7. 氯乙烯自由基悬浮聚合为什么转化率70％后才出现明显的自动加速现象？

8. 氯乙烯悬浮聚合是如何形成多孔性不规则的树脂颗粒的，简述其成粒过程。

9. 试讨论影响PVC树脂颗粒形态和大小以及粒度分布的主要因素。

10. 生产疏松型聚氯乙烯树脂时为了提高设备的生产能力常采取什么方法，为什么？

11. 聚氯乙烯生产时，为了防止黏釜而采取的方法有哪些？

12. 简述聚氯乙烯生产时，为提高聚合釜传热能力可以采取的办法。

13. 比较苯乙烯与丙烯腈低温与高温悬浮聚合两种工艺的特点。

课堂讨论

1. 统计国内外自由基悬浮聚合生产过程中的粘釜、聚并等各种事故案例，并从聚合物合成机理和原理的角度分析事故原因，提出防范措施。

2. 列出10余种悬浮剂，说明它们的分散保护机理，适用范围，使用性能，常规用量。例举几种复合分散剂的悬浮分散体系，说明其特点。

3. 剖析悬浮聚合体系的各种组分，说明其重要作用，各种用量对悬浮聚合工艺、产品结构与性能的影响。

第6章 乳液聚合工艺

学习目标

(1) 了解乳液聚合产品及主要原材料的理化性质、储运要求、性能及用途；

(2) 理解乳液聚合的工艺过程及其流程图解；

(3) 掌握乳液聚合原理、聚合方法、影响聚合过程及产物性能的关键因素与解决办法。

重点与难点

乳液聚合的几个重要阶段及成核过程、影响丁苯橡胶及聚氯乙烯糊树脂聚合过程及产物性能的关键因素。

6.1 乳液聚合

6.1.1 乳液聚合概述

乳液聚合是指在单体、反应介质、乳化剂形成的乳状液中进行的自由基聚合反应过程。经典乳液聚合体系主要由单体、水、乳化剂、引发剂和其他助剂所组成。自由基乳液聚合时，液态的乙烯基单体或二烯烃单体在乳化剂存在下分散于水中成为乳状液，此时是液-液乳化体系，然后在引发剂分解产生的自由基作用下，液态单体逐渐发生聚合反应，最后生成了固态的聚合物分散在水中的乳状液，此时转变为固-液乳化体系。这种固体微粒的粒径一般在 1μm 以下，静置时不会沉降析出。

(1) 乳液聚合的优点

经典乳液聚合方法以水作分散介质，价廉安全。水的比热容较高，利于传热。聚合反应生成的聚合物呈高度分散状态，反应体系的黏度始终很低，便于管道输送。生产可采用连续工艺或间歇工艺。聚合速率快，同时产物分子量高，可在较低的温度下聚合。制备的乳液可直接利用，可直接应用的胶乳有水乳漆、黏结剂、纸张、皮革、织物表面处理剂等。特别是胶乳涂料是近年来涂料工业发展的主要方向之一，其不使用有机溶剂，干燥中不会发生火灾，无毒，不会污染大气。

(2) 乳液聚合的缺点

需固体聚合物时，乳液需经破乳、洗涤、脱水、干燥等工序，生产工序烦琐。产品中残留有乳化剂等，难以完全除尽，有损电性能、透明度、耐水性等。聚合物分离需加破乳剂，如盐溶液、酸溶液等电解质，因此分离过程较复杂，并且产生大量的废水，如直接进行喷雾干燥则需大量热能。所得聚合物的杂质含量较高。

乳液聚合法不仅用于合成树脂的生产，还用于合成橡胶的生产。合成橡胶中产量最大的品种是丁苯橡胶，目前其绝大部分也是用乳液聚合方法进行生产。因此乳液聚合方法在高分子合成工业具有重要意义。合成树脂生产中采用乳液聚合方法的有聚氯乙烯及其共聚物、聚醋酸乙烯及其共聚物、聚丙烯酸酯类共聚物等。合成橡胶生产中采用乳液聚合方法的有丁苯橡胶、丁腈橡胶、氯丁橡胶等。

6.1.2 乳液聚合体系

6.1.2.1 乳液聚合的单体

可进行经典乳液聚合的单体种类有乙烯基单体、共轭二烯单体、丙烯酸酯类单体等。选择单体时注意的三个条件：第一，可在乳液体系中增溶溶解，但不能全部溶解于乳化剂水溶液；第二，能在发生增溶溶解作用的温度下进行聚合；第三，与水或乳化剂无任何活化作用，如不水解等。乳液聚合对单体的纯度要求严格，但不同生产方法其杂质容许含量不同；不同聚合配方对不同杂质的敏感性也不同，因此应根据具体配方及工艺确定原辅材料的技术指标。

6.1.2.2 乳化剂

（1）乳化剂及其作用

乳化剂是一种能使油水变成相当稳定且难以分层的乳状液的物质。大多数乳化剂实际上是一类表面活性剂，大多是阴离子表面活性剂。

乳化剂在乳液聚合体系中扮演着极其重要的角色，具体作用有：能降低水的表面张力；降低油水的界面张力；乳化作用，即利用乳化剂形成的胶束，将不溶于水的单体以乳液的形式稳定悬浮在水中；分散作用，即利用吸附在聚合物粒子表面的乳化剂分子将聚合物粒子分散成细小颗粒；增溶作用，即利用亲油基团溶解单体；发泡作用，即降低了表面张力的乳状液，容易扩大表面积。

（2）乳化剂的种类

依照作为乳化剂的表面活性剂类型，将乳化剂分为阴离子型、阳离子型、两性离子型、非离子型乳化剂四种类型。

阴离子型乳化剂，也就是可用来作为乳化剂的阴离子表面活性剂。主要有长链烷基的羧酸盐、磺酸盐，长链烷基芳基的羧酸盐、磺酸盐，松香羧酸盐等。乳化效果与烷基中的碳原子数有关。烷基中碳原子数较少，水溶性好，在水中不形成胶束，乳化能力很弱；烷基中碳原子数较多，水溶性差，难以分散在水中，同样乳化能力很弱；一般烷基中碳原子数在12～18的上述乳化剂具有较好的乳化能力。阴离子型乳化剂应用最广泛，通常是在 pH＞7 的条件下使用。

C_nH_{2n+1}—COOM

C_nH_{2n+1}—SO$_3$M

C_nH_{2n+1}—⟨⟩—SO$_3$M

四氢化松香羧酸盐

阳离子型乳化剂，也就是可用来作为乳化剂的阳离子表面活性剂。主要有有机胺类化合物的金属盐，如脂肪铵盐、有机季铵盐等。此类乳化剂要在 pH＜7 的条件下使用。胺类化合物有阻聚作用或易于发生副反应，乳化能力不足，因此在乳液聚合体系中，阳离子型乳化剂用的情况较少。

两性离子型乳化剂，也就是可用来作为乳化剂的两性离子型表面活性剂。分子结构中含有极性基团，兼有阴、阳离子基团的功效，如氨基酸、酰胺硫酸酯等。此类乳化剂在任何 pH 值条件下都有效。

非离子型乳化剂，也就是可用来作为乳化剂的非离子型表面活性剂。主要是一定分子量的聚醚及其衍生物，如聚氧化乙烯的烷基醚或羧酸酯、聚氧化乙烯的芳基醚或羧酸酯、环氧乙烷与环氧丙烷的共聚物等。由于具有非离子特性，所以对 pH 值变化不敏感，比较稳定，耐酸、耐碱、受盐和电解质的影响小，同时适用于水包油和油包水的体系，但乳化能力不足，一般不单独使用。

（3）乳化剂的重要参数

① 临界胶束浓度（CMC） 乳化剂的一个重要作用就是降低水的表面张力。当乳化剂溶解于水中，可以使水的表面张力明显降低，达到某一浓度后，继续增加乳化剂浓度则表面张力变化很小。同时发现，在此浓度下，溶液的界面张力、渗透压、电导率等物理性质都有相似的表现。当水中的乳化剂达到某一浓度时，则若干个乳化剂分子形成微观上的聚集体。聚集体中，乳化剂分子呈规则排列，亲水基团朝向水分子，亲油基团聚集在一起，这种聚集体称之为胶束。乳化剂分子形成胶束时的最低浓度称为临界胶束浓度。形成的胶束会有多种不同的形状，如单纯小型胶束、棒状胶束、薄层状胶束、球状胶束等，如图 6-1 所示。每个胶束由 50～100 个表面活性剂分子组成。

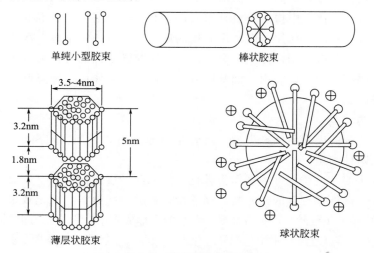

图 6-1 胶束的形状类型

实践表明，表面活性剂溶解于水中以后，其降低表面张力和界面张力的效应不是立即可以显示出来的，而要经过一段时间方才达到最大效率。

② 亲水亲油平衡值（HLB） 亲水亲油平衡值（hydrophile-lipophile balance）是用来衡量乳化剂分子中亲水部分和亲油部分对其性质所做贡献大小的物理量。HLB 值越大表明亲水性越大；反之亲油性越大。因此可以采用"亲水-亲油平衡（HLB）值"来衡量乳化剂的乳化效率。用于乳化剂的 HLB 值一般在 8～18 的范围。

③ 浊点和三相点 非离子型乳化剂被加热到一定温度，溶液由透明变为浑浊，出现此现象时的温度称为浊点（cloud point），乳液聚合在浊点温度以下进行。例如醇解度 80% 的聚乙烯醇，加热到 40℃时开始变浑浊。离子型乳化剂在一定温度下会同时存在乳化剂真溶液、胶束和固体乳化剂三种相态，此温度点称三相点。在三相点温度以下，乳化剂乳化作用很弱，乳液聚合在三相点温度以上进行。

（4）乳液的稳定性和破乳

固体乳胶微粒的粒径在 $1\mu m$ 以下，一般为 $0.05\sim0.15\mu m$，乳液体系长时间静置时乳胶粒不沉降的性质称之为乳液的稳定性。乳液的稳定性原理可概括为三个方面：第一，乳化剂能降低分散相和分散介质的界面张力，降低了界面作用能，从而使液滴自然聚集的能力大为降低；第二，乳化剂分子在分散相液滴表面形成规则排列的表面层，形成保护性薄膜防止液滴再聚集，乳化剂分子在表面层中排列的紧密程度越高，乳液稳定性越好；第三，液滴表面带有相同的电荷而相斥，所以阻止了液滴聚集。乳胶粒表面及附近区域的双点层结构对乳液稳定性起到关键作用。若采用阴离子乳化剂，如图 6-2 所示，内层离子为阴离子（固定层），相伴而生的外层离子是阳离子（吸附层），构成双离子层。当乳胶粒进行布朗运动时，外层离子落后于内层

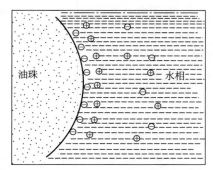

图 6-2　乳胶粒油水界面双电子层

离子，导致乳胶粒表面层失去电中性，出现了所谓的动电位 ξ。ξ 越高，乳胶粒之间斥力越大。

乳液由不互溶的分散相和分散介质组成，属多相体系，乳液的稳定性是相对有条件的。破乳就是利用乳液稳定的相对性，使乳液中的胶乳微粒聚集、凝结成团粒而沉降析出的过程。常用破乳方法有在稳定的乳液体系中加入电解质、改变乳液 pH 值、将乳液进行冷冻、乳液高速离心沉降、乳液中加入有机沉淀剂以及其他机械方法。

经乳液聚合过程生产的合成橡胶胶乳或合成树脂胶乳是固-水体系乳状液。如果直接用作涂料、黏合剂、表面处理剂或进一步化学加工的原料时，要求胶乳具有良好的稳定性。如果要求从胶乳中获得固体的合成树脂或合成橡胶时，则应采用适当的破乳或相应的分离方法。例如，生产聚氯乙烯糊树脂要求产品为高分散性粉状物，应采用喷雾干燥进行分离的方法。生产丁苯橡胶、丁腈橡胶等产品则采用"破乳"的方法，使胶乳中的固体微粒聚集凝结成团粒而沉降析出，然后进行分离、洗涤，以脱除乳化剂等杂质。

胶乳在生产以及贮存、运输过程中可能发生非控制性破乳现象，此情况下会造成产品质量下降，甚至是产品质量事故。

（5）乳化剂的选择

商品乳化剂多数实际上是同系物的混合物，不同厂家的同一型号乳化剂可能具有不同的乳化效果。选择乳化剂应遵循以下原则：选择的乳化剂 HLB 值应和进行的乳液聚合体系匹配，如甲基丙烯酸甲酯乳液聚合选择乳化剂 HLB 值为 12.1～13.7，丙烯酸乙酯的乳液聚合选择乳化剂 HLB 值为 11.8～12.4；选择与单体化学结构类似的乳化剂；所选用的离子型乳化剂的三相点应低于聚合反应温度；所选用的非离子型乳化剂的浊点应高于聚合反应温度；应尽量选用 CMC 值小的乳化剂，以减少乳化剂的用量，乳化剂用量应超过 CMC，一般为单体质量的 2%～10%，增加乳化剂量，反应速率加快，但回收单体时易产生大量泡沫。

6.1.2.3　反应介质水

乳液聚合以水为介质，需要采用去离子水，因为水中的 Ca^{2+}、Mg^{2+}、Fe^{3+} 等离子可能与乳化剂生成不溶于水的盐，而 Cu^{2+}、Fe^{3+} 则可能加速引发剂的分解，所以水中应尽可能降低这些离子的含量。水中溶解的氧可能起阻聚作用，特别是丁苯橡胶生产中采用低温聚合时阻聚作用更明显。为了去除氧的影响可加入适量的还原剂，如连二亚硫酸钠（俗名保险粉），其用量为单体质量的 0.04% 左右，过多可能与引发剂组成氧化还原体系，影响引发体系的效能。

由于水在乳液聚合中作为分散介质，为了保证胶乳有良好的稳定性，用量应超过单体体积，用量一般为单体质量的 $150\%\sim200\%$。水量减少时，胶乳的黏度增大，体系稳定性下降，聚合热的排散效果不良，聚合工艺操作难度大。聚合体系水与单体的质量比称之为水油比。水油比首先受到体系稳定性的限制，其次受到黏度的限制。不同的聚合温度，应采用相应的水油比，一般情况下，较高温度聚合的水油比为 $(1\sim1.5):1$，较低聚合温度时的水油比为 $(2\sim2.5):1$。

6.1.2.4 引发体系

经典乳液聚合过程一般使用水溶性引发剂。根据聚合温度可选用热分解引发剂和氧化还原引发剂体系。引发剂用量一般为单体质量的 $0.01\%\sim0.2\%$。

乳液聚合采用的热分解引发剂主要有过硫酸钾、过硫酸铵等。此类引发剂适合于聚合温度较高的乳液聚合体系。引发剂受热分解生成自由基的反应速率随温度的升高而加快。过硫酸盐引发剂须加热到 $50℃$ 以上才有适当的分解速率，丙烯酸酯类胶乳的生产采用此类引发剂。过硫酸盐在水中热分解后，产生的 H^+，使体系的 pH 值下降，所以此反应体系中需要加 pH 值缓冲剂，此外还有微量氧产生。

$$S_2O_8^{2-} \longrightarrow 2SO_4^- \cdot$$

$$SO_4^- \cdot + H_2O \longrightarrow HSO_4^- + HO \cdot$$

$$HSO_4^- \longrightarrow H^+ + SO_4^{2-}$$

$$2HO \cdot \longrightarrow H_2O + \frac{1}{2}O_2$$

为了加快反应速率或降低聚合反应温度，工业上常采用氧化还原引发剂体系。根据所用氧化剂种类的不同可分为有机过氧化物-还原剂引发体系和无机过硫酸盐-还原剂引发体系两种。

有机过氧化物-还原剂体系选用的有机过氧化物有孟烷过氧化氢、异丙苯过氧化氢等。这些有机过氧化物在水中的溶解度较低。还原剂主要为亚铁盐，如硫酸亚铁，还有葡萄糖、抗坏血酸、甲醛、次硫酸氢钠等。工业生产中，常采用两种以上还原剂。还原剂的作用就是促使过氧化物在较低温度下分解产生自由基，因此工业上也叫做活化剂。若采用亚铁盐为还原剂，与孟烷过氧化氢的引发反应式表示如下：

$$H_3C-\bigcirc-\overset{\overset{\displaystyle CH_3}{|}}{\underset{\underset{\displaystyle CH_3}{|}}{C}}-OOH + Fe^{2+} \longrightarrow H_3C-\bigcirc-\overset{\overset{\displaystyle CH_3}{|}}{\underset{\underset{\displaystyle CH_3}{|}}{C}}-O \cdot + Fe^{3+} + OH^-$$

可见，随着反应的进行，聚合体系 pH 值将升高。为了不使 Fe^{2+} 在碱性介质中生成氢氧化铁沉淀析出，并且使 Fe^{2+} 缓慢释放，工业上采用络合剂，使之与 Fe^{2+} 生成络合物或螯合物。同时，为了减少铁离子可能在最终产品中造成颜色污染，要降低亚铁盐的用量，采用两种以上还原剂复合使用，Fe^{2+} 起了相当于活化剂或促进剂的作用。

无机过硫酸盐-还原剂引发体系采用的氧化剂主要是过硫酸钾、过硫酸钠或过硫酸铵，还原剂主要有亚硫酸氢钠、亚硫酸钠等。例如氯乙烯乳液聚合和丙烯酸酯乳液聚合体系常常使用此类引发体系。过硫酸盐与亚硫酸盐发生氧化还原反应生成硫酸根阴离子自由基和亚硫酸氢自由基，引发单体聚合后，在聚合物链端基上形成含羟基的酸性基团。

主反应： $\quad\quad S_2O_8^{2-} + HSO_3^- \longrightarrow SO_4^{2-} + SO_4^- \cdot + HSO_3 \cdot$

副反应： $\quad\quad SO_4^- \cdot + HSO_3^- \longrightarrow SO_4^{2-} + HSO_3 \cdot$

$$2HSO_4 \cdot \longrightarrow H_2S_2O_8$$

研究发现，在氧化还原引发剂体系中加入微量 Cu^{2+} 可大大提高乳液聚合反应速率，其用量为氧化剂的 1％ 左右时，约可减少氧化剂用量达 90％。例如工业上，氯乙烯乳液聚合生产聚氯乙烯糊树脂的聚合体系中，常常加有五水硫酸铜。

6.1.2.5 乳液聚合体系的其他组分

在乳液聚合过程中除以上组分外，还需要添加一些必要的组分，如缓冲剂、分子量调节剂、链终止剂、电解质等。

（1）缓冲剂

乳液聚合过程中由于引发剂分解而使反应物的 pH 值发生变化。添加缓冲剂的目的是为了调节体系 pH 值，使之维持稳定。常用的缓冲剂是磷酸二氢钠、碳酸氢钠等。

（2）分子量调节剂

乳液聚合反应特点之一是所得聚合物分子量高。为了控制产品的分子量，有些聚合物的乳液聚合配方中需加分子量调节剂。例如丁苯橡胶生产中用正十二烷基硫醇或叔十二烷基硫醇作为链转移剂，以控制产品分子量，并且可抑制支化反应和交联反应。氯乙烯乳液聚合过程中，向单体进行链转移占有主导地位，所以在其乳液聚合过程中不加任何分子量调节剂。

（3）链终止剂

为了避免聚合结束后，残存的自由基和引发剂继续作用，工业生产中在乳液聚合过程结束后需要加入链终止剂。对于聚合物中仍含有双键的二烯类合成橡胶的生产尤为重要，可以防止残存自由基和引发剂继续作用，特别是再次引发二烯类单体链节，引发交联，产生菜花状爆聚物。常用的链终止剂为二甲基二硫代氨基甲酸钠、亚硝酸钠以及多硫化钠等。

（4）电解质

一般的乳液聚合过程中应避免存在电解质，所以使用去离子水作为反应介质，但是乳液聚合体系始终存在电介质，如引发体系使用无机过氧化物为引发剂时，分解产物是电解质。缓冲剂多数是电解质，在设计乳液聚合配方时还有意识地加入少量的电解质。电解质对乳液聚合体系能起到稳定和破乳的双重作用。微量电解质（$<10^{-3}$ mol/L）增高胶乳的稳定性，较高浓度电解质会破坏乳胶粒稳定的电荷层结构，导致聚合物乳胶粒絮凝。因为微量电解质可被胶乳微粒吸附于表面上，由于电荷相斥增高了胶乳的稳定性，但是，随着电解质浓度的增加，乳胶粒周围的电荷平衡遭到破坏，胶乳微粒将相互结合产生"絮凝"以至"凝聚"，即发生破乳现象。如果相互结合的微粒之间仍存在一层液膜，降低电解质浓度后会重新分散时，称做"絮凝"。如果相互结合的微粒形成坚实的颗粒，不能重新分散时，称做"凝聚"。电解质用量越少，乳胶粒的粒径越小。

（5）防老剂

合成橡胶分子中含有许多双键，与空气中氧接触易老化，因此需添加防老剂，防止贮存过程中老化。常用的是胺类防老剂，如 N-苯基-β-萘胺、芳基化对苯二胺等。它们的颜色较深，只可用于深色橡胶制品。酚类防老剂则可用于浅色橡胶制品。防老剂用量一般为单体进料量的 1.5％ 左右，聚合过程结束，脱除单体后加入胶乳中。

（6）抗冻剂

乳液聚合产品直接使用其乳液时，需要加入抗冻剂，使分散介质的冰点降低，增加乳液的贮存稳定性，防止因气温降低而导致乳液絮凝。常用的抗冻剂有乙二醇、甘油、氯化钠、氯化钾等。

（7）保护胶体

为有效地控制乳胶粒的粒径、粒径分布及保持乳液的稳定性，常常需要在乳液聚合反应体系中加入一定量的保护胶体，如聚乙烯醇、聚丙烯酸钠、阿拉伯胶等。

此外，工业合成橡胶时加入填充油，类似于添加增塑剂进行增塑聚氯乙烯树脂，提高橡胶的柔韧性，常用的填充油有液态芳烃或环烷烃等。

6.1.3 乳液聚合过程

乳液聚合过程分为分散、增速、恒速、减速四个阶段。每个阶段各组分会表现出不同的行为，特别是聚合速率的不同。

（1）分散阶段

在介质水中加入乳化剂，浓度低于临界胶束浓度时形成真溶液，高于临界胶束浓度时形成胶束。一般乳液聚合中乳化剂的用量总是要高于临界胶束浓度的，因此体系中含有大量胶束，数量一般在 10^{18} 个/mL。在介质中加入单体，少量单体以分子状态分散于水中，部分单体溶解在胶束内形成增溶胶束，更多的单体形成小液滴，吸附一层乳化剂分子形成单体液滴。单体液滴数量一般在 10^{11} 个/mL。单体、乳化剂在单体液滴、水相及胶束相之间形成动态平衡，如图6-3所示。

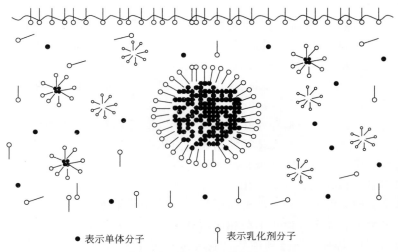

●表示单体分子　　　Ⴠ表示乳化剂分子

图6-3　分散阶段乳液聚合体系

（2）增速阶段

增速阶段为乳液聚合开始，乳胶粒生成阶段，聚合速率逐步增加。首先是水溶性引发剂溶解在水中，分解形成初级自由基。理论上，形成的初级自由基可以在不同的场所引发单体聚合生成乳胶粒。第一个可能进行聚合的场所是胶束相，初级自由基进入增溶胶束，引发聚合，形成乳胶粒，即所谓的胶束成核。第二个可能进行聚合的场所是水相，初级自由基进入引发水中的单体形成低聚物，即所谓的水相成核。第三个可能进行聚合的场所是单体液滴相，初级自由基进入单体液滴引发聚合形成聚合物，即所谓的液滴成核。以上三种可能的聚合场所，根据概率计算胶束成核的概率最大，因此经典乳液聚合的聚合场所主要是在胶束相。此阶段自由基不断进入增溶胶束，导致乳胶粒数增多，链增长活性中心数量增加，因此聚合速率增加。胶束和单体液滴中的乳化剂通过水相不断地补充到不断增大的乳胶粒表面。单体液滴中的单体通过水相不断地进入乳胶粒进行聚合。胶束的消失标志着乳液聚合增速阶段的结束，如图6-4所示。

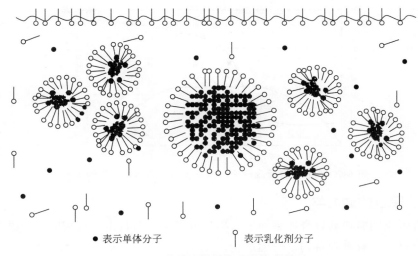

● 表示单体分子　　　⟁ 表示乳化剂分子

图 6-4　增速阶段后期乳液聚合体系

（3）恒速阶段

恒速阶段，乳液体系中已经没有胶束，乳胶粒数目恒定，聚合反应在乳胶粒中继续进行，导致乳胶粒逐渐长大，聚合速率基本不变。此阶段，引发剂继续分解自由基，通过水相进入乳胶粒引发链增长或导致链终止。单体液滴中的单体通过水相不断地进入乳胶粒进行聚合。单体液滴表面的乳化剂分子通过水相不断地补充到乳胶粒的表面。单体液滴的消失标志着乳液聚合恒速阶段的结束，如图 6-5 所示。

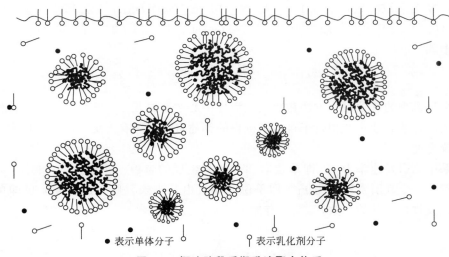

● 表示单体分子　　　⟁ 表示乳化剂分子

图 6-5　恒速阶段后期乳液聚合体系

（4）减速阶段

减速阶段，体系中只有水相和乳胶粒两相。乳胶粒内由单体和聚合物两部分组成，水中的自由基可以继续扩散入乳胶粒内引发链增长或终止，但单体再无补充来源，聚合速率将随乳胶粒内单体浓度的降低而降低。

图 6-6 为乳液聚合各阶段反应速率、体系表面张力与转化率的关系。可见，胶束的存在维持液面较低的表面张力，随着胶束浓度的减少，表面张力迅速增大，并逐渐趋于最大值。

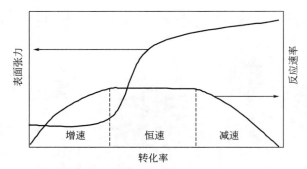

图 6-6　乳液聚合反应速率、体系表面张力与转化率的关系

6.1.4　乳液聚合的动力学

乳液聚合可以同时提高聚合速率和聚合物的分子量，与自由基机理的其他聚合方法有着不一样的聚合过程，有其独特的动力学过程。

（1）聚合速率

乳液聚合的动力学研究着重在聚合的恒速阶段，自由基聚合速率表达为式（6-1）：

$$R_p = k_p[M \cdot][M] \tag{6-1}$$

式中，$[M]$ 为乳胶粒中单体浓度，mol/L，一般约为 5mol/L；$[M \cdot]$ 为 1L 乳液的乳胶粒中的自由基浓度，与乳胶粒数有关，则

$$[M \cdot] = \frac{10^3 N \bar{n}}{N_A} \tag{6-2}$$

式中，N 为乳胶粒数，个/mL，一般 $N = 10^{14} \sim 10^{15}$ 个/mL；$\bar{n}$ 为每个乳胶粒内的平均自由基数（0.5）；$[M \cdot]$ 一般为 $10^{-7} \sim 10^{-6}$ mol/L。将式（6-2）代入式（6-1）得到乳液聚合的速率式（6-3）：

$$R_p = \frac{10^3 N \bar{n} k_p[M]}{N_A} \tag{6-3}$$

与自由基机理的其他聚合方法相比较，活性中心浓度高出 1～2 个数量级，乳胶粒中单体浓度也较高，故乳液聚合相较于自由基机理的其他聚合方法有着更高的聚合速率。

（2）聚合度

设体系中总引发速率为 ρ，即单位时间和体积生成的自由基个数，个/(mL·s)。对于一个乳胶粒子，令其引发速率为 r_I，即单位时间自由基进入乳胶粒的速率，也即单位时间一个乳胶粒吸收自由基的个数，s^{-1}。有如下关系：

$$r_I = \frac{\rho}{N} \tag{6-4}$$

假定每个乳胶粒内只能容纳一个自由基，单位时间加到一个初级自由基上的单体分子数，就是一个乳胶粒子的链增长聚合速率。增长速率 r_p（s^{-1}）表示如下：

$$r_p = k_p[M] \tag{6-5}$$

则：

$$\overline{X_n} = \frac{r_p}{r_I} = \frac{k_p[M]N}{\rho} \tag{6-6}$$

乳液聚合的平均聚合度就等于动力学链长，因为偶合终止时是长链自由基和扩散到乳胶粒内的初级自由基或短链自由基偶合。乳液聚合的增速期，ρ 影响乳胶粒的生成数，进而影

响聚合速率。在恒定的引发速率 ρ 下，用增加乳胶粒 N 的方法，可同时提高 R_p 和聚合度，这也就是乳液聚合速率快，同时分子量高的原因。

6.1.5　其他乳液聚合技术

以油溶性单体、水溶性引发剂、水溶性乳化剂（HLB 值为 $8\sim18$）、介质水构成的乳液聚合体系，称之为经典乳液聚合技术。由于乳液聚合技术的独特优点，为获得结构与性能更优、用途更广的聚合物，开发出乳液聚合的各种新技术。

(1) 种子乳液聚合

所谓种子乳液聚合，就是指在已有乳胶粒的乳液聚合体系中，加入单体，并控制适当条件，使新加入的单体在原有的乳胶粒中继续聚合，乳胶粒继续增大，但乳胶粒数不变。常规乳液聚合的产物粒径一般在 $50\sim200\text{nm}$，需要较大粒径的乳胶粒时，可以通过种子乳液聚合技术实现。种子乳液聚合的产物粒径可以达到 $2\mu\text{m}$，甚至更大。

种子乳液聚合技术的关键是防止乳化剂过量，以免形成新的乳胶粒，新形成的胶束仅用来提供逐步增大的乳胶粒对乳化剂的需求。种子乳液聚合的产物粒径接近单分散。如果在体系使用两种不同粒径的乳胶粒种子，则可以生成粒径呈双分布的乳胶粒。例如制备具有乳胶粒径双分布的聚氯乙烯糊树脂，较小粒子可以填充在较大粒子空隙之间，提高树脂浓度，降低糊的黏度，便于施工，提高生产效率。

(2) 核壳乳液聚合

核壳乳液聚合是种子乳液聚合技术的发展，若第一次聚合和第二次聚合采用的是两种不同的单体，则形成核壳结构的乳胶粒，第一单体先进行第一次乳液聚合形成聚合物乳胶粒核心，再加入第二单体进行第二次乳液聚合，在此核心乳胶粒外层继续聚合，形成乳胶粒的外壳，因此形象地称之为核壳乳液聚合。作为核心的胶乳合成以后，加入第二种单体进行乳液聚合的方法有三种方式：间歇操作，第二种单体一次加入后立即反应；第二种单体加入后，经过一段时间使第二种单体浸泡胶乳微粒达到平衡后，再进行间歇操作使第二种单体进行聚合；第二种单体连续加于聚合釜中进行半连续聚合。

(3) 反相乳液聚合

经典乳液聚合的介质为水，单体为油溶性，对于单体为水溶性的情况，则需要采取反相乳液聚合的技术实现。所谓反相乳液聚合，就是指将水溶性单体分散在有机介质中，在油溶性乳化剂（HLB 值为 $0\sim8$）作用下，与有机介质形成油包水（W/O）型乳状液，采用水溶性引发剂引发聚合形成油包水型聚合物胶乳的过程。采用反相乳液聚合技术可以制备出其他聚合方法难以实现的功能性聚合物。例如，利用乳液聚合聚合速率高的特点制备高分子量的水溶性聚合物；利用乳胶粒径小的特点，可制备能迅速溶于水的聚合物水溶胶。

适合反相乳液聚合的单体有丙烯酰胺、丙烯酸及其钠盐、甲基丙烯酸及其钠盐、对乙烯基苯磺酸钠、丙烯腈、N-乙烯基吡咯烷酮等，常用的分散介质有甲苯、二甲苯、环己烷、庚烷、异辛烷等。

(4) 细乳液聚合

经典乳液聚合的产物粒径一般在 $50\sim200\text{nm}$，乳液不透明，呈乳白色，属于热力学不稳定体系。细乳液聚合与经典乳液聚合最重要的差别在于体系中引入助乳化剂，采用微乳化工艺，使原来较大的单体液滴被分散成更小的单体亚微液滴，单体直接进行聚合，不需要自单体液滴中经水相扩散至胶束中进行聚合，因此不溶于水的单体也可进行细乳液聚合，聚合后所得的乳液中聚合物固体微粒平均直径为 $0.01\sim0.5\mu\text{m}$。

细乳液聚合有其独特的优点：体系稳定性高，有利于工业生产的实施；产物胶乳的粒径较大，且粒径通过控制助乳化剂的用量易于控制；聚合速率适中，生产易于控制。

细乳液制备通常包括三个步骤：预乳化将乳化剂和助乳化剂溶于单体或水中；乳化将油相（单体或单体的混合物）加入上述水溶液，并通过机械搅拌使之混合均匀；细乳化将上述混合物通过高强度均化器的均化作用，单体被分散成大小介于 50～500nm 的微小单体液滴。

（5）微乳液聚合

微乳液是一种透明的液体，其物料体系至少含有油、水和乳化剂三种成分。为了获得热力学稳定的微乳液，体系中还要加有助乳化剂。由液态单体、水和乳化剂组成的透明微乳液聚合后得到的聚合物、水和乳化剂形成的微胶乳，此过程称为微乳液聚合过程。传统的乳液和细乳液外观为乳白色的非均相体系，而微乳液为外观透明的均相体系。传统乳液聚合法所用乳化剂量约为单体量的 1%～5%，而微乳液聚合法所用乳化剂量则高达 15%～30%，微乳液体系中存在的微粒直径小于可见光波长，所以外观为透明体。

微乳液聚合的产物粒径一般在 8～80nm，属于纳米级微粒，采用特殊乳化剂保护，可以获得热力学稳定、清亮透明、具有各向同性的聚合物乳液。

（6）无皂乳液聚合

传统意义上的乳液聚合均需要加入乳化剂，聚合结束需要除去乳化剂，然而吸附在乳胶粒表面的乳化剂常常难以洗净。无皂乳液聚合就是指无外在乳化剂的参与下，利用引发剂或共聚单体的特殊结构产生乳化作用而进行的乳液聚合。在生化医药制品领域要求产品的纯度很高，采用无皂乳液聚合技术可以实现。

6.2 丁二烯和苯乙烯乳液共聚合制备丁苯橡胶

6.2.1 丁苯橡胶

丁苯橡胶是最早工业化的合成橡胶之一，1933 年德国首先用乙炔为原料制得丁苯橡胶，商品名为 Buna-S；1942 年美国以石油为原料生产丁苯橡胶，商品名为 GR-S。丁苯橡胶是全世界范围内年产量最大的通用合成橡胶，是合成橡胶中产量最大的品种，占合成橡胶总量的 60%左右。依照聚合方法，丁苯橡胶有乳液丁苯橡胶、溶液丁苯橡胶两种。

丁苯橡胶由丁二烯与苯乙烯两种单体共聚而得到的弹性体。经自由基机理共聚得到的丁苯橡胶均为无规共聚物，大分子链中丁二烯和苯乙烯两种结构单元存在一定的数量分布和序列分布，同时丁二烯结构单元有多种链接方式，如 1,4-加成获得的顺反异构，1,2-加成获得含有乙烯侧基的结构单元。

$$(x+y)CH_2=CH-CH=CH_2 + zCH_2=CH- \longrightarrow$$

$$+CH_2-CH=CH-CH_2\}_x\{CH_2-CH\}_y\{CH_2-CH\}_z$$

丁二烯（M_1）和苯乙烯（M_2）自由基乳液聚合，竞聚率为：5℃，$r_1=1.38$，$r_2=0.64$；50℃，$r_1=1.40$，$r_2=0.50$。两种不同的聚合温度下，$r_1>1$，$r_2<1$，且 $r_1r_2<1$，即 $k_{11}>k_{12}$，$k_{22}<k_{21}$，也就是说，不论哪一种链自由基和单体 M_1 的反应倾向总是大于单

体 M_2，故 $F_1 > f_1$。因此，共聚物组成曲线始终处于对角线的上方，与另一对角线不对称，属于无恒比点的非理想共聚情况。丁二烯的聚合活性大于苯乙烯，共聚物组成随转化率提高而不断改变。研究发现，丁二烯/苯乙烯投料质量比为 (72/28)～(70/30)，转化率在 60％以前，共聚物中苯乙烯含量维持在约 23％不变。

丁二烯和苯乙烯可按任一比例共聚，所得丁苯共聚物的 T_g 则随苯乙烯含量增加而线性上升。大量生产的普通型丁苯橡胶，含苯乙烯 23.5％，T_g 为 $-57 \sim -52 \text{℃}$。当苯乙烯含量高达 70％时，T_g 为 18℃，它的硬度高，耐磨、耐酸碱，但弹性下降。苯乙烯含量为 10％时，T_g 为 -75℃，其性能与高苯乙烯含量的相反，而耐寒性却提高很多。

丁苯橡胶中的大分子链上仅丁二烯就有多种结构单元的连接形式，同时还夹杂苯乙烯链节，所以丁苯橡胶的主体结构不规整，不易结晶，是无定形聚合物。

丁苯橡胶（生胶）外观是鲜黄褐色的弹性体，数均分子量为 15 万～20 万（渗透压法），它的密度与 T_g 随生胶中苯乙烯含量而改变。丁苯生胶的介电性能，对氧及热的稳定性均比天然橡胶好。但是它的黏性不好，可塑性低，所以不易加工。若用硫黄硫化时，它的硫化速度比天然橡胶慢，故需加入较多的硫化促进剂。

乳液丁苯橡胶因其生产原料丰富，成本低廉，用途广泛，生产技术成熟，自 1933 年开始生产后，发展极快。采用乳液聚合生产的丁苯橡胶，主要产品有低温丁苯橡胶、高温丁苯橡胶、低温丁苯橡胶炭黑母炼胶、低温充油丁苯橡胶、高苯乙烯丁苯橡胶、液体丁苯橡胶等。丁苯橡胶的加工性能和物理性能接近天然橡胶，大多数场合下可代替天然橡胶使用，也可以与天然橡胶混合使用，主要用于汽车轮胎及各种工业橡胶制品。含苯乙烯较少的丁苯橡胶，可用作耐寒橡胶制品；苯乙烯含量高者，则制作硬质橡胶制品。

乳液丁苯橡胶工业上的合成工艺路线有高温法和低温法两种。所谓高温法就是采用过硫酸钾引发，在 50℃左右进行聚合，此法生产周期长，橡胶弹性性能差，产品称之为硬丁苯或热丁苯，此方法已被淘汰。所谓低温法就是采用氧化还原引发剂，在 5℃左右进行聚合，聚合温度相对较低，橡胶弹性性能好，产品称之为软丁苯或冷丁苯，是目前工业上主要的生产方法。两种工艺路线采用的聚合温度、引发体系、乳化体系、电解质等不同，因此获得的丁苯橡胶的结构有一定的差异，如表 6-1 所示。

表 6-1　高温法与低温法制得丁苯橡胶的结构比较

丁苯橡胶类型	支化含量	凝胶含量	数均分子量	分子量分布指数	苯乙烯链节含量/%	大分子链上丁二烯结构单元各异构的含量/%		
						顺式 1,4-结构	反式 1,4-结构	1,2-结构
高温丁苯橡胶	大量	大量	10^5	7.5	23.4	16.6	46.3	13.7
低温丁苯橡胶	中等	少量	10^5	4～6	23.5	9.5	55	12

可见，聚合温度对丁苯橡胶的结构与性能的影响很大。高温（50℃）聚合时，支化较严重，凝胶物含量较高，在同等分子量下，分子量分布较宽。低温聚合时，由于它的分子量分布较窄，硫化时不被硫化的低分子量部分较少，可均匀硫化，从而使交联密度较高。故由低温丁苯橡胶所得硫化胶的物理机械性能（如拉伸强度、弹性及加工性）均较高温丁苯橡胶为优。丁苯橡胶在硫化时，顺式 1,4-结构和反式 1,4-结构会发生异构化而相互转化，1,2-结构含量差异较小，因此分子链上丁二烯结构对丁苯橡胶性能影响较小。

6.2.2 聚合体系各组分及其作用

（1）单体

在丁苯橡胶合成中，主要单体是1,3-丁二烯，共聚单体为苯乙烯。

1,3-丁二烯在常温、常压下为无色气体，沸点为-4.5℃，易溶于有机溶剂，容易液化，通常经压缩为液体使用。1,3-丁二烯主要由丁烷、丁烯脱氢，或 C_4 馏分分离而得，是合成橡胶、合成树脂的重要原料之一。1,3-丁二烯性质活泼，容易发生自聚反应，因此在贮存、运输过程中要加入叔丁基邻苯二酚阻聚剂。当所含的阻聚剂对叔丁基邻苯二酚含量低于10mg/kg时，对聚合反应影响不大。若阻聚剂含量太高，应当用10%～15%的氢氧化钠溶液于30℃洗涤除去。1,3-丁二烯与空气混合形成爆炸性混合物，爆炸极限为2.16%～11.47%（体积分数）。工业级1,3-丁二烯常常含有杂质乙腈、乙烯基乙炔、丁二烯二聚物、醛类和硫化物等，它们会影响聚合速率，还会引起交联，增加丁苯橡胶的门尼黏度，故应严格限制。1,3-丁二烯的气体有特殊气味，有麻醉性，特别刺激黏膜，使用时应加以注意。

苯乙烯为无色或微黄色易燃液体，沸点为145.2℃，有芳香气味和强折射性，不溶于水，溶于乙醇、乙醚、丙酮、二硫化碳等有机溶剂。由于苯乙烯分子中的乙烯基与苯环之间形成共轭体系，电子云在乙烯基上流动性大，使得苯乙烯的化学性质非常活泼，不但能进行均聚合，也能与其他单体如丁二烯、丙烯腈等发生共聚合。苯乙烯原材料中影响聚合的主要杂质有含氧化合物（醛和酮类）和二乙烯基类。前者延缓聚合，后者是交联剂。二乙烯基苯含量达到0.1%时有强烈的交联作用，可使丁苯橡胶的门尼黏度升高17～31，含量达1%时聚合物会有32%的凝胶。单体在贮运过程中，加入对叔丁基邻苯二酚（TBC）为阻聚剂，当阻聚剂含量高于0.01%时，使用前要用10%～15%的氢氧化钠水溶液于30℃进行洗涤。

（2）介质水

采用去离子水，水中的 Ca^{2+}、Mg^{2+} 可能与乳化剂作用生成不溶性的盐，从而降低乳化剂的效能，影响聚合反应速率，因此应当使用去离子的软水，其含量以碳酸盐<10mg/kg为限。水在乳液聚合中作为分散介质，为了保证胶乳有良好的稳定性，控制水油比为（1.7～2.0）：1。水量多少对体系的稳定性和传热都有影响。水量少，乳液稳定性差，胶乳黏度增大，不利于传热，尤其在低温下聚合影响更大，因此，低温乳液聚合生产丁苯橡胶要求乳液的浓度低一些为好。

（3）乳化剂

早期的乳化剂使用烷基萘磺酸钠，后来改用价廉的脂肪酸皂和歧化松香酸皂，或用它们以1：1的混合物为乳化剂。它们属于阴离子表面活性剂，在pH值为9～11的条件下使用最佳。歧化松香酸皂来自天然松香，在我国有丰富的资源。松香酸分子含有共轭双键，能消耗自由基，阻碍聚合反应正常进行。因此，松香酸必须经歧化处理或加氢处理，使共轭双键转变成烯键和苯环。经歧化处理生成的二氢松香酸、四氢松香酸和脱氢松香酸合称为歧化松香酸，然后转化为钾或钠盐，作为乳化剂。例如，歧化松香酸在75～85℃温度下经氢氧化钾皂化后制得歧化松香酸钾，通常称为歧化松香皂。歧化松香皂用于冷法丁苯橡胶乳液聚合的优点是在低温下具有良好的乳化效能，不产生冻胶，形成凝胶的倾向小，可提高聚合反应速率。同时，歧化松香酸钾在丁苯胶乳凝聚过程中转化为歧化松香酸，存留在橡胶中，可提高橡胶的性能。所制得的胶乳颗粒比用脂肪酸皂做的大，因此黏度小，流动性大，有利于冷胶乳的稳定。缺点是单独用歧化松香酸皂为乳化剂，聚合反应速率慢。歧化松香酸皂与歧化松香酸皂/脂肪酸皂（1/1）比较，单体转化率 60％时，反应时间要延迟 1～2h，且颜色较深。如果要得到无色胶乳还是要用脂肪酸皂。松香酸歧化的反应原理如下：

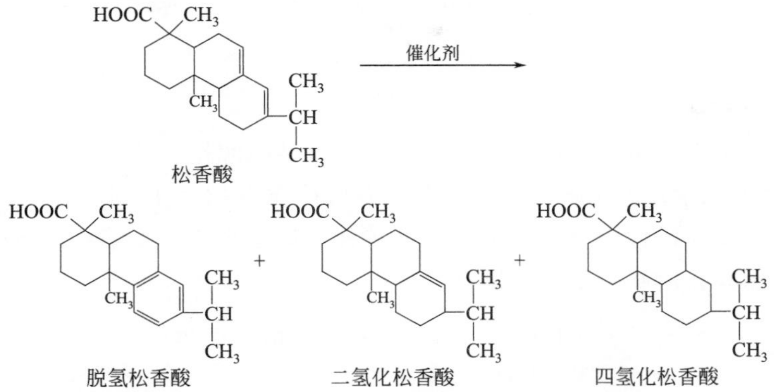

松香酸

脱氢松香酸 + 二氢化松香酸 + 四氢化松香酸

歧化松香酸 CMC 值高，聚合速率慢，如果加入少量电解质 KCl、K_3PO_4 与萘磺酸并用，可提高聚合效率。为减少乳化剂用量，提高胶乳稳定性，低温聚合制备丁苯橡胶常用萘磺酸或烷基萘磺酸与甲醛缩合物的钠盐作扩散剂，也称助乳化剂。

（4）引发体系

早期的丁苯乳液聚合过程采用水溶性过硫酸盐，如过硫酸钾（$K_2S_2O_8$）为引发剂，活性较差，50℃时半衰期为 130h，反应温度需在 50℃ 以上才能进行聚合，产品性能较差，因此热法聚合制备丁苯橡胶的工艺已逐渐被淘汰，目前主要用氧化还原引发体系的冷法聚合工艺。

氧化还原体系中氧化剂均采用有机过氧化物，如异丙苯过氧化氢和孟烷过氧化氢，用量为单体质量的 0.06％～0.12％。还原剂主要为亚铁盐，如硫酸亚铁，用量为单体质量的 0.01％，其作用在于使过氧化物在低温下分解生成自由基，因此工业上称其为活化剂，反应如下：

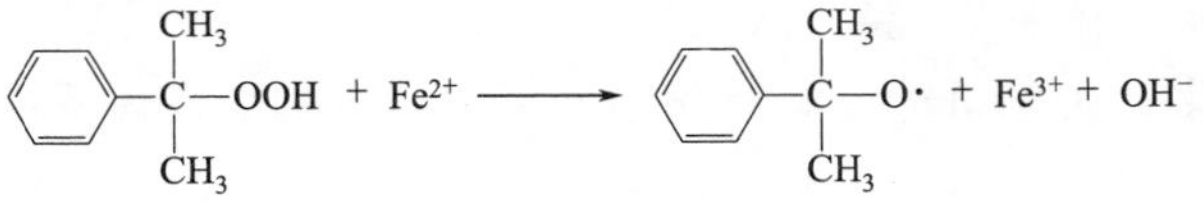

氧化还原反应产生的 OH^-，导致体系 pH 值升高，使 Fe^{2+} 生成 $Fe(OH)_2$ 沉淀，同时生成的 Fe^{3+} 会影响聚合物色泽。为了减少胶乳中铁离子含量，作为还原剂加入的硫酸亚铁量不宜过大。因此，在引发体系中加入助还原剂甲醛/亚硫酸氢钠二水合物（俗称吊白块），用量为单体质量的 0.04％～0.10％，其作用是使 Fe^{3+} 还原成 Fe^{2+}，使亚铁盐得到循环使用，减少亚铁盐的用量。

$$Fe^{3+} + HCHO \cdot NaHSO_3 \cdot 2H_2O \longrightarrow Fe^{2+} + H^+ + HCOOH + H_2SO_4 + Na_2SO_4$$

为了避免体系存在过多的游离 Fe^{2+} 而产生不良反应，在引发体系中加入乙二胺四乙酸-二钠盐，简称 EDTA-二钠盐，用量为单体质量的 0.01％～0.25％。它与二价铁离子及三价铁离子均能生成络合物。通过络合物的络合和电离平衡，可以维持体系中较低的铁离子浓度，可在较长时间内保持 Fe^{2+} 的存在，反应式如下：

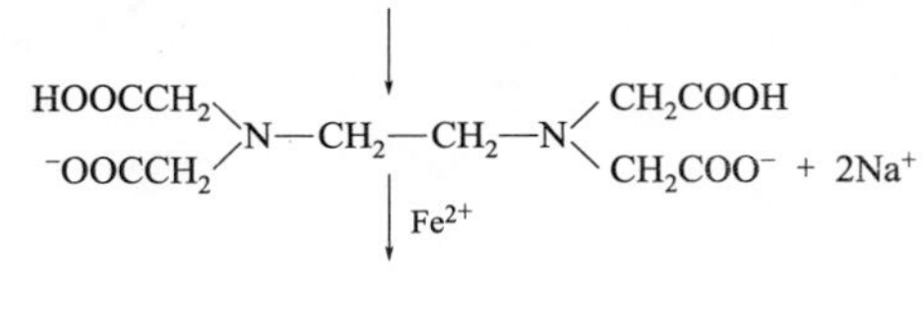

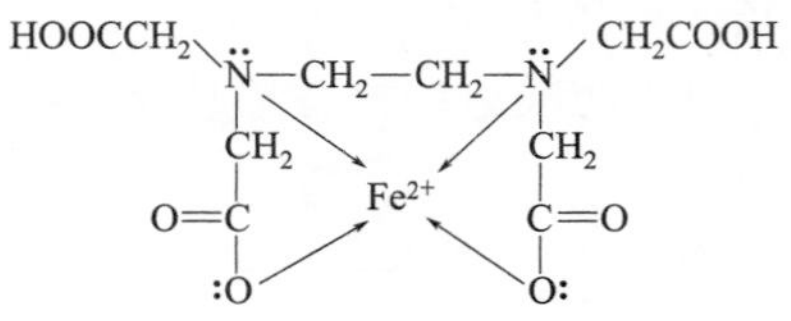

(5) 分子量调节剂

丁苯橡胶生产中常用正十二烷基硫醇或叔十二烷基硫醇作为分子量调节剂，控制产品的分子量，并可抑制支化反应和交联反应，用量为单体质量的 0.16%。为提高调节效率，可将其分成几份，在反应过程中分批次加入。链转移机理是长链自由基夺得硫醇分子中的氢而终止，同时产生硫醇自由基引发单体进行新的链增长。

$$\sim\!\!\sim M\cdot + C_{12}H_{25}SH \longrightarrow \sim\!\!\sim MH + C_{12}H_{25}S\cdot$$
$$C_{12}H_{25}S\cdot + nM \longrightarrow C_{12}H_{25}SM_{n-1}M\cdot$$

(6) 电解质

乳液聚合体系中加入适量电解质有两个重要作用：一是可以降低临界胶束浓度，降低乳液体系的表面张力，减少乳化剂用量；二是降低乳液的黏度，增加乳胶的流动性，使聚合热易于导出，防止聚合后期发生凝胶。热法工艺聚合用 $K_2S_2O_8$ 作引发剂，其分解产物即具有电解质作用。冷法工艺则需另加电解质，常用电解质是磷酸钠、磷酸钾、氯化钾、氯化钠、硫酸钠等，用量为单体质量的 0.24%~0.45%。其中磷酸盐还具有 pH 缓冲剂的作用，使胶乳的稳定性增高，这对橡胶后处理较有利。

(7) 除氧剂

在化学品和水相的配制中常夹带入溶解氧，而在聚合操作中也有可能混入氧。聚合过程中有氧存在时，会阻碍聚合反应，在低温条件下这种作用更加明显，因此可加入少量连二亚硫酸钠二水合物（俗称保险粉），脱除水中的溶解氧，防止氧的阻聚作用。连二亚硫酸钠具有强还原性，不宜过多，否则可能参与氧化还原反应，影响引发体系的效能，用量为单体质量的 0.025%~0.04%。

$$Na_2S_2O_4\cdot 2H_2O + \frac{3}{2}O_2 \longrightarrow H_2SO_4 + Na_2SO_4 + H_2O$$

(8) 终止剂

为防止二烯烃生成的共聚物大分子的支化和交联，当单体转化率达到一定程度时，须向聚合体系中加入终止剂，终止聚合反应。热法丁苯橡胶配方中通常以亚硫酸钠和对苯二酚混合物作为终止剂，两者反应生成醌，而醌则与自由基反应而终止聚合，但它对氧化还原体系效果不佳。经过改进后，发现二甲基二硫代氨基甲酸钠可以作为冷法聚合的有效终止剂。但是，单独使用二甲基二硫代氨基甲酸钠作终止剂，在聚合后期有交联反应发生，添加多硫化钠、亚硝酸钠、多乙烯胺等作为辅助终止剂，能有效抑制交联反应的发生。为此添加了多硫化钠和亚硝酸钠以及多乙烯胺。多硫化钠具有还原作用，可以与残存的氧化剂反应以消除其引发作用。亚硝酸钠则可防止产生菜花状爆聚物。二甲基二硫代氨基甲酸钠作为主要的终止剂，用量为单体质量的 0.1%，终止原理如下：

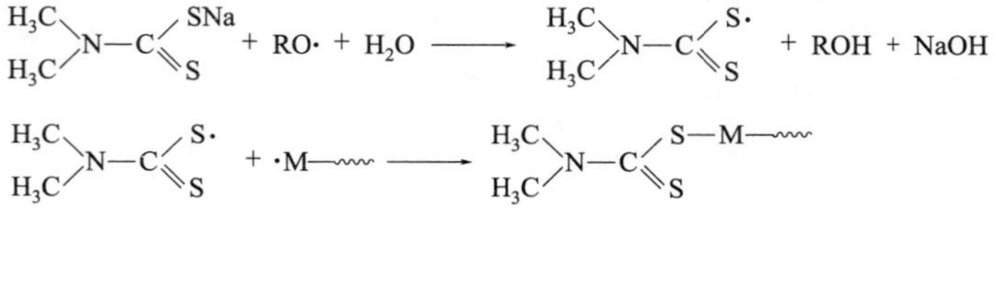

（9）防老剂

丁苯橡胶分子中含有双键，近 80％的双键位于主链上，因此它的抗老化性能较差。其与空气接触易氧化老化，聚合物中变价金属的存在也会使老化加速，因此需要增加防老剂，以防止贮存过程中老化。常用的防老剂有胺类防老剂，如苯基-β-萘胺、芳基化对苯二胺等，它们的颜色较深，因此只能用于深色橡胶制品。而酚类防老剂，则可用于生产浅色橡胶制品。防老剂用量一般为单体进料量的 1.5％左右。防老剂一般不溶于水，需制成防老剂乳液加入已脱除单体的胶乳中，使之与橡胶混合均匀。防老剂乳液可在凝聚前向胶乳中加入。

（10）填充油

橡胶用填充油是一种石油馏分，为多种化学组分的混合物，可以是芳烃或环氧烃。冷法丁苯橡胶中加入适量填充油，既可降低成本，又能改善加工性能。为保证与橡胶分散均匀，也需制成乳胶液与橡胶乳液混合。

表 6-2 列出了丁苯橡胶生产的典型配方。

表 6-2　丁苯橡胶生产的典型配方

原材料名称	各组分作用	用量/质量份
丁二烯	主单体	72
苯乙烯	共聚单体	28
去离子水	反应介质	200
以下各组分用量为单体总质量的百分数/％		
十二烷基硫醇	分子量调节剂	0.16
连二亚硫酸钠二水合物	除氧剂	0.025～0.04
歧化松香酸钾	乳化剂	4.62
脂肪酸钠	乳化剂	0.10
亚甲基双萘磺酸钠	助乳化剂	0.15
异丙苯过氧化氢	氧化剂	0.06～0.12
硫酸亚铁	还原剂	0.01
甲醛/亚硫酸氢钠二水合物	助还原剂	0.04～0.10
乙二胺四乙酸-二钠盐（EDTA）	络合剂	0.01～0.25
磷酸钾	电解质	0.24～0.45
二甲基二硫代氨基甲酸钠	终止剂	0.1
亚硝酸钠	助终止剂	0.02～0.04
多硫化钠（Na_2S_x）	助终止剂	0.02～0.05
多乙烯胺	助终止剂	0.02

6.2.3　聚合工艺过程

丁苯橡胶的乳液聚合过程包括单体的纯化、引发剂等添加组分的配制、聚合、未反应单体的回收、胶乳凝聚及后处理工序等。

（1）单体的纯化

原料丁二烯和苯乙烯用含量为 10％～15％的氢氧化钠水溶液，30℃下进行喷淋，脱除所含阻聚剂叔丁基邻苯二酚（TBC），然后水洗至中性。

（2）引发剂等添加组分的配制

分子量调节剂十二烷基硫醇、乳化剂歧化松香酸皂等、脱氧剂连二亚硫酸钠二水合物、络合剂乙二胺四乙酸-二钠盐、氧化剂、还原剂、终止剂、电解质等水溶性物质，用去离子水事先分别配制成一定浓度的水溶液。填充油、防老剂等油溶性物质，用去离子水及少量助剂事先配制成一定浓度的乳液。注意氧化剂与还原剂不能事先混合，乳化剂与酸、碱、电解质不能事先混合。

（3）聚合过程

去离子水和经纯化的单体经管路输送至聚合釜，同时在管路中，注入事先配制好的各种添加组分，包括分子量调节剂十二烷基硫醇、乳化剂歧化松香酸皂、脱氧剂连二亚硫酸钠二水合物、电解质等添加组分的水溶液，在管线中混合后进入冷却器，冷却至30℃。然后，在管线中与还原剂、络合剂乙二胺四乙酸-二钠盐的水溶液进行混合，从第一聚合釜的底部进入混合系统，同时氧化剂水溶液则直接从釜底进入聚合釜，聚合开始。

聚合工艺条件为：操作压力0.25MPa，聚合温度5～7℃，聚合时间7～10h，搅拌速度105～120r/min，控制转化率达（60±2）%时，注入终止剂溶液，终止聚合。

工业上，聚合系统由8～12个聚合釜串联组成，串联釜内物料平均停留时间7～10h。聚合终止后，聚合物胶乳从最末一只聚合釜流出，进入缓冲罐，然后送入单体回收系统。图6-7为八釜串联的聚合装置。

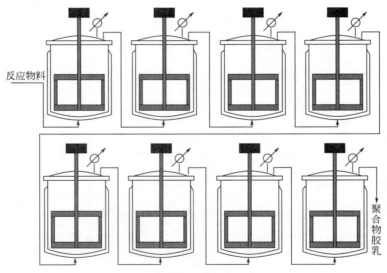

反应物料

聚合物胶乳

图6-7　八釜串联的聚合装置

（4）未反应单体的回收

胶乳中含有约40%的未反应单体，需要回收循环使用。胶乳用蒸气加热到40～50℃，通过粗滤器滤去凝胶块，进入第一闪蒸槽，闪蒸槽内的压力约为19kPa，由于胶乳在管线中压力约0.25MPa，所以进入闪蒸槽后，物料立即沸腾，首先蒸出丁二烯。闪蒸出的丁二烯经压缩机分段压缩后送到冷凝器，经冷凝得到的丁二烯液体，在贮槽中与新鲜丁二烯混合后重新使用。

闪蒸除去丁二烯的胶乳送入脱苯乙烯塔上部。这是一只汽提塔，塔高10～15m，内有十多层筛板，胶乳从塔上部进料，底部出料。操作时，自塔底通入一定压力的过热水蒸气，胶乳和蒸气逆流换热，并使塔内保持一定的真空度。塔内苯乙烯与来自塔底的过热水蒸气对流，水蒸气与苯乙烯蒸气一同从塔顶馏出。汽提塔脱出的气体中主要含有苯乙烯和水。经冷凝成液体流至油水分离器，待静置分层后，将上层苯乙烯分离，进入苯乙烯贮罐循环利用。

脱除单体后的胶乳加入防老剂和填充油等添加剂。添加剂的种类与用量根据产品牌号而定。图6-8为单体回收利用的工艺流程。

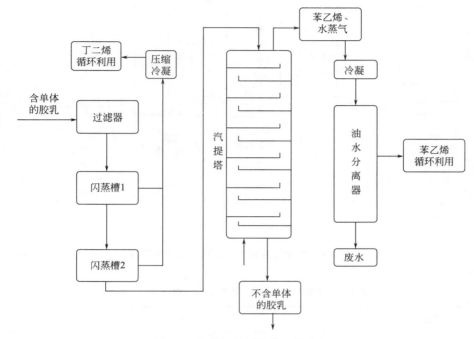

图6-8　单体回收利用的工艺流程

（5）胶乳凝聚工序

为得到固体聚合物，在絮凝槽中使胶乳与24%～26%的氯化钠溶液混合，使胶乳粒子凝集增大，此时胶乳变成浓厚的浆状物。然后，与含量为0.5%的稀硫酸混合后，稳定的乳液彻底被破坏，在剧烈搅拌下，增大的胶乳粒子聚集为多孔性颗粒，溢流到转化槽以完成乳化剂转化为游离酸的过程，操作温度为55℃左右，得到胶粒和清浆液，获得粗制的胶粒产品。

（6）后处理工序

从转化槽溢流出来的胶粒和清浆液经振动筛进行过滤分离后，湿胶粒进入洗涤槽用清浆液和工业软水洗涤，操作温度为40～60℃。含水量为50%～60%的物料再经挤压脱水机处理后，含水量可降至10%～18%。经粉碎，再经箱式干燥或挤压膨胀干燥，使胶粒含水量达到指标要求，然后计量、压块成型，每块重25～35kg。胶块最后通过金属检测器后包装入库。图6-9为乳液聚合制备丁苯橡胶的工艺流程。

6.2.4 影响因素

（1）转化率

本章已经提到丁二烯和苯乙烯的自由基共聚合属非恒比的非理想共聚类型。共聚物的组成随转化率而变，表6-3为不同转化率下共聚物中苯乙烯单元的含量，可见随着转化率的提高，共聚物中苯乙烯单元含量逐渐增加。

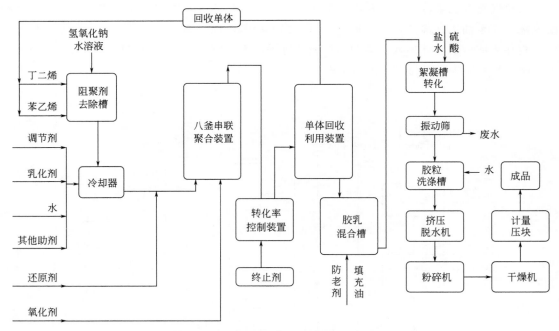

图 6-9 乳液聚合制备丁苯橡胶的工艺流程

表 6-3 不同转化率下共聚物中苯乙烯单元的含量 单位:%

转化率	20	40	60	80	90	100
共聚物中苯乙烯单元的质量分数	22.3	22.5	22.8	23.6	24.3	28.0

共聚物中苯乙烯单元的含量直接影响到丁苯橡胶的性能。共聚物中苯乙烯单元质量分数为 23.5% 时的 $f_1=0.8624$，按照丁二烯/苯乙烯的投料质量比为 (72/28)～(70/30)，控制转化率 60%～80%，同时连续补加丁二烯活性单体。

此外，当单体转化率达到 60%～70% 范围时，游离单体的液滴全部消失，残留的单体全部进入聚合物胶乳粒子中，在此情况下继续进行聚合反应则易产生支化和交联反应，使凝胶含量增加，丁苯橡胶性能显著下降。

(2) 聚合终点的控制

聚合反应的终点取决于共聚物的门尼黏度和单体转化率两个要求。门尼黏度是表征橡胶分子量大小的一个控制技术参数。门尼黏度主要受聚合物共聚组成、分子量、分子量分布及分子链结构的影响，结合苯乙烯含量越大、分子量越高，支化度和交联度越高时，其门尼黏度越大。门尼黏度可以用调节剂的添加量加以调节。门尼黏度的测定原理是在一定温度和压力下，物体在橡胶中回转时，橡胶塑性不同，物体在橡胶中所受扭力（或剪切力）也不同，所受扭力大，则说明橡胶黏度大或分子量大，塑性低。如图 6-10 所示，试验时先将试验室上、下板加热恒温至 (100±1)℃ 时，将试样放入密室内导热 3min 后，开动电机使转子运转 4min 后，读千分表数值。其值称为门尼值，又叫门尼黏度，以度表示。度数越大，黏度越大，弹性越大，可塑性越小。门尼黏度对橡胶的后期加工性能有重要影响，门尼黏度低时橡胶易于加工，但会使硫化胶的力学性能变差，门尼黏度过高将使橡胶变得坚韧，难于加工。对不同用途的橡胶规定了不同的门尼值，通用型生胶门尼黏度一般控制在 52 ± 6。

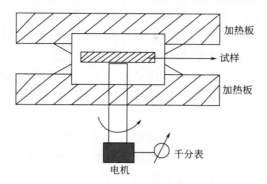

图 6-10　门尼黏度的测定原理

　　根据产品的要求，不同牌号的产品常常就有不同的门尼黏度值。值得注意的是，门尼黏度值直接反映的是共聚物的分子量及链的支化与交联情况，而转化率直接反映的是单体转化的多少。工业生产上，转化率的控制还要服从门尼黏度值，也就是说如果转化率还未达到 60%，而门尼黏度已达到产品牌号的要求值时，也必须终止反应。实际上，在稳定的加料条件下，转化率与反应速率、反应时间有关，而门尼黏度可由分子量调节剂用量来调整。所以在工业生产中可用控制分子量调节剂用量及引发剂用量的方法，有效地控制转化率达到 60% 时，产物的门尼黏度也同时达到要求。

　　转化率的测定，原理上可以通过测定物料固含量来确定，但需要一定时间。一个改进的方法是采用在线检测技术，依据胶乳密度随转化率上升的原理，采用 γ 射线密度计实时检测，精确控制反应终点，及时添加终止剂。图 6-11 为转化率的在线检测工作原理。连续生产过程中转化率随物料位置而变，当转化率达要求时，应在相应位置添加终止剂，因此每只聚合釜均配有一只小型终止釜。

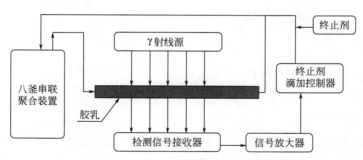

图 6-11　转化率的在线检测工作原理

（3）乳胶粒径的控制

　　丁苯橡胶的工业生产，属于大规模、连续法的生产工艺。除了其他因素外，乳液聚合中乳胶粒子的粒径与它在聚合釜中的停留时间有关。根据连续搅拌釜的停留时间分布函数的特性，若串联的聚合釜越多，则停留时间分布函数越狭窄。工业生产中采用 8～12 个聚合釜串联起来，可使胶乳粒子的粒径分布狭窄，又可提高产品的质量，产品的分子量分布较窄，支联及交联情况也较少。此外，随着串联聚合釜数的增加，为保持总的物料停留时间不变，必须提高物料流动速度，也即提高了单位时间的生产能力，提高了生产效率。

（4）凝聚

丁苯橡胶乳液的凝聚同时采用电解质破乳和改变 pH 值两种方法。电解质破乳的原理是乳胶微粒在水相中不断运动表现出动电位。当胶乳中加入电解质以后，双离子层之间距离缩短，动电位降低。当电解质达到足够浓度时，微粒的动电位等于零，斥力消失则胶体微粒大量凝聚而沉降析出。改变 pH 值破乳的原理是有些表面活性剂，如脂肪酸皂、松香酸皂等，当 pH 值下降到 6.9 以下时，转化为脂肪酸失去乳化作用而破乳。

（5）聚合过程的冷却措施

冷法聚合中除用釜外夹套冷却外，还在釜内安装列管，内通冷剂。每个釜至少有一个测温点和控制点。温控指令将信号反馈给冷剂量控制装置，从而达到对整个聚合釜系列温度变动的控制，通常温度变化不得超过规定温度的 ±0.5℃。

生产每千克丁苯胶乳要放出 300kcal（1kcal＝4.18kJ）热量，生产能力为 2t/a，平均热量为 $83×10^4$kcal，加上搅拌生热。用液氨冷却时需要 6000t 的冷冻能力（1 冷冻吨＝79600kcal）。冷冻主要是在聚合釜内部安装垂直式管式氨蒸发器，液氨进入釜内蒸发吸收聚合反应热，经过气液分离，气体氨经过冷却器液化，并进入液氨贮槽循环使用，以调节阀调节液氨加入量，控制反应温度。图 6-12 为聚合过程冷却措施的工作原理。聚合釜内部安装垂直式氨蒸发器，用液氨气化的方法可达到较高的冷却效率。

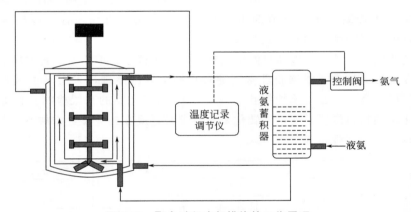

图 6-12　聚合过程冷却措施的工作原理

（6）干燥

干燥设备有热风干燥箱（空气干燥箱、带式干燥箱），机械干燥箱（螺旋挤压机、挤压膨胀机）。挤压膨胀干燥原理是挤出机夹套中通入蒸汽加热，混炼摩擦使温度升高，挤出机模口适当拧小增加压力。橡胶从小模胶乳中迅速挤到大气中时，内部水分很快蒸发，成为多孔干燥橡胶。70℃的胶粒到机头部分被加热到 160～170℃，这时压力为 1.96～2.94MPa。从机头上来的胶粒，因放出水蒸气使温度下降到 80℃左右。从挤出机到机头的干燥时间约 90s，橡胶温度在机头附近急剧升高 110～170℃，高温下停留时间只有 1.5s，对质量无影响。

6.2.5　生产安全及"三废"处理事项

以活性炭或 $γ$-Al_2O_3 为载体，先采用浸渍工艺制备出一元或二元负载型催化剂，然后以 H_2O_2 为氧化剂对乳聚丁苯橡胶生产废水进行催化氧化法处理。研究了催化剂活性组分类型对废水处理效果的影响。结果表明：以 $γ$-Al_2O_3 为载体，一元及二元催化剂的 COD 去除率均只有 20% 左右；载体采用活性炭，一元及二元催化剂的最大 COD 去除率分别为 35.6% 及 37.7%，二元催化剂的最佳活性组分组合为 Cu-Co。

兰州石化公司合成橡胶厂乳聚丁苯橡胶生产装置废水排放量约为 50m³/h，成分复杂且含有大量中间产物及有毒、有害物质，难以生物降解。目前采用混凝气浮工艺处理污水，COD 去除率低于 20%，给后续生物处理带来很大困难。合成橡胶生产废水属难以生物降解的有机废水，通常含有浮胶颗粒、乳清、脂肪等大分子有机污染物。采用常规方法，如水解酸化-好氧生物工艺处理合成橡胶废水，处理效果虽然较好，但工艺流程长，环境差；采用物理-活性污泥法处理，效果较差；采用电解-絮凝法处理，成本较高。催化氧化法是目前国内外处理高浓度、难降解有机废水公认的先进技术。以活性炭或 γ-Al_2O_3 为载体，先采用浸渍工艺制备出一元或二元负载型催化剂，然后以 H_2O_2 为氧化剂对乳液聚合丁苯橡胶生产废水进行催化氧化法处理。

6.2.6　聚合技术发展

现在，丁苯橡胶的乳液聚合工艺和聚合配方已基本定型，但由于该产品在国民经济中的特殊地位和作用，世界各国的许多科学家仍致力于丁苯橡胶生产技术的完善和提高。目前，在采用高效引发系统、选用反应性或生物分解性乳化剂以及改进调节剂方面已取得工业化进展。例如，采用丁二酰胺盐乳化剂，在通常工艺条件下聚合 6h，转化率达 80%，产品凝胶含量小于 0.3%。以过氧化氢异丙基环己苯或三甲基过氧化氢为引发剂，可使转化率高达 80%~90%。采用过氧化氢异丙基环己苯-过氧化氢异丙苯（质量比 1:1）复合引发剂和分批加调节剂和乳化剂的方式，可使转化率达到 70% 或 80%，而产品物性与转化率 60% 的相当。采用自由基引发剂和常规聚合助剂，通常两步聚合可制得新型结构的 ESBR（乳聚丁苯），其耐磨性和抗湿性则优于常规 ESBR，其聚合过程为：第一步，丁二烯或丁二烯与苯乙烯混合物（苯乙烯含量小于 14%）聚合，生成结合苯乙烯含量小于 10% 的 ESBR；第二步，加入占混合单体（包括第一步未反应单体）总量 36% 以上苯乙烯，以保证最终产品苯乙烯结构含量平均值为 30%，经二次聚合后生成的聚合物含量小于 70%。

为了解决影响 ESBR 发展的环境污染问题，已有厂家采取了以下措施：采用新型终止剂取代了易产生致癌物 N-亚硝基二甲胺二硫代氨基甲酸盐-亚硝酸盐体系，使生产场地致癌物浓度降至 1.0μg/m³ 以下，用聚合型凝聚剂取代了常规凝聚剂，使凝聚污水经生化处理后 COD 达到了 0.15mg/L；通过技术改造，残余单体回收率在 99% 以上；用芳烃含量低、凝固点高的填充油取代了高芳烃油，使环境污染大大减轻。

在我国，为了减少冷剂消耗，聚合温度有所提高。聚合设备趋向大型化，连续聚合已使用 30~45m³ 聚合釜。在凝聚和后处理方面，由含胺化合物絮凝剂代替氯化钠，减少了氯化钠消耗量。挤压脱水和膨胀干燥设备在新建厂中已经通用，正向大型化发展。聚合工艺自动化水平的提高，改善了产品质量。在生产能力饱和的情况下，新品种开发已取得工业化效果。

6.3　种子乳液聚合制备聚氯乙烯糊树脂

6.3.1　聚氯乙烯糊树脂

以聚氯乙烯为基础的树脂一般可以分为硬聚氯乙烯树脂、软聚氯乙烯树脂和聚氯乙烯糊树脂三大类。聚氯乙烯糊树脂是未加工状态下树脂的一种独特形式，粒径范围一般在 $0.1\sim$ $2\mu m$，而悬浮法制备的树脂粒径范围一般在 $20\sim200\mu m$。聚氯乙烯糊树脂的成型加工工艺具有加工工艺简单、设备投资少、模具简单便宜、发泡容易的优点。其制品受热次数少，可生产一些特别的制品，如塑胶制品、泡沫人造革、微孔塑料、钢板塑层等，广泛应用于人造革、装饰材料、地板革、墙纸、运动场地、涂料、黏合剂、医用一次性手套等诸多材料和制品领域。随着加工制品的不断开拓，聚氯乙烯糊树脂的发展十分迅速，目前国际市场上对其需求量正在不断增加，开发利用前景十分广阔。

聚氯乙烯糊树脂成型加工可以制得各种形状的搪塑制品。所谓搪塑（slush molding）工艺就是一种中空模制软制品的方法。将聚氯乙烯糊树脂倒入中空阴模中，模壁受热使树脂固化（凝胶），当固化树脂达到所需厚度时，倒出多余树脂糊，继续固化成型，冷却后从模腔中剥出软质制品。

氯乙烯乳液聚合方法的最终产品就是聚氯乙烯糊树脂。生产方法是首先通过氯乙烯的乳液聚合得到聚氯乙烯乳液，然后经喷雾干燥得到聚氯乙烯颗粒树脂，再用增塑剂调制成聚氯乙烯糊树脂。

6.3.2 种子乳液聚合的理论基础

在已有乳胶粒的乳液聚合体系中，加入单体，并控制适当条件，使新加入的单体在原有的乳胶粒中继续聚合，乳胶粒继续增大，但乳胶粒数不变。种子乳液聚合的目的就是制备大粒径乳胶粒。种子乳液聚合的产物粒径约 $1\mu m$，而一般乳液聚合只能制备粒径 $0.2\mu m$ 左右的乳胶粒。

关于种子乳液聚合中种子用量与单体投料量的计算方法描述如下。有种子存在的条件下，假如乳化剂用量及加料量控制适当，不再生成新的粒子，单体聚合为聚合物均在现有种子内进行。

假设，a 为种子胶乳中的固体树脂含量（g），G 为聚合结束后树脂的增加质量（g），则树脂质量增长比为 $(G+a)/a$。在无新生乳胶粒的情况下，假设种子胶乳的平均粒径为 d_i，聚合结束后，胶乳粒径增加至 d，再假定乳胶粒增长前后的密度不变，则乳胶粒质量增长比等于粒径增长比的立方：

$$(d/d_i)^3=(G+a)/a$$
$$(d/d_i)^3=G/a+1$$

如果产品要求乳胶粒径增长至种子粒径的 4 倍，则 $63a=G$。设单体投料量为 x，转化率为 94%，则有 $G=0.94x$，$63a=0.94x$。

这样就可以根据种子树脂的固体含量和乳胶粒增长的产品要求，方便地计算出单体的投料量。

关于氯乙烯种子乳液聚合粒径的控制，理论上，种子乳液聚合过程中不生成新的粒子，事实上，总有新粒子生成而导致粒径分布变宽。因此，在工艺上要采取一些控制粒径分布的措施。例如控制乳化剂的加料速度，减少生成新粒子的概率；添加适量油溶性表面活性剂，十二烷基硫酸钠与十二醇的复合乳化剂体系，有助于提高初级粒子的平均粒径。

如何获得产品粒径呈双分布的产品呢？要获得产品粒径呈双分布的产品，应当采用平均粒径相差较大的两种乳胶粒作为种子。具体是直接进行乳液聚合获得的乳胶粒作为第一代种子，将第一代种子再进行乳液聚合得到的乳胶粒作为第二代种子，将第一、第二代种子以一定比例作为最终产品的种子。

6.3.3 氯乙烯种子乳液聚合的典型配方

表6-4列出了氯乙烯种子乳液聚合的典型配方。

表6-4 氯乙烯种子乳液聚合的典型配方

原材料名称	作用	用量/质量份
氯乙烯	聚合单体	100
第一代种子乳胶粒	乳液聚合种子	1
第二代种子乳胶粒	乳液聚合种子	2
去离子水	反应介质	110～150
十二烷基硫酸钠	乳化剂	0.05～1.0
过硫酸铵	氧化剂	0.01～0.05
亚硫酸氢钠	还原剂	0.01～0.03
硫酸铜	活化剂	0.0001～0.01

种子胶乳的选择：用乳液聚合制备的聚氯乙烯乳液作为第一代种子，用第一代种子胶乳作为种子进一步进行乳液聚合制备的聚氯乙烯乳液作为第二代种子。

采用过硫酸铵和亚硫酸氢钠的氧化还原引发体系，分解温度在50℃左右。此温度下，聚氯乙烯活性链向单体转移的概率较高，因此不必另外添加分子量调节剂，可以通过控制温度来控制树脂的分子量。此外，对于采用的过硫酸铵与亚硫酸盐组成的氧化还原引发体系，研究发现加入微量的过渡金属离子如 Ag^+、Cu^{2+}、Fe^{3+} 等可使引发剂活性提高。铁离子常用于酸性条件下，铜离子适用于碱性条件下。在本配方体系中，使用硫酸铜作为引发剂的活化剂，其活化原理是 Cu^{2+} 作为氧化剂与亚硫酸氢钠反应，自身被还原成 Cu^+，再被过硫酸铵氧化成 Cu^{2+}。通过 Cu^{2+} 的介入，降低了过硫酸铵与亚硫酸钠氧化还原反应的活化能，有效地促进了聚合反应。

6.3.4 氯乙烯种子乳液聚合工艺

氯乙烯种子乳液聚合工艺有连续法和间歇法两种。多数厂家采用间歇法生产。主要工艺过程包括投料、聚合、单体回收、后处理等工序。

(1) 投料工序

在聚合釜中加入去离子水、第一代和第二代种子胶乳、亚硫酸氢钠乳液、硫酸铜乳液，通氮气排除空气后加入一部分单体和部分乳化剂，搅拌混合。

(2) 聚合过程

加热至接近聚合反应温度，开始加入过硫酸铵溶液，升温至50℃，开始聚合。控制温度在50℃±0.5℃，聚合7～8h。聚合过程中，剩下的单体和乳化剂分批次加入。待物料加料完毕，继续反应至聚合釜压力降至0.5～0.6MPa时，反应结束，转入中间槽临时贮存。

乳化剂加入速度对聚合的影响：乳化剂加入速度过慢，增长的乳胶粒表面缺少足够乳化剂覆盖，易造成乳胶粒凝聚，甚至出现破乳现象；乳化剂加入速度过快，形成新的胶束，导致聚合速率加快，小粒子增多，粒径分布宽。

（3）单体回收

中间槽中的聚合物乳液泵入单体回收槽，当物料进一步冷却至釜压为常压时，开启真空抽除未反应单体。

为了提高胶乳的稳定性和改进干燥后糊树脂的流变性，在中间槽中加入非离子表面活性剂，如环氧乙烷蓖麻油，搅拌均匀。

（4）后处理工序

聚合物胶乳虽然可以采取冷冻干燥、转鼓脱水、凝聚后离心分离等多种技术进行后处理。但是聚氯乙烯糊树脂只能采用喷雾干燥法。因为聚氯乙烯乳液干燥后必须制得高分散性的、可调制糊状的糊树脂。

聚合物乳液加入热稳定剂乳液，搅拌均匀，通过喷雾干燥器，用热的压缩空气将乳液分散为雾状，迅速被干燥为次级粒子。在喷雾干燥过程中，粒径为 $1\mu m$ 的初级粒子聚集成粒径为 $75\mu m$ 的次级粒子。再经旋风分离，较粗粒子沉降，转至贮料斗，粉碎机粉碎，成品包装。

胶乳在喷雾干燥过程中，温度高易形成乳胶粒的凝聚、结块，影响调糊工艺和糊制工艺，使加工工艺性能下降。图 6-13 为氯乙烯种子乳液聚合的工艺流程。

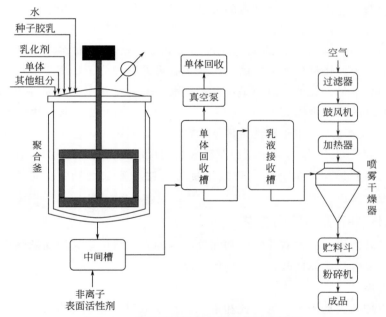

图 6-13 氯乙烯种子乳液聚合的工艺流程

6.4 乳液聚合制备丙烯酸酯类树脂

聚丙烯酸酯乳液是一大类具有多种性能的用途极广的聚合物乳液。在工业生产中制造这种聚合物乳液常用的丙烯酸酯单体有：丙烯酸甲酯、丙烯酸乙酯、丙烯酸正丁酯、丙烯酸-2-乙基己酯、丙烯酸异丁酯、甲基丙烯酸甲酯、甲基丙烯酸乙酯、甲基丙烯酸丁酯等。除了丙烯酸酯均聚或共聚制造丙烯酸酯乳液以外，为了赋予乳液聚合物以所要求的性能，常常要和其他单体共聚，制成丙烯酸酯共聚物乳液，常用的共聚单体有乙酸乙烯酯、苯乙烯、丙烯腈、顺丁烯二酸二丁酯、偏二氯乙烯、氯乙烯、丁二烯、乙烯等。在很多情况下还要加入功能单体（甲基）丙烯酸、马来酸、富马酸、衣康酸、（甲基）丙烯酰胺、丁烯酸等以及交联单体（甲基）丙烯酸羟乙酯、（甲基）丙烯酸羟丙酯、N-羟甲基丙烯酰胺、双（甲基）丙烯酸乙二醇酯、双（甲基）丙烯酸丁二醇酯、三羟甲基丙烷三丙烯酸酯、二乙烯基苯，用亚麻仁油和桐油等改性的醇酸树脂等。含羟基单体及交联单体的加入量一般为单体总量的1.5%～5%。不同的单体将赋予乳液聚合物不同的性能，见表6-5。

表 6-5　不同单体赋予乳液聚丙烯酸酯的不同性能

单体	赋予聚合物的特性
甲基丙烯酸甲酯、苯乙烯、丙烯腈、（甲基）丙烯酸	硬度、附着力
丙烯腈、（甲基）丙烯酰胺、（甲基）丙烯酸	耐溶剂性、耐油性
丙烯酸乙酯、丙烯酸丁酯、丙烯酸-2-乙基己酯	柔韧性
（甲基）丙烯酸的高级酯、苯乙烯	耐水性
甲基丙烯酰胺、丙烯腈	耐磨性、抗划伤性
（甲基）丙烯酸酯	耐候性、耐久性、透明性
低级丙烯酸酯、甲基丙烯酸酯、苯乙烯	抗玷污性
各种交联单体	耐水性、耐磨性、硬度、拉伸强度、附着强度、耐溶剂性、耐油性等

在丙烯酸酯链上引入羧基可赋予聚合物乳液以稳定性、碱增稠性，并提供交联点加入交联单体可提高乳液聚合物的耐水性、耐磨性、硬度、拉伸强度、附着强度、耐溶剂性和耐油性等。交联可分为自交联和外交联两种，按交联温度也可分为高温交联和室温交联。大分子链之间的直接交联反应即为自交联，是通过连在分子链上的羧基、羟基、氨基、酰胺基、氰基、环氧基、双键等进行的；外交联常常是在羧基胶乳中加入脲醛树脂或三聚氰胺甲醛树脂等进行的。室温交联有两种情况：一种是加入亚麻仁油、桐油等改性的醇酸树脂共聚单体的聚合物乳液在室温下进行氧化交联；另一种是羧基胶乳中加入 Zn、Ca、Mg、Ac 盐等进行离子交联。

6.4.1　生产配方及生产工艺

目前，为了制造具有各种性能和用途的聚丙烯酸酯乳液，人们设计出了许许多多的配方和生产工艺，以下仅列举出几个有代表性的实例。

6.4.1.1　乙丙乳液

丙烯酸酯和乙酸乙烯共聚物乳液简称为乙丙乳液或醋丙乳液，现将其由硬至软四个配方列入表6-6中。

表 6-6　乙丙乳液配方

组分		用量（质量份）			
		1	2	3	4
单体	醋酸乙烯酯	81	85	87	91
	丙烯酸丁酯	10	10	10	6
	甲基丙烯酸甲酯	9	5	3	3
	甲基丙烯酸	0.6	0.55	0.5	0.44

续表

组分		用量（质量份）			
		1	2	3	4
乳化剂	OP-10	1.0	1.0	0.8	0.8
	MS-1（40％水溶液）	2.0	2.0	1.6	1.6
引发剂	过硫酸钾	0.5	0.5	0.5	0.5
pH 缓冲剂	磷酸氢二钠	0.5	0.5	0.5	0.5
介质	水	120	120	120	120

表中 MS-1 为一种兼有阴离子型和非离子型乳化剂二者特征的乳化剂，其结构式为：

$$C_9H_{19}-\!\!\left\langle\!\!\bigcirc\!\!\right\rangle\!\!-OCH_2CH_2-O-O-\overset{\overset{\displaystyle O}{\|}}{C}-CH_2-\overset{\overset{\displaystyle}{}}{\underset{\underset{\displaystyle SO_3Ma}{|}}{C}}H-\overset{\overset{\displaystyle O}{\|}}{C}-ONa$$

乙丙乳液的生产工艺为：首先将规定量的水和乳化剂加入聚合釜中，升温至 65℃，把甲基丙烯酸一次投入反应体系，然后将混合单体的 15％ 加入釜中，充分乳化后把 25％ 的引发剂和 pH 缓冲剂加入釜内，升温至 75℃ 进行聚合。当冷凝器中无明显回流时，将其余的混合单体、引发剂溶液及 pH 缓冲剂溶液在 4～4.5h 内滴加完毕。保温 30min 后，将物料冷却至 45℃，即可出料，过滤，包装。

6.4.1.2 苯丙乳液

苯丙乳液为苯乙烯和丙烯酸共聚物乳液，其典型的配方实例如表 6-7 所示。

生产工艺为：将乳化剂溶解于水中，加入混合单体，在激烈搅拌下进行乳化。然后把乳化液的 1/5 投入聚合釜中，加入 1/2 的引发剂，升温至 70～72℃，保温至物料呈蓝色，此时会出现一个放热高峰，温度可能升至 80℃ 以上。待温度下降后开始滴加混合乳化液，滴加速度以控制釜内温度稳定为准，单体乳液加完后，升温至 95℃，保温 30min，再抽真空除去未反应单体，最后冷却，加入氨水调 pH 值至 8～9。

表 6-7 苯丙乳液配方

组分		用量（质量份）
单体	丙烯酸丁酯	48
	苯乙烯	46
	甲基丙烯酸甲酯	4
	甲基丙烯酸	2
乳化剂	MS-1（40％水溶液）	5
保护胶体	聚甲基丙烯酸钠	2.9
引发剂	过硫酸钾	0.5
pH 缓冲剂	磷酸氢二钠	0.45
介质	水	102

6.4.1.3 纯丙乳液

丙烯酸酯系和甲基丙烯酸系单体所制成的共聚物乳液简称为纯丙乳液，典型的配方实例如表 6-8 所示。

表 6-8　纯丙乳液配方

组分		用量（质量份）
单体	丙烯酸丁酯	65
	甲基丙烯酸甲酯	33
	甲基丙烯酸	2
乳化剂	烷基苯聚醚磺酸钠	3
引发剂	过硫酸铵	0.4
介质	水	125

6.4.1.4　聚丙烯酸酯橡胶

选择聚丙烯酸酯橡胶的主要单体应根据对硫化胶的性能要求来进行，合成强度较高的耐油及耐汽油型橡胶，主要单体应选用丙烯酸乙酯；而合成耐寒性橡胶，则可选用丙烯酸丁酯。第二共聚单体常选用 2-氯乙基乙烯基醚和丙烯腈。表 6-9 中列出了传统型聚丙烯酸酯橡胶的乳液聚合配方。合成聚丙烯酸酯橡胶可采用间歇乳液聚合工艺，也可采用半连续乳液聚合工艺。

表 6-9　传统型聚丙烯酸酯橡胶乳液聚合配方

组分		用量（质量份）	
		配方 I	配方 II
单体	丙烯酸乙酯	95	—
	2-氯乙基乙烯基醚	5	—
	丙烯酸丁酯	—	88
	丙烯腈	—	12
乳化剂	十二烷基硫酸钠	2	—
	聚乙二醇十二烷醚	2	—
	阴离子型乳化剂	—	2
	非离子型乳化剂	—	4
引发剂	过硫酸钾	0.4	0.05
调节剂	十二碳酸醇	0.02	—
分散介质	水	200	150

（1）间歇聚合工艺

将脱除阻聚剂的规定量的单体、去离子水和乳化剂加入带有搅拌器和冷却夹套的预乳化槽中，充分混合，使其乳化，控制其温度在 10℃ 以下。然后把预乳化液放入带有搅拌器、换热夹套和回流冷凝器的聚合釜中，加入规定量的引发剂，加热，进行聚合反应。通过回流冷凝器和夹套通冷却水来控制釜内温度，待单体转化率达到 95% 左右时，停止反应。

（2）半连续聚合工艺

按上述间歇聚合工艺同样的方法对单体进行预乳化。先向釜中加入 15%～20% 的预乳化液，在搅拌的同时加热至反应温度，加入引发剂引发聚合。然后将剩余单体在 2～3h 内连续滴加完。加完单体后在反应温度下保温 1～1.5h，其转化率达 95% 左右反应即告结束。

6.4.2　工艺流程

由于丙烯酸酯单体聚合反应放热量大，凝胶效应出现得早，很难采用间歇加料法进行生产，否则，在反应前期反应太剧烈，会出现很大的放热高峰，反应很难控制，常常会发生事故，也为产品质量带来不良影响。同时聚丙烯酸酯及其共聚物乳液一般用作涂料、黏合剂、浸渍剂、特种橡胶等，用于各行各业，其品种繁多，配方与生产工艺各异，大多为精细化工产品。一般产量都不是特别大，故很少采用连续操作。目前进行丙烯酸酯乳液聚合一般采用半连续工艺，其通用生产工艺流程如图 6-14 所示。

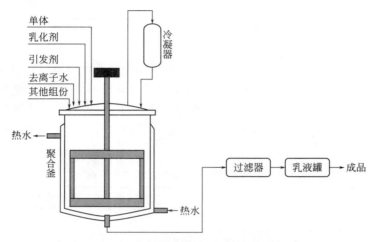

图 6-14　丙烯酸酯乳液聚合通用工艺流程图

通用工艺流程特点如下。

① 该工艺流程为半连续操作，单体、乳化剂和引发剂均可在反应过程中连续滴加。

② 采用真空抽料方式，可减少大量的劳动。

③ 反应体系用循环水加热和冷却，反应平稳。

④ 可用其进行种子乳液聚合，也可用来制造具有核壳结构、梯度结构等异形结构形态乳胶粒的聚合物乳液。

6.5　乳液接枝掺合法制备 ABS 树脂

ABS 树脂是丙烯腈-丁二烯-苯乙烯的三元共聚物，它具有优良的耐冲击韧性和综合性能，是重要的工程塑料之一，应用非常广泛。

ABS 树脂是目前产量最大、应用最广的热塑性工程塑料。1946 年 United States Rubber Co. 用掺合法生产 ABS 树脂。1954 年美国 Borg-Warneu 公司的子公司 Maroon 公司首先用乳液接枝法生产 ABS 树脂。ABS 树脂自 50 年代工业化以来发展极为迅速，产量平均增长率近 20%，已成为苯乙烯聚合体系中增长最快的一类树脂。

6.5.1　ABS 塑料的结构、性能及用途

6.5.1.1　ABS 塑料的结构

ABS 大分子主链由三种结构单元重复连接而成，不同的结构单元赋予其不同的性能。丙烯腈，耐化学腐蚀性好、表面硬度高；丁二烯，韧性、抗冲击性好；苯乙烯，透明性好、

刚性、着色性、电绝缘性及加工性优良。三种单体结合在一起，就形成了坚韧、硬质、刚性的 ABS 树脂。不同厂家生产的 ABS 因结构差异较大，所以性能差异也较大。通用结构表示如下：

$$\left[CH_2-CH\right]_x\left[CH_2-CH=CH-CH_2\right]_y\left[CH_2-CH\right]_z$$

6.5.1.2　ABS 塑料的性能

（1）一般性能

ABS 塑料为不透明象牙色的粒料，其制品可着成五颜六色，并具有 90% 的高光泽度。其相对密度为 1.05，吸水率低。ABS 塑料同其他材料的结合性好，易于表面印刷、涂层和镀层处理。ABS 的氧指数为 18.2%，属易燃聚合物，火焰呈黄色，有黑烟，烧焦但不落滴，并发出特殊的肉桂味。

（2）力学性能

ABS 塑料有优良的力学性能，其抗冲击强度极好，可以在极低的温度下使用；即使 ABS 制品被破坏也只能是拉伸破坏而不会是冲击破坏。ABS 的耐磨性优良，尺寸稳定性好，又具有耐油性，可用于中等载荷和转速下的轴承。ABS 的耐蠕变性比 PSF 及 PC 大，但比 PA 及 POM 小。ABS 的弯曲强度和压缩强度属塑料中较差的。ABS 的力学性能受温度的影响较大。

（3）热学性能

ABS 塑料的热变形温度为 93～118℃，制品经退火处理后还可提高 10℃ 左右。ABS 在 −40℃ 时仍能表现出一定的韧性，可在 −40～100℃ 的温度范围内使用。

（4）电学性能

ABS 塑料的电绝缘性较好，几乎不受温度、湿度和频率的影响，可在大多数环境下使用。

（5）环境性能

ABS 塑料不受水、无机盐、碱及多种酸的影响，但可溶于酮类、醛类及氯代烃中，受冰醋酸、植物油等侵蚀会产生应力开裂。ABS 的耐候性差，在紫外光的作用下易产生降解；于户外半年后，冲击强度下降一半。

ABS 塑料的具体性能如表 6-10 所示。

表 6-10　ABS 塑料的性能

性能	数值		
相对密度	1.03～1.07		
拉伸强度/MPa	34.3～49		
伸长率/%	2～4		
弯曲强度/MPa	58.8～78.4		
弯曲弹性模量/GPa	1.76～2.94		
Izod 冲击强度/(J/m)	超高冲	高冲	中冲
（23℃）	362.6～460.6	284.2～333.2	186.2～215.6
（0℃）	254.8～352.8	0.88～2.65	0.59～1.67
（−20℃）	147～235.2	117.6～147	68.6～78.4
（−40℃）	117.6～156.8	98～117.6	39.2～58.8

续表

性能	数值
洛氏硬度	R62～118
热变形温度(1.82MPa 负荷)/℃	87
燃烧性/UL	94 HB
成型收缩率/%	0.6
流动性(高化式)/(cm³/s)	0.05
体积电阻率/(Ω·cm)	$1.05～3.60×10^{16}$
介电常数/(10^3 Hz)	2.75～2.96
耐电弧性/s	66～82

ABS 塑料的加工性能同 PS 一样，是一种加工性能优良的热塑性塑料，可用通用的加工方法加工。

ABS 的熔体流动性比 PVC 和 PC 好，但比 PE、PA 及 PS 差，与 POM 和 HPS 类似，ABS 的流动特性属非牛顿流体，其熔体黏度与加工温度和剪切速率都有关系，但对剪切速率更为敏感。

ABS 的热稳定性好，不易出现降解现象。ABS 的吸水率较高，加工前应进行干燥处理，一般制品的干燥条件为温度 80～85℃，时间 2～4h。对特殊要求的制品（如电镀）的干燥条件为 70～80℃，时间 16～18h。

ABS 制品在加工中易产生内应力，内应力的大小可通过浸入冰醋酸中检验。如应力太大或制品应力开裂绝对禁止，应进行退火处理，置于 70～80℃ 的热风循环干燥箱内干燥，再冷却至室温即可。

6.5.1.3　ABS 塑料的用途

ABS 树脂具有广泛用途，在家电工业中作设备部件，其中包括电视机、洗衣机、录音机、收音机、复印机、传真机、电话机等的外壳、内衬与配件。在机电工业中可用于制造齿轮、泵叶轮、轴承、把手、管材、管件、蓄电池槽及电动工具壳等。在交通工业中可用于制造汽车的方向盘、仪表盘、风扇叶片、挡泥板、手柄及扶手等。ABS 还可广泛用于生产管材、箱子、办公设备、玩具、食品包装容器以及家具等。ABS 也可用于制造镀金制品、文具如笔杆等，保温、防震用泡沫塑料，仿木制品等。

6.5.2　ABS 的合成方法

合成 ABS 树脂的方法很多，大体上可以分为掺合法和接枝法两大类，如图 6-15 所示。

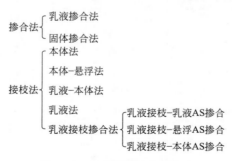

图 6-15　ABS 树脂的合成方法

6.5.2.1　掺合法

掺合法是将苯乙烯-丙烯腈共聚物树脂与橡胶及其他添加剂一起进行熔融混炼掺合。其中苯乙烯-丙烯腈共聚物树脂是通过悬浮聚合或乳液聚合而制得的含 20%～30% 丙烯腈的共聚物。橡胶是低温乳液聚合得到的丁苯橡胶、顺丁橡胶、丁腈橡胶或异戊二烯橡胶等。使用最多的是含 20%～40% 丙烯腈的丁腈橡胶。

掺合有两种方法，一种方法是两种乳液及其他添加剂掺合，再加入电解质破乳、沉淀、分离干燥，在螺杆挤出机熔融混炼造粒。另一种方法是将固体树脂、橡胶及添加剂，在混炼机上熔融混炼掺合。例如将 65～70 份含丙烯腈-苯乙烯共聚物树脂，在混炼机上加热到150～200℃，直至树脂完全熔融，再加入 30～35 份含丙烯腈 35% 的丁腈橡胶和适当的硫化剂、添加剂，在 150～180℃ 混炼 20min，得到均匀的混合物。可直接在 150～170℃，1.37～13.7MPa 压力下压延成表面光滑的 ABS 板材。如果改用顺丁橡胶代替部分丁腈橡胶，如 62～80 份苯乙烯-丙烯腈共聚树脂，8～26 份丁腈橡胶，8～26 份顺丁橡胶进行混炼，可得到弹性模量、硬度、抗冲击强度更好的 ABS 塑料。

6.5.2.2　接枝法

通过改变接枝共聚单体配比和组合方式，用不同的聚合方法，可以得到性能变化范围很大的不同规格的 ABS 树脂。根据产物中橡胶含量的多少，可以分为高抗冲击型、中抗冲击型、通用型和特殊性能型几种。

6.5.3　乳液接枝掺合法生产 ABS 树脂

6.5.3.1　聚合工艺基础

ABS 树脂的聚合工艺是采用种子乳液聚合技术，核壳乳液聚合方法。

核壳乳液聚合是以单体 1 按常规的乳液聚合形成胶乳种子，以此种子为核，再加单体 2 进一步乳液聚合，在核的表面形成壳层，核壳界面能发生接枝聚合。

ABS 树脂是以软组分聚丁二烯胶乳、丁苯胶乳或丁腈胶乳为种子形成软核，部分硬组分苯乙烯、丙烯腈等单体在软核的表面上聚合形成壳层，即硬壳，更主要是一部分硬单体在核壳界处与软组分发生接枝共聚，同时一部分硬单体溶于种子胶乳中，在种子胶乳中聚合，第二单体聚合后形成分离相，这种复杂的内部形态结构，即细胞结构。在此结构内，聚丁二烯为连续相，AS 树脂为分散相。

聚合反应结束得到的是以胶乳粒子为核，外层是以接枝共聚物和丙烯腈-苯乙烯共聚物所组成。接枝共聚物形成界面层有助于进一步与丙烯腈-苯乙烯共聚物相混合，使橡胶均匀分散于丙烯腈-苯乙烯母体中。

6.5.3.2　ABS 配方设计

在耐冲击性树脂的设计中，ABS 树脂是最有代表且相当成功的一例。其设计基础是脆性 AS 树脂［丙烯腈（AN）-苯乙烯（St）树脂］中混进粒径约为 $1\mu m$ 的大颗粒和 $0.1\sim0.2\mu m$ 的小颗粒的微观级橡胶成分，当 AS 树脂均匀地混入 10%～20% 的聚丁二烯橡胶（PBD）后，耐冲击值增大 10～20 倍，弹性模量高达 1GPa。制法是在橡胶胶乳中进行 AN-St 的乳液接枝共聚，与早期单纯的 AS 树脂和橡胶掺混法相比，接枝共聚法增加了橡胶、AS 树脂各组分的可调节因素，调节因素的出现为多性能、多用途的树脂设计奠定了基础。

通过长期研究，基本了解了橡胶成分中有关橡胶含量、橡胶交联度、橡胶粒径及其分布；AS 树脂中有关 AN/St 比、分子量、分子量分布；橡胶粒子中腊肠式结构（即渗透在橡胶粒子内部并以微小粒子状出现的 AS 聚集态）、接枝树脂的形态（即包覆一个橡胶胶乳并接枝 AS 成分的形态）等各种因素与性能间的关系，见表 6-11。在诸多设计因素中，腊肠式结构与接枝树脂形态比上述基本因素更能直接影响性能。由表所示设计因素中，相互之间有着种种的制约作用，为实现一种性质而改变某种因素时，必须充分考虑对其他性能的影响。因此 ABS 树脂的配方设计是"协合"的产物。

表 6-11　ABS 树脂的设计因素与性质的关系

性质	设计因素								
	橡胶交联度增大	橡胶粒径增大	橡胶含量	橡胶粒径分布窄	AS分子量增大	AS分子量分布窄	AN含量增大	接枝树脂的形态	腊肠式结构
耐冲击性	⇑	↑↓	↑↓	⇓	⇑	↑	↓	↑↓	↑↓
易流动性	⇓	↑	?	?	⇓	↑	⇓	?	?
耐热变形性	↓	→	→	→	↑	→	⇑	→	→
拉伸强度	↓	→	→	↑	↑	→	→	→	→
耐药品性	⇓	→	→	→	→	→	↓	→	→
耐候性	↓	→	→	→	→	→	↓	→	→
刚性	⇓	→	→	→	→	→	↓	→	→
表面加工性	↓	↑	→	→	⇓	→	⇓	→	→
镀金属性	⇑	→	→	→	⇓	→	↓	?	?

注：↑变好；↓恶化；→几乎不变；⇑显著变好；⇓显著恶化；↑↓在适当位置有峰值；? 估计有影响但未深入研究。

6.5.3.3　ABS 树脂生产工艺

世界上生产 ABS 树脂有乳液聚合法、本体聚合法及两者结合法，其中乳液聚合又分为乳液接枝和乳液接枝掺合法，目前最广泛的方法是乳液接枝掺合法。乳液接枝掺合法可分为乳液接枝-乳液 AS 掺合法、乳液接枝-本体 AS 掺合法、乳液接枝-悬浮 AS 掺合法，其流程如图 6-16 所示。

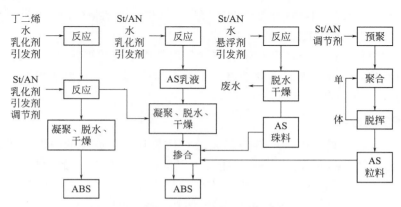

图 6-16　ABS 树脂生产工艺流程

ABS 树脂生产工艺分为两步，第一步为分散相接枝橡胶的生产，主要采用乳液聚合或本体聚合合成线性弹性体；第二步连续相基体树脂的生产，主要采用本体聚合法、悬浮聚合法，其次是乳液聚合法。分散相和连续相混合的方法有共挤塑造粒、基体树脂聚合前或在聚合过程中加入分散相接枝橡胶或将合成的分散相接枝乳液与基体树脂乳液共混合，再经后处理等多种方法。

（1）乳液接枝法

此法于 1954 年由 Borg-Warner 公司的子公司 Morbon 公司首先实现工业化。这是用化学接枝法生产 ABS 最早的方法，也称经典乳液聚合接枝法。此法是先将丁二烯进行乳液聚合制备丁二烯橡胶乳液（PBL），然后用此胶乳和全部苯乙烯、丙烯腈进行乳液接枝共聚得到 ABS 胶乳（ABSL），经凝聚、离心、水洗、干燥得到 ABS 树脂。工艺流程见图 6-17。

① 聚丁二烯胶乳制备　将 100 份丁二烯、180 份水、5 份油酸钠、0.56 份过氧化异丙苯引发剂及其他添加剂在聚合釜中分散成乳液，在 10℃进行聚合，直到 75％的丁二烯转化，未反应的丁二烯用水蒸气蒸馏除去，得丁二烯橡胶乳液。

② 乳液接枝共聚　按固体量计丁二烯橡胶乳液 30 份，与 300 份水、50 份苯乙烯、20 份丙烯腈、0.5 份过硫酸钾引发剂、0.5 份油酸钠和 0.1 份链转移剂，在不锈钢聚合釜中，氮气保护下高速搅拌，于 50℃左右进行接枝共聚即制得 ABS 乳液。

③ 后处理　未反应的单体用水蒸气蒸馏除去。在 ABS 乳液中加电解质氯化钙或氯化钠使乳液凝聚，之后离心、水洗、干燥、挤出造粒可制得 ABS 树脂。

图 6-17　乳液聚合接枝法工艺流程

（2）乳液接枝-乳液 AS 掺合法

此法是先将丁二烯进行乳液聚合制备丁二烯胶乳，其次将丁二烯胶乳和部分苯乙烯、丙烯腈进行乳液接枝聚合制得 ABS 胶乳，然后再和苯乙烯、丙烯腈乳液聚合制得的 SAN 基体树脂进行共凝聚，经脱水、干燥得 ABS 成品。该方法为 Marbon 公司所开发，于 1978 年将该项技术卖给了美国钢铁公司。工艺流程如图 6-18。

① 丁二烯橡胶胶乳的合成　丁二烯橡胶胶乳的合成是 ABS 生产过程中的一个主要单元，一般采用乳液聚合工艺生产。控制粒子大小在 $0.05\sim0.6\mu m$，最佳为 $0.1\sim0.4\mu m$ 范围内，粒径呈双峰分布。

② 接枝聚合物的合成　丁二烯橡胶胶乳与苯乙烯、丙烯腈接枝是 ABS 生产工艺中的核心单元。粒径呈双峰分布的丁二烯橡胶胶乳连续送入接枝釜与苯乙烯和丙烯腈按比例混合后加入引发剂、分子量调节剂以及其他助剂进行混合，然后进行乳液接枝聚合和交联反应。单体与聚丁二烯比例增大，接枝聚合物和 SAN 共聚物的分子量及接枝度增加，内部接枝率一般随橡胶粒径的增加和橡胶交联密度的降低而增加。在粒径和橡胶交联密度恒定时接枝度和接枝密度是决定 ABS 产品性能的因素。

③ SAN 基体树脂的合成　SAN 树脂是最重要的 ABS 基体树脂。SAN 共聚物中丙烯腈含量为 20％～35％（质量分数），平均分子量在 50000～150000 范围内，除用乳液聚合法生产外，还可用本体聚合法和悬浮聚合法生产。

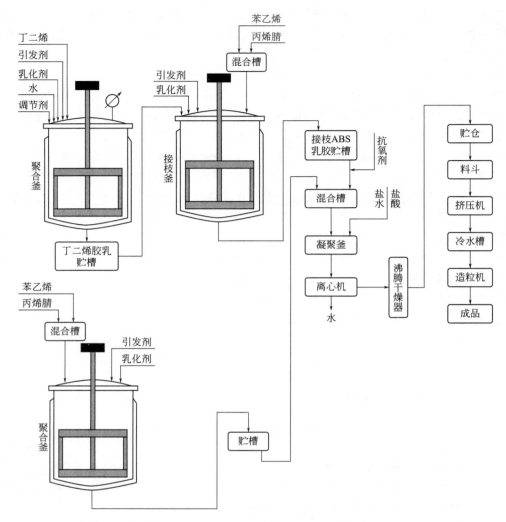

图 6-18　乳液接枝-乳液 AS 掺合法工艺流程

苯乙烯、丙烯腈混合溶液加入引发剂、分子量调节剂和必要助剂，在乳化剂阴离子表面活性剂存在下制成水乳液后进行乳液聚合。达到要求转化率以后，加入链终止剂与剩余的引发剂反应，闪蒸脱除未反应单体后即得 SAN 基体树脂胶乳。

④ ABS 树脂的生产　将 ABS 接枝聚合物和 SAN 基体树脂以不同比例进行掺合，加入稳定剂和其他助剂后进行破乳凝聚、脱水干燥等后处理过程，最后经挤塑造粒得到多种树脂产品。

SAN 与接枝聚合物的掺合后处理工艺有湿工艺和干工艺两种方法。"湿工艺"中先将接枝胶乳脱去大量水，得到的胶粒或胶块和 SAN 粒子一起送入特殊的挤出机进行干燥、混合和造粒。"干工艺"中先用离心机将接枝胶液脱去大量水，氮氧干燥后，接枝胶粒和 SAN 粒子混合，挤出、干燥。

（3）乳液接枝-本体 AS 掺合法

此法由日本东丽公司所开发，1977 年工业化装置正式投入生产。此法先将丁二烯进行乳液聚合制备 PBL，其次和少量苯乙烯、丙烯腈进行乳液接枝聚合得到橡胶含量高的

ABSL。然后，将此 ABSL 在专用的挤压脱水机中进行凝聚、脱水。脱水后的物料用其余的苯乙烯、丙烯腈溶解后送入两个串联的聚合釜进行本体聚合。在聚合过程中，苯乙烯、丙烯腈和 ABSL 凝聚物中的水形成共沸物自聚合釜中蒸出，经冷凝分离出水后，苯乙烯、丙烯腈回到聚合釜，以此排除大部分反应热。聚合结束后，聚合釜中的物料为未反应单体、橡胶颗粒和共聚物 SAN，物料为黏稠流体，通过闪蒸、薄膜蒸发或挤出挥发脱除单体后，SAN 共聚物与橡胶粒子经挤出切粒制得 ABS 树脂产品。工艺流程如图 6-19。

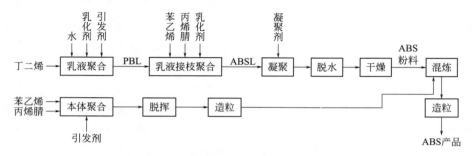

图 6-19　乳液接枝-本体 AS 掺合法工艺流程

（4）乳液接枝-悬浮 AS 掺合法

乳液接枝-悬浮 AS 掺合法生产 ABS 树脂的步骤与乳液接枝-本体 AS 掺合法生产工艺基本相同。先将丁二烯进行乳液聚合制备 PBL，其次和少量苯乙烯、丙烯腈进行乳液接枝聚合得到橡胶含量高的 ABSL，经凝聚脱水、干燥得到 ABS 粉料，然后和用悬浮聚合法制得的 SAN 粒料进行掺合得到 ABS 成品。工艺流程如图 6-20。

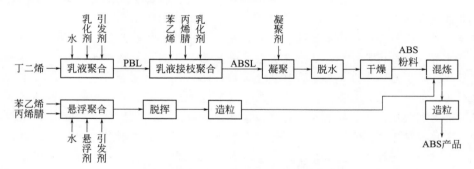

图 6-20　乳液接枝-悬浮 AS 掺合法工艺流程

虽然乳液聚合法合成 ABS 树脂的方法和工艺随着工业的发展已有了相当好的发展，但因为其产生的工业污染比较严重，近几年其发展也受到了阻碍，而相对比较不成熟的本体聚合法因其特有的本体聚合的优点，成了 ABS 合成研究的重要对象，并且在较为发达的国家逐步开始工业化。ABS 本体聚合生产工艺较为复杂，涉及橡胶含量、接枝率、接枝密度、橡胶粒径及其分布调控等多方面问题。尽管如此，由于本体 ABS 树脂生产工艺具有生态环保、产品纯度高、挥分残留低、产品性能优异等优点，从工艺灵活、缩短流程、降低投资和生产成本及环境保护的角度看，传统的乳液法生产 ABS 需添加乳化剂、助乳化剂等多种小分子助剂，导致最终树脂残余杂质含量偏高，工艺性差。而连续本体聚合工艺在生产过程中系统全密闭，基本无废水排放，最终产物经过二次脱挥，参与单体含量极低。连续本体法 ABS 树脂无毒无味，有利于后加工过程中的应用，此法无疑是最佳的 ABS 树脂生产工艺。

ABS 树脂生产的 5 种生产技术综合评价见表 6-12。

表 6-12　ABS 树脂生产技术综合评价

项目	乳液接枝聚合法	乳液接枝掺合法			连续本体法
		乳液 AS 掺合	本体 AS 掺合	悬浮 AS 掺合	
技术水平	已落后,仍生产	效益差,仍生产	大力发展	广泛采用	尚不完善
投资	中等	较高	中等	较高	最低
反应控制	较容易	容易	容易	容易	困难
设备要求	聚合简单	聚合简单	后处理复杂	后处理复杂	简单
热交换	容易	容易	较容易	容易	困难
后处理	复杂	复杂	复杂	复杂	简单
环保	差	差	中	较差	最好
发展趋势	淘汰	无发展空间	主要方法	仍有发展空间	前景广阔,有待完善
品种变化	品种可调	品种灵活	品种灵活	品种灵活	品种少
产品质量	含杂质较多	含杂质较多	含杂质较少	含一定量杂质	产品纯净

复杂工程问题案例

1. 复杂工程问题的发现

　　随着乳液聚合技术在当今工业诸多领域的应用,乳液聚合已成为合成橡胶、合成树脂、涂料、黏合剂等生产的主要方法之一,每年世界上通过乳液聚合方法生产的聚合物数以千万吨计。乳液聚合体系中乳化剂虽然用量很少,却有着重要的作用。在聚合前后乳化剂对乳液起着稳定作用,在聚合中引导单体按胶束机理聚合,并对聚合速率、乳胶粒数目及粒径大小、分布等产生影响。然而聚合后,吸附在乳胶粒表面的乳化剂在许多情形下会发生解吸,从而导致多种缺陷:①高剪切力作用下,易产生凝胶;②乳胶液的冻融稳定性差;③在乳胶液中添加颜料等组分时,乳化剂会与颜料分散剂在乳胶粒和水、颜料和水的两个界面产生竞争吸附,从而影响乳胶液的流变性能和稳定性;④在通过凝胶法制取固体产品时,乳化剂会残留在水相,造成环境污染;⑤成膜时,乳化剂会发生迁移,或富集于膜与空气间的界面,影响膜的光泽和其他表面性质;或富集于膜与基体的界面,影响膜的黏结性能;⑥残留的乳化剂还会造成成膜速率慢,降低膜的耐水性。因此,在乳液聚合反应工程实践过程中,如何避免乳化剂解吸是一个典型的复杂工程问题。

2. 复杂工程问题的解决

　　针对高分子材料乳液聚合技术领域的复杂工程问题,合理设计并筛选材料制备和加工所需的乳化剂、技术路线或工艺方法,设计方案中能够体现创新意识,考虑社会、健康、安全、法律、文化以及环境等因素。主要解决思路如下。

　　(1) 采用无皂乳液聚合。无皂乳液聚合可在反应过程中完全不加乳化剂,与常规乳液聚合相比,无皂乳液聚合具有如下特点:①避免了由于乳化剂的加入而导致对聚合产物的电性能、光学性能、表面性能、耐水性及成膜性等不良影响;②在某些应用领域中不使用乳化剂,可降低产品的成品、简化乳化剂的后处理工艺;③通过无皂乳液聚合制得的乳胶粒具有单分散性、表面"洁净"且粒径比常规乳液聚合的大,而且还可以制成具有表面化学能的功能颗粒；④无皂乳液聚合的稳定性通过电解质、离子型引发剂残基、亲水性或离子型共聚单体等在乳胶粒表面形成带电层而实现。

（2）使用反应型乳化剂。反应型乳化剂分子通过共价键的方式键合在乳胶粒的表面，这种强烈的键合使乳化剂分子在乳胶液存放、使用时不会发生解吸。使用反应型乳化剂有以下优点：①所得乳胶液在各种条件下的稳定性，如高剪切力作用稳定性、冻融稳定性、电解质稳定性等均较高；②水相几乎不残留乳化剂，可避免产生泡沫、不污染环境，还可加快成膜速度；③在乳胶液成膜时，避免了乳化剂的迁移，使膜的力学性能、光泽性、黏接性、耐水性等都得到很大的提高。问题解决的基本思路如图所示：

3. 问题与思考

（1）从工程实践角度出发，就乳液聚合反应所涉及的乳化剂解吸问题进行分析、方案设计和工程研究，提出解决复杂工程问题的方案和措施，并加以模拟实施，同时兼顾社会可持续发展。

（2）基于高分子材料、复合材料的科学原理，通过中外文献研究或相关方法，分析、设计复杂工程问题的实验研究方案，体现创新性，能兼顾到经济与社会效益等制约因素的影响。

（3）从生产成本、安全生产、环境保护、人类健康的角度出发，分析方案实施的经济和社会效益。

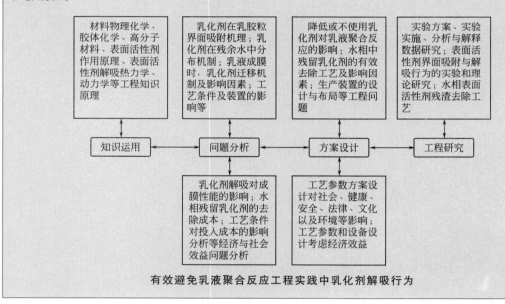

有效避免乳液聚合反应工程实践中乳化剂解吸行为

习 题

1. 自由基乳液聚合技术有哪些类型？

2. 乳化剂在自由基乳液聚合体系起什么作用？

3. 简述乳液稳定的基本原理。

4. 简述乳液聚合过程的分散、增速、恒速、减速四个阶段。

5. 为什么乳液聚合工艺可以同时提高聚合物的聚合速率和分子量？

6. 简述丁苯橡胶的结构与性能。

7. 转化率对丁苯橡胶的工艺和产品性能有怎样的影响？如何有效控制聚合终点？

8. 试述丁苯橡胶的性能和在国民经济中的应用。

9. 在氯乙烯种子乳液聚合工艺中，如何才能获得产品粒径呈双分布的产品？

10. 如何控制种子大小？

11. ABS 的生产方法有几种？

课堂讨论

1. 介绍目前工业上采用乳液聚合方法生产的聚合物产品的品种、特性及主要用途，合成原理，国内外主要生产厂家简介。

2. 举例说明经典乳液聚合、种子乳液聚合、核/壳乳液聚合、反相乳液聚合的特点及用途。

第7章 熔融缩聚工艺

学习目标

(1) 了解熔融缩聚产品及主要原材料的理化性质、储运要求、性能及用途;

(2) 理解熔融缩聚的工艺过程及其流程图解;

(3) 掌握熔融缩聚原理、聚合方法及影响聚合过程及产物性能的关键因素与解决办法。

重点与难点

熔融缩聚过程及聚合工艺条件分析，体形缩聚原理及凝胶点的控制。

7.1 熔融缩聚

7.1.1 熔融缩聚概述

熔融缩聚是指单体和缩聚物均处于熔融状态下进行的缩聚反应过程。聚合体系中仅有单体、产物及少量催化剂，就这方面而言与本体聚合有着相似之处，但是两者适用的聚合反应机理不同。熔融缩聚的特点是聚合热不大，聚合过程的热效应没有本体聚合显著，因此聚合温度的控制相对容易。聚合体系简单，产物纯净，提高单体转化率时可以免去后续分离工序。聚合设备的利用率高、产能高，缩聚物可连续直接纺丝，生产成本低。但是，熔融缩聚需要很高的聚合温度，一般在200～300℃之间，比生成的聚合物的熔点高10～20℃。熔融缩聚方法不适合高熔点的缩聚物，不适合易挥发单体，不适合热稳定性不良的单体和缩聚物。制备高分子量的缩聚物需要严格的等当量单体配比，计量操作难度大。反应物料黏度高，反应后期生成的小分子不容易脱除。局部过热导致物料受热不匀、甚至焦化。长时间的高温缩聚过程易发生副反应使分子链结构和聚合物组成复杂化，长时间高温缩聚物易氧化降解、变色，为避免高温时缩聚产物的氧化降解，常需在惰性气体中进行。

7.1.2 熔融缩聚反应的主要影响因素

(1) 单体配料比

单体配料比对产物平均分子量有决定性影响，所以在熔融缩聚的全过程都要严格按配料比进行。但由于高温下单体易挥发或稳定性差等原因造成配料比不好控制，因此，生产上一般采取将混缩聚转变为均缩聚的办法，如将对苯二甲酸转变为易于提纯的对苯二甲酸二甲酯，再与乙二醇进行酯交换生成对苯二甲酸乙二酯，再进行缩聚反应得涤纶树脂。又如将己二酸与己二胺转变成尼龙-66盐生产尼龙-66。

对于高温挥发性较大的单体采用适当多加的办法，以弥补损失量。

(2) 反应程度

通过排出小分子副产物的办法提高反应程度。具体可以采用提高真空度、强烈机械搅拌、改善反应器结构（如采用卧式缩聚釜、薄层缩聚法等）、使用扩链剂（扩链剂能增加小分子副产物的扩散速率）、通过惰性气体等方法。

（3）平衡常数

平衡常数越小，说明逆反应的倾向越大，若让其自然平衡，就得不到高分子量的聚合物。为获得高分子量产物，就必须采取一定措施抑制逆反应促进正反应，如采用真空及时排除生成的小分子，使平衡向高分子形成的方向移动。

（4）反应温度

温度有双重的影响，既影响反应速度，又影响平衡常数。温度越高，反应速度越快。但温度过高时要注意官能团的分解，挥发性单体的逸出等不良影响。

缩聚反应通常是放热反应，故温度越高，平衡常数越小。可先高温反应，这时反应快，达到平衡的时间可缩短。然后可适当减低反应温度，因为在低温下接近平衡时的分子量较高。

（5）氧

由于高温下氧能使产物氧化变色、交联，因此，要通入惰性气体，并加入抗氧剂（如 N-苯基-β-苯胺、磷酸三苯酯等）。

（6）杂质

对原料单体的纯度要求比较高，杂质的带入会影响配料比，因此要消除。具有反应活性的杂质，尤其是单官能团的杂质，危害更大。如双酚 A 中往往有苯酚杂质，对苯二甲酸中可能有苯甲酸杂质。这些杂质易引起封端作用，不利于分子链增长。

（7）催化剂

加入一定量的催化剂能提高反应速率。如聚酯反应常用醋酸盐或金属氧化物等作催化剂。缩聚速率常与催化剂的用量成比例。理论上讲，催化剂不影响反应平衡，因而也不影响缩聚产物的极限分子量。实际上，由于催化剂会同时催化某些副反应，使反应过程复杂化。

7.1.3 熔融缩聚工艺

根据熔融缩聚的自身特点设置相应的聚合工艺条件。对于制备纤维、塑料用的缩聚物，分子量相对较高，一般采用预缩聚、缩聚和后缩聚等多段的聚合工序。预缩聚反应温度低，反应程度低，体系黏度小，容易搅拌，传热传质容易，可以在较大的普通反应釜中进行。缩聚阶段，体系黏度较大，小分子副产物难以排除，需要进一步升高温度，同时借助外力排除生成的副产物，促使缩聚平衡反应向着生成缩聚物的方向移动，提高缩聚反应程度。副产物的排除可以采用减压抽真空法，溶剂共沸回流法，惰性气体载汽逸出法等。后缩聚阶段，缩聚物黏度已经很大，需要在专门的设备中进行，一般采用带有螺杆推进器的卧式反应器，同时附加高真空装置。后缩聚在高温、高真空的苛刻条件下进行，对聚合设备密封性要求高。

7.2 熔融线形缩聚制备聚对苯二甲酸乙二醇酯

7.2.1 线形缩聚原理

7.2.1.1 线形缩聚反应

当发生缩聚反应的单体均为双官能度时，通过缩聚反应则可生成结构为线形的聚合物，同时伴随着小分子副产物的生成，此缩聚反应过程称之为线形缩聚，生成的聚合物为线形缩聚物。在高聚物合成工业中通过线形缩聚可以一次性获得较高分子量的线形聚合物。线形缩聚物的合成反应有均缩聚、混缩聚和共缩聚三种聚合路线。均缩聚就是指只有一种单体进行的缩聚反应。当一个单体分子中含有两个可以发生缩合反应的官能团时，可以通过均缩聚合成高分子量线形缩聚物，例如羟基酸均缩聚合成聚酯，氨基酸均缩聚合成聚酰胺等。

$$n\,HORCOOH \rightleftharpoons H\!\left[ORCO\right]_n\!OH + (n-1)H_2O$$

$$n\,NH_2\!-\!R\!-\!COOH \rightleftharpoons H\!\left[NH\!-\!R\!-\!CO\right]_n\!OH + (n-1)H_2O$$

混缩聚反应是指两种分别带有相同官能团的单体进行的缩聚反应，也称为杂缩聚。例如二元酸和二元醇混缩聚合成聚酯、二元胺和二元酸混缩聚合成聚酰胺等。

$$n\,HOOC(CH_2)_4COOH + n\,HOCH_2CH_2OH \rightleftharpoons$$

$$HO\!\left[CO(CH_2)_4COOCH_2CH_2O\right]_n\!H + (2n-1)H_2O$$

$$n\,NH_2\!-\!R\!-\!NH_2 + n\,HOOC\!-\!R'\!-\!COOH \rightleftharpoons$$

$$H\!\left[NH\!-\!R\!-\!HNCO\!-\!R'\!-\!CO\right]_n\!OH + (2n-1)H_2O$$

共缩聚是指在均缩聚中加入第二、第三种单体进行的缩聚反应，或在混缩聚中加入第三或第四种单体进行的缩聚反应。采用共缩聚的合成路线可以方便地调节聚合物分子链的结构与性能，在制备无规和嵌段共聚物方面已经获得广泛的应用。例如采用一种二元胺和两种二元酸共缩聚制备聚酰胺共聚物。

$$NH_2\!-\!R\!-\!NH_2 + HOOC\!-\!R'\!-\!COOH + HOOC\!-\!R''\!-\!COOH$$

$$\longrightarrow \sim\!\sim\!\sim NH\!-\!R\!-\!HNCO\!-\!R'\!-\!CONH\!-\!R\!-\!HNCO\!-\!R''\!-\!CO\!\sim\!\sim\!\sim$$

线形缩聚遵循逐步聚合反应机理。所谓逐步聚合机理，就是指聚合过程中聚合物的分子量是逐步增长的。聚合初期，大量单体消耗掉，生成聚合度不等的低聚体，进一步的聚合反应主要发生在低聚体之间的反应，使分子量逐步增大，最终形成高分子量的线形缩聚物。线形缩聚初期，单体转化率很高，但此阶段生成物分子量很低。因此，表示线形缩聚反应的深度（进程）用反应程度表示，而不用转化率。所谓反应程度是指反应某时刻消耗掉的某种官能团的量占起始该种官能团的量的百分数，用 P 表示。

7.2.1.2　线形缩聚物

工业上采用线形缩聚方法制备的高分子量线形缩聚物主要有下列一些品种。

（1）聚酯类

聚酯类线形缩聚物有聚对苯二甲酸乙二醇酯、聚对苯二甲酸丁二醇酯、双酚 A 型聚碳酸酯等。聚对苯二甲酸乙二醇酯主要生产涤纶纤维、聚酯瓶和聚酯包装薄膜，以及制备感光胶片、录音带、录像带等材料。聚对苯二甲酸丁二醇酯和双酚 A 型聚碳酸酯主要用作工程塑料。双酚 A 型聚碳酸酯工业上采用双酚 A 和碳酸二苯酯混缩聚而成。

（2）聚酰胺类

聚酰胺类线形缩聚物有聚酰胺 66、聚酰胺 610、聚酰胺 1010、聚酰胺 6、聚酰胺 11、聚酰胺 12 等。聚酰胺也称尼龙。聚酰胺 66 及聚酰胺 6 主要用作聚酰胺纤维。聚酰胺 6 可以采用浇注成型方法制备耐磨制件，如滚轮、滚筒、齿轮等。聚酰胺 1010 主要用作热塑性塑料生产卫生洁具的塑料配件等。

（3）聚砜类

聚砜是采用双酚 A 或其钠盐与二氯代二芳基砜混缩聚合成的。聚砜可用作耐高温的高分子材料。目前产量最大的是聚苯砜，采用双酚 A 与 4,4′-二氯二苯基砜混缩聚合而成。

（4）聚酰亚胺类

聚酰亚胺是采用芳香二胺和芳香二羧酸酐混缩聚合成的。目前最主要的聚酰亚胺就是采用均苯四甲酸二酐和 4,4′-二氨基二苯基醚混缩聚合而成的。

（5）聚芳香族杂环类

聚芳香族杂环类包括经缩聚反应制备含芳杂环的各种聚合物品种，如聚苯并咪唑吡咯烷酮（吡隆）、聚苯并噻唑、聚苯并噁唑、聚苯并咪唑等。例如，采用均苯四甲酸二酐和 3,4,3′,4′-四氨基联苯混缩聚制备聚苯并咪唑吡咯烷酮；采用间苯二甲酸和 3,4,3′,4′-四氨基联苯混缩聚制备聚苯并咪唑。

聚砜、聚酰亚胺以及聚芳香族杂环类线形缩聚物均属于耐高温型聚合物品种，可用于制备耐高温塑料、耐高温合成纤维、耐高温涂料及胶黏剂等。

7.2.1.3 线形缩聚工艺的关键问题分析

(1) 线形缩聚产物的聚合度问题

① 反应程度的影响 首先来看反应程度对聚合度的影响。根据聚合度与反应程度的公式 (7-1) 可知, 在任何情况下, 缩聚物的聚合度均随反应程度的增大而增大。因此, 利用缩聚反应的这一逐步特性的反应机理, 可以通过采取冷却等措施控制反应程度, 获得相应大小的分子量, 以适用于不同的产品要求。

$$\overline{X}_n = \frac{1}{1-P} \tag{7-1}$$

工业生产中, 为获得高分子量的线形缩聚物, 必须使缩聚反应的单体转化率接近于 100%, 但随着转化率的提高反应速率明显减慢。例如, 对于外加酸催化的二元羧酸和二元醇可逆线形缩聚反应体系, 其反应程度与时间的关系满足公式 (7-2)。根据简单计算可知, 完成转化率 98% 到 99% 所需的反应时间与反应开始到转化率达 98% 的时间相近。因此, 为获得较高反应程度, 促进缩聚反应速率, 提高缩聚物分子量, 必须采用合适的催化剂。

$$\frac{1}{1-P} = k'C_0t + 1 \tag{7-2}$$

② 原料配比对聚合度的影响 对于官能度均为 2 的等摩尔比的两种单体形成的线形缩聚体系, 如果缩聚反应充分进行, 理论上可以得到分子量无限大的产品, 而事实上这种情况很难出现。主要原因分析如下: 首先原材料中存在微量的杂质, 缩聚过程中微量官能团的分解, 缩聚过程中少量单体的挥发逸失等因素均会影响官能团等摩尔比的精确性; 其次官能团的完全转化, 即反应程度等于 1, 需要足够的缩聚时间, 而实际上不可能过分延长反应时间, 因此缩聚反应不可能进行完全。上述两种情况的分析结果表明, 官能团等摩尔比的精确性是相对的, 尽可能的接近官能团等摩尔比对提高产物分子量是有利的。因此, 缩聚体系形成的缩聚产物中总是或多或少地存在一定量的未反应的官能团。

缩聚产物存在的未反应官能团, 譬如聚酯分子链的端羟基和端羧基, 聚酰胺分子链的端氨基和端羧基, 在适当条件下会进一步反应, 促使分子量的成倍增长。当对这些缩聚物进行塑料成型加工或熔融纺丝时, 在高温高压下残余官能团会进一步缩合反应促使熔体黏度的急剧上升, 导致成型加工及熔融纺丝过程无法进行。为了使具有活性端基的高分子量缩聚物熔融加工时黏度稳定, 在生产过程中必须加入黏度稳定剂。所谓黏度稳定剂, 就是一些单官能度物质, 加入后与端基反应使活性端基失活而稳定。例如, 生产聚酰胺树脂时, 原材料配方中含有少量一元酸如醋酸等, 则聚酰胺树脂的端氨基发生乙酰化反应而失去活性。

$$CH_3-CO \frac{}{} NH(CH_2)_y-HNCO(CH_2)_x-CO \frac{}{n} OH$$

③ 小分子副产物对聚合度的影响 对于官能度均为 2 的等摩尔比的两种单体形成的线形缩聚体系, 大多为平衡缩聚反应。例如二元醇和二元羧酸的缩聚反应, 平衡常数约为 4, 即当缩聚反应达到平衡时, 反应程度为 0.67, 产物聚合度为 3; 再如二元胺和二元羧酸的缩聚反应, 平衡常数约为 400, 即当缩聚反应达到平衡时, 反应程度为 0.95, 产物聚合度为 21。也就是说, 上述两种缩聚反应达到平衡时均不能得到高分子量缩聚物, 要想得到高分子量缩聚物必须设法破坏缩聚平衡, 促使反应不断朝着正反应方向进行。在工业实践中, 常采用的方法是在缩聚过程中不断排除生成的小分子副产物。换言之, 缩聚体系中残留的副产物

量会影响缩聚物的分子量。对于官能度均为 2 的等摩尔比的两种单体形成的线形缩聚体系，产物聚合度与体系副产物小分子残留量满足下列关系：

$$\overline{X}_n = \sqrt{\frac{K}{n_w}} \tag{7-3}$$

线形缩聚物的聚合度一般要求在 100 以上。对于二元醇和二元羧酸的缩聚反应，平衡常数约为 4，若要产物聚合度超过 100，体系中小分子副产物水的残留量不大于 4×10^{-4}。如此小的副产物残留量，必须采用较高真空度方可达到。工业生产中经常采用的工艺方法有薄膜蒸发、溶剂共沸蒸馏、真空脱除以及通入惰性气体吹出等。

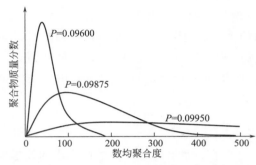

图 7-1　不同反应程度缩聚物的质量分布曲线

反应程度越高，缩聚物分子量的质量分布曲线越宽，不同分子量聚合物含量的差异越小。无论反应程度如何，质量分布曲线均出现极大值。图 7-1 为不同反应程度缩聚物的质量分布曲线。

（2）线形缩聚过程中的副反应问题

① 环化反应　2-2 或 2 官能度体系是线形缩聚的必要条件，但不是充分条件，在生成线形缩聚物的同时，常伴随有成环反应。成环反应是副反应，与环的大小密切相关。环的稳定性如下：

$$5, 6 > 7 > 8 \sim 11 > 3, 4$$

环的稳定性越大，反应过程中越易成环。五元环、六元环最稳定。例如羟基乙酸很难均缩聚形成大分子，因为会发生如下的成环反应：

$$2HOCH_2COOH \xrightarrow{-H_2O} HOCH_2COOCH_2COOH$$

$$\xrightarrow{-H_2O}$$

② 官能团的消去反应　在长时间的高温缩聚的过程中，容易发生官能团的消去反应，包括羧酸的脱羧、胺的脱氨等反应。对于二元羧酸来说，两个羧基之间的烷基碳链越长，则羧基的热稳定性越好。对于含有相近碳原子的二元羧酸，含偶数个碳原子的二元羧酸比含奇数个碳原子的二元羧酸的热稳定性好。表 7-1 列出了常见脂肪二元酸的脱羧温度。

表 7-1　常见脂肪二元酸的脱羧温度　　　　　　　　单位：℃

二元酸	脱羧温度	二元酸	脱羧温度
己二酸	300～320	壬二酸	320～340
庚二酸	290～310	癸二酸	350～370
辛二酸	340～360		

脱羧反应如下：

$$HOOC \!-\!\!\!\left(CH_2\right)_{\!n}\!\!-\!\!COOH \xrightarrow{\triangle} HOOC \!-\!\!\!\left(CH_2\right)_{\!n}\!\!-\!\!H + CO_2$$

③ 化学降解　在醇酸、氨基与羧酸缩聚的过程中，一些小分子醇、酸、水会使聚酯、

聚酰胺大分子链发生醇解、酸解、水解等化学降解反应。降解反应的结果是使聚合物分子量降低，在聚合、加工及使用过程中都可能发生。利用降解原理可以回收废旧的聚酯、聚酰胺等缩聚物。

$$H\text{-}(OROCOR'CO)_m\text{-}(OROCOR'CO)_n\text{-}OH$$

醇解　　H —OROH

酸解　HOOCR'CO —OH

水解　　H —OH

④ 链交换反应　理论上，聚酯、聚酰胺等的两个分子可在任何位置的酯键、酰胺键处进行链交换反应。在线形缩聚过程中，尤其缩聚后期当分子量增长到一定程度后容易发生链交换反应。链交换反应的结果是既不增加又不减少官能团数目，不影响反应程度。链交换反应不改变体系中大分子链的数目，而且还会使聚合物分子量分布更均一。例如，在二元醇与二元羧酸线形缩聚的后期可以发生下列的链交换反应：

$$H\text{-}(OROCOR'CO)_m\text{-}(OROCOR'CO)_n\text{-}OH$$
$$H\text{-}(OROCOR'CO)_p\text{-}(OROCOR'CO)_q\text{-}OH$$

$$H\text{-}(OROCOR'CO)_m\text{-},\; HO\text{-}(COR'COORO)_q\text{-} \;+\; (OROCOR'CO)_n\text{-}OH,\; (COR'COORO)_p\text{-}H$$

利用链交换反应原理可以制备一些嵌段缩聚物。例如，将线形聚酯和聚酰胺进行链交换反应，可形成聚酯链段与聚酰胺链段的嵌段缩聚物。

7.2.2　聚对苯二甲酸乙二醇酯

聚对苯二甲酸乙二醇酯，简称聚酯，英文缩写为 PET。1941 年英国的 Whinfield 和 Diskson 用对苯二甲酸二甲酯与乙二醇缩聚获得 PET，经熔融纺丝制备性能优良的纤维，商品名称为涤纶，并于 1953 年在美国工业化。由于其性能优良，发展很快，至 1972 年它的产量已占据合成纤维的首位。

PET 大分子链既对称，又规整，所有苯环几乎处在同一平面上，且沿着分子长链方向拉伸时能相互平行排列，因此能紧密堆砌而易于结晶。

当 PET 迅速冷却至室温时可得到透明的玻璃状树脂；如缓慢冷却，则可得到结晶的不透明树脂。若将透明的树脂升温至 90℃ 左右，大分子链发生运动，自动调整转变为不透明的结晶结构。经测定不同聚集态结构的 PET 的玻璃化温度（T_g）及熔点（T_m）值如表 7-2 所示。

表 7-2　PET 的玻璃化温度和熔点　　　　　　单位：℃

PET	玻璃化温度	PET	熔点
无定形态	67	工业品	256～265
晶态	81	纯 PET 结晶	271（或 280）
取向态结晶	125		

PET 的耐热性高，常用的 PET 熔点为 255～265℃，软化温度为 230～240℃。工业上用来纺丝的 PET 的熔点为 265℃。PET 之所以具有较高的耐热性和熔点，是因为 PET 大分子链具有高度的立构规整性和对称性，以及主链上含有刚性很强的对亚甲基苯结构单元。凡是能破坏 PET 大分子链立构规整性、对称性及刚性的因素，均会不同程度地降低 PET 熔点，进而影响 PET 的使用性能。如生产 PET 原材料中的杂质邻位或对位的苯二甲酸等，副

产物一缩二乙二醇等均能明显降低 PET 的熔点。脂肪族聚酯的熔点很低，而含有对称联苯结构的芳香族聚酯则具有很高的熔点。

$$\sim\!\!-\!\!OCH_2CH_2O\!\!-\!\!\overset{O}{\underset{\parallel}{C}}\!\!-\!\!\bigodot\!\!-\!\!\overset{O}{\underset{\parallel}{C}}\!\!-\!\!\sim$$
熔点271℃(280℃)

$$\sim\!\!-\!\!OCH_2CH_2O\!\!-\!\!\overset{O}{\underset{\parallel}{C}}\!\!-\!\!\bigodot\!\!-\!\!\overset{O}{\underset{\parallel}{C}}\!\!-\!\!\sim$$
熔点240℃

熔点108~110℃

熔点233℃

$$\sim\!\!-\!\!OCH_2CH_2O\!\!-\!\!\overset{O}{\underset{\parallel}{C}}\!\!-\!(CH_2)_6\!\!-\!\!\overset{O}{\underset{\parallel}{C}}\!\!-\!\!\sim$$
熔点45℃

熔点346℃(>350℃)

PET 分子量的大小直接影响其成纤性能和纤维质量。研究者对聚（ω-羟基癸酸）酯的研究结果表明，当此大分子链的平均链长达 100nm 以上、数均分子量约为 12800 时才能获得良好的成纤性能和质量符合要求的纤维。实验测定 PET 数均分子量在 15000 以上才能有较好的可纺性。目前民用 PET 纤维的数均分子量为 16000～20000，大分子链的平均链长为 90～112nm。

工业上，常用特性黏数来表征聚酯分子量的大小。不同用途的 PET 有着不同的特性黏数。通常用作合成纤维的 PET 分子量较低，用来生产薄膜时则 PET 分子量较高，生产注塑、吹塑制品时要求 PET 分子量更高些。PET 用作合成纤维时，因为纤维的具体用途不同其分子量也会不同。例如，聚酯树脂用于生产帘子线时，要求其分子量与生产塑料制品的分子量相近。表 7-3 列出了一些不同用途 PET 的特性黏数。

表 7-3　不同用途 PET 的特性黏数　　　　　　　　　单位：dL/g

用途	特性黏数	用途	特性黏数
短绒纤维	0.40～0.50	工业纱线	0.72～0.90
羊毛型纤维	0.58～0.63	帘子线	0.85～0.98
棉花型纤维	0.60～0.64	薄膜	0.60～0.70
高强度高模量纤维	0.63～0.70	注塑料	0.90～1.00
纺织纱线	0.65～0.72	瓶料	0.90～1.00

PET 自问世以来主要用作纤维，应用于纺织领域。由于 PET 在较宽的温度范围内能保持优良的物理性能，抗冲击强度高、耐摩擦、刚性大、硬度大、吸湿性小、尺寸稳定性好、电性能优良、对大多数有机溶剂和无机酸稳定，因此除应用于纤维外，在塑料、包装容器、包装薄膜等领域应用广泛。PET 作为纤维具有较高的机械强度，湿态下其机械强度几乎保持不变，抗冲击强度约为脂肪族聚酰胺的 4 倍左右。PET 的弹性好，其织物的耐皱性也超过其他纤维。

PET 大分子链上含有大量的酯基，虽然常温下是稳定的，但在高温下容易发生水解、热氧化、热裂解等副反应，生成羧基、羰基、双键等结构，导致 PET 的熔点下降、颜色加深、机械性能下降等。因此，在 PET 的合成、加工、纺丝等过程中，必须对工艺加以控制，防止上述副反应的发生。

PET 可以采用对苯二甲酸二甲酯（DMT）作为原料，经酯交换生产对苯二甲酸乙二醇酯，再经缩聚生产聚酯纤维的原料 PET。这种方法称为酯交换法，又称 DMT 法。也可以用对苯二甲酸（PTA）和乙二醇（EG）直接酯化，再经缩聚生产 PET。这种方法称为直接酯化法，又称 PTA 法。PET 的合成还可以采用对苯二甲酸和环氧乙烷的加成反应制备。上述合成方法的不同之处在于中间体对苯二甲酸双 β-羟乙酯的合成方法不同，但缩聚过程是相同的。

早年，由于对苯二甲酸的纯化技术未能达到使其满足生产聚酯的纯度的要求，因此开发了先把对苯二甲酸酯化为对苯二甲酸二甲酯，精制后再经酯交换反应合成聚酯。在酯交换反应的同时进行预缩聚反应，生成对苯二甲酸双 β-羟乙酯的低聚物。对苯二甲酸二甲酯与乙二醇的摩尔比一般为 1:（2.1～2.3），反应温度为 155～210℃，在常压下进行。酯交换反应为可逆反应，过量的乙二醇有利于反应正向进行。通过不断地蒸出甲醇，使反应向生成对苯二甲酸双 β-羟乙酯的方向推移。酯交换工艺方法传统，工艺成熟。但是酯交换工艺要消耗甲醇，生产流程长，成本高，对苯二甲酸二甲酯易升华凝结在管道内壁。酯交换方法生产 PET 因工艺成熟而成为目前国内的主要生产方法，但世界范围内酯交换法目前呈下降趋势。

自 20 世纪 60 年代美国阿莫克公司开发了对二甲苯空气氧化并精制得到高纯度的对苯二甲酸工艺以后，直接酯化法得到迅速发展，成为与酯交换法相竞争的重要方法。由于 PTA 中的氢离子本身具有自催化作用，因此一般不使用专门的酯化催化剂。通常对苯二甲酸和乙二醇的摩尔比为 1:（1.1～1.4），反应在常压或减压下进行，温度为 220～230℃。此法应用 PTA 与 EG 直接酯化为对苯二甲酸和乙二醇的低聚物，再进行缩聚反应。直接酯化法与酯交换法相比，流程缩短，生产成本低，反应设备效率高，生产较安全，这些优点使此法比酯交换法先进。为了进一步缩短工艺流程，在生产集成化的基础上，研究人员把聚酯生产过程与 PTA 生产过程进行整合，把 PTA 浆料配制工序与 PTA 生产工序合并，甚至更进一步把酯化工序放在 PTA 生产过程中进行。因为对苯二甲酸的熔点高于升华温度，不能熔融，而乙二醇的沸点（196～199℃）与对苯二甲酸的升华温度（300℃）相比较低，所以固体对苯二甲酸在乙二醇沸点下酯化反应是在固/液非均相体系中进行的。随反应的进行，悬浮的 PTA 溶解速度不断增加，PTA 在反应混合物体系中的溶解度远大于在纯 EG 中的溶解度，当 PTA 全溶后，体系由非均相浑浊转向均相透明。因为反应体系在对苯二甲酸完全溶解之前，溶液中对苯二甲酸总是饱和状态，所以酯化反应速率与对苯二甲酸浓度无关，因此可考虑分批次加入 PTA，改善传质工艺过程。为了加快反应速率，常采取提高反应温度，使反应在乙二醇沸点以上进行，并同时加大乙二醇的摩尔比，但是这样会加剧乙二醇脱水致使醚化反应生成一缩二乙二醇，这种醚化反应比酯交换法的醚化反应速率大得多，所以直接酯化反应中，工艺的控制是一个很重要的问题。直接酯化法工艺简单，节省原料，设备生产能力大，投资成本低。但 PTA 不易熔融，能升华，在乙二醇中难溶解，高温下易氧化变色，乙二醇高温下易醚化产生一缩二乙二醇副产物。

对苯二甲酸和环氧乙烷的加成反应制备对苯二甲酸双 β-羟乙酯，从理论上看该法是最简单的方法，不需要将环氧乙烷制成乙二醇，此工艺方法称之为环氧乙烷法。环氧乙烷活性高，与对苯二甲酸反应迅速，反应可以在较低温度下进行。但是在实践中会遇到许多困难，因为容易生成许多副产物，包括环氧乙烷聚合成聚醚和聚醚与对苯二甲酸的反应产物，使醚键引入聚酯链中，降低聚酯的熔融温度。日本过去曾用此法进行过 PTA 生产，但由于此法反应过程易出现易燃、易爆及环氧乙烷原材料的毒害性等问题，目前尚未推广应用。

对苯二甲酸乙二醇酯缩聚的聚酯树脂的反应和酯交换反应一样是可逆反应。必须除去生成的乙二醇才能得到高分子量的聚酯树脂。乙二醇逸出的快慢是控制反应速率的极为重要的因素。据报道，在缩聚时如使反应物处在极薄的液膜状态，并在减压状态下，只需几秒钟即可缩聚成 PET 树脂。在实际生产中，需要加快乙二醇的扩散和蒸发，常采用搅拌、薄液层、高真空和加热等方式来实现。

7.2.3　聚合体系各组分及其作用

(1) 对苯二甲酸二甲酯

对苯二甲酸二甲酯是酯交换法生产 PET 的重要单体，其熔点为 140.6℃，沸点为 283℃，不溶于水，溶于乙醚和热乙醇。其外观为白色固体，微观结构属无色斜方晶系结晶体。

(2) 对苯二甲酸

对苯二甲酸简称 PTA，是产量最大的二元羧酸，主要从对二甲苯制得，是生产聚酯的主要原料。常温下为固体，加热不熔化，300℃ 以上升华。若在密闭容器中加热，可于 425℃熔化。常温下难溶于水，溶于碱溶液，微溶于热乙醇，不溶于乙醚、冰醋酸、醋酸乙酯、二氯甲烷、甲苯、氯仿等大多数有机溶剂，可溶于二甲基甲酰胺（DMF）、二乙基甲酰胺（DEF）和二甲亚砜（DMSO）等强极性有机溶剂。对苯二甲酸低毒，其粉末可燃，若与空气混合，在一定的限度内遇火即燃烧甚至发生爆炸。对苯二甲酸可发生酯化反应；在强烈条件下，也可发生卤化、硝化和磺化反应。

(3) 乙二醇

乙二醇是工业上生产 PET 不可缺少的重要单体。PET 的熔点为 −13.2℃，沸点为 197.5℃，闪点为 110℃，相对密度为 1.11。乙二醇常态下为无色、无臭、有甜味的液体，能与水混溶，可混溶于乙醇、醚等有机溶剂。乙二醇遇明火、高热或与氧化剂接触，有引起燃烧爆炸的危险。乙二醇的单甲醚或单乙醚是很好的溶剂，乙二醇的溶解能力很强，但它容易代谢氧化，生成有毒的草酸，因而不能广泛用作溶剂。乙二醇是一种抗冻剂，60%的乙二醇水溶液在−40℃时结冰。

(4) 催化剂

对于直接酯化法和酯交换法合成 PET 的反应，酯化及缩聚的反应速率均比较慢，常常需要加入催化剂以提升反应速率，加速聚合进程。选择催化剂时，首先应考虑催化剂的催化活性，不催化发生副反应和 PET 的热降解反应，其次还应考虑能溶解于 PET 中，不会使 PET 着色，残留的催化剂不会影响 PET 的正常使用。目前 PET 生成工艺残留催化剂不需要从 PET 本体中除去。

对于直接酯化法及酯交换法生产 PET 的反应，一些醋酸盐如醋酸钙、醋酸锰、醋酸铅、醋酸钴及醋酸锌等均有明显的促进反应速率的作用。但是这些物质在高温下能使 PET 加速热分解，且自身又能被产生的羧基抑制而中毒失去催化作用。

目前，经筛选选用 Sb_2O_3 为生产 PET 的催化剂，Sb_2O_3 对羧基不敏感，其活性与羟基的浓度成反比。在缩聚反应后期，PET 分子量上升，羟基浓度降低，而催化剂 Sb_2O_3 的催化活性却更为有效。其用量为对苯二甲酸二甲酯质量的 0.02%～0.04%，或者对苯二甲酸质量的 0.03%。

据研究报道，氢氧化锌、氢氧化铝、氢氧化镉和铝酸钠等物质也可以作为生产 PET 反应的催化剂。经实验证明，由于上述物质酸性比 Sb_2O_3 低，可使副反应减少，制得的聚合

物熔点比用 Sb_2O_3 时要高，色泽也较白，而且纺丝性能良好。

(5) 稳定剂

聚酯树脂在高温下发生氧化裂解反应，这种裂解反应包括酯键的氧化、水解和羧基的氧化，在严重的情况下还可能脱羧，甚至聚合物的分解。为了防止 PET 在合成过程中和后加工熔融纺丝过程中发生热降解及热氧化降解，经常要加入一些稳定剂。常用的有磷酸三甲酯、磷酸三苯酯、亚磷酸三苯酯、磷酸、亚磷酸三对叔丁基苯酯。这些稳定剂可以单独使用，也可以混合使用。对稳定剂的作用机理比较有代表性的两种观点：一种认为是稳定剂分子对大分子链端基进行封端，抑制 PET 降解；另一种认为稳定剂能与金属醋酸盐类催化剂相互结合，抑制了醋酸盐对 PET 热氧化降解反应的催化作用。

稳定剂用量越高，即 PET 中含磷越高，其热稳定性也越好。但是稳定剂可使缩聚反应的速率下降，在同样的反应时间下所得 PET 的分子量降低，即对缩聚反应有迟缓作用，工业生产中必须考虑这个副作用。稳定剂的用量一般为对苯二甲酸的 1.25% 或对苯二甲酸二甲酯的 1.5%～3%。

(6) 其他组分

消光剂可以将全反射光变为无规则的漫射光，由此可以改进反光色调，并具有增白作用。PET 经纺丝后获得的纤维及织物具有很强的光泽，会产生令人很不舒适的视觉刺激。常用的消光剂有二氧化钛、锌白粉和硫酸钡等，其中二氧化钛因具有较好的消光增白作用而被常常使用，其用量一般为 PET 的 0.5%。

着色剂可以赋予 PET 一定的颜色。着色剂的使用方法经常是将色料和缩聚原料一起加入反应釜中，这样可得到颜色较为均匀的有色 PET 树脂，这种方法也称为原液着色。因为缩聚反应温度较高，要求着色剂具有较好的耐热性。常用的着色剂有酞菁蓝、炭黑及还原艳紫等。

扩链剂的加入可以迅速增大 PET 的分子量。扩链剂一般在聚合后期加入，用于快速增加 PET 分子量。在缩聚后期，体系黏度较大，乙二醇不易脱除，采用扩链剂可以有效增大 PET 分子量，满足使用要求。常用的扩链剂有草酸二苯酯，高温下生成的苯酚易于逸出，有利于大分子链增长。在特性黏数为 0.5 的 PET 树脂中加入草酸二苯酯，然后抽真空大约 20min，特性黏数就可达到 1.0 左右。其反应原理如下：

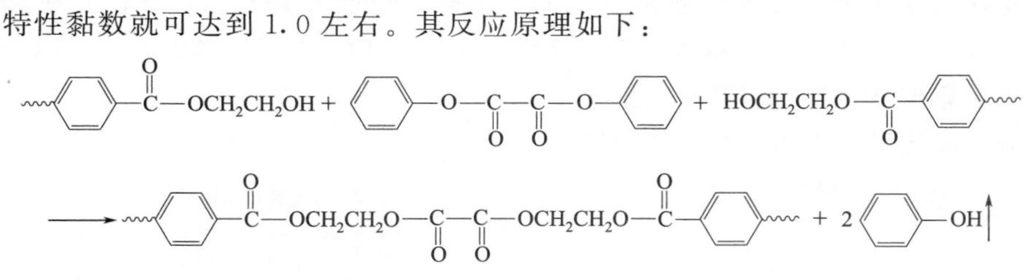

7.2.4　酯交换法合成 PET 的工艺过程

(1) 酯交换工段

工业上酯交换法的酯交换反应是在专门的酯交换塔中进行的。酯交换所需热量由装在酯交换塔底部两个带搅拌器的加热器提供。塔的顶部设置有乙二醇和甲醇的分馏装置，以及馏出甲醇的接收装置和乙二醇回流管道设置。对苯二甲酸二甲酯从塔上方加料口加入。乙二醇分两路进入塔中，含催化剂的乙二醇从塔的上部预热至 120℃ 后进入塔中，不含催化剂的乙二醇从塔下部预热至 30℃ 后进入塔中。在酯交换塔中对苯二甲酸二甲酯与乙二醇酯交换后，

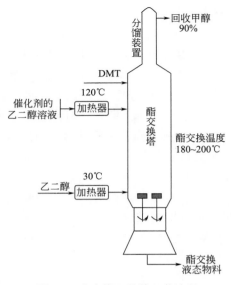

图 7-2 酯交换工段的工艺流程

甲醇与部分乙二醇从塔顶蒸出，经分馏冷凝，回收甲醇，乙二醇再回流到塔中。酯交换温度控制在 180～200℃，当馏出甲醇量达到理论量的 90% 时，酯交换结束，时间一般在 4h 左右。酯交换后的液态物料从塔底经过滤器过滤后进入脱乙二醇塔。图 7-2 为酯交换工段的工艺流程。

酯交换阶段主要进行上述两步酯交换反应。两个端酯基先后分两步进行酯交换，且两个酯基在两步反应中的活性相同。酯交换是吸热反应，$\Delta H = 11.22kJ/mol$，升高温度有利于酯交换，但由于 ΔH 较小，升高温度对反应平衡常数影响较小。实际生产中为了提高酯交换收率，采用增加乙二醇用量，同时从体系中将生成的甲醇及时排出的办法。一般对苯二甲酸二甲酯与乙二醇的投料摩尔比为 1：(2.3～2.5)。

$$H_3COOC-\!\!\bigcirc\!\!-COOCH_3 + HOCH_2CH_2OH \rightleftharpoons H_3COOC-\!\!\bigcirc\!\!-COOCH_2CH_2OH + CH_3OH$$
$$MHET$$

$$H_3COOC-\!\!\bigcirc\!\!-COOCH_2CH_2OH + HOCH_2CH_2OH \rightleftharpoons$$
$$HOCH_2CH_2OOC-\!\!\bigcirc\!\!-COOCH_2CH_2OH + CH_3OH$$
$$BHET$$

纯的酯交换产物对苯二甲酸乙二醇酯（BHET）是一种无色结晶，能溶于过量乙二醇。但一般情况下酯交换产物得到的是对苯二甲酸乙二醇酯及低聚物的混合物，其熔点最高可达到 220℃。因此，酯交换的产物可以用以下通式表示。

$$HO-CH_2CH_2-O-\left[\overset{O}{\underset{}{C}}-\!\!\bigcirc\!\!-\overset{O}{\underset{}{C}}-OCH_2CH_2O\right]_n H \quad (n=2\sim5)$$

经测定，当 n 为 1 时，熔点为 110℃；n 为 2 时，熔点为 168～170℃；n 为 3 时，熔点为 200～202℃；n 为 4 时，熔点为 217～220℃；n 为 5 时，熔点为 225～235℃。这些低聚物的存在不会影响下一步的缩聚反应。

酯交换阶段还可能生成一些环状物质，如：

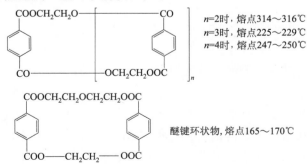

n=2时，熔点314～316℃
n=3时，熔点225～229℃
n=4时，熔点247～250℃

醚键环状物，熔点165～170℃

这些环状物质在产物 PET 中会占到 1.5%，会影响到产物的分子量和熔点的波动，进而影响 PET 的性能和使用。研究表明，若将这些环化产物分离除去，再将 PET 在 285℃ 下加热 1h 又会出现环状物质。可见这些环状物质是热力学平衡产物。环状物质的存在在熔融纺丝过程中，会引起气泡，降低纤维强度，使纤维着色，以及阻塞喷丝孔等问题。

酯交换过程中乙二醇之间会发生分子间脱水，生成一缩二乙二醇。一缩二乙二醇的存在，在 PET 分子链上不规则出现一缩二乙二醇链节，使 PET 熔点下降，树脂颜色发黄，质量下降，影响使用，须严格控制。

$$2HOCH_2CH_2OH \xrightarrow{\text{分子间缩水}} HOCH_2CH_2OCH_2CH_2OH + H_2O$$
$$(DEG)$$

（2）乙二醇脱除工段

酯交换后的物料经过滤器滤去固体杂质，再进入脱乙二醇塔。事先配制好的催化剂 Sb_2O_3 的乙二醇悬浮液、消光剂 TiO_2 的乙二醇悬浮液、分子量稳定剂磷酸三甲酯的乙二醇液分别从不同部位加入脱乙二醇塔。消光剂 TiO_2 乙二醇的悬浮液制备方法是将 TiO_2 与乙二醇搅拌混合，经离心过筛，粗粒经砂磨机磨细后循环使用，制得悬浮液。脱乙二醇所需热量由加热器中的高温热载体提供，并用泵强制物料循环。在加热和减压的条件下，将体系中过量的乙二醇抽除，并冷凝、回收。脱除乙二醇后的物料经过滤器滤去固体杂质后进入缩聚塔。工艺流程如图 7-3 所示。

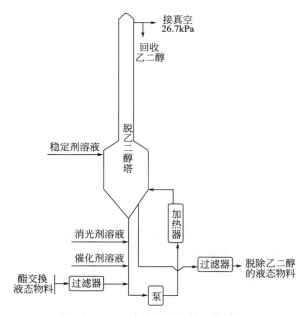

图 7-3　乙二醇脱除工段的工艺流程

酯交换阶段为了使对苯二甲酸二甲酯的转化率提高，使用了过量的乙二醇。设置脱乙二醇工段就是将体系中过量的乙二醇低压蒸出，回收利用。同时，由于对苯二甲酸乙二醇酯的缩聚反应和酯交换反应一样也是可逆平衡反应，除去过量的乙二醇有利于下一步缩聚反应的进行。

缩聚催化剂、稳定剂及消光剂在此阶段加入，因为此时物料黏度小，便于加入的物质能够混合均匀。将催化剂、稳定剂及消光剂配制成乙二醇的分散体系，一则便于加料的方便，二则便于计量的准确。消光剂在此阶段加入，而非熔融加工阶段加入，主要是因为 PET 的熔融黏度较大，不利于加入物质的均匀混合。

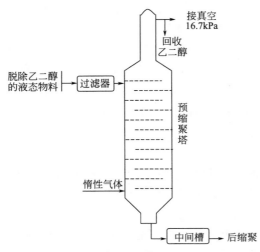

图 7-4　缩聚工段的工艺流程

（3）缩聚工段

经初步脱除乙二醇后的物料中主要含有对苯二甲酸乙二醇酯，须经缩聚后才能得到聚对苯二甲酸乙二醇酯。物料在缩聚塔中缩聚，操作条件为 220℃、0～16.7kPa。生成的乙二醇进入洗涤器，用冷乙二醇喷淋、冷却后，回收乙二醇，如图 7-4 所示。

缩聚工段采用塔式设备主要是基于物料的低黏度和需要大量蒸出的乙二醇。缩聚阶段，黏度较小的物料熔体可以在塔内的垂直管中自上而下作薄层运动，以提高乙二醇蒸发的表面积。

缩聚反应的温度应控制在一定的范围内。较高的温度虽然会使聚合物黏度降低，有利于小分子的脱挥，也可使反应速率增大，但太高的反应温度会加速副反应。缩聚阶段压力的减小要逐步进行，在缩聚开始时，物料黏度低，乙二醇排出量较多，这时真空度不宜过高，否则乙二醇大量逸出，沸腾剧烈，可能将缩聚物带出，甚至堵塞管道。随着缩聚程度的加深，物料黏度增大，逐步减小体系压力，让乙二醇持续稳定地蒸出。缩聚阶段大约有 80％的乙二醇被排除。

在缩聚过程中通入惰性气体如氮气或氩气等。惰性气流的通入可使缩聚过程在涡流条件下进行，物料得到良好的搅拌，通入气流的速度要使小分子副产物的分压维持在相当低的水平，这样才有显著的效果。

（4）后缩聚工段

经缩聚达到一定反应程度的物料已经具有较高的黏度，难以在缩聚塔中继续进行反应。将物料用齿轮泵送至第一卧式聚合釜，操作条件为 220～270℃、667Pa。经第一卧式聚合釜缩聚后物料黏度及其分子量逐步增大。物料再用齿轮泵送至第二卧式聚合釜进行缩聚，操作条件为 280～285℃、333～400Pa。缩聚结束，物料用齿轮泵抽出，挤压成细条状，经水冷、造粒、干燥，制得 PET 成品。后阶段缩聚工段流程如图 7-5 所示。

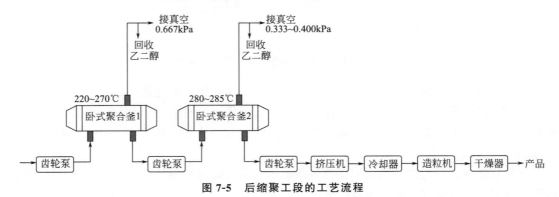

图 7-5　后缩聚工段的工艺流程

缩聚反应开始前，熔融的物料黏度很小，而缩聚反应结束时熔融的物料黏度很高。缩聚开始阶段有大量小分子化合物逸出，而缩聚后期少量的乙二醇脱除困难。特别是酯交换法生产 PET 的反应为可逆平衡反应，平衡常数很小。缩聚后期必须采用较高真空度才能够将乙二醇蒸出，促使产物分子量的增加。工业上采用串联的卧式缩聚釜，两釜串联可以减少真空度要求更高的最后一个缩聚釜的容积，利于高真空度工艺的实施。采用卧式缩聚釜可以有效促使高黏度物料的流动和均匀缩聚，避免物料残留的死角。卧式缩聚釜属于多圆环搅拌反应器，釜内有一横卧式的中心轴，轴上安装有多层螺旋片，可以推动物料前进，如图 7-6 所示。

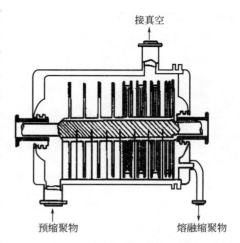

图 7-6　卧式缩聚釜的结构

后缩聚工段温度高可以加快反应速率，但是温度高易导致更多的副反应。对于 PET 后缩聚的最高温度的确定还应考虑反应体系混合物料的熔点及 PET 的热分解温度。缩聚反应发生后，随聚合度增加缩聚物的熔点逐步增加。经测定聚合度为 20 的 PET 的熔点为 260℃，聚合度为 110 的 PET 的熔点为 265℃。缩聚温度一般控制在物料熔点之上 20~30℃，但必须在 PET 的分解温度 290℃ 以下。因此，后缩聚的最高温度不能超过 285℃。

高温下的缩聚反应过程中，链增长反应的同时伴随着分子链的裂解。裂解反应随着分子量的增大和反应温度的升高而加剧。因此 PET 的后缩聚过程中会出现特性黏数的极大值点，如图 7-7 所示。后缩聚温度越高，获得的 PET 特性黏数越低；后缩聚温度越高，PET 出现特性黏数拐点所需要的反应时间越短。

PET 后缩聚反应也是一个可逆平衡缩聚反应，因此要获得较高分子量的产物就必须在减压条件下进行。因此，压力对缩聚反应及产物分子量有较大影响。如图 7-8 所示，PET 在 285℃ 下进行后缩聚反应，压力越低，可以在越短的时间内获得较高特性黏数或分子量的 PET。

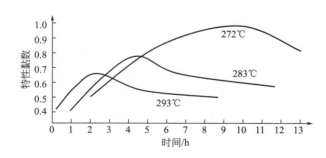

图 7-7　后缩聚工段 PET 特性黏数与温度的关系

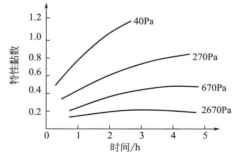

图 7-8　后缩聚工段 PET 特性黏数与
压力的关系

关于熔融缩聚终点的控制，在生产中一般根据经验，在输入电压一定时，观测搅拌电机电流增大的情况，就可估计反应程度，以控制终点。

在后缩聚工段，加大搅拌速度，可使物料熔体气液界面不断更新，有利于乙二醇的逸出，促进 PET 分子量的提高。

在后缩聚工段，由于反应温度及聚合度的提高，发生热降解及氧化降解的副反应概率增大。在 PET 的后缩聚过程中，易发生的副反应有热降解反应、热氧化降解反应、环化反应和生成醚键的反应等。

热降解反应会产生端羧基、端基不饱和双键、乙醛及二乙二醇醚键等，导致 PET 的分子量和熔点下降，外观变色和性能劣化。

$$PET \rightleftharpoons \text{~~~}\text{—}\text{COOH} + \text{~~~}\text{—}\text{COOCH}{=}\text{CH}_2$$

$$\text{~~~}\text{—}\text{COOCH}_2\text{CH}_2\text{OH} \rightleftharpoons \text{~~~}\text{—}\text{COOH} + \text{CH}_3\text{CHO}$$

$$\text{~~~}\text{—}\text{COOCH}_2\text{CH}_2\text{OH} + \text{HOCH}_2\text{CH}_2\text{OOC}\text{—}\text{~~~} \rightleftharpoons$$

$$\text{~~~}\text{—}\text{COOCH}_2\text{CH}_2\text{OCH}_2\text{CH}_2\text{OH} + \text{COOH}\text{—}\text{~~~}$$

热氧化降解反应是指有氧气存在和高温的情况下，PET 发生的副反应。热氧化降解反应属于自由基机理。热氧化降解的结果会形成交联物。若 PET 中含有二乙二醇醚键，则更容易被氧化。

大规模生产合成纤维用 PET 的生产线，以及生产薄膜用或注塑用 PET 的生产线，则须经过挤出粒。由于切粒前，熔融树脂须经冷水冷却或冷水中直接切粒，所以粒料表面附有水分，必须经过干燥处理，方可后序使用。PET 粒料的干燥要在 120～185℃，用热空气干燥。干燥的过程伴随着结晶及分子量的增加。图 7-9 为酯交换法制备 PET 的工艺流程。

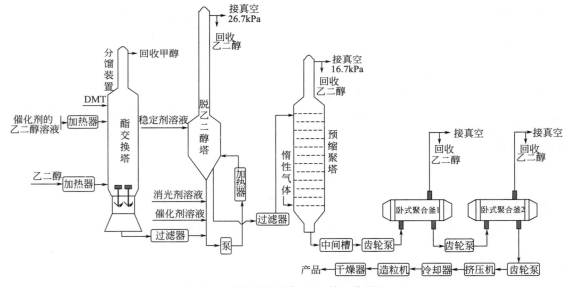

图 7-9　酯交换法制备 PET 的工艺流程

7.3　熔融体形缩聚制备醇酸树脂及固化工艺

7.3.1　体形缩聚原理

7.3.1.1　体形缩聚反应

体形缩聚就是指在平均官能度大于 2 的缩聚体系中，当缩聚反应达到一定程度时，分子链之间通过交联形成三维方向的立体网络结构，此反应过程称为体形缩聚。通过体形缩聚反应得到的高分子产物称为体形缩聚物。工业化的体形缩聚物有酚醛树脂、脲醛树脂、三聚氰胺甲醛树脂、醇酸树脂、不饱和聚酯树脂等。由于体形缩聚物是三维的交联结构，因此加热不再熔化，在溶剂中只能发生不同程度的溶胀，不能溶解。由体形缩聚物制备的高分子材料有热固性塑料制品、固化的膜层材料及固化后的胶黏剂等。

7.3.1.2　体形缩聚过程

体形缩聚的合成工艺过程分两个阶段进行。第一个阶段也称为预聚反应阶段。预聚反应就是单体缩聚到反应程度小于凝胶点前的聚合反应，产物称为预聚物。预聚物结构为线形及支链形，产物可溶可熔，具有可进一步反应的活性。预聚物的分子量仅为数百至数千，其外观为黏稠液体或脆性固体。工业上利用这类树脂的可溶可熔性来浸渍粉状填料，制备成粉状且具有可塑性的原材料，称为压塑粉。

体形缩聚工艺的第二个阶段就是预聚物的固化反应或硫化反应阶段。所谓固化反应或硫化反应，就是指缩聚反应程度大于凝胶点的反应，具体来说就是预聚物在外界条件，如光、热、催化剂等条件作用下发生化学交联形成立体网络结构的反应。第二个阶段的产物称为体形缩聚物。体形缩聚物为不同交联程度的三维体形结构，不溶不熔，该结构耐热、耐腐蚀、尺寸稳定，不再具有进一步反应的活性。

体形缩聚的第二个阶段实际上就是预聚物的应用与成型阶段。例如将可塑性压塑粉进行模塑，同时发生固化反应制备各种模塑制品。将可溶可熔性预聚物浸渍纤维状、片状无机增强材料，经固化或硫化加工后制备各种增强复合材料。利用预聚物的可溶性制备成涂料进行涂装施工后，再通过固化形成坚韧的保护性膜层材料。也可制备胶黏剂，在黏结施工过程中发生固化反应，使物件之间高强度黏结。

也有人根据体形缩聚的反应程度的高低将体形缩聚分为 A、B 和 C 三个阶段。反应程度小于凝胶点的树脂称为 A 阶段树脂，该阶段树脂分子量小，残留单体量多，树脂可溶可熔。反应程度接近于凝胶点的树脂称为 B 阶段树脂，该阶段树脂分子量较大，分子链有支化，甚至少量交联，残留单体较少，树脂仍然可溶可熔，但是熔化温度高于 A 阶段树脂，溶解性也明显差于 A 阶段树脂。反应程度超过凝胶点的树脂称为 C 阶段树脂，该阶段树脂分子量很大，分子链大量交联，残留单体很少，树脂不熔不溶，只能视交联密度的高低存在不同程度的溶胀。

7.3.1.3　体形缩聚的工艺控制

（1）凝胶化现象及凝胶点

工业上重要的一类合成树脂如酚醛树脂、氨基树脂、醇酸树脂、有机硅树脂等，它们的原材料虽然各有差异，但都是由二官能度单体与二官能度以上的单体构成。在缩聚反应过程中，若反应程度过深，势必导致凝胶，生成体形结构而丧失可塑性，导致生产事故。在工业生产过程中应绝对避免这种情况的发生，为此，必须掌握关于凝胶点的知识。

对于平均官能度大于 2 的缩聚反应体系，当反应进行到一定程度时会出现体系黏度突增，聚合物熔体沿着搅拌轴攀爬，最后熔体难以流动，体系转变为具有弹性的凝胶状物质这一现象称为凝胶化现象。体形缩聚进行到开始出现凝胶化时的反应程度称为凝胶点（P_c），也称为临界反应程度。它是用来表征高度支化的缩聚物过渡到体形缩聚物反应程度的转折点。因此，掌握凝胶点的预测与计算方法，对控制体形缩聚工艺过程和进行配方设计具有重要的指导意义。

（2）凝胶点的预测与计算

关于凝胶点的预测和计算方法有 Carothers 方程法和 Flory 统计法两种，下面分别予以介绍。

① Carothers 方程法　Carothers 认为当反应体系开始出现凝胶时，数均聚合度趋于无穷大。换言之，数均聚合度趋于无穷大时的反应程度就称之为凝胶点 P_c。对于某一体形缩聚体系，令混合单体的起始分子总数为 N_0，则起始官能团数为 N_0 与平均官能度的乘积。当缩聚进行到 t 时刻，体系中残留的分子数为 N，则 t 时刻反应消耗的官能团数为 $2（N_0-N）$，t 时刻的反应程度为：

$$P=\frac{2(N_0-N)}{N_0\bar{f}}=\frac{2}{\bar{f}}-\frac{2N}{\bar{f}N_0}=\frac{2}{\bar{f}}-\frac{2}{\bar{f}X_n}$$

即
$$P=\frac{2}{\bar{f}}\left(1-\frac{1}{X_n}\right) \tag{7-4}$$

注意公式（7-4）中 N 为缩聚到 t 时刻体系中所生成的聚合度不等的聚合物分子总数。凝胶点前认为多官能度分子只反应其中两个官能团，因此将 t 时刻反应消耗的官能团数写作 $2（N_0-N）$。依据 Carothers 的凝胶点理论，则凝胶点 P_c 表示如下：

$$P_c=\frac{2}{\bar{f}} \tag{7-5}$$

由凝胶点的计算公式（7-5）可见，欲求凝胶点关键在于平均官能度。平均官能度的计算要分为两种情况。第一种情况是缩聚体系中两种相互反应的官能团等摩尔比，这时平均官能度等于官能团总数除以分子总数。第二种情况是缩聚体系中两种相互反应的官能团不等摩尔比，这时平均官能度等于不过量组分的官能团数的 2 倍除以体系中的分子总数。在实际应用中的体形缩聚体系，两种相互反应的官能团一般总是不等摩尔比的。对于由 A、B、C 三种单体组成的体形缩聚体系，它们的分子数分别为 N_A、N_B、N_C，官能度分别为 f_A、f_B、f_C，且单体 A 和 C 含有相同的官能团 a，则平均官能度可按下式计算：

$$\bar{f}=\frac{2(N_Af_A+N_Cf_C)}{N_A+N_B+N_C} \tag{7-6}$$

例题：依据下表所列醇酸树脂的配方计算平均官能度和凝胶点。

反应物	官能度	配比 1/mol	配比 2/mol
亚麻油酸	1	1.2	0.8
苯酐	2	1.5	1.8
甘油	3	1.0	1.2
1,2-丙二醇	2	0.7	0.4

解：

$$\bar{f}_1=\frac{2(1.2\times1+1.5\times2)}{1.2+1.5+1.0+0.7}=1.909，\bar{f}_1<2，不形成凝胶。$$

$$\bar{f}_2=\frac{2(0.8\times1+1.8\times2)}{0.8+1.8+1.2+0.4}=2.095，P_c=\frac{2}{2.095}=0.955。$$

为了与实际应用紧密关联，平均官能度的公式（7-6）可作进一步演变。设 r 为相互反应的两种官能团的摩尔比，ρ 为官能团 c 占同种官能团总数的比值，f_C 为官能度大于 2 的单体的官能度，体系中官能团 a 总数少于官能团 b 总数，即 r 小于 1，有：

$$r=\frac{N_A f_A+N_C f_C}{N_B f_B}<1, \quad \rho=\frac{N_C f_C}{N_A f_A+N_C f_C} \tag{7-7}$$

则平均官能度表示为：

$$\overline{f}=\frac{2r f_A f_B f_C}{f_A f_C+r\rho f_A f_B+r(1-\rho)f_B f_C} \tag{7-8}$$

一般地，$f_A=f_B=2$，$f_C>2$，则：

$$\overline{f}=\frac{4r f_C}{f_C+2r\rho+r(1-\rho)f_C} \tag{7-9}$$

凝胶点 P_c 表示为：

$$P_c=\frac{1-\rho}{2}+\frac{1}{2r}+\frac{\rho}{f_C} \tag{7-10}$$

注意上述公式仅适用于由 A、B、C 三种单体组成的体形缩聚体系，且 $f_A=f_B=2$，单体 A 和 C 含有相同的官能团 a，体系中 a 官能团总数少于 b 官能团总数。对于更复杂的体形缩聚反应体系，r 和 ρ 值的计算可以仿照上述公式进行计算。

② Flory 统计法　Flory 认为在体形缩聚中，官能度大于 2 的单体是产生支化和导致凝胶化的根源。将分子链上多官能团单体形成的结构单元称为支化点。当分子链上的一个支化点连接另一个支化点时便形成一个交联点。对于由 A、B、C 三种单体组成的体形缩聚体系，且 $f_A=f_B=2$，单体 A 和 C 含有相同的官能团 a，体系中 a 官能团总数少于 b 官能团总数，f_C 为官能度大于 2 的单体的官能度。凝胶点 P_c 的表示式为：

$$P_c=\frac{1}{[r+r\rho(f_C-2)]^{\frac{1}{2}}} \tag{7-11}$$

③ Carothers 方程法与 Flory 统计法的比较　Carothers 方程法与 Flory 统计法计算的凝胶点均存在一定程度的偏差。例如，对于等摩尔比的甘油与二元酸体形缩聚体系，实测的凝胶点为 0.765，即官能团转化率为 76.5％时，体系出现凝胶化现象。但是按照 Carothers 方程法计算得到的凝胶点为 0.833，按照 Flory 统计法计算得到的凝胶点为 0.707。再如，对于由乙二醇与 1,2,3-丙三羧酸、己二酸或癸二酸组成的体形缩聚体系。对比 r 为大于 1、等于 1、小于 1 三种情况下的凝胶点分别进行计算和实测，数据结果汇总见表 7-4。

表 7-4　乙二醇与 1,2,3-丙三羧酸、己二酸或癸二酸体形缩聚的凝胶点

$r=[\text{COOH}]/[\text{OH}]$	ρ	理论计算的凝胶点与实验测得的凝胶点值		
		Carothers 法	Flory 法	实验值
1.000	0.293	0.951	0.879	0.911
1.000	0.194	0.968	0.916	0.939
1.002	0.404	0.933	0.843	0.894
0.800	0.375	1.063	0.955	0.991

由表 7-4 中数据可知，Carothers 方程法计算得到的凝胶点数据高于实测值，而实测值又高于 Flory 统计法的计算值，且实测值与 Flory 统计法的计算值更加接近些。因此，在工业实际应用中采用 Carothers 方程法与 Flory 统计法的计算值来预测凝胶点时应当根据上述

规律进行适当修正。由以上理论计算可知，体形缩聚的预聚反应阶段必须在凝胶化现象出现之前停止反应，因此必然有未反应的单体残留。

7.3.1.4 体形缩聚的应用特点

体形缩聚的第二阶段实际上就是预聚物的应用与成型阶段。具有进一步反应活性的预聚物，经固化转变为体形缩聚物后，其耐热性、耐腐蚀性及耐溶剂性、尺寸稳定性均比较优良。虽然理论上，预聚物自身可以反应转变为体形缩聚物，但反应速率太慢，不能满足实际使用要求。在实际应用中，必须加入能促进固化的催化剂、交联剂或固化剂等组分进行配合才可以实施预聚物的成型工艺。

加有各种催化剂、固化剂等组分的预聚物混合体系，反应活性较高，必须在指定的时间内使用完。将预聚物与催化剂、固化剂混合后至开始凝胶化前的这段时间称之为预聚物混合体系的活性期。活性期可以通过加入不同种类不同用量的催化剂、固化剂来进行调整，以满足不同的成型施工要求。如快速胶黏剂的活性期很短，大约为几十秒至几分钟，便于物件之间的快速黏结。涂料的活性期要长一些，常温下一般为几个小时至几十个小时，这样可以确保涂料涂附后的表面流平。像酚醛压塑粉、氨基压塑粉等粉状预聚物混合物，活性期则更长，一般几个月至几年，这时的活性期也称之为贮存期。预聚物混合物的活性期与温度的关系密切，升高温度，活性期缩短。例如，压塑粉常温下可以稳定贮存一年以上，但在升温硫化的条件下，在几分钟至几十分钟便可以固化完全。再如聚氨酯漆包线漆常温下可稳定贮存两年以上，在漆包炉内的漆膜完全固化时间仅需几秒。

预聚物混合物的固化工艺参数的确定必须在理论指导下，结合生成实践反复摸索才行。合理的固化工艺才能获得预期的体形缩聚物。

7.3.2 醇酸树脂

醇酸树脂（alkyd resins）就是指由多元醇、多元酸和高级脂肪酸或动植物油经酯化、酯交换，再进一步缩聚反应得到的一类分子链上含有酯基基团的低分子量聚合物。数均分子量在 1000～10000 的范围。羟值为 20～400，酸值为 1～15。从大分子链的结构上看，醇酸树脂是一种多支化的端羟基的低分子量聚合物，与交联剂树脂固化后可以制备多种结构与性能的热固性制品。因此，醇酸树脂是一种重要的热固性树脂。它们在涂料、层压材料、模塑材料、灌封材料、感光树脂、腻子和增塑剂等领域得到广泛应用。

依据分子链中是否含有高级脂肪酸结构，将醇酸树脂分为含油醇酸树脂（oil alkyd）和无油醇酸树脂（oil-free alkyd）。依据含油量的多少将含油醇酸树脂分为：短油度醇酸树脂（short oil alkyd），脂肪酸含量 30%～42%；中油度醇酸树脂（medium oil alkyd），脂肪酸含量 43%～54%；长油度醇酸树脂（long oil alkyd），脂肪酸含量 55%～68%；超长油度醇酸树脂（very long oil alkyd），脂肪酸含量＞68%。醇酸树脂中脂肪酸含量对其在有机溶剂的溶解性有重要影响。脂肪酸含量超过 48%，树脂可以溶解在石油醚等饱和链烃溶剂中。脂肪酸含量低于 47%，则需要二甲苯等芳香烃溶剂才能溶解。

醇酸树脂分子结构中的不饱和程度，即双键含量会影响其在空气中的干燥或固化速度。醇酸树脂不饱和程度取决于所采用的原材料动植物油的不饱和度。这种不饱和程度用碘值来衡量，即 100g 油所能吸收碘的质量（g）。碘值是一种专门用来衡量油不饱和度和干燥速度的主要指标。碘值 140 以上，每个油分子的双键超过 6 个，在空气中易氧化干燥成膜，称为干性油，如桐油等。碘值在 100～140 之间，每个油分子的双键为 4～6 个，在空气中缓慢氧化干燥成膜，称为半干性油，如豆油等。碘值在 100 以下，每个油分子的双键为 4 个以下，在空气中不能氧化干燥成膜，称为不干性油，如蓖麻油等。含油醇酸树脂的一个重要用途就是用作涂料。醇酸树脂中脂肪酸含量与涂层硬度成反比。随着脂肪酸含量的增加，涂料的流动性、涂刷工艺及颜料的分散性会改善，但涂料流挂（sagging）现象会增加。

无油醇酸树脂的分子中不含有高级脂肪酸结构，业界也称聚酯多元醇或羟基树脂。在制备无油醇酸树脂的原材料中没有动植物油或高级脂肪酸。无油醇酸树脂中含有较多的芳环结构，因此分子链的刚性强于含油醇酸树脂。聚酯多元醇树脂的本体多为非晶结构，外观一般为无色至棕黄色透明物质，室温下的状态为黏性流体至硬脆性固体，具有较强的吸湿性，在强极性溶剂中有较好的溶解性，由于分子量低，因此没有明显的机械强度。

聚酯多元醇树脂经过化学途径改性后，可以制备出各种具有特殊性能和用途的树脂，如由可再生性原材料合成的环保型聚酯多元醇；用于制备低表面能防污聚氨酯涂层的含氟聚酯多元醇；分子中含溴、氯、磷、氮等元素，可用于制备防火聚氨酯的阻燃型聚酯多元醇；分子中含稠合多脂环刚性结构，具有较好光泽及耐热性的丙烯海松酸聚酯多元醇；耐水解稳定性好的 2,4-二乙基-1,5-戊二醇改性的新型聚酯多元醇；酰亚胺聚酯多元醇；三（2-羟乙基）异氰脲酸酯（THEIC）、新戊二醇（2,2-二甲基-1,3-丙二醇）、甲基丙二醇等改性的聚酯多元醇树脂等。

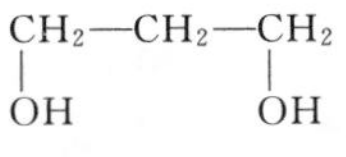

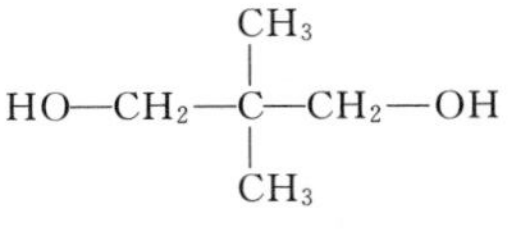

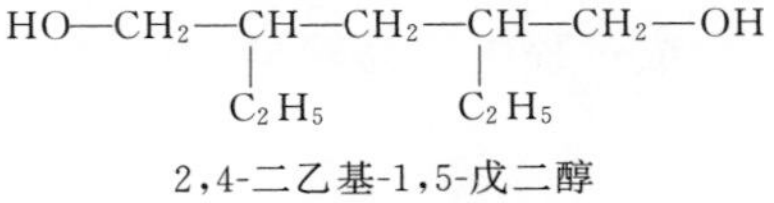

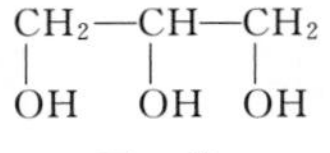

聚酯多元醇树脂在塑料、复合材料、涂料、胶黏剂、弹性体、泡沫材料等领域具有广泛的应用。无油醇酸树脂与交联剂三聚氰胺树脂配合可以制备各种烤漆。这种烤漆具有快速固化的性能，制备的漆膜具有硬度高、良好的柔曲性和黏结性，优异的耐污性和耐洗涤剂的性能，适合于制备各种金属的罩面漆。无油醇酸树脂与异氰酸酯交联剂配合可以制备常温固化涂料。这种涂料形成的漆膜具有优异的耐磨性、耐溶剂性能和优异的高光泽性能，适合于制备高质量的罩面漆，用作飞机表面涂层。

7.3.3 合成醇酸树脂的主要原材料

(1) 醇类原材料

用于醇酸树脂合成的醇类原材料主要有二元醇、三元醇、多元醇，如乙二醇、丙二醇、甲基丙二醇、新戊二醇、丙三醇（甘油）、三羟甲基丙烷、季戊四醇、山梨醇等。它们的结构式如下：

1,2-丙二醇

1,3-丙二醇

甲基丙二醇

新戊二醇

1,4-环己二醇

乙二醇

一缩二乙二醇

二缩三乙二醇

2,4-二乙基-1,5-戊二醇

丙三醇

三羟甲基丙烷

三羟甲基乙烷

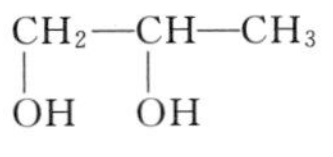

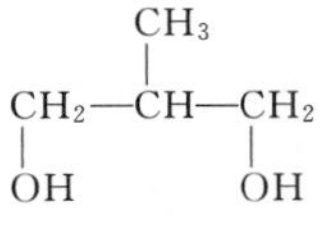

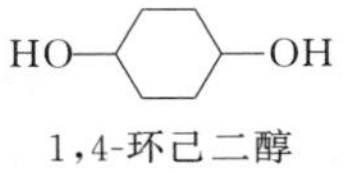

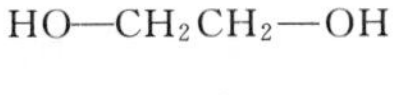

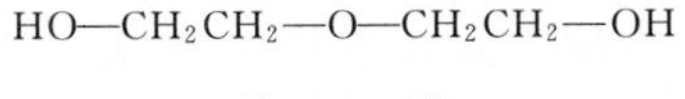

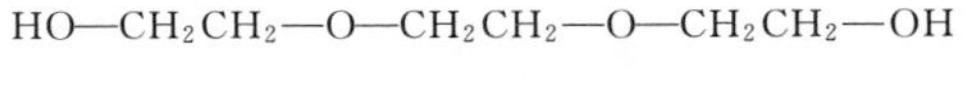

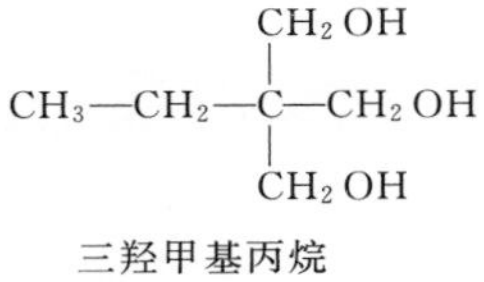

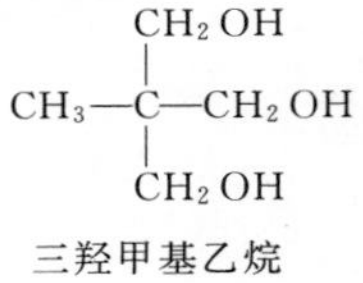

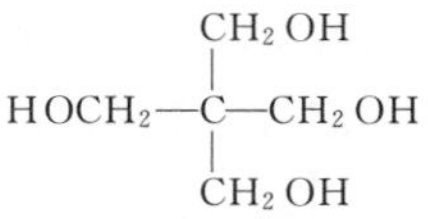

季戊四醇

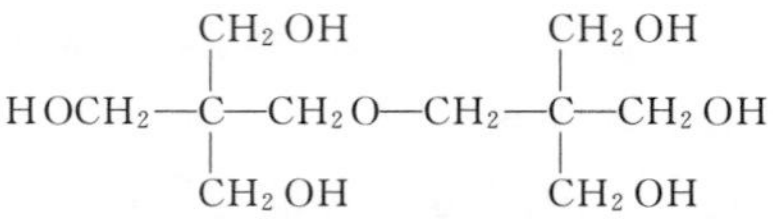

一缩二季戊四醇

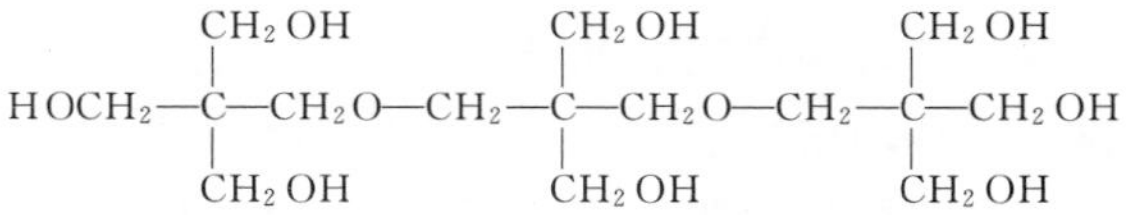

二缩三季戊四醇

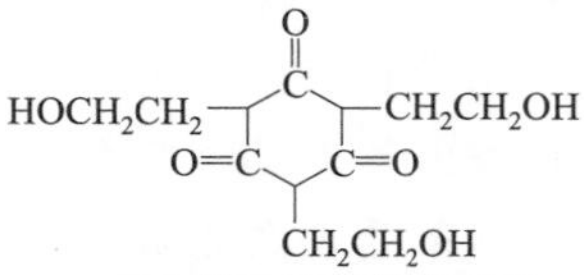

三(2-羟乙基)异氰脲酸酯

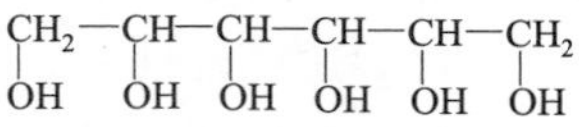

山梨醇

(2) 酸酐类原材料

合成醇酸树脂的多元酸主要有芳香酸、脂肪酸和高级脂肪酸等。芳香酸多采用苯酐，其次还有间苯二甲酸、对苯二甲酸、偏苯三甲酸、萘二酸等。脂肪酸多采用己二酸，其次还有壬二酸、癸二酸等。高级脂肪酸有很多品种，它们大多来自天然油类，包括饱和脂肪酸和不饱和脂肪酸两类，常见的饱和脂肪酸有月桂酸（十二酸）、豆蔻酸（十四酸）、软脂酸（十六酸）、硬脂酸（十八酸）等；常见的不饱和脂肪酸有油酸（十八碳烯-9-酸）、亚油酸（十八碳二烯-9,12-酸）、亚麻酸（十八碳三烯-9,12,15-酸）、桐油酸（十八碳三烯-9,11,13-酸）、蓖麻油酸（12-羟基十八碳烯-9-酸）等。常见的酸类原材料的结构式如下：

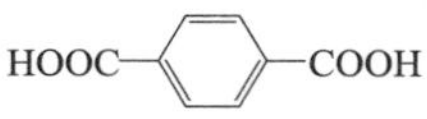

对苯二甲酸

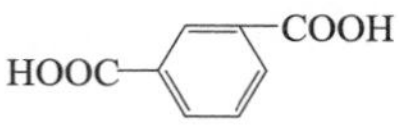

间苯二甲酸

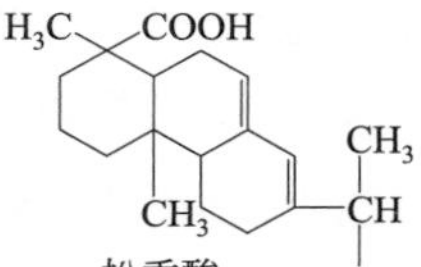

松香酸

$HOOC—CH_2CH_2CH_2CH_2—COOH$

己二酸

$HOOC—CH_2CH_2CH_2CH_2CH_2CH_2CH_2CH_2—COOH$

癸二酸

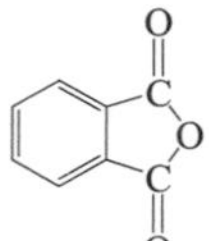

邻苯二甲酸酐

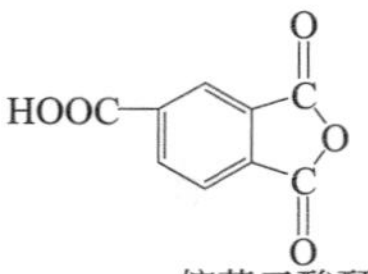

偏苯三酸酐

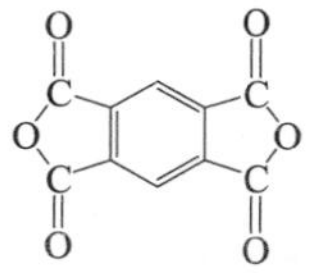

均苯四甲酸二酐

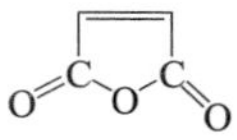

顺丁烯二酸酐

还有一些多元酸可用于制备醇酸树脂，同时可赋予醇酸树脂一定的性能。例如四氯邻苯二甲酸酐可用于制备阻燃性醇酸树脂。当原材料中同时采用顺丁烯二酸酐和亚油酸时，在进行缩聚反应的同时，还会发生 Diels-Alder 双烯合成反应，使官能度增加，促使树脂熔融黏度增加，合成过程中容易较早出现体系凝胶化。反应原理如下：

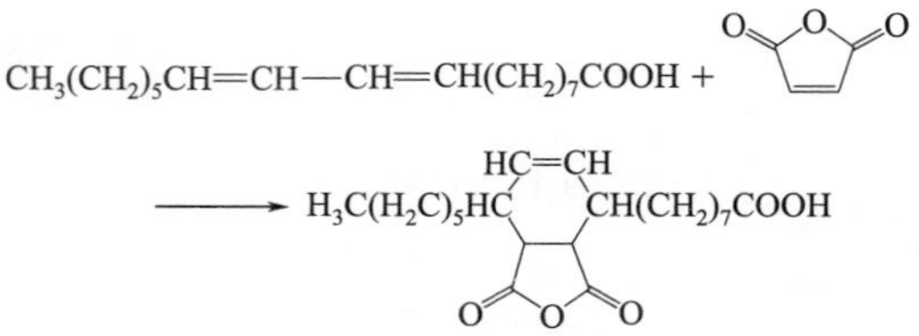

（3）酯类原材料

合成醇酸树脂的酯类原材料主要有对苯二甲酸二甲酯和天然油脂，结构式如下：

$$H_3COOC-\bigcirc-COOCH_3$$
对苯二甲酸二甲酯

$$\begin{array}{l} R_1-CH_2 \\ R_2-CH \\ R_3-CH_2 \end{array}$$
高级脂肪酸甘油酯

R₁,R₂,R₃可以相同或不同，
R₁,R₂,R₃可以是饱和或不饱和的

7.3.4　醇酸树脂的合成工艺途径

（1）真空熔融法（vacuum melt process）

将反应原料在反应釜中加热熔融，为保持产品的色泽，通入氮气进行保护。先于150℃左右反应，让生成的水逐步蒸出，此时釜内生成低分子量聚酯多元醇。然后升温至170～230℃，真空度为500MPa左右至反应终点，同时通过减压将反应过程中生成的水、少量挥发性副产物及未反应的反应物如乙二醇等真空抽出。反应过程一般需要15～20h。目前中小规模的生产厂家多采用此法。

（2）载气熔融法（carrier gas melt process）

与真空熔融法的不同点就是采用惰性气体（氮气、二氧化碳）在反应体系中采用鼓泡的方法来代替减压法除去反应生成的水。采用该工艺时，反应物中低沸点组分如乙二醇等损失较真空熔融法多，因此在投料时要事先考虑到这部分物料的损失。反应时间较真空熔融法稍短。此法适合规模较大的生产厂家。

（3）共沸蒸馏法（azeotrope process）

该方法的基本原理就是采用一种能通过循环往返反应釜的共沸夹带剂（entraining agent），如使用甲苯或二甲苯之类的惰性溶剂。在共沸的反应条件下将生成的水随夹带剂一同蒸出，冷凝在分水器中进行油水分离，生成的水即可排出。缩聚结束后，残留夹带剂减压除去。本方法可使反应在常压和较低的温度下进行，反应条件温和，反应时间缩短，是一个值得推广的好方法，目前国内很多厂家使用此法生产聚酯多元醇。

7.3.5　醇酸树脂的合成工艺过程

醇酸树脂的合成工艺依据其主要原材料结构而定。下面以无油醇酸树脂（聚酯多元醇）为例说明其合成工艺过程。工艺流程主要包括酯化缩聚、共沸蒸馏缩聚、兑稀及出料等。

（1）酯化缩聚工段

将多元酸、多元醇一次性加入反应釜中，通入氮气等惰性气体，开始加热。当反应釜内大多数物料熔化时，小心启动搅拌。当物料基本上熔化时，从反应釜上方的加料孔加入催化剂，此时反应釜内物料温度约为120℃。在此阶段主要发生醇酸酯化反应，生成低分子量的酯化产物和副产物水，体系物料黏度很小。继续逐渐升温至200～230℃，酯化反应速率加快，反应程度加深，物料黏度逐渐增加，开始有低分子量缩聚物产生。当物料黏度增加到一定程度时，低分子副产物水逸出困难，缩聚速率明显下降。

原材料体系中的多元酸大多为固体，特别是一些芳香酸熔点高，密度大。因此为避免损坏搅拌电机，启动搅拌时一定要小心试探，且要等到物料大多已经熔化时方可开启。催化剂设置在物料基本上熔化成均匀一相时加入，提高催化剂的利用率，提高催化剂效果。

采用逐渐升温的工艺模式，主要是考虑到物料中有一部分低沸点、易挥发的物料，如乙二醇等，还有易升华的物料，如苯酐、新戊二醇、对苯二甲酸二甲酯等。采用逐渐升温的工艺，可以在较低温度下让这些易逸失的物料先反应掉一部分，避免物料的逸失及管道堵塞等不良情况出现。

醇酸酯化、缩聚反应均属于可逆反应，且平衡常数较小，生成的副产物水若不及时排出反应体系，酯化及缩聚反应的程度将无法进一步提高。因为酯化缩聚阶段物料黏度较小，再加上有少量惰性气体气流的带动，副产物水较容易蒸出。随着反应程度的加深，体系黏度增大至一定程度时，副产物水就难以蒸出，反应处于平衡状态。

（2）共沸蒸馏缩聚工段

从反应装置的分水器的加料口加入二甲苯，控制物料温度在230℃，进行共沸回流，带出缩聚生成的副产物水，促进缩聚反应程度进一步加深。当缩聚反应达到终点时，开启真空泵，逐步减压，抽出体系中的二甲苯和挥发性物质。

采用共沸蒸馏工艺需要加入一种与水不相容的溶剂，如二甲苯等，这类物质称之为带水剂。它的主要作用有帮助缩聚脱水、调节物料温度、加速缩聚速率、有效排除空气、减少易升华原材料（如苯酐）的逸失。一般用量为总投料量的2%～6%。带水剂的作用原理就是在达到二甲苯与水的共沸温度时，二甲苯便夹带生成的水蒸气一同蒸出，经冷凝后在分水器中分层，水相在分水器中下层，二甲苯在上层。在二甲苯带水回流的过程中，水不断被共沸带出，并分层于分水器下层，而二甲苯通过溢流管回到反应釜中，继续共沸回流带水。采用共沸蒸馏工艺制得的醇酸树脂的收率高、颜色浅、分子量分布均匀。

（3）兑稀及出料工段

通过反应装置的高位槽缓慢加入计量好的溶剂，边搅拌边溶解。溶剂加完后，搅拌约1h。然后通过过滤机过滤，滤去不溶性杂质。取样检测，分装。

达到缩聚终点的物料如果是黏度较高的熔体，冷却后就会凝结成黏性固体。为了便于醇酸树脂的使用，必须对缩聚结束得到的熔体加溶剂溶解，配制成一定黏度的醇酸树脂溶液，这个过程称之为兑稀。兑稀采用的溶剂因醇酸树脂的结构而定，芳香酸含量高需采用酰胺类溶剂、酚类溶剂、双酯类及酮类溶剂等；若脂肪酸含量高，则可以采用二甲苯等芳烃类溶剂。

采用过滤步骤主要是为了除去不溶性固体杂质。这些杂质主要来源于原材料、反应设备及缩聚反应过程产生的不溶性凝胶物等。图7-10为醇酸树脂的合成工艺流程。

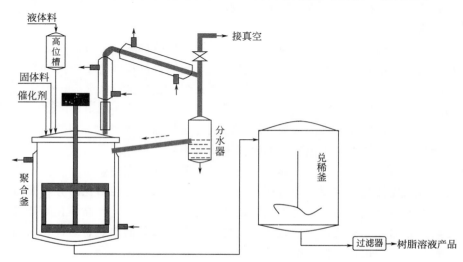

图7-10　醇酸树脂的合成工艺流程

7.3.6 影响因素

（1）温度

对于醇酸酯化、缩聚反应，升高温度，反应速率加快。但是温度过高，副反应增多，醇酸树脂外观颜色加深，不溶性凝胶物增多，原材料逸失现象严重。在高温条件下，醇酸缩聚过程中发生的副反应有多元醇之间的醚化反应；多元酸单体的脱羧反应；形成的羟基酸首尾相连的环化反应；甘油与苯酐之间的成环反应；苯酐的反酯化副反应；分子链之间的醇解、酸解反应等。这些反应的存在使得原材料的配比实际上发生了不可预知的变化，导致产物的结构、分子量及其分布发生改变，甚至反应后期凝胶点会提前或推后到来，从根本上影响了产物的性能和质量。因此缩聚反应温度必须严格控制在一定的范围，一般控制在 200～230℃为宜。

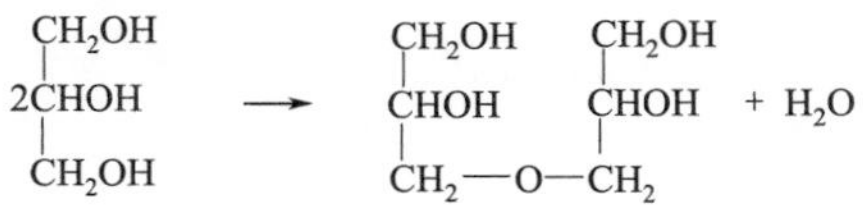

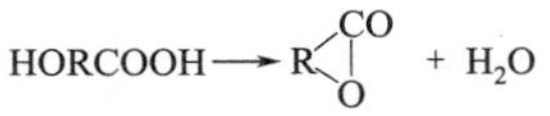

环化反应

$$HOOC(CH_2)_nCOOH \longrightarrow HOOC(CH_2)_{n-1}CH_3+CO_2$$

脱羧反应

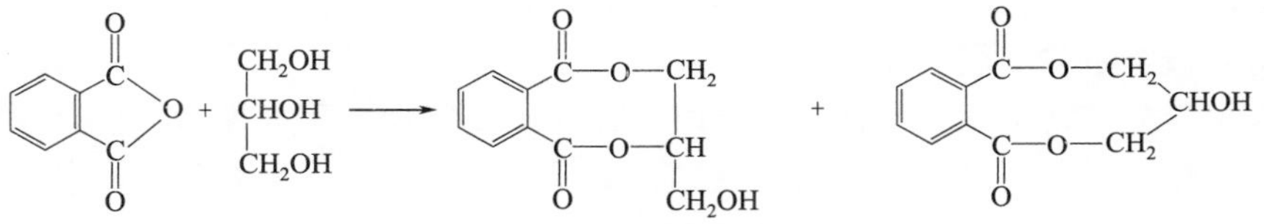

内酯反应

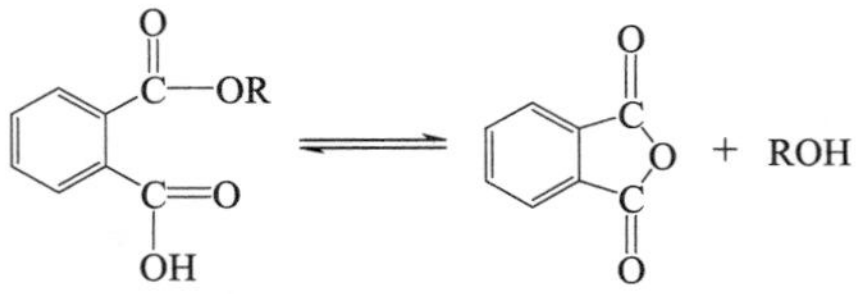

反酯化反应

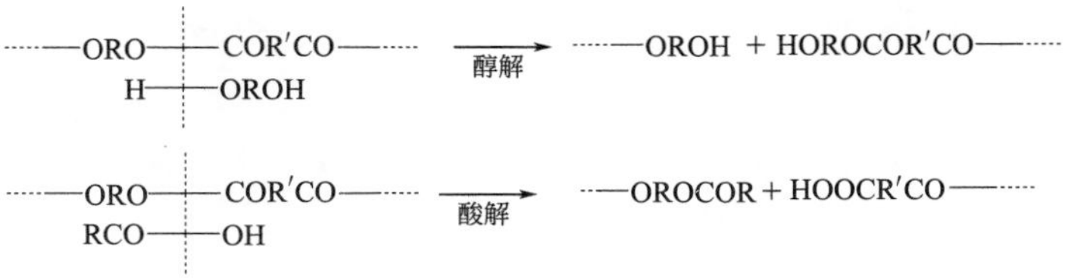

（2）缩聚终点

醇酸树脂合成过程中缩聚终点的控制非常重要。若终点控制提前，则缩聚程度偏低，醇酸树脂分子量偏低。若终点控制延后，则易出现较多不溶性凝胶物，导致产品质量下降，甚至整个反应体系凝胶而出现生产事故。工业上，常采用酸值及黏度的测定来有效控制缩聚终点。醇酸树脂的酸值就是中和 1g 醇酸树脂固体样品所需的氢氧化钾的质量（mg）。醇酸树脂的酸值一般采用标准浓度的氢氧化钾的乙醇溶液滴定测定。醇酸树脂的酸值越小，说明羧基的反应程度越高（羧基的酯化程度），缩聚反应程度越深，产物的分子量越大。黏度的测定可采用测定其醇酸树脂的熔体黏度或溶解在适当溶剂中溶液的黏度。醇酸树脂的黏度越

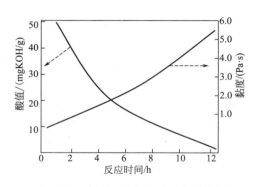

图 7-11　醇酸树脂合成过程中酸值与
黏度的变化曲线

大，说明分子量越大，进而说明缩聚反应程度越深。醇酸树脂的酸值与黏度之间存在确定的关系，如图 7-11 所示。

7.3.7　醇酸树脂的固化

（1）自交联固化

醇酸树脂的合成属于体形缩聚，在合成阶段只能让反应程度停留在 A 或 B 阶段，而在固化成型加工阶段，理论上可以进一步缩聚到 C 阶段，形成三维的立体交联网络。自交联的反应原理可以是没有反应完的羧基和羟基继续酯化，也可能发生酯交换反应，逸出低分子醇而发生交联。例如聚酯型漆包线漆的成膜，由于自固化交联需要的条件较为苛刻，在实际应用中不常见。

（2）氧化交联固化

当醇酸树脂分子链上含有较多共轭不饱和双键结构时，如采用不饱和高级脂肪酸或不饱和高级脂肪酸油脂为主要原材料合成的醇酸树脂，由于共轭不饱和双键结构容易被空气中的氧气氧化，产生自由基活性交联点，形成三维交联的立体网络结构。例如桐油的自固化成膜，油性漆的表面自结皮现象等都属于醇酸树脂的氧化交联固化范畴。

（3）引入烯类单体交联固化

当醇酸树脂分子链上存在不饱和双键时，如采用顺丁烯二酸酐等原材料合成的不饱和醇酸树脂，其固化原理主要是通过加入苯乙烯、甲基丙烯酸甲酯等烯类单体，在自由基引发剂作用下，引发不饱和醇酸树脂分子链上双键生成自由基活性中心，进一步和烯类单体链增长，通过自由基双基终止，形成交联结构。工业上，这种技术得到普遍应用，如浸渍绝缘漆的固化、玻璃钢制品的成型等。

（4）与异氰酸酯交联固化

大多醇酸树脂分子链末端含有活性羟基，遇到活性很高的异氰酸酯基团能快速反应生成氨基甲酸酯结构，而形成三维交联的网络结构。由于大多数异氰酸酯单体活性很高，与醇酸树脂混溶后的混合料的活性期很短，应用上受到一定程度的限制。改进的方法将异氰酸酯进行封闭保护，在加工条件下，脱去封闭剂释放活性异氰酸酯基团，和醇酸树脂的羟基发生反应，达到交联固化的工艺目的。工业上，这种方法应用很普遍，如单组分聚氨酯涂料、聚氨酯漆包线漆等。

（5）与甲醛系列树脂交联固化

甲醛系列的树脂包括氨基树脂、脲醛树脂、酚醛树脂等。它们的分子链末端均含有羟甲基或羟甲基醚的活性基团。羟甲基或羟甲基醚与醇酸树脂的链末端活性羟基能反应，形成三维交联的网络结构。因此，工业上使用醇酸树脂制备各种制品时，常常将各种甲醛系列的树脂与之共混，通过调节不同组分及其比例，制得结构与性能多样化的交联固化的网络结构，在很多工业领域获得应用。

复杂工程问题案例

1. 复杂工程问题的发现

熔融缩聚制备聚酯过程中形成的烯烃类产物或者酯基裂解产生的乙烯醇，在缩聚过程中都极易发生重排而生成乙醛。同时，端乙烯基的酯交换反应也会生成烯醇，因此聚合物中的端乙烯基常被称作"潜在的乙醛"。在聚酯的制备过程中，副产物乙醛的形成主要经由以下三个过程：酯键的裂解、酰化反应和分解。通常，聚酯切片中的乙醛主要来源于聚合过程中的热降解反应和热氧降解反应，因此，合理设计工艺和装置，有效降低熔融缩聚制备聚酯过程中形成的乙醛含量，是一个典型的复杂工程问题。

2. 复杂工程问题的解决

在聚酯的熔融制备过程中，乙醛的生成主要来源于热降解、热氧降解等副反应的发生，因此要降低乙醛的含量，需严格控制熔融缩聚工艺过程，降低副反应的发生。可从以下几个方面改进：①提高融融缩聚工艺设备的气密性，降低反应系统中空气的进入，防止热氧化降解。②加入一定量的稳定剂和抗氧剂，提高聚酯切片自身的热氧化稳定性。如添加酚类抗氧剂和亚磷酸及其酯类的稳定剂。③开发新型高效缩聚催化剂，提高缩聚反应速率，降低反应温度或者高温条件下的停留时间，减小催化副反应的发生。④控制其他组分的添加量，如第三组分间苯二甲酸。从解决复杂工程问题的角度出发，有效降低熔融缩聚制备聚酯过程中形成的乙醛含量的研究思路如下图所示：

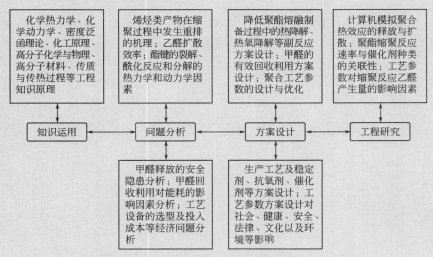

有效降低熔融缩聚制备聚酯过程中形成的乙醛含量

3. 问题与思考

（1）以熔融缩聚法制备聚对苯二甲酸乙二醇酯为例，对如何有效降低聚合过程中乙醛含量的问题，从工程的角度，进行问题分析、方案设计和工程研究，提出解决复杂工程问题的方案和措施，并加以模拟实施，同时兼顾社会可持续发展。

（2）就如何有效利用和控制熔融缩聚制备聚酯过程中形成的乙醛问题，举例说明相关工程知识和原理的深入运用。

（3）从保护环境、社会可持续发展的角度出发，分析方案实施的经济和社会效益。

习　题

1. 何为线形缩聚？线形缩聚的实施方法有哪几种？
2. 哪些因素影响线形平衡缩聚产物的聚合度？是如何影响的？
3. 何为熔融缩聚？在熔融缩聚中，可采用什么措施，以加快反应速度和提高缩聚物分子量？
4. PET 的生产路线有哪几种？试讨论其优缺点。
5. 试写出酯交换法合成 PET 有关的聚合反应方程式。
6. 工业上 PET 产品的特性黏数的大致范围有多少？举例说明不同特性黏数 PET 的用途。
7. 在 PET 的生产中，有哪些主要影响因素，你将采取哪些措施来保证制得平均聚合度在 100 以上的产物？
8. 何为体形缩聚？在体形缩聚中为什么要分两步进行？
9. 什么是凝胶化现象及凝胶点？如何预测凝胶点？
10. 简要说明体形缩聚的应用特点。
11. 简述醇酸树脂的合成工艺过程，并分析其关键因素。
12. 醇酸树脂的交联固化有哪些途径？

课堂讨论

1. 比较 DMT 法、TPA 法与 EO 法生产聚对苯二甲酸乙二醇酯的合成机理、合成工艺。
2. 阐述熔融缩聚提高反应速率和缩聚物分子量的措施。

第8章 溶液缩聚工艺

学习目标

（1）了解溶液缩聚产品及主要原材料的理化性质、储运要求、性能及用途；

（2）理解溶液缩聚的工艺过程及其流程图解；

（3）掌握溶液缩聚原理、聚合方法及影响聚合过程及产物性能的关键因素与解决办法。

重点与难点

溶液缩聚过程及聚合工艺条件分析。

8.1 溶液缩聚

8.1.1 溶液缩聚概述

溶液缩聚是指缩聚单体溶解在适当溶剂中进行的缩聚反应过程。聚合体系中有单体、溶剂、产物及少量催化剂，就这方面而言与溶液聚合有着相似之处，但是两者适用的聚合反应机理不同。溶液缩聚包括均相溶液缩聚和非均相溶液缩聚两种情况。均相溶液缩聚单体及生成的聚合物均能溶解在溶剂中，聚合过程体系为均匀一相，而非均相溶液缩聚单体能溶解在溶剂中，生成的聚合物不能溶解，聚合至一定反应程度时，聚合物从体系析出，形成聚合物相。溶液缩聚工艺的优点就是溶剂的存在有利于热交换，反应物料混合均匀，避免了局部过热，缩聚反应工艺平稳，聚合温度容易控制；缩聚后期，溶剂可与产生的小分子副产物形成共沸而脱除；聚合物溶液可直接作为产品使用。但是，溶液缩聚工艺因为采用了溶剂，必然增加了原材料成本，增加了溶剂的分离、回收生产工序，产物的纯净程度受到影响，聚合反应釜的利用率下降，同时有机溶剂的易燃易爆性、挥发毒害性以及对环境的影响都是不利的因素。因此，溶液缩聚比较适合于一些难以熔融的高熔点缩聚物，单体及缩聚物高温下易分解，缩聚物溶液直接使用的情况等。

溶液缩聚采用的单体一般缩聚活性较高，如氨基与羧基反应生成酰胺、氨基与酸酐反应生成酰胺酸、甲醛与酚反应生成酚醛树脂等。溶液缩聚的聚合温度受制于溶剂的沸点，因此设定聚合温度应考虑到溶剂的沸点。工业上一些缩聚物的生产过程常常采用前期溶液缩聚、后期熔融缩聚的方法，如尼龙－66的合成，先是己二酸己二胺盐的水溶液缩聚，最后是溶剂水不断排除，通过熔融缩聚得到产物。溶液缩聚在普通的聚合釜中进行，物料黏度不大，采用框式或釜式搅拌器即可。

8.1.2 溶液缩聚分类

溶液缩聚法的基本类型可按不同的方法来划分。

（1）根据反应温度分类，可分为高温溶液缩聚和低温溶液缩聚，后者一般都用于活性较大的单体。

（2）根据反应是否可逆分类，可分为可逆和不可逆的溶液缩聚。

（3）按照缩聚产物在溶剂中的溶解情况，可分为均相和非均相溶液缩聚。在溶液缩聚过程中单体与缩聚产物能溶解于溶剂呈溶解状态的称为均相溶液缩聚，如产生的缩聚物沉淀析出则称为非均相缩聚。均相溶液缩聚过程的后期通常是将溶剂蒸出后继续进行熔融缩聚，此情况也属于熔融缩聚。

8.1.3 溶液缩聚的主要影响因素

（1）单体配料比

单体配料比对产物分子量影响很大。在二元羧酸的酰氯与双酚 A 合成聚酯的实例中，一种单体过量对聚酯分子量的影响如图 8-1 所示。在二甲苯基甲烷溶剂中缩聚时，一种单体（双酚或酰氯）过量，聚酯分子量均下降，过量越多，聚酯分子量下降幅度越大。

（2）单官能团化合物

在溶液缩聚中，单官能团化合物的存在同样可终止分子链的增长。改变其加入量可调整产物分子量的大小。原料单体与溶剂中含有单官能团化合物杂质，会使产物分子量降低。

在二异氰酸酯与二元醇的溶液缩聚过程中，单官能团化合物（醇或胺）的引入，对产物分子量的影响如图 8-2 所示，在硝基苯为溶剂制备聚氨酯的溶液缩聚中，单官能团量增加，缩聚分子量下降。

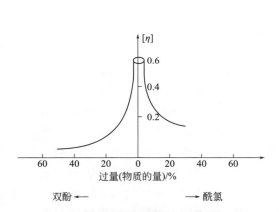

图 8-1　单体过量对聚酯分子量的影响
（以二甲苯基甲烷为溶剂）

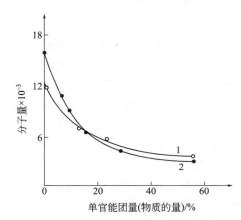

图 8-2　单官能团化合物的引入对聚氨酯分子量的影响
（以硝基苯为溶剂）

（3）反应程度

影响趋势与熔融缩聚相同，一般缩聚物的分子量与反应程度的倒数呈线性关系，但当反应程度过大时，将会发生副反应。同时加料速度也有一定影响。

（4）单体浓度

增加单体浓度，反应速率随之增大，产物分子量增大。但过高的浓度往往使反应物料后期变得相当黏稠，使反应难以正常进行。因此，存在最佳单体浓度范围，如羟基酸或二元羧酸与二元醇溶液缩聚时，单体的最佳浓度约为 20%（摩尔分数），而对苯二甲酰氯与双酚 A 缩聚时，最佳浓度为 0.6～0.8mol/L。

（5）反应温度

一般温度升高，反应平衡常数下降。对于活性大的单体，一般采用低温溶液缩聚。因为采用高温时，副产物增加，产物分子量和产率下降。对于活性小的单体，为加快反应速率，必须在一定温度下进行，否则，反应太慢。在一定范围内升高温度可以增加产物分子量及产率。

(6) 催化剂

一般说来，大多数溶液缩聚反应无需催化剂即能顺利进行。例如，聚酰亚胺的制取，聚次苯硫醚的制取以及由酰氯与醇制取聚酯等。然而，对于活性小的单体，反应速率比较低的可逆过程需要加入适量催化剂。如醇与羧酸的酯化以及醇与酯的酯交换时，此时若不采用适当的催化剂，反应实际上很难进行。催化剂不宜过多，否则分子量反而下降。

(7) 溶剂

作用是溶解单体，促进单体间混合，降低体系黏度，吸收反应热，有利于热量交换，使反应平稳；溶解或溶胀增长着的大分子链，使其伸展便于继续增长，增加反应速率，提高分子量，但大分子链在溶剂中的状态取决于溶剂的性质；有利于小分子副产物的排除；起小分子副产物接受体的作用；起缩合剂的作用；能抑制环化反应。

溶剂对反应速率与分子量都有影响，一般是采用溶剂的极性大（如介电常数大），可提高缩聚的反应速率和分子量；当使用的溶剂发生副反应时，会降低产物分子量；同时对其分布及产物组成也有一定的影响。溶液缩聚时，可以选用单一溶剂，也可以选用混合溶剂。

8.2　溶液线形缩聚制备聚酰胺 66

8.2.1　聚酰胺 66

聚酰胺的历史是由 1928 年加入美国杜邦的 W. H. Carothers（1896～1937）开创的。Carothers 以"确定和发现科学的事实"为目的，并用有机合成方法证实了当时正在成为定论的 H. Staudinger 的高分子学说。他从一系列缩聚反应中找出了能冷延伸成纤的巨大分子，1931 年申请了聚酰胺专利。杜邦公司从 Carothers 的基础研究中，选择了认为在工业上最有可能成功的聚己二酰己二胺，并开发成功。聚己二酰己二胺，也称尼龙 66，是美国杜邦公司推出的第一个聚酰胺品种。1939 年开始工业化生产。尼龙 66 工业化的第一个产品就是生产纤维。这种纤维在当时被誉为"比蜘蛛丝还细，比钢铁还强"。

尼龙 66 由己二胺和己二酸缩聚而成。由己二酸和己二胺合成尼龙 66 的反应可以在质子催化的条件下进行：

$$—COOH+H^+ \rightleftharpoons —C(OH)_2^+$$

$$\sim\sim\sim C(OH)_2^+ + H_2N \sim\sim\sim \rightleftharpoons \sim\sim\sim \overset{O}{\overset{\|}{C}}—\overset{H}{\overset{|}{N}} \sim\sim\sim + H_2O + H^+$$

但是，由于己二胺不稳定，易氧化变质，使用前需要纯化。目前工业上采用己二酸与己二胺先成盐再聚合的方法。己二酸与己二胺生成的盐，简称 66 盐。反应原理如下：

$$H_2N(CH_2)_6NH_2 + HOOC(CH_2)_4COOH \longrightarrow$$
$$NH_3^+(CH_2)_6NH_3^+ \cdot {}^-OOC(CH_2)_4COO^-$$

尼龙 66 大分子链由亚甲基和酰胺键构成。酰胺键是一个强极性键，它们之间具有较大的内聚能，约为 690kJ/mol；而亚甲基是非极性结构，它们之间的内聚能仅有 4.14kJ/mol。由于大分子链之间较易形成氢键，再者亚甲基具有较好的柔顺性，使得大分子链易于排列规整，因此聚酰胺是一种结晶性聚合物。

在尼龙 66 的晶体结构（图 8-3）中，亚甲基呈锯齿形平面状，酰胺基团取反式平面结

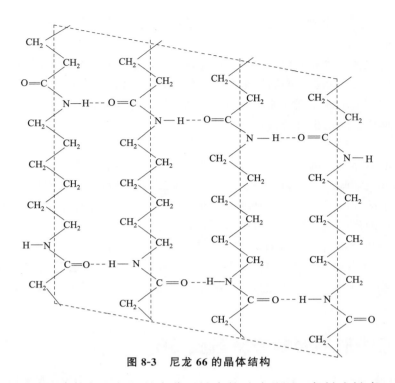

图 8-3 尼龙 66 的晶体结构

构，整个大分子链被笔直拉长。相连的大分子链中的酰胺基团以氢键力键合，形成平面状的片状结晶结构。熔融状态的尼龙 66 缓慢冷却时，在 235～245℃急剧生成球晶。从外观上就可明显观测出从透明状态转变为乳白色不透明状态。球晶由结晶和非结晶两部分构成。球晶大小在 1～100μm。在偏光显微镜下可以观测到明显的圆十字图案（Maltese cross）。尼龙 66 的结晶度通常在 30%左右。结晶度越高，拉伸屈服强度就越大，弹性模量也越高，硬度增大，线膨胀系数减小，吸水率降低。另外，球晶越小越均匀，拉伸屈服强度也越高。结晶度对抗冲击强度的影响特别大，结晶度大到一定程度时，材料会显示脆性。结晶对尼龙的密度影响也明显。尼龙 66 结晶部分的相对密度为 1.24，而非晶部分的相对密度为 1.09。结晶度的大小与树脂结构、成核剂、加工温度、后处理工艺以及材料本体内的含水量有关。

尼龙 66 作为塑料或纤维时，数均分子量一般在 10000 以上。作为常规使用的尼龙 66 的数均分子量一般为 15000～30000。

尼龙 66 的熔点为 246～267℃。结晶性尼龙 66 有清晰的熔点，随结晶度的降低，熔点范围变宽。尼龙 66 的玻璃化转变温度是指非晶区域的玻璃化转变温度。尼龙 66 的玻璃化转变温度与结晶度、分子量、水分含量及测定方法有关。因此来自不同文献的玻璃化转变温度的数据有所差异，一般在 -65～80℃。

尼龙 66 具有一定程度的吸水性。由于吸水使得其力学强度和弹性模量下降，成型制品的尺寸发生变化。但是吸水可促使微观结构的稳定化，同时获得韧性。为了消除成型制品的成型变化，使结晶结构的稳定化，有时对成型制品进行热水处理。在设计成型制品前，必须预先了解吸水性对尺寸变化的影响。尼龙 66 的吸水性是非晶部分酰胺基团的贡献。非晶部分酰胺基团的浓度越低，吸水性越低。

尼龙 66 是一种外观上为半透明或不透明乳白色的结晶性聚合物，具有可塑性。常用的尼龙 66 的密度为 1.15g/cm³，熔点为 252℃，脆化温度为 -30℃。尼龙 66 的热分解温度大于 350℃，能够长期在 80～120℃ 的条件下使用。尼龙 66 能耐酸、碱、大多数无机盐水溶液，以及卤代烷、烃类、酯类、酮类等有机溶剂的腐蚀。尼龙 66 易溶于苯酚、甲酸等极性溶剂。尼龙 66 具有优良的耐磨性、自润滑性，机械强度较高。但尼龙 66 吸水性较大，其平衡吸水率为 2.5%，因而尺寸稳定性较差。

尼龙 66 除用作纤维外，还广泛用于制造机械、汽车、化学与电气装置的零件，亦可制成薄膜包装材料、医疗器械、体育用品、日用品等。尼龙 66 由于耐热性和耐油性好，适合于制作汽车发动机周围的机能部件和容易受热的电子电气制品的部件。尼龙 66 的耐磨性优良，用于制造轴承、齿轮、滑轮等有滑动部分的机械零件。

8.2.2　聚合体系各组分及其作用

（1）己二酸

工业上制备尼龙 66 不是直接使用己二酸，而是先合成己二酸。己二酸的合成路线有环己烷直接氧化法，直接氧化法收率较低，目前工业上大多采用二步氧化法制备己二酸。制备时，先将环己烷空气氧化，制成环己醇和环己酮的混合物。该混合物在催化剂存在下用硝酸氧化，或用铜和锰催化剂等液相空气氧化生成己二酸。

（2）己二胺

常态下，己二胺为白色片状结晶体，有氨臭，可燃；熔点为 41～42℃，沸点为 204～205℃，相对密度 d_4^{30} 为 0.883，闪点为 81℃；微溶于水（0℃，100mL 水中溶解 2.0g；30℃，100mL 水中溶解 0.85g），难溶于乙醇、乙醚和苯；在空气中易吸收水分和二氧化碳；毒性较大，可引起神经系统、血管张力和造血功能的改变；易潮解，应装入密封的马口铁桶内，贮存于阴凉通风处，避光，避热。

（3）分子量稳定剂

分子量稳定剂是用来终止缩聚反应，控制尼龙 66 分子量的物质。常用的有醋酸、己二酸和己内酰胺等。用量视产物分子量的要求而定，一般用量为尼龙 66 盐质量的 2% 左右。

8.2.3　聚合工艺

目前工业上尼龙 66 的生产，皆采用尼龙 66 盐在水溶液中进行缩聚的工艺路线。之所以选择此工艺路线，原因有二。①对于由两种双官能度构成的线形缩聚体系，如己二酸与己二胺构成的线形缩聚体系，若要获得高分子量的聚合物，参加反应的官能团须是等摩尔比的。而采用己二酸与己二胺生成的尼龙 66 盐作为缩聚的反应物，则可以满足此要求。采用尼龙 66 盐的方法可将由己二酸和己二胺的混缩聚转变为均缩聚，而保证反应官能团之间的等摩尔比。②工业生产中，尼龙 66 盐先在加压的水溶液中反应，可以有效防止己二胺的挥发逸失，稳定了己二酸与己二胺的物料配比。工业上生产尼龙 66 的工艺可以简单地分为三个工段。

（1）尼龙 66 盐的浓缩工段

将贮存在 66 盐水溶液贮槽中的含量为 50% 的尼龙 66 盐溶液用泵打至蒸发器进行浓缩。在高温浓缩过程中，随着水分的不断蒸发，尼龙 66 盐溶液浓度不断增大。当浓缩至浓度 65% 时出料，此时出料温度约为 108℃。

蒸发器可以设计为立式圆柱形，无搅拌，内置蛇管蒸汽加热装置。蒸发过程可在常压下进行。

含量为 50% 的尼龙 66 盐溶液的凝固点为 27℃，因此尼龙 66 盐溶液的贮存、运输和使用温度须在其凝固点之上，防止凝固而影响使用。

尼龙66盐溶液高温下容易氧化变质。为防止其氧化变质，浓缩过程应在氮气保护下进行。利用尼龙66盐在冷、热乙醇中的溶解度不同进行精制。

在水溶液中尼龙66盐的缩聚是一个吸热和可逆平衡的缩聚反应。由于作为原料的尼龙66盐溶液含量仅为50%，含有大量的水，此外缩聚过程还要产生水，总水量很大，不利于缩聚反应发生。因此在缩聚前必须采用浓缩工艺，蒸发除去部分水。缩至含量为65%时出料是考虑到减少己二胺的挥发逸失，同时避免尼龙66盐在浓缩阶段过多缩聚，物料黏度增大，使传热和传质困难。有报道说，尼龙66盐溶液含量达到80%时缩聚反应就发生明显了，物料状态由溶液状转化为熔体状，黏度明显增大。通过改变装置设计，可以采用加压法对尼龙66盐溶液进行浓缩，可以使浓缩后的含量达到90%~95%。

（2）缩聚工段

浓缩至65%的尼龙66盐水溶液，黏度增大，用柱塞泵打入管式预热器，预热至215~216℃，保持1.5~2h，同时借助水蒸气压力作用升压至1.8MPa左右，然后进入卧式U形反应器。在反应器内物料停留时间为2.5h，最高温度达到250℃，缩聚工段结束时反应程度达85%左右。

为了避免己二胺的蒸发逸失，缩聚工段是在加压的条件下进行的，因此体系中水含量因为缩聚生成水而增加。尽管升高温度有利于提高缩聚速率，但是由于水含量的原因不能使得反应程度达到更高，因此缩聚工段结束时反应程度控制在85%左右为适宜。

（3）后缩聚工段

来自卧式U形反应器的物料，黏度很大，并且含有大量的水分。物料经柱塞泵打至闪蒸器，压力从1.8MPa迅速降至常压，因此水分大部分蒸发。物料从闪蒸器出料的温度为275℃。分子量稳定剂、消光剂TiO_2及其他添加剂和物料一同进入闪蒸器，经混合均匀后进入后缩聚釜。因为物料黏度很大，后缩聚釜内置螺旋推进器和外置抽真空装置，以58r/h转速搅拌，后缩聚在270~280℃和40kPa的条件下进行。物料在后缩聚釜中停留时间为40min左右，后缩聚结束。呈熔融状态的物料经齿轮泵加压强制打出，送至铸带或熔融纺丝工段。采用上述工艺方法制备尼龙66的合成工艺流程如图8-4所示。

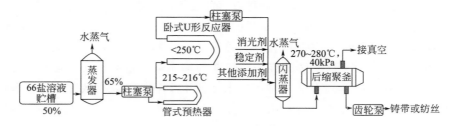

图8-4 尼龙66的合成工艺流程

如果不是直接用来纺丝或生产尼龙66树脂，则后缩聚结束后，熔融态的尼龙66经挤出切粒。切粒方法有水下切粒、水环切粒和轴带切粒三种。

尼龙66缩聚过程中不易发生环化反应，故产物中低分子量杂质含量较少，一般在1%以下。所以尼龙66合成后不需要水洗和萃取过程来脱除低分子量杂质。

上述过程生产的尼龙66树脂，其数均分子量通常在11000~18000，适合于注射成型。用于挤出成型者，分子量必须达24000~29000。这种品级的聚酰胺树脂生产方法是在甲酸蒸气中进一步加热熔体，或在氮气中加热固态注射级聚酰胺树脂。

8.2.4　工艺条件分析

(1)　缩聚体系中水的影响

研究报道，聚合体系中的含水量对聚合的热效应、平衡常数及缩聚速率有明显影响。反应热随含水量增加而增加（表 8-1），而平衡常数随含水量增加而降低（图 8-5），缩聚速率也随着含水量增加而明显降低（表 8-2）。随着缩聚反应的进行，体系中含水量逐步减少，聚合的热效应、平衡常数及缩聚速率均在发生变化。尼龙 66 盐溶液水溶液缩聚的这些特性必须加以注意。

表 8-1　尼龙 66 缩聚体系的热效应与含水量关系

含水量/(mol/mol 尼龙 66 盐)	热效应(吸热)/(kJ/mol 尼龙 66 盐)
1.00	9.54
3.05	22.3
6.23	26.1

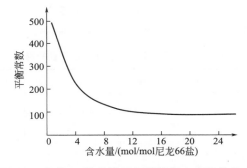

图 8-5　尼龙 66 的缩聚平衡常数与含水量的关系

表 8-2　尼龙 66 盐缩聚速率与体系含水量的关系

含水量 /(mol/mol 尼龙 66 盐)	不同温度下的缩聚速率/(g·mol/h)		
	200℃	210℃	220℃
0.50	1000	1920	2670
1.00	825	1260	2200
3.05	392	520	1070
6.25	197	323	510
10.00	135	188	393

尼龙 66 在 100℃ 以下，对水是稳定的。但在高温熔融状态下易发生水解，因此在高温缩聚阶段要考虑水解副反应对聚合物分子量的影响。此外，尼龙 66 在碱性水溶液中稳定。研究表明，尼龙 66 在 10% 氢氧化钠水溶液中，85℃ 处理 16h 以上没有发现明显的水解现象。但是尼龙 66 在酸性水溶液中容易水解。尼龙 66 在水和氧气同时存在的情况下，200℃ 就显示分解倾向。

（2）尼龙 66 产物分子量的控制

关于尼龙 66 产物分子量的控制方法，工业上是通过测定尼龙 66 盐的酸值来确定分子量的控制方法的。若尼龙 66 盐为中性，则加入少量单官能团物质醋酸封端控制其分子量，反应原理如下：

$$H \left[NH - (CH_2)_6 - N - C - (CH_2)_4 - C \right]_n OH + CH_3COOH \longrightarrow$$

$$CH_3 - C - N - (CH_2)_6 - N - C - (CH_2)_4 - C \right]_n OH + H_2O$$

若尼龙 66 盐为酸性，则利用过量的己二酸做分子量稳定剂来控制其分子量大小。反应原理如下：

$$H \left[NH - (CH_2)_6 - N - C - (CH_2)_4 - C \right]_n OH + HCOO(CH_2)_4COOH \longrightarrow$$

$$HOOC(CH_2)_4 - C - N - (CH_2)_6 - N - C - (CH_2)_4 - C \right]_n OH + H_2O$$

过量己二酸对产物分子量大小有影响，己二酸过量越多，产物的数均分子量和黏均分子量均下降。表 8-3 列出了过量己二酸对尼龙 66 分子量的影响。

表 8-3　过量己二酸对尼龙 66 分子量的影响

己二酸过量/%	分子量（端基法）	分子量（黏度法）	己二酸过量/%	分子量（端基法）	分子量（黏度法）
0.5	35087	23023	15	4209	4138
1.0	23809	19509	30	3169	2838
2.0	18181	14876	60	2604	2592
6.0	6341	5309	100	2176	2029

（3）缩聚温度

温度升高，缩聚速率加快，但是缩聚温度的确定还要考虑更多的因素。尼龙 66 在惰性气氛中加热到 300℃还是比较稳定的。但是在 290℃长时间加热 5h 左右就可看出明显分解，产物为氨气和二氧化碳。例如后缩聚阶段，体系实际上处于熔融缩聚状态，聚合温度很高，大分子链的氨基末端与分子链上的己二胺链节反应生成吡咯结构，使聚合物发黄，并能产生交联聚合物。此现象在缩聚及熔融纺丝阶段应需加注意和防止。因此后缩聚温度确定在 270～280℃范围为宜。

8.3　溶液线形缩聚制备聚酰亚胺

8.3.1　聚酰亚胺

（1）聚合原理

合成聚酰亚胺的通用方法是利用二胺和二酐反应先合成聚酰胺酸，然后环化生成聚酰亚胺。常用均苯四酸二酐（PMDA，pyromellitic acid dianhydride）和 4,4′-二氨基二苯醚（ODA，4,4′-diaminodiphenyl ether），反应过程如下：

聚酰亚胺是一种半梯形结构的环链聚合物，含有苯环和五元杂环，结构中最薄弱的环节是碳氮键，但受到五元环的保护，稳定性高于聚酰胺、聚氨酯中的碳氮键。

聚酰亚胺分子量主要由聚酰胺酸的分子量决定，即由合成聚酰胺酸的反应决定。聚酰胺酸不溶于常用溶剂，分子量难以测定。在实验研究及生产实践中，依据高分子材料的分子量与高分子溶液黏度的定量关系，通过测定聚酰胺酸溶液黏度的方法来表征其分子量的相对大小。

（2）聚酰亚胺的性能

全芳香型聚酰亚胺最主要的特征是耐热性优良。起始热失重温度一般都在 500℃ 左右。由联苯二酐和芳香二胺合成的聚酰亚胺，热分解温度达到 600℃，是迄今聚合物中热稳定性最高的品种之一。聚酰亚胺不仅耐热，而且还耐极低温，聚酰亚胺在 −269℃ 的液态氮中仍不会出现脆裂。

聚酰亚胺的大分子中虽然含有相当数量的极性基（如羰基和醚键），但其电绝缘性优良。原因是羰基纳入五元杂环，醚键与相邻基团形成共轭体系，使其极性受到限制。同时由于大分子的刚性和较高的玻璃化温度，因此在较宽的温度范围内偶极损耗小，电性能十分优良。此外，聚酰亚胺还具有优异的耐电晕性能。

聚酰亚胺具有很好的力学性能，未填充的聚酰亚胺塑料的拉伸强度都在 100MPa 以上，均苯型聚酰亚胺的薄膜（Kapton）的拉伸强度为 170MPa，联苯型聚酰亚胺的拉伸强度则达到了 400MPa，而一般塑料的拉伸强度在 20～50MPa 范围。聚酰亚胺工程塑料的弹性模量通常为 3～4GPa，聚酰亚胺纤维弹性模量可达 200GPa，一般塑料的弹性模量为 1～2GPa。理论计算出由均苯二酐和对苯二胺合成的纤维弹性模量可达 500GPa，仅次于碳纤维。

聚酰亚胺具有优良的耐油和耐有机溶剂性，对稀酸稳定。聚酰亚胺大分子中最薄弱的碳氢键在亚胺环中受到五元环的保护，稳定性提高，表现出较好的耐化学腐蚀性。聚酰亚胺为自熄性聚合物，发烟率低，在极高的真空下放气量很少。聚酰亚胺无毒，可用来制造餐具和医用器具，并经得起数千次的高温消毒。一些聚酰亚胺还具有很好的生物相容性，可用来制备生物相容性材料。聚酰亚胺还具有优良的耐候性及耐辐射性。

（3）聚酰亚胺的用途

由于聚酰亚胺具有上述诸多优良性质，决定了其具有非常广泛的用途，尤其是在一些高科技、高附加值的产业中，而且在每一个应用领域都发挥了突出的作用。

用于制造薄膜是聚酰亚胺最早的用途之一，譬如用于特种工作环境下的电机槽绝缘及电缆绕包绝缘材料。透明的聚酰亚胺薄膜还可做成柔软的太阳能电池底板。

聚酰亚胺复合材料是最耐高温的结构材料之一。在欧美，聚酰亚胺广泛用于制造航空航天及火箭零部件。例如美国的超音速客机速度为 816m/s，飞行时表面温度为 177℃，要求使用寿命为 6000h。据报道，已确定 50％的结构材料是碳纤维增强的塑性聚酰亚胺复合材料，每架飞机的用量约 30t。国内聚酰亚胺复合材料主要用于制造耐热、高强度的机械零部件，如汽车的热交换元件、汽化器外罩和阀盖、仪表等。沈阳气体压缩机厂使用长春应化所提供的聚酰亚胺材料，用于制造舰船压缩机活塞环和阀片，运行状况良好。

聚酰亚胺涂料主要是用作绝缘漆，用于耐高温电磁线制备或其他耐高温绝缘工件的涂制。目前有厂家采用挤出法制造热塑性全芳香型聚酰亚胺绝缘电磁线，产品优质，低成本。聚酰亚胺电磁线除了可在普通的电气电子工业上使用外，有望在航空航天工业和原子能工业上得到应用。

利用热塑性全芳香型聚酰亚胺树脂通过挤出法可顺利地制造出纤维。聚酰亚胺纤维的弹性模量仅次于碳纤维，可在高温、有辐射源和有腐蚀性的严酷环境中使用。聚酰亚胺纤维还可制作在高温介质及放射性物质环境中使用的过滤材料，如烟道气及热化学物质的过滤布、降落伞、消防服等。

聚酰亚胺泡沫塑料可用作耐高温隔热材料。聚酰亚胺胶黏剂可用作高温结构胶，用于高低温环境下铝合金、钛合金、不锈钢、陶瓷之间的黏结。聚酰亚胺分离膜具有高的透气性能和良好的透气选择性，同时具有强度高、耐化学腐蚀等特性。聚酰亚胺在微电子器件制造工业中也有广泛的应用，如在元器件外壳的钝化膜上涂覆 $50\sim100\mu m$ 的涂层，可防止由微量铀和钍等释放的射线而造成存储器的软误差。在微电子器件上涂覆聚酰亚胺保护层，可有效地阻滞电子的迁移，防止器件腐蚀，增加器件的抗潮湿能力。在芯片的表面涂覆聚酰亚胺作为缓冲层，可有效防止由于热应力影响而产生的崩破。聚酰亚胺的线膨胀系数与铜相近，与铜箔复合的粘接力强，因此可用作柔性印刷线路板。聚酰亚胺作为取向排列剂用于液晶显示器的制造，使液晶显示器表现出更好的光电效果和图像显示效果。聚酰亚胺还可作为光刻胶使用，其分辨率可达亚微米级。

（4）聚合工艺路线

目前合成聚酰亚胺的工艺路线有熔融缩聚法、溶液缩聚法、界面缩聚法三种。

熔融缩聚是将单体、催化剂和分子量调节剂等投入反应器中，加热熔融并逐步形成高聚物的过程。Edwards 和 Robinson 首先用二胺与四羧酸二醇酯通过熔融缩聚法制备了聚酰亚胺。熔融缩聚法制备的聚酰亚胺，生产工艺过程简单，成本低，可连续生产，但反应温度高，单体配比要求严格，反应物黏度高，小分子不易脱除，局部过热会有副反应发生。

溶液缩聚是反应物在适当溶剂中进行聚合的方法。通过溶液缩聚法制备聚酰亚胺有两条途径，即一步法和两步法。一步法是二酐和二胺在高沸点溶剂中加热直接聚合生成聚酰亚胺，即单体不经过生成聚酰胺酸或聚酰胺酯而直接合成聚酰亚胺。两步法是先合成聚酰胺酸或聚酰胺酯，然后再亚胺化。溶液缩聚法制备的聚酰亚胺，聚合温度低，可避免单体和聚合物分解，反应工艺平稳易控制，缩聚生成的小分子通过与溶剂共沸脱除，得到的聚酰胺酸或聚酰胺酯溶液可直接亚胺化。该方法特别适合制备高熔点的芳香族聚酰亚胺。

界面缩聚是指在两种互不相溶，分别溶有两种单体的溶液的界面区域进行的缩聚反应。用界面缩聚法制备聚酰亚胺时，反应条件温和，反应不可逆，对单体配比要求不严格，但必须使用高活性单体酰氯，需要大量溶剂，产品不易精制。

8.3.2 聚合体系各组分及其作用

（1）均苯四甲酸二酐

均苯四甲酸二酐（PMDA），相对密度为 1.680，熔点为 286℃，沸点为 380～400℃，能升华；溶于丙酮、醋酸乙酯、二甲基亚砜、N,N'-二甲基甲酰胺。暴露于潮湿空气中易水解成酸；有毒，能刺激皮肤和黏膜；贮存于阴凉、干燥的库房内，远离火种及热源。

（2）4,4′-二氨基二苯醚

4,4′-二氨基二苯醚（ODA）灰白色或白色晶体粉末，能溶于 N,N'-二甲基乙酰胺、N,N'-二甲基甲酰胺等有机溶剂，溶于稀盐酸。ODA 是制备新型特种工程塑料聚酰亚胺、聚醚酰亚胺、聚酯酰亚胺、聚马来酰亚胺、聚芳酰胺等耐高温树脂的重要原料之一。

（3）溶剂

N,N'-二甲基乙酰胺（DMAC，dimethylacetamide），能与水、醚、酮、酯等完全互溶，具有热稳定性高、不易水解、腐蚀性低、毒性小等特点。二甲基乙酰胺对多种树脂，尤其是聚氨酯树脂、聚酰亚胺树脂具有良好的溶解能力，主要用作耐热合成纤维、塑料薄膜、涂料、医药、丙烯腈纺丝的溶剂。

N,N'-二甲基甲酰胺（DMF），无色透明液体，为极性惰性溶剂，沸点为 152.8℃，相对密度为 0.9445，闪点为 56.6℃；除卤化烃外能与水及多数有机溶剂任意混溶；主要用作聚氨酯、聚丙烯腈、聚氯乙烯的溶剂，在石油化工中用作萃取剂，亦用作医药和杀虫剂农药的原料。

N-甲基吡咯烷酮（NMP），无色透明油状液体，稍有胺的气味，相对密度为 1.0260，沸点为 204℃，闪点为 95℃，与水、乙醇、乙醚、醋酸乙酯、丙酮、氯仿、甲苯等混溶，挥发性低，化学稳定性好，低毒；用作高沸点的溶剂，贮存于阴凉、通风的库房内，防潮，远离火种、热源。

表 8-4 列出了一个合成聚酰亚胺的简易配方。所设计的配比能合成得到高黏度的聚酰胺酸，且混合溶剂正好能溶解所生成的聚酰胺酸。

表 8-4　溶液法缩聚制备聚酰亚胺的配方

反应物/mol		溶剂/L
PMDA	ODA	DMAC/NMP
40.6~40.8	40	125

8.3.3　聚合工艺过程

溶液法合成聚酰亚胺的工艺包括原材料预处理过程、聚酰胺酸中间体的合成过程、聚酰亚胺薄膜的制备三个主要工序。

（1）原材料预处理过程

将均苯四甲酸二酐，4,4′-二氨基二苯醚分别放入 120℃、真空度为 0.09MPa 的真空干燥箱中进行干燥处理 30min。溶剂二甲基乙酰胺或 N-甲基吡咯烷酮经减压蒸馏和干燥处理。

由于二酐容易被空气或溶剂中的水分水解，得到的邻位二酸在低温下不能与二胺反应生成酰胺，从而影响到聚酰胺酸的分子量。为了保证获得高分子量的聚酰胺酸，使用前应将反应器、溶剂干燥。二酐使用前应密封防潮以防止水解，最好使用刚脱过水的新鲜二酐。图 8-6 为原料含水量对聚合产物溶液黏度的影响。可见，随

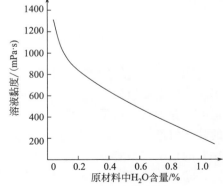

图 8-6　原料含水量对聚合产物溶液黏度的影响

着原料含水量的减少，聚合物溶液黏度增加。所以，采取有效措施去除原材料中的水分，将使合成的聚酰胺酸分子量大幅度提高。

（2）聚酰胺酸中间体的合成过程

在一定的温度（0～20℃）条件下，先往反应器中通入氮气 5min 后，依次加入 DMAC 和 ODA，搅拌使之充分溶解，并同时保持搅拌转速在 100r/min 左右。然后将 PMDA 分批加入反应器中，搅拌反应大约 3h 后，得到浅黄色聚酰胺酸的黏性溶液。

聚酰胺酸是高温下亚胺化制备聚酰亚胺的前驱体，能否获得合乎要求的前驱体是制备聚酰亚胺的工艺关键。

① 加料次序的影响　可能的加料顺序有三种。A 方案：先加二胺，再加二酐。B 方案：先加二酐，再加二胺。C 方案：二胺和二酐同时加入。研究表明，加料顺序对合成实验结果影响很大，由图 8-7 可见，A 方案得到的溶液黏度最大，其次是 C 方案，而按照 B 方案，先加二酐的情况下，基本得不到高分子量的聚酰胺酸溶液。因此，操作时应将二酐以固态形式分批加入二胺的溶液中，同时搅拌反应，外加冷却措施。

② 原料配比的影响　采用不同的原料配比，在 0℃下反应一定时间，测得聚合物溶液黏度与原料配比之间的关系。由图 8-8 可见，当二酐与二胺配比小于 1 时，溶液黏度值很低；随着二酐配比的增加，溶液黏度值逐渐增大；当二酐稍过量约 2%（摩尔分数）时，溶液黏度值可达最大；此后，随着二酐配比的增加，溶液黏度开始下降。因此，在生产过程中也通过适当调节二酐加入量控制产物分子量。经验证明，二酐与二胺的摩尔比为 1.015：1.020 时较好。

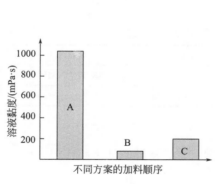

图 8-7　加料次序对聚合产物
溶液黏度的影响

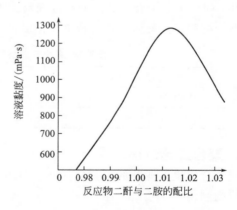

图 8-8　原料配比对聚合产物
溶液黏度的影响

③ 反应温度的影响　用二甲亚砜作溶剂时，摩尔比为 PMDA：ODA＝1.02：1，控制不同反应温度得到一系列黏度不同的聚合物溶液，反应结束后，将溶液温度恒定到 0℃，测定溶液黏度值。由图8-9可见，聚合物溶液黏度随聚合温度的升高而降低，在－10℃时溶液的黏度值最大。考虑到反应温度也是影响反应速率的重要因素，一般合成温度控制在 0～10℃的范围较适宜。

④ 反应时间的影响　用二甲亚砜作溶剂时，摩尔比为 PMDA：ODA＝1.02：1，在 0℃下聚合不同时间后取样测定聚合物溶液黏度。从图 8-10 上可知，在初始反应阶段，溶液黏度增长较慢，随着反应进行溶液黏度迅速增大，然而继续延长聚合时间溶液黏度反而开始略

微下降。因此，聚合时间一般控制在 3h 之内。

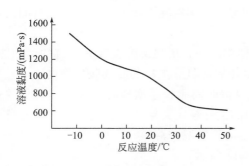

图 8-9 反应温度对聚合产物
溶液黏度的影响

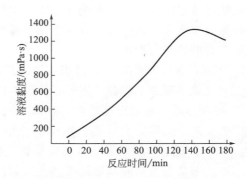

图 8-10 反应时间对聚合产物
溶液黏度的影响

⑤ 聚酰胺酸前驱体的局限性及对策　聚酰胺酸在贮存过程中易发生分子链降解而导致难以得到高分子量的聚酰亚胺。在微电子应用领域，由于聚酰胺酸的羧基会与铜基材作用，可以使铜离子扩散到介电层内部，降低聚酰亚胺的绝缘性能。采用前驱体聚酰胺酯可以克服聚酰胺酸的缺陷。此外采用前驱体聚酰胺酯可以通过选择不饱和基团或长脂肪链酯基，在光敏树脂或 LB 膜（Langmuir-Blodgett film）方面获得重要应用，进一步光刻或成膜后，再进行热处理就可以转变为很稳定的聚酰亚胺。

（3）聚酰亚胺薄膜的制备

经真空消泡后的聚酰胺酸溶液，转入不锈钢溶液贮罐。溶液经贮罐下端流延嘴，均匀流延在匀速运行的钢带上，同时多出的溶液被流延嘴前刮板带走，形成厚度均匀的液膜，然后进入烘干道干燥。洁净干燥的空气由鼓风机送入加热器预热到一定温度后进入干燥设备的上、下烘干道。在烘干道内热风流动方向与钢带运行方向相反，这样可使液膜中溶剂逐渐挥发，液膜温度逐渐升高，提高干燥效果。

聚酰胺酸薄膜在钢带上随其运行一周，溶剂蒸发成为固态薄膜，从钢带上剥离下的薄膜经导向辊引向亚胺化炉。亚胺化炉一般为多辊筒形式，与流延机同步速度的导向辊引导聚酰胺酸薄膜进入亚胺化炉，高温亚胺化后，由收卷机收卷。

固态聚酰胺酸的热酰亚胺化过程通常可以观察到快速和慢速两个阶段，即在一定温度下酰亚胺化一定程度后就缓慢下来，甚至酰亚胺化终止，再升高温度，酰亚胺化反应又会重新快速进行，然后再次减慢下来，直至温度提高到可以完全酰亚胺化为止。在固态下酰亚胺化反应的进行程度仅取决于温度，与时间的关系不大。有报道采用相关理论模型计算亚胺化程度，结果表明在 300℃ 下，热处理 1h 亚胺化程度达 73%，2h 亚胺化程度达 90%，3h 后亚胺化程度接近 100%。

溶剂及制备工艺对酰亚胺化程度有着明显的影响。Brekner 和 Feger 等提出只有当聚酰胺酸与溶剂形成的氢键解络合后，酰亚胺化反应才能进行。氢键的解络合表明溶剂不再受聚酰胺酸分子的束缚作用，成为自由溶剂分子，在酰亚胺化过程中起"增塑剂"作用。增塑作用与溶剂扩散到薄膜表面和挥发的时间有关。时间越长，残留溶剂对分子链的增塑能力越强，酰亚胺化速率越快。溶剂在薄膜内停留的时间取决于初始酰亚胺化温度、薄膜厚度和溶剂体系。

① 初始酰亚胺化温度　初始酰亚胺化温度较低，溶剂对分子链的增塑作用较弱，不利于酰亚胺化速率的提高，导致酰亚胺化程度较低；较高的初始酰亚胺化温度可在短时间内使聚酰胺酸与溶剂之间发生解络合，溶剂增塑作用强，在溶剂完全挥发之前的较短时间内就能获得较高的酰亚胺化程度。

② 薄膜厚度　薄膜越厚，薄膜本体溶剂残留率增加，增强聚酰胺酸分子链的运动能力，有利于酰亚胺化程度的提高。因此，薄膜本体内比表面具有更高的酰亚胺化程度。

③ 溶剂体系　溶剂沸点越高，在薄膜内部停留时间越长，增塑时间长，有利于酰亚胺化程度的提高。美国专利报道采用高沸点甲基吡咯烷酮（沸点 202℃）和环己基吡咯烷酮（沸点 307℃）混合，成功制备了高酰亚胺化程度的聚酰亚胺薄膜。

溶液法制备聚酰亚胺薄膜的工艺流程如图 8-11 所示。

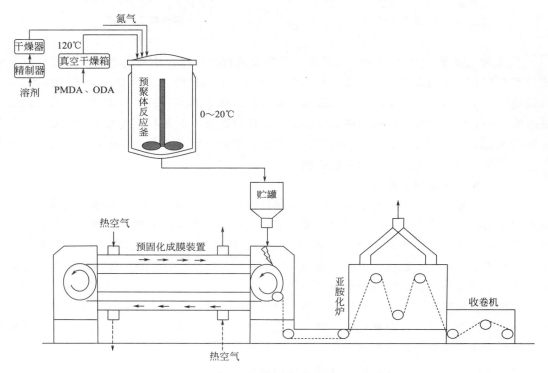

图 8-11　溶液法制备聚酰亚胺薄膜的工艺流程

8.3.4　聚合技术发展

目前，我国仍采用四十多年前已定型的 PMDA-ODA-DMAC 体系，其配比也几乎没有变化。原材料工业也在这一思路上逐渐发展成熟，说明这一合成体系的产品在化学、物理、电学、力学等性能上有其综合优势，在商业化方面也有其工艺和成本优势。但随着现代工业和科技的发展，传统聚酰亚胺薄膜的某些性能，已难以满足新用户的要求，其中如大家熟知的耐电晕性、机械强度、弹性模量、耐折弯、薄型（$12\mu m$ 以下）产品的可行性、自黏性，特别是热收缩率等性能方面有待进一步提高。可以从原材料结构、配方组成、聚合和酰亚胺化工艺、溶剂体系构成及引入纳米技术等方面开展研究，提高聚酰亚胺性能满足市场不断提出的新要求。

聚酰亚胺作为最有发展前途之一的高分子材料已经得到世人的充分认可，并已在广泛的领域里得到了应用，但是在发展近四十年之后仍然未成为一个更大的品种。主要原因是成本高和不易成型两大因素，尤其是后者，因此人们又相继开发了一些改性的聚酰亚胺。

（1）含氟聚酰亚胺

普通聚酰亚胺分子链上氢原子部分被氟取代后，制备的含氟聚酰亚胺在溶解性、介电常数、适光性、吸湿性、热膨胀系数等性能方面有优势，主要应用在电子工业和航空航天的一些特殊领域。

（2）含硅聚酰亚胺

普通聚酰亚胺分子链上碳原子部分被硅取代后，制备的含硅聚酰亚胺具有更好的柔顺性，且引入的 Si—O 键还具有很高的热性能，在保持普通聚酰亚胺优良热性能不降低的情况下改进加工性能。目前美国 M&T 化学公司和日本日立公司生产含硅聚酰亚胺产品。

（3）聚酰亚胺复合材料

近年来，为了进一步提高聚酰亚胺的性能，扩大其应用范围，使其能在更加苛刻的环境下使用，一些科学工作者又在开发性能更高的聚酰亚胺。我国长春应化所开发出一种新的碳纤维增强的聚酰亚胺基复合材料，有突出的断裂韧性，T_g 达 407℃。人们发现很多种分子结构不同的聚酰亚胺之间共混能形成完全相容的共混体系，从而扩大了高性能树脂聚酰亚胺的应用范围。这些共混体系有芳香聚苯并咪唑和聚酰亚胺、聚酰胺和聚醚酰亚胺、聚醚醚酮和聚酰亚胺等。

随着科学技术的快速发展，有关聚酰亚胺的研究及其应用领域将不断被拓宽，今后聚酰亚胺的发展方向有以下四个方面：进一步提高聚酰亚胺材料的性能；改善合成和加工工艺，寻求新的成型方法；降低聚酰亚胺材料的生产成本，扩大用途；进一步研究有关聚酰亚胺材料的功能化。

8.4 溶液体形缩聚制备酚醛树脂及固化工艺

8.4.1 酚醛树脂

酚醛树脂是最早工业化的合成树脂。酚醛树脂是一类由酚类单体和醛类单体经缩聚反应生成的缩聚物。其中酚类单体主要有苯酚、甲酚、二甲酚、叔丁基苯酚等，醛类单体有甲醛、乙醛及糠醛等。酚醛树脂中最常见的就是苯酚甲醛树脂。苯酚与甲醛的缩聚反应可以在强酸性、弱酸性、中性及碱性条件下进行，生成的树脂结构也因此而有差别，用途也随之不同。强酸性和弱酸性条件下合成的酚醛树脂称为酸法树脂（novolac resins），碱性条件下合成的酚醛树脂称为碱法树脂（resols resins）。

（1）酸性条件下酚醛树脂的合成原理

甲醛在其水溶液中生成亚甲基二醇或其低聚物，亚甲基二醇与氢质子加成后生成活性较高的中间体，然后可与苯酚的邻、对位氢原子发生脱水反应而生成不稳定的羟甲基阳离子，进一步与苯酚的邻、对位氢原子缩合生成二羟苯基甲烷。采用的酸性催化剂主要有盐酸、草酸等。

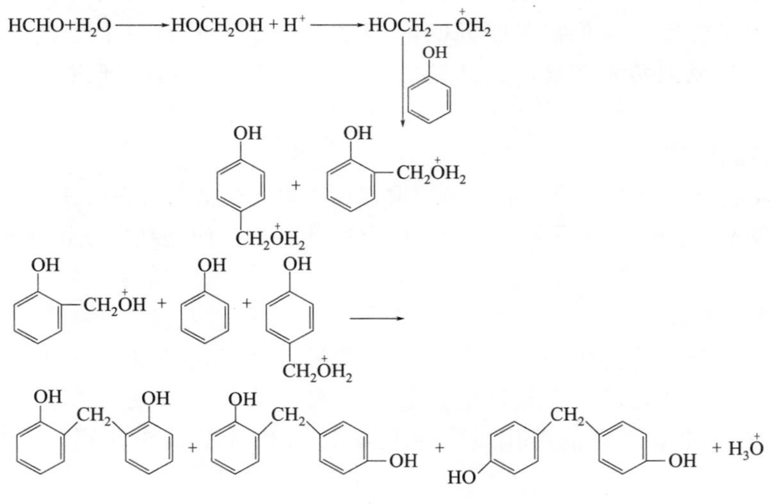

$$\text{HCHO+H}_2\text{O} \longrightarrow \text{HOCH}_2\text{OH} + \text{H}^+ \longrightarrow \text{HOCH}_2\overset{+}{-}\text{OH}_2$$

生成的二羟苯基甲烷继续发生与羟甲基阳离子之间的反应就生成酸法酚醛树脂。为了防止在树脂合成过程中生成交联结构，工业生产中甲醛与苯酚用量控制在(0.5～0.8)∶1。数均分子量在 500～5000，玻璃化温度为 40～70℃，2,4-结构占 50%～75%。数均分子量小于1000，产物主要为线形结构；数均分子量大于 1000 则含有支链。

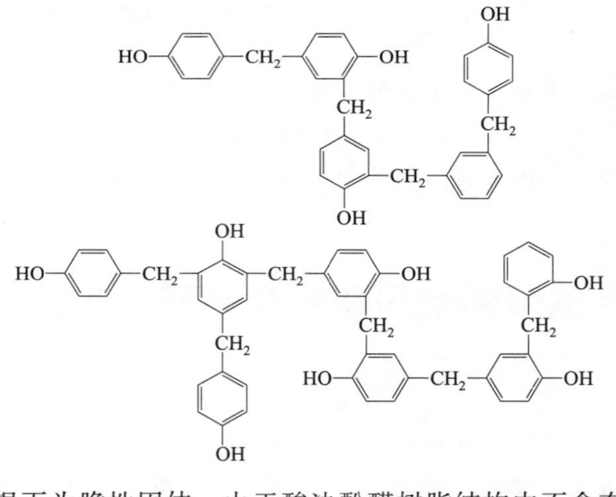

酸法酚醛树脂常温下为脆性固体。由于酸法酚醛树脂结构中不含有可发生缩聚反应的活性基团，所以呈现热塑性，可反复受热熔化。生成体形结构的酚醛树脂制品时必须加入固化剂。常用的固化剂有六亚甲基四胺。

（2）碱性条件下酚醛树脂的合成原理

在碱性条件下，苯酚与碱性物质反应生成酚氧负离子，酚氧负离子的离域化作用而使邻位、对位离子化，然后与甲醛的羰基进行加成生成羟甲基结构。

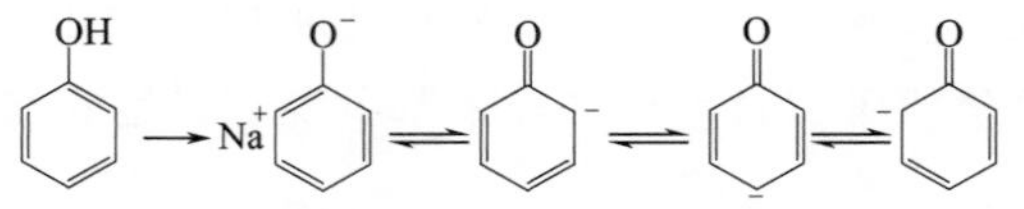

　　碱性催化剂主要有氢氧化钠、氢氧化钾、氢氧化钙、氢氧化钡、氢氧化镁、碳酸钠、氨水等。邻位与对位反应的比例取决于催化剂阳离子的性质和溶液的 pH 值。例如一价钠、钾阳离子和较高 pH 值有利于发生对位反应，而二价钡、钙、镁阳离子和较低的 pH 值则有利于邻位反应。

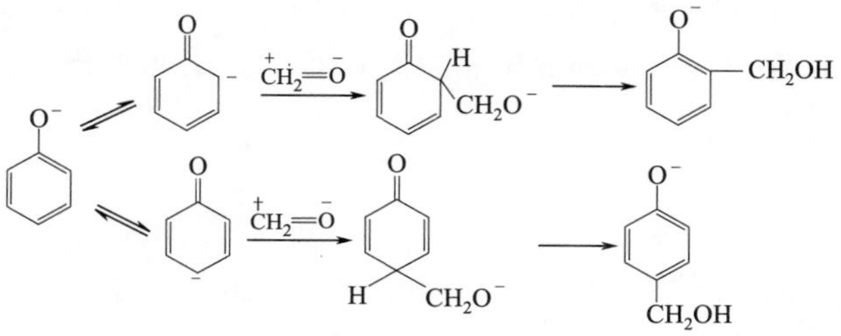

　　当苯酚在碱性条件下与甲醛反应生成一羟甲基苯酚后，可继续与甲醛反应生成二羟甲基苯酚和三羟甲基苯酚，且生成二羟甲基苯酚和三羟甲基苯酚的反应速率高于生成一羟甲基苯酚的反应速率。因此，在碱法酚醛树脂的合成过程中，即使甲醛过量到甲醛与苯酚的摩尔比为 3∶1，碱法酚醛树脂中仍还有游离的苯酚。

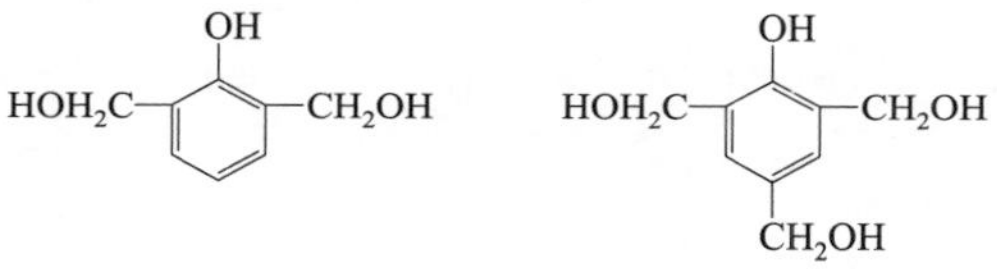

　　当温度超过 40℃以后，羟甲基基团相互反应缩去一个水分子，生成亚甲基醚基团，亚甲基醚基团进一步脱去一个甲醛，生成稳定的亚甲基基团。

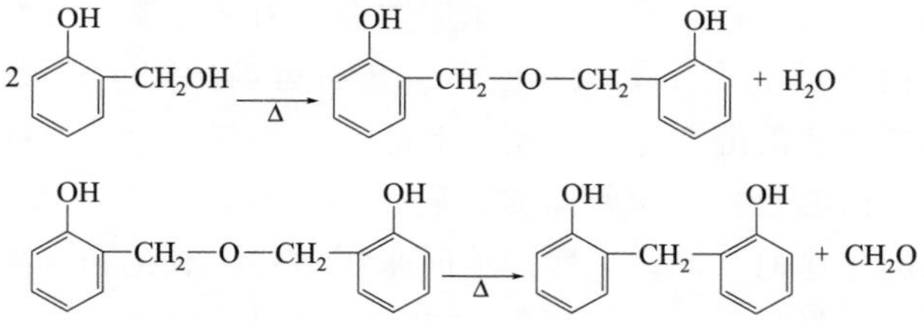

　　羟甲基基团还可以与苯酚的邻位、对位活泼氢原子反应，缩去一个水分子生成亚甲基结构。

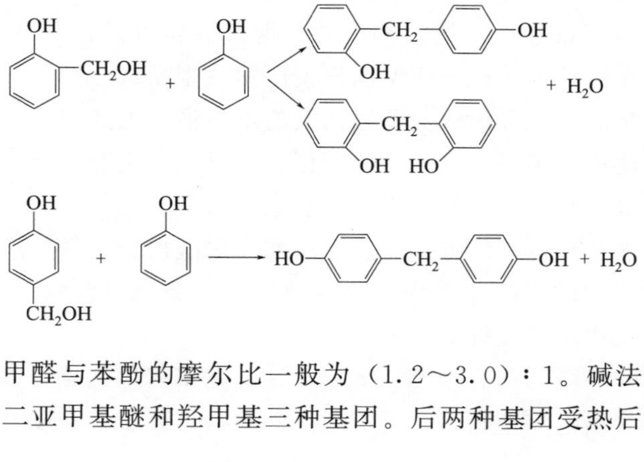

　　碱法酚醛树脂的甲醛与苯酚的摩尔比一般为（1.2～3.0）∶1。碱法酚醛树脂的分子结构中主要含有亚甲基、二亚甲基醚和羟甲基三种基团。后两种基团受热后可进一步缩去小分子生成亚甲基结构。

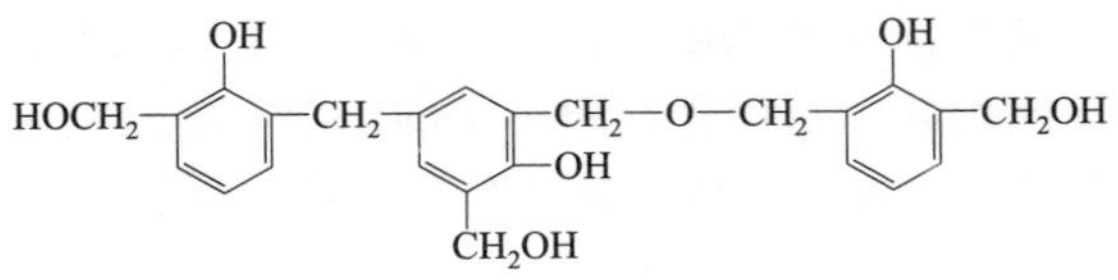

甲酚酚醛树脂处于体形缩聚的 A 阶段产物。常温下为脆性固体,可溶于乙醇。由于分子链上含有可进一步反应的羟甲基和亚甲基醚基团存在,受热可固化为 C 阶段的体形结构的酚醛树脂。

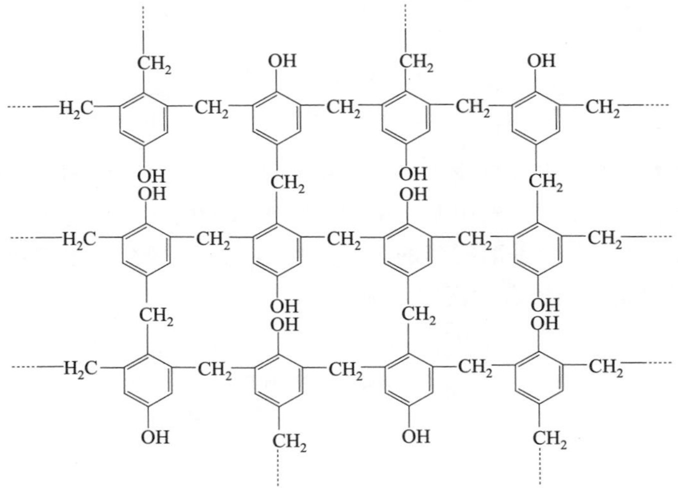

(3) 酚醛树脂的应用

酚醛树脂具有较好的耐热性、难燃性、耐腐蚀性、力学性能、电性能和尺寸稳定性、价格低廉等突出优点,被广泛应用于机械、电子、交通运输、航空、航天、国防等行业或部门。酚醛树脂主要用来生成酚醛压塑粉、层压制品、胶黏剂、涂料、纤维等。

酚醛压塑粉,通常由酚醛树脂粉状固体、固化剂、粉状填料、着色剂、润滑剂等组成。粉状填料因塑料制品的用途而不同。一般用途时采用木粉、氧化镁、高岭土等。用于高绝缘材料时,采用石英粉、云母粉等。粉状填料的用量可以占到酚醛树脂量的 $50\%\sim80\%$。压塑粉的生成过程就是将酚醛树脂粉碎,然后与粉状填料及其他添加剂进行混合,在熔融条件混炼,物料在剪切力作用下充分混合均匀。酚醛树脂在熔融混炼的过程中,其分子结构由 A 阶段过渡到 B 阶段,分子量进一步增大和支化。混炼后得到的片状或粒状物料,经粉碎后制得压塑粉。压塑粉在模具中经模压成型制得模压塑料制品。

工业上生成层压制品一般采用碱法酚醛树脂的水溶液或乙醇溶液,经浸渍、干燥、压制成型获得相应制品。此法可用来生成各种层压板、木材三夹板等。绝缘带的生产可直接采用单层织物浸渍碱法酚醛树脂溶液,然后干燥、热固化即可。

酚醛树脂可以用来生产特种纤维。一般采用酸法酚醛树脂,经熔融纺丝先得到未固化的纤维,然后浸渍含催化剂的甲醛水溶液,再受热交联制备酚醛纤维。酚醛纤维的特点是难燃,在火焰中可逐渐炭化制备碳纤维。

酚醛树脂制备的空心微球具有难燃、低密度、孔隙率高等优点,可作为填充材料生成环氧泡沫塑料和不饱和聚酯泡沫塑料等。这类泡沫塑料具有高压缩强度,可作为结构材料的芯材用于汽车工业、宇航工业、造船工业、飞机制造工业等。

酚醛树脂作为胶黏剂，用于砂轮制造、翻砂模具、刹车片等。松香和植物油改性酚醛树脂以及甲酚、对叔丁基苯酚、二甲苯等改性的酚醛树脂等可用作耐酸涂料、防腐涂料、绝缘涂料等。

8.4.2　合成酚醛树脂的主要原材料

（1）酚类单体

制备酚醛树脂的酚类单体主要是苯酚。纯苯酚为无色针状晶体，具有特殊气味。苯酚的凝固点为 40.9℃，沸点为 182.2℃，闪点为 79℃，相对密度为 1.055，爆炸极限为 2%～10%（体积分数）。工业苯酚有若干种品级，一级品苯酚为无色针状或白色晶体，凝固点为 40.4℃；二级品苯酚为无色或微红色晶体，凝固点为 39.7℃；三级品苯酚纯度较低，凝固点为 38.5℃。使用时应根据纯度选择或搭配使用。苯酚在空气中受光的作用逐渐氧化成浅红色，若有少量氨、铜、铁存在时则会加速其变色过程。苯酚具有弱酸性，能溶于氢氧化钠的溶液生成盐。苯酚与卤代烷作用生成醚，与酰氯或酸酐作用生成酯。苯酚具有强烈的腐蚀性，可严重灼伤皮肤。

在合成酚醛树脂的反应中，苯酚分子结构中的对位和两个邻位的 3 个氢原子均能与甲醛发生反应，因此采用苯酚与甲醛反应均可以最终形成体形缩聚物。当苯酚分子结构中的 3 个氢原子的一个被其他基团取代，则只能形成线形结构的酚醛树脂。工业上为了调整酚醛树脂的结构与性能，获得特殊用途的酚醛树脂，可以采用不同结构的取代苯酚。工业上制备酚醛树脂的其他酚类单体有甲酚、二甲酚、对叔丁基苯酚、间苯二酚、对苯基苯酚、双酚 A 等。

（2）醛类单体

制备酚醛树脂的醛类单体主要是甲醛。甲醛的分子量为 30.03，室温下是无色气体，有毒，沸点为 -19℃，凝固点为 -118℃。纯甲醛能无限度溶于水。纯甲醛在常温以下易发生自聚合，温度高于 100℃ 则不发生聚合反应，甲醛气体的分解温度为 400℃。

甲醛的贮运形式有水溶液和固体两种形式。工业上一般多采用质量分数为 37%～55% 的甲醛水溶液。40% 的甲醛水溶液也称福尔马林。甲醛水溶液是一种无色、有刺激性气味的透明液体，有毒，吸入后对人体有害。甲醛水溶液是一种甲醛自聚物的混合物，主要含有甲基二醇 $CH_2(OH)_2$、聚氧亚甲基二醇 $HO(CH_2O)_nH$ 等，游离的甲醛反而很少，低于 0.1%。通常甲醛水溶液中含有含量不超过 12% 的甲醇。甲醇的存在一定程度可以抑制甲醛的进一步聚合。含有一定量甲醇的甲醛水溶液可以在较低温度下贮存，而不会出现沉淀。甲醛水溶液有腐蚀性，遇铜、铁、镍、锌易变色，因此甲醛液的贮藏应在铝或不锈钢、玻璃、陶瓷等容器内，也可用耐酸砖和水泥涂沥青槽来贮存。甲醛水溶液放置时间过长或在气温较低时，会逐渐形成呈乳白色或微黄色沉淀的聚甲醛，因此，在冬季应注意温度不低于 5℃，否则易析出聚甲醛。

固体甲醛是甲醛存在的另一主要形式。固体甲醛就是多聚甲醛，主要成分就是不同聚合度聚氧亚甲基二醇的混合物。多聚甲醛为无色结晶固体，具有甲醛的气味，熔点随聚合度增大而升高，熔点范围为 120～170℃。闪点为 71℃。常温下，多聚甲醛会缓慢分解为气态甲醛，加热条件下分解速率加快。

$$HOCH_2OH + nCH_2O \rightleftharpoons HO(CH_2O)_{n+1}H$$

多聚甲醛的化学性质与甲醛的水溶液基本相同。多聚甲醛在 10℃ 以下可以稳定贮存。

多聚甲醛的主要用途是代替甲醛水溶液，用于制造低含水量或反应性能好的酚醛树脂、脲醛树脂、氨基树脂等。

用于制备酚醛树脂的醛类单体，除甲醛外，应用较多的是糠醛。但是，糠醛仅适用制备碱法酚醛树脂。因为糠醛在酸性条件下易发生自缩聚反应而生成糠醛树脂。

$$\begin{array}{c} HC{=\!\!=}CH \\ HC\diagdown\!\!\diagup C{-\!}CHO \\ O \end{array}$$

8.4.3　酚醛树脂的合成工艺

工业上生产热固性酚醛树脂可以采用纯度为 98% 的工业级苯酚和 37% 的甲醛水溶液，其中苯酚与甲醛的摩尔比控制在 1:(2.0～3.0)。催化剂采用 40% 的氢氧化钠水溶液或氨水，加入量以 100% 含量计算，约为苯酚和甲醛总量的 1%～2%。

酚醛树脂主要采用间歇合成工艺。产品的形态因其用途的不同而有所不同。用来生产压塑粉时要求树脂为脆性固体。用来生成层压板，以及浸渍加工原材料或涂料时，则要求产品形态为液态，或其酒精溶液、水溶液及水分散液等。下面以生产碱法酚醛树脂压塑粉为例，说明其合成工艺过程。

（1）缩聚工段

将来自苯酚贮罐的液态苯酚和来自甲醛贮罐的甲醛水溶液依次计量，打入反应釜。开动搅拌，取样测 pH 值，然后用氨水或氢氧化钠水溶液调节 pH 值至碱性，此时体系为均匀透明的水溶液体系。逐渐升温至 85℃，然后根据反应的放热情况，将反应温度控制在 80～95℃ 的范围内进行缩聚反应。该过程应注意控温，防止热效应明显、升温太快，而导致体系凝胶化。通过每隔一定时间取样测定样品的热固化时间或滴落温度来控制缩聚程度。当缩聚程度达到 A 阶段，或达到预期的缩聚程度，降温停止缩聚反应。

缩聚工段开始时，体系为均匀一相，无色透明或浅黄色透明。因为体系中的甲醛及加热至 70℃ 以上的苯酚均是水溶性的。但是，随着缩聚反应程度的加深，酚醛树脂分子量达到一定值时，酚醛树脂便从溶液中析出，使体系出现浑浊。当缩聚结束时，体系静置后会分为上下两层，上层为水相，下层为酚醛树脂相。因此酚醛树脂的后期分离工艺也可以采用静置、自然分层方法进行粗分离。

A 阶段缩聚反应程度的控制，工业上一般采用测定样品的热固化时间来确定。热固化时间的测定就是将样品置于一定温度（150～200℃）的加热板上，测定其凝胶化的时间（90～130s）。A 阶段的缩聚程度也可以采用测定样品的滴落温度来控制。滴落温度的测定就是在滴落温度测试仪中，测定一定升温速率下第一滴样品滴落时的温度（90～130℃）。

酚醛树脂的合成必须在酸性或碱性催化剂存在下进行。当甲醛水溶液和纯苯酚以等体积混合时，所得溶液的 pH 值为 3.0～3.1，这样的酚醛混合物即使加热沸腾，在数日内仍不会发生反应，若在上述混合物内加入酸使 pH 值小于 3.0，或加入碱使 pH 值大于 3.0 时，则缩聚反应立即发生。因此，苯酚与甲醛的缩聚反应体系 pH 值直接影响缩聚反应的速率和反应历程。在缩聚反应前必须将体系 pH 值调节到预定值，并在缩聚过程中随时跟踪体系 pH 值变化，以确保缩聚反应的正常速率和实现产物的预期结构不变。

生产酚醛树脂采用不锈钢反应釜，容积因生产能力设计要求而定。合成碱法酚醛树脂时因需要控制体系不能出现凝胶化，所以反应釜容积较小，一般为 2～10m³。

缩聚工段获得的酚醛树脂混合溶液含有缩聚程度较低、分子量较小的酚醛树脂、未反应的苯酚、大量的介质水等。研究表明，在碱性介质中，生成的一羟甲基苯酚很容易进一步与甲醛反应生成二羟甲基苯酚和三羟甲基苯酚，且生成的一羟甲基苯酚与苯酚缩合反应的速率较慢。因此，缩聚工段结束时，体系中游离甲醛含量较少，而游离的苯酚总是有一定量的存在。

（2）真空缩聚及结束阶段

将缩聚到预定反应程度的酚醛树脂混合物在 80～95℃，开启真空泵，进一步缩聚，同时抽除体系中大量的水及未反应的苯酚。根据物料黏度的变化，取样测定凝胶化时间。当凝胶化时间达到要求时，通冷却水降温至 80℃，立即放料。

真空结束后，放料要快，防止放料过程中，酚醛树脂黏度增大太多，甚至凝固影响物料的流动性。放料方式有若干种方式。一般生产量较小时，将酚醛树脂熔体直接放入金属浅盘中吹冷风冷却、固化，然后破碎，包装。生产量较大时，可将酚醛树脂熔体直接打入带有保温装置的树脂接收罐，然后液态物料再经运动的冷却输送带冷风冷却、固化，然后破碎、包装。为了提高冷却效率和确保单位时间的物料输送量，一般酚醛树脂凝固后的物料厚度控制不大于 3cm。

在抽真空过程中，缩聚反应程度仍在继续加深，酚醛树脂黏度逐渐增大，因此应及时观测物料黏度的变化，防止凝胶化。

抽真空过程中，物料温度应控制在 100℃以下，防止缩聚速率过快而失去控制。研究表明，当物料温度超过 104℃时，会出现釜内严重冲料，甚至引起爆炸事故。缩聚及抽真空过程中，若出现升温过快，则应立即采取冷水降温措施。

为了便于进一步加工、应用，发展了一种所谓分散状态的酚醛树脂分类工艺。在碱法酚醛树脂的真空缩聚后期，当固含量浓缩至 50% 左右时，加入聚乙烯醇或阿拉伯胶作为保护胶，搅拌下使酚醛树脂形成直径为 20～80μm 的颗粒，经过滤、干燥得到粉状树脂。图 8-12 为碱法合成酚醛树脂的工艺流程。

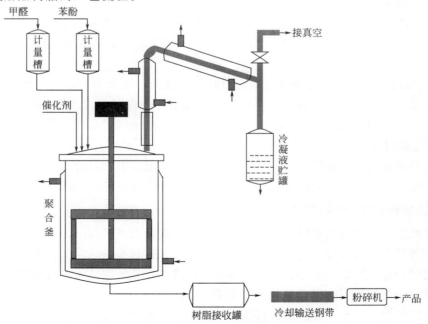

图 8-12　碱法合成酚醛树脂的工艺流程

8.4.4　酚醛树脂压塑粉的制备

压塑粉是指以具有反应活性的低聚物为基本材料，添加粉状填料、着色剂、润滑剂、固化剂等组分，经浸渍、干燥、粉碎等工艺过程制得的供模压成型制造热固性塑料制品的粉状高分子材料。工业上重要的压塑粉有酚醛压塑粉、脲醛压塑粉（电玉粉）、三聚氰胺甲醛压塑粉等。

制造酚醛树脂压塑粉的工艺有湿法和干法两种。湿法是以热固性酚醛树脂溶液为基材，与各种填料等混合在湿态下进行生产。干法是以固体热塑性酚醛树脂为基材，加入固化剂、填料等在干态下进行生产。

（1）湿法生产酚醛树脂压塑粉

湿法生产酚醛树脂压塑粉的基本工艺过程包括各种组分的混合，真空干燥箱干燥，除去溶剂和水分，然后研磨，制得酚醛树脂压塑粉。酚醛树脂压塑粉的生产参考配方见表8-5。

表 8-5　湿法酚醛树脂压塑粉的典型配方

组分名称	作用	质量分数/%
热固性酚醛树脂	基体树脂	40～50
木粉	填料	40～50
碳酸钙	填料	0～10
六亚甲基四胺	固化剂	0～2
氢氧化钙	催化剂	0～5
颜料	赋色	0～1.5
油酸	脱模剂	少量

（2）干法酚醛树脂压塑粉的工艺

① 干法酚醛树脂的制备　按苯酚：甲醛摩尔比为 1：0.9 投入反应釜，盐酸为催化剂，调节 pH 值为 1.9～2.3，80～100℃，反应至终点，减压脱水和未反应苯酚，得到熔融状酚醛树脂。

② 压塑粉的制造　上述制得的熔融状酚醛树脂经冷却盘冷却为琥珀状脆性固体，经粉碎机粉碎成粉末；加入颜料、填料、固化剂等添加剂，先在混合机搅和 1h，再于热辊打成片，冷却粉碎、过筛、磁选，得到酚醛压塑粉。在热辊打片过程中线形甲阶段酚醛树脂转变为支化及少量交联的 B 阶段酚醛树脂。

干法酚醛树脂压塑粉主要用于压制灯头、开关、插座、电闸刀壳、仪表外壳等产品的制造。所以，酚醛树脂压塑粉也称电木粉。图 8-13 为干法酚醛树脂压塑粉的制备工艺流程。

8.4.5　酚醛树脂的安全生产

苯酚是酚醛树脂中的主要原料，毒性较大，具有腐蚀和刺激作用，可通过皮肤、黏膜的接触吸入或经口而侵入人体，它能使蛋白质变性。皮肤接触苯酚时，首先变为白色，继而变成红色并起皱，有强烈的灼烧感，较长时间接触会破坏皮肤组织，大量地接触能麻痹中枢神经系统而导致生命危险。空气中苯酚蒸气的最大允许浓度为 0.005mg/L。当皮肤受到伤害时，可先用酒精和大量水交替冲洗，再擦拭 3% 丹宁溶液和樟脑油，侵害比较严重时应立即送医院治疗。

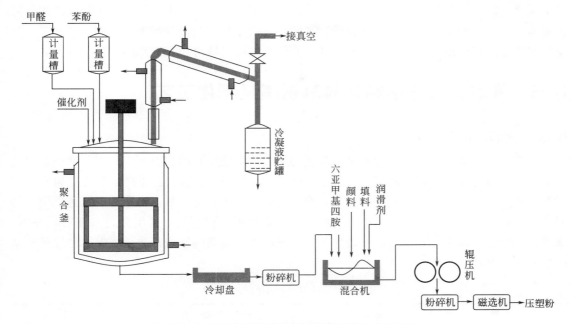

图 8-13　干法酚醛树脂压塑粉的制备工艺流程

生产酚醛树脂所用的甲醛大多为 37％左右的水溶液，甲醛能刺激眼睛和呼吸道黏膜。当空气中有 0.00125mg/L 甲醛时，就能刺激视觉器官。甲醛在空气中的最大允许浓度为 0.003mg/L。为了安全和劳动保护，应加强车间排风系统和反应器及管道的密闭性。

酚醛树脂本身毒性很小，甚至可用来制食品罐内壁涂料。但模塑料用的酚醛树脂往往含游离酚较多，在使用时应注意安全。在反应后期提高真空度或用水洗等方法可降低游离酚含量。

在酚醛树脂的制造过程中产生大量的废水，其中包括水干燥时所得的冷凝液和澄清树脂分离出来的水。据统计，每生产 1t 热塑性酚醛树脂上层水液约 650kg。每生产 1t 热固性酚醛树脂产生废水约 900kg。废水中主要是酚、醛和醇等物质，其中酚类达 16～440g/L，醛类达 20～60g/L，醇类达 25～272g/L。

含酚废水不经过处理任意排放，对人体、水质、鱼类以及农作物都会带来严重危害。长期饮用被酚污染的水会引起头晕、脱发、失眠，并能使人的神经、肝、肾受到严重破坏。水中遭受含酚废水污染后，水体氧的平衡将受到严重破坏。水中含酚量即使在 0.01mg/L 以下，在加过氯的水中也会导致氯酚恶臭，使水有可憎的气味，影响饮用。水体含酚 0.1～0.2mg/L 时在其中捕获的鱼肉有酚味，浓度高时，会引起鱼类大量死亡，对鱼类的毒性极限为 4～15mg/L。用未经处理的含酚大于 50～100mg/L 的废水直接灌溉农田，会使农作物枯死和减产。

由于工业的迅速发展，中国的许多江湖及地下水也受到含酚废水的污染，已被列为重点治理的项目。中国在"化学工业环境保护管理暂行条例"中已明确规定一切环境保护装置必须与生产装置同时运行，以防止污染事故。中国工业污水二级排放标准为酚＜0.5mg/L，COD＜100mg/L，pH＝6～9。

目前常采用的集中回收和净化处理技术有生物氧化法、有机溶剂萃取法、化学沉淀法、化学氧化法、蒸气气提法、物理化学吸附法等。近年来又发展了大孔径吸附树脂和液膜分离法等新技术，它们既能从废水中回收酚，又能使废水净化达到排放标准。中国一些酚醛树脂及模塑料生产厂采用萃取、吸附、液膜分离等治理方法已取得比较成功的经验。

8.5 溶液体形缩聚制备氨基树脂及固化工艺

8.5.1 氨基树脂

由醛类（主要是甲醛）与含有多个氨基的化合物反应得到的含有多个羟甲基活性基团的低聚物或其衍生物称之为氨基树脂（amino resins）。氨基树脂包括脲甲醛（脲醛）树脂、三聚氰胺甲醛树脂、苯代三聚氰胺树脂等共聚改性的氨基树脂等。氨基树脂外观无色透明、易着色、耐热性好、难燃、有自熄性、绝缘性好、耐电弧、耐腐蚀。主要用途有制备胶黏剂、涂料、塑料等，应用于日用品、电器配件、绝缘配件等商品的制造。表8-6列出了三种氨基树脂的物性参数。

表 8-6 三种氨基树脂的物性参数

性能	脲醛树脂	三聚氰胺甲醛树脂	苯代三聚氰胺树脂
热固化温度范围	窄,100~180℃	宽,90~250℃	宽,90~250℃
热固化速度	慢	快	慢
漆膜柔韧性	硬、柔韧性好	硬、脆	硬、有柔韧性
耐水、耐碱性	差	好	最好
耐溶剂性	差	好	好
光泽	差	好	最好
户外耐候性	差	好	差
涂料稳定性	差	与醚化度有关	好
价格	低	高	高

8.5.2 合成氨基树脂的主要原材料

合成氨基树脂的原材料主要有醛类和氨基化合物两类单体。醛类单体主要是甲醛。氨基化合物有尿素、三聚氰胺及其衍生物。尿素，简称脲，一种白色结晶固体。工业尿素含有胺盐杂质，能促进氨基树脂过早固化，使用时应加注意。尿素、三聚氰胺及其衍生物的结构式如下：

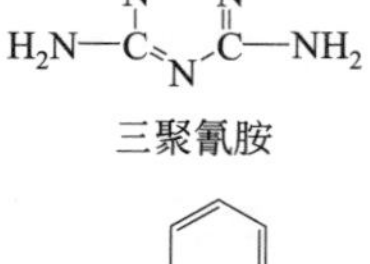

三聚氰胺

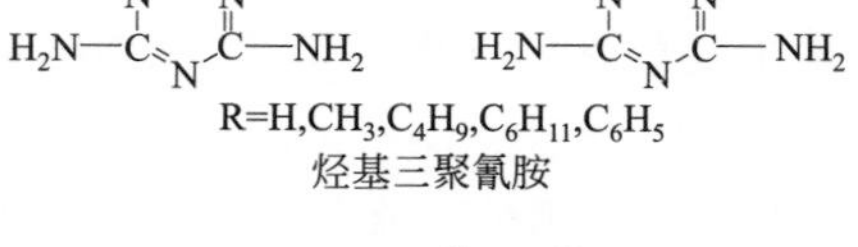

$R=H,CH_3,C_4H_9,C_6H_{11},C_6H_5$
烃基三聚氰胺

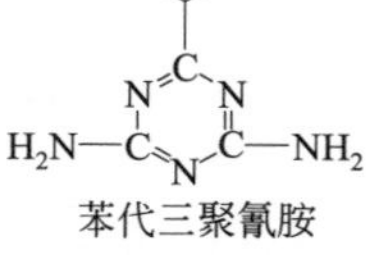

苯代三聚氰胺

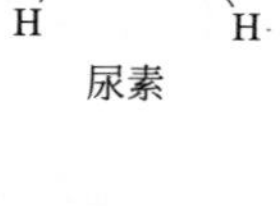

尿素

8.5.3　氨基树脂的合成原理

氨基树脂的合成主要是甲醛与氨基化合物分子中的活泼氢的反应。甲醛的官能度为 2，尿素的官能度为 4，三聚氰胺的官能度为 6，其他氨基化合物的官能度依照分子中活泼氢的数量而定。氨基树脂的合成主要有羟甲基化反应、缩合反应、醚化反应等。

（1）羟甲基化反应

羟甲基化反应本质上是氨基活泼氢与甲醛羰基发生的亲核加成反应。反应机理如下：

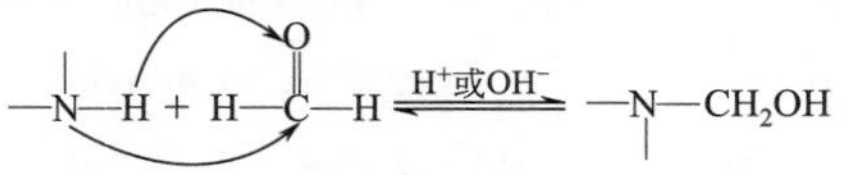

$$-N-H + H-C-H \xrightarrow{H^+或OH^-} -N-CH_2OH$$

羟甲基化反应是可逆反应，也是放热反应，但热焓值较低。羟甲基化反应在酸性或碱性条件下均可发生，碱性条件下反应较快，酸性条件下同时伴随缩聚反应。由于氨基化合物分子上的氮原子有多个活泼氢，可以生成多个羟甲基结构。例如尿素与甲醛反应主要产物是一羟甲基脲、二羟甲基脲、进一步反应也可生成三羟甲基脲，但难以生成四羟甲基脲。

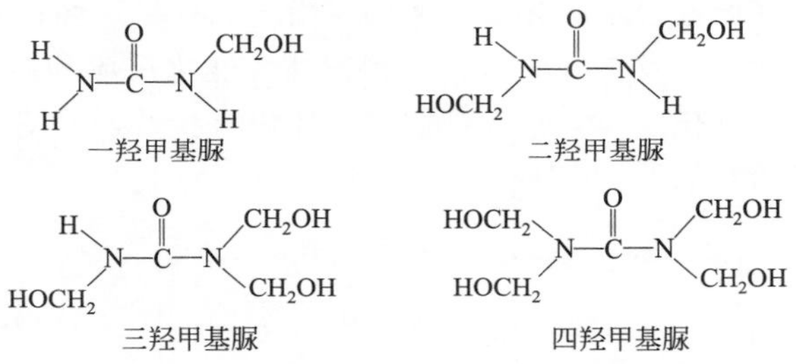

一羟甲基脲　　　　　　二羟甲基脲

三羟甲基脲　　　　　　四羟甲基脲

三聚氰胺与甲醛水溶液反应可以生成含有羟甲基数量为 1～6 个的羟甲基衍生物，如三聚氰胺氨基上第一个活泼氢优先反应，生成三羟甲基三聚氰胺。

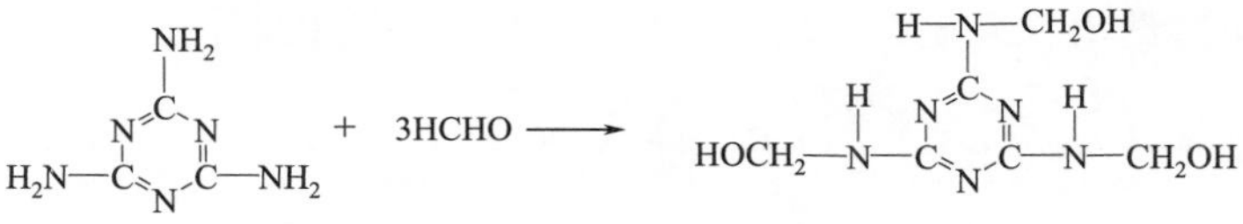

当甲醛充分过量，三聚氰胺分子中的 6 个活泼氢能全部反应掉，生成六羟甲基三聚氰胺。

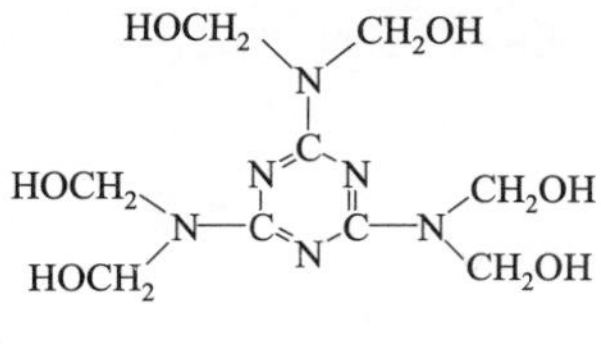

（2）缩合反应

在酸性条件下，羟甲基之间、羟甲基与氨基活泼氢之间均能发生缩合反应形成亚甲基及二甲醚结构。反应主要有两种：第一，羟甲基与氨基氢脱水缩合成亚甲基；

$$-CH_2OH + HN= \longrightarrow -CH_2N= + H_2O$$

第二，羟甲基与羟甲基之间脱水缩合生成二甲醚键，然后进一步脱去一个分子甲醛成为亚甲基。

$$-CH_2OH + HOCH_2- \longrightarrow -CH_2OCH_2- + H_2O$$

$$—CH_2OCH_2— \longrightarrow —CH_2—+HCHO$$

缩合反应是放热反应，热熔值较低。进一步缩合便形成不同分子量的氨基树脂低聚物，低聚物分子量较低时仍有较好的水溶性。低聚物通过进一步缩合反应便可形成不同分子量的氨基树脂。

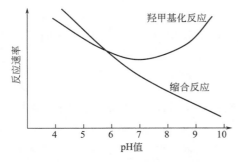

图 8-14　体系的 pH 值对羟甲基化反应及
缩合反应速率的影响

溶液的 pH 值对羟甲基化反应、缩合反应的速率有明显影响，如图 8-14 所示。由图 8-14 可见，反应体系碱性增加，缩合反应速率降低。羟甲基化反应速率在体系 pH 值中性时出现最低值，在强酸或强碱条件下具有较高反应速率。因此，工业上，脲醛树脂的合成一般在碱性或弱酸性条件下进行。

（3）醚化反应

羟甲基与过量醇在酸性条件下反应成醚，反应式如下：

$$—CH_2OH+HOR \longrightarrow —CH_2OR+H_2O$$

醚化的目的主要是降低羟甲基的含量，增加树脂的贮存稳定性；降低树脂极性，增加在树脂有机溶剂中的溶解性，以及与其他树脂的相容性。醚化反应和缩聚反应往往同时发生，形成多分散性聚合物，且醚化反应常常很难彻底，即仍有少量羟甲基的残留，如三聚氰胺树脂的醚化产物的结构式示意如下：

尿素的羟甲基脲在酸性条件下可同时发生丁醇醚化和缩聚反应，生成的大分子链上含有丁氧基醚键、亚甲基结构、未反应的氨基活泼氢，结构示意如下：

六羟甲基三聚氰胺和过量甲醇在酸性条件下醚化，生成六甲氧基三聚氰胺树脂。它能溶于大部分有机溶剂，热稳定性好，分子结构中的甲氧基能与羟基、羧基、酰胺基反应，是普遍使用的固化剂品种。

8.5.4　氨基树脂的固化原理

在酸性条件下或高温条件下，低聚物分子间发生进一步的缩合反应，形成体形结构的氨基树脂，主要固化反应有羟甲基与氨基的缩合反应、羟甲基之间的缩合反应。

在氨基树脂常常添加固化剂，固化剂的作用就是使体系逐渐呈酸性，催化促进固化反应发生。常用的固化剂有脲醛压塑粉中常用的硫酸锌、磷酸三甲酯、氨基磺酸铵、草酸二乙酯等。脲醛胶黏剂中常用氯化铵等。

8.5.5　氨基树脂的制备工艺

工业上主要采用间歇式生成氨基树脂。氨基树脂水溶液可直接作为木材胶黏剂。氨基树脂水溶液浸渍短纤维、纸浆、无机填料等，加工成压塑粉。氨基树脂水溶液浸渍片状材料，加工成装饰板。下面以脲醛树脂压塑粉的制备为例说明其工艺过程。间歇法合成脲醛树脂主要用作电玉粉，主要工艺过程描述如下。

① 在装有回流冷凝管和搅拌装置的反应器中加入甲醛水溶液、催化剂六亚甲基四胺、尿素。尿素与甲醛的投料摩尔比为 1:1.40。

② 在 55~60℃，pH 值为 8 以上，反应至游离甲醛含量达到规定值以后，加入草酸，冷却停止反应，得到脲醛树脂的水溶液。

③ 脲醛树脂水溶液在捏合机中，加入着色剂、润滑剂等添加剂，在 55~60℃捏合均匀并进一步发生缩合反应。

④ 在 90℃左右干燥至含水量为 2%~3%时结束，然后粉碎、过筛，得电玉粉。图 8-15 为电玉粉制造工艺流程。

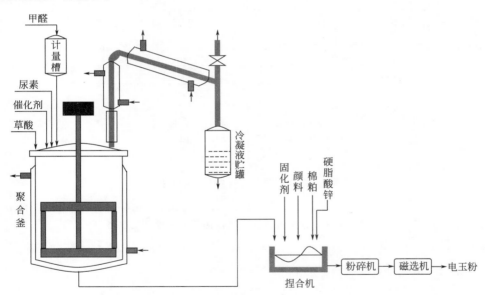

图 8-15　电玉粉制造工艺流程

复杂工程问题案例

1. 复杂工程问题的发现

溶液缩聚分为均相溶液缩聚和非均相溶液缩聚。非均相溶液缩聚过程中，由于缩聚物不溶于溶剂，生成的缩聚物不断沉淀析出，造成活性端基包埋，反应活性降低，同时聚合过程强放热与溶液黏度迅速提高的强耦合，使流动迅速变差继而使得传热变差，造成聚合物分子量控制不稳定。如芳纶纤维溶液缩聚过程中，放热量大，反应快，放热集中，容易形成温度、浓度和相态不同的微区，从而导致分子量分布不均和凝胶结构。因此，合理设计工艺和装置，调控非均相溶液缩聚反应体系的反应活性和反应热，是一个典型的复杂工程问题。

2. 复杂工程问题的解决

如何有效调控非均相溶液缩聚反应体系的反应活性和反应热问题？首先考虑分子链增长过程中的相转变以及反应体系的流变行为，其次考虑将反应热与热传递合理准确匹配。解决问题的基本思路：运用深入的数学模型、流体力学、热力学、相变动力学、聚合反应、高分子物理、传质与传热过程、聚合物成型加工、化工原理、机械设备、工程制图等工程知识原理，经过分析、设计、研究等递进的过程，深入研究非均相溶液缩聚反应活性和反应热情况，借助文献查阅和计算机仿真模拟，设计工艺条件和设备，设计方案中能够体现培养学生的创新意识和团队精神，考虑社会、健康、安全、法律、文化以及环境等因素。问题解决的基本思路如图所示：

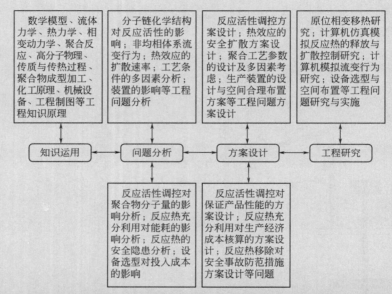

有效调控非均相溶液缩聚过程中的反应活性和反应热

3. 问题与思考

（1）就如何有效调控非均相溶液缩聚过程中的反应活性和反应热问题，举例说明相关工程知识和原理的深入运用。

（2）以非均相溶液缩聚生产芳纶纤维为例，对如何有效调控非均相溶液缩聚过程中的反应活性和反应热问题，从工程的角度，进行问题分析、方案设计和工程研究，提出解决复杂工程问题的方案和措施，并加以模拟实施，同时兼顾社会可持续发展。

（3）通过查阅中外文献资料和计算机模拟软件等，从工程的角度，进行问题分析、方案设计和工程研究，提出解决复杂工程问题的方案和措施，并加以模拟实施。

习　　题

1. 溶液法缩聚中主要的影响因素有哪些?
2. 简述尼龙 66 的生产工艺过程,并对关键因素进行必要分析。
3. 简述溶液法制备聚酰亚胺薄膜的工艺过程,并对关键因素进行分析。
4. 试述溶液聚合的分类,聚酰亚胺等耐热聚合物采用哪种方法合成? 为什么?
5. 说明碱法、酸法合成酚醛树脂的反应机理。
6. 简述酚醛树脂压塑粉的制备工艺过程。
7. 试说明为什么不同催化剂体系中,酚醛树脂的形成以及树脂的性能有差别?
8. 苯酚与醛在酸性介质和碱性介质中的反应有何差异? 为什么?
9. 为什么热塑性酚醛树脂固化时要加固化剂,而热固性酚醛树脂固化时却不加?
10. 分析氨基树脂合成过程中的几个重要反应,说明其反应条件。
11. 为什么要对酚醛树脂、脲醛树脂和三聚氰胺甲醛树脂进行醚化改性?

课堂讨论

1. 比较处于 A、B、C 三阶段的体形缩聚物的结构与性质。在体形缩聚过程中,如何有效的控制反应程度,防止缩聚体系出现凝胶。

2. 比较酸法与碱法生产酚醛树脂的合成机理、合成工艺、产物结构与性能。

3. 阐述酚醛树脂、氨基树脂及聚酯多元醇树脂的固化原理,以实际固化的聚合物产品为例加以说明。

第9章 界面缩聚工艺

学习目标

(1) 了解界面缩聚产品及主要原材料的理化性质、储运要求、性能及用途；

(2) 理解界面缩聚的工艺流程及其图解；

(3) 掌握界面缩聚原理、聚合方法及影响聚合过程及产物性能的关键因素与解决办法。

重点与难点

界面缩聚过程及聚合工艺条件分析。

9.1 界面缩聚

9.1.1 界面缩聚概述

界面缩聚是指将两种单体分别溶解在两种互不相溶的溶剂中，在两相界面处进行的缩聚反应称之为界面缩聚。界面缩聚体系中虽然也有溶剂，但是与溶液聚合及溶液缩聚相比，聚合场所不同。溶液聚合及溶液缩聚的聚合场所是在整个溶剂中，而界面缩聚的聚合场所在两种溶剂的界面区域，并且生成的聚合物必须及时地排除才能使缩聚进一步进行下去。

界面缩聚方法的优点是反应条件温和；对两种单体的配比要求不严格；单体活性高，反应快，副反应少，反应速率常数高达 $10^4 \sim 10^5 \, \text{L/mol} \cdot \text{s}$，反应不可逆；产物分子量可通过选择有机溶剂来控制，大部分反应是在界面的有机溶剂一侧进行，较良溶剂能使高分子级分沉淀，而低分子量级分保留在溶剂中继续反应。缺点是必须使用高活性单体，如酰氯等；需要大量有机溶剂；产品不易精制。界面缩聚工艺适用于反应速率常数很高、反应不可逆的缩聚反应，如二元酰氯和二羟基化合物界面缩聚合成聚酯类缩聚物，单体选择受限。工业上采用二元酰氯和二元胺界面缩聚合成聚酰胺缩聚物等。界面缩聚反应主要发生在界面区域的有机相一侧。产物分子量与界面反应区域内的官能团的配比有关，与投料比无直接关系。采用动态法，不断更新界面，有利于提高分子量，因此动态法是工业生产上常用的界面缩聚方法。由于界面缩聚需要活性高的单体才能发生缩聚反应，因此界面缩聚只适用于少数缩聚物的合成，工业生产实例较少，目前工业上较为成熟的界面缩聚合成工艺主要是聚碳酸酯的合成。

9.1.2 界面缩聚分类

(1) 按两相体系的不同，可分为气-液相、液-液相、液-固相三类

气-液界面缩聚是指一种单体为气体，另一种单体溶于水相中或有机相中，缩聚反应发生在气-液相的界面反应。液-液界面缩聚是指参与界面缩聚的两种单体通常分别溶解于水相和有机相中，缩聚反应发生在两液相的界面反应。液-固相界面缩聚是指一种单体为液相，另一种单体为固相，缩聚反应发生在液-固相的界面反应。应用气-液界面缩聚和液-液界面缩聚进行工业生产的主要树脂品种和参与反应的单体种类见表 9-1 和表 9-2。

表 9-1　气-液界面缩聚反应体系

树脂品种	相互反应的单体	
	气相中单体	液相中单体
聚碳酸酯	光气	双酚 A
聚脲	光气	二元胺
聚酰胺	二元酰氯	二元胺
聚硅氧烷	苯基三氯硅烷	水

表 9-2　液-液界面缩聚反应体系

树脂品种	相互反应的单体	
	溶于水相的单体	溶于有机相的单体
聚酰胺	二元胺	二元酰氯
聚磺酰胺	二元胺	二元磺酰氯
聚氨酯	二元胺	双氯甲酸酯
含磷缩聚物	二元胺	磷酰氯
聚苯并咪唑	芳族四元胺	芳羟酰氯

（2）按反应过程是否搅拌，分为静态界面缩聚和动态界面缩聚

按照操作方法分为静态法和动态法两种。所谓静态法就是指两种可发生缩聚反应、互不相溶的两相，在界面上发生缩聚反应，同时生成的聚合物成丝状被连续抽出，界面区域的缩聚反应不断进行下去，一直到溶剂中的单体反应完全。静态法因为接触的界面极为有限，无实际生产意义，但在实验室不失为一种反应现象明显的实验方法。其缩聚原理如图 9-1 所示。

动态法就是指在搅拌剪切力的作用下使两相中的一相成为分散相，另一相成为连续相，反应发生于两相接触面。若其中一相为有机相，另一相为水相，那么在搅拌作用下，实际形成了有机相分散在水相中的乳浊液。由于两相接触面积大大增加，界面层可以不断更新，促进了缩聚反应进行，该方法可实际应用。动态法界面缩聚原理如图 9-2 所示。

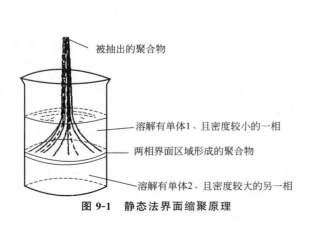

图 9-1　静态法界面缩聚原理

被抽出的聚合物

溶解有单体1、且密度较小的一相

两相界面区域形成的聚合物

溶解有单体2、且密度较大的另一相

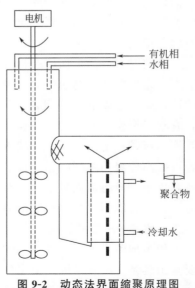

图 9-2　动态法界面缩聚原理图

电机

有机相

水相

聚合物

冷却水

9.1.3 界面缩聚的主要影响因素

（1）单体配料比

界面缩聚产物分子量随着一种单体过量，先增大后减小，存在最佳配料比。如水-四氯化碳体系中己二胺与癸二酰氯缩聚时，水相中己二胺浓度为 0.1mol/L 时，有机相中癸二酰氯的最佳浓度为 0.015mol/L；而当己二胺浓度为 0.4mol/L 时，癸二酰氯的最佳浓度为 0.06mol/L。并且，单体的配料比可以通过体积比不变只改变浓度或浓度不变只改变体积比来实现。

（2）单官能团化合物

在界面缩聚中，单官能团化合物对产物分子量的影响既取决于其活性大小，又取决于它向反应区域的扩散速率。

大多数界面缩聚反应其反应区域是在两相界面上靠近有机相一侧的，因此，易溶于有机相的单官能团化合物比水溶性单官能团化合物对缩聚物分子量的影响要显著些，具体见表9-3。

表 9-3　单官能团化合物对产品特性黏度的影响

单官能团化合物	单官能团化合物/二胺物质的量之比	特性黏度（在间甲酚中）
无	0	148
苯甲酰氯	0.063	0.56
苯甲酰氯	0.118	0.28
丙酰氯	0.063	0.39
N-（3-氨基丙基）吗啉	0.063	1.04
N-（3-氨基丙基）吗啉	0.118	0.81

（3）反应温度

界面缩聚反应大多在室温左右进行。由于界面缩聚所用的单体活性较大，反应速率快，反应活化能小，所以温度对界面缩聚影响小。但是由于界面缩聚反应单体活性高、易发生副反应的特点，温度过高，副反应增多，会导致分子量下降。

（4）溶剂性质

一般情况下，为了保证产物分子量较高，气-液界面缩聚中，液相最好是水，若采用有机溶剂，则也要选择高活性的；液-液界面缩聚中，一个液相是有机相，另一液相是水。溶剂的选择应考虑以下一些因素。第一，选择对聚合物有良好溶解性能或良好溶胀性能的溶剂，有利于聚合物的链增长，提高分子量。第二，选择对酰氯单体有良好溶解性能，且与水不互溶，对碱稳定的溶剂，可减少酰氯的水解，促进分子量的提高。第三，溶剂用量尽可能少，可提高低聚物之间的相互接触、反应的概率，有利于提高反应速率和分子量，同时提高设备利用率，但溶剂太少不利于有机相很好地分散在水相中，对缩聚不利。第四，所选溶剂中应不含单官能团化合物和酸酐单体。

（5）水相 pH 值的影响

水相中加碱作为 HCl 的接受体，故水相的 pH 值对产物的分子量及产率均有影响。这主要是由链终止的化学因素决定的，而其中端基副反应在很大程度上与 pH 值有关。图 9-3 和图 9-4 分别列出了 pH 值对聚对苯二甲酰对苯二胺和聚己二酰对苯二胺的特性黏度的影响。由图可看出 pH 值对不同反应体系分子量的影响。当链终止反应主要是酰氯端基水解时，水相 pH 值一般应在 6.5～7 之间，因为碱性太强将导致副反应增大，产物分子量下降。若链终止主要是端氨基成盐或酚氧负离子变成酚羟基，这时则要求水相 pH 值大于 7，有利于高分子量聚合物的生成。

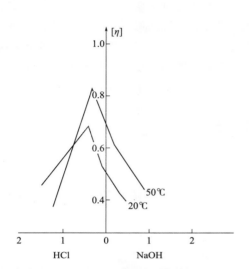

图 9-3　pH 值对对聚对苯二甲酰苯二胺氯缩聚产物特性黏度的影响

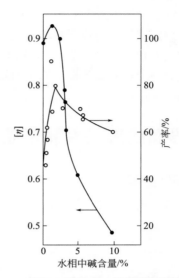

图 9-4　聚己二酰对苯二胺的特性黏度与产率对水相中碱含量的依赖关系

(6) 乳化剂

在界面缩聚中加入少量乳化剂可以加快反应速率，提高产率，反应的重复性好。

(7) 化学干扰因素

在界面缩聚过程中，由于反应物活性极高，极容易与一些活性杂质发生反应而影响正常界面缩聚的进行，这种现象称之为化学因素的干扰。例如，酰氯单体的端基水解生成羧基，失去室温反应能力，同时生成的氯化氢又与胺类单体成盐，使胺类单体的反应活性下降；或者氯化氢使双酚 A 的钠盐单体转变为酚，失去室温下反应活性。

$$\text{\large\textasciitilde\textasciitilde\textasciitilde}R\overset{\overset{\displaystyle O}{\|}}{-}C-Cl + H_2O \longrightarrow \text{\large\textasciitilde\textasciitilde\textasciitilde}R\overset{\overset{\displaystyle O}{\|}}{-}C-OH + HCl$$

$$\text{\large\textasciitilde\textasciitilde\textasciitilde}R'-NH_2 + HCl \longrightarrow \text{\large\textasciitilde\textasciitilde\textasciitilde}R'-NH_2 \cdot HCl$$

$$\text{\large\textasciitilde\textasciitilde\textasciitilde}\bigcirc-ONa + HCl \longrightarrow \text{\large\textasciitilde\textasciitilde\textasciitilde}\bigcirc-OH + NaCl$$

在界面缩聚过程中常常加入一些单官能团化合物来控制产物的分子量。单官能团化合物的用量越多，产物分子量越小；单官能团化合物在有机相中的溶解度越大，产物分子量越小。例如加入醋酸可与胺类单体反应而封端，使产物分子量降低。

$$\text{\large\textasciitilde\textasciitilde\textasciitilde}R'-NH_2 + CH_3COOH \longrightarrow \text{\large\textasciitilde\textasciitilde\textasciitilde}R'-\overset{\overset{\displaystyle H}{|}}{N}-\overset{\overset{\displaystyle O}{\|}}{C}-CH_3 + H_2O$$

原材料中的一些少量活性杂质也会明显影响产物的分子量。例如酰氯中的酸酐杂质引起的反应活性降低，而进一步影响界面缩聚反应和产物分子量：

$$O=C(CH_2)_4C=O + H_2N-R-NH_2 \longrightarrow HOOC(CH_2)_4-\overset{\overset{\displaystyle O}{\|}}{C}-\overset{\overset{\displaystyle H}{|}}{N}-R-NH_2$$

为了减少或避免化学因素对界面缩聚反应的影响，应采用以下措施：单体须精制；对单官能度杂质和酸酐杂质要严格限制；反应产生的氯化氢应及时用碱液吸收，防止降低酚盐和氨基等端基的反应活性；采用将水相加到油相的加料方式，防止酰氯水解。

（8）物理干扰因素

当物料处于设备的死角，由于扩散阻力，界面不能及时更新，导致链终止。反应后期有机相内分子链的缠结，阻碍活性端基酰氯向界面区域的扩散而影响缩聚反应的正常进行。加强搅拌，防止死角，减少扩散因素的影响。但是要注意搅拌速度的控制。虽然提高搅拌速度，两相充分混合，界面不断更新，对提高反应速率和增加产物分子量有利，但副反应会增多，因此搅拌速度应适中。

9.2 界面线形缩聚制备聚碳酸酯

9.2.1 聚碳酸酯

大分子链上含有碳酸酯重复单元的线形聚合物称之为聚碳酸酯（polycarbonate），简称 PC。

$$-O-R-O-\overset{\displaystyle O}{\underset{}{C}}-$$

其中 R 基团可以为脂肪族、酯环族芳香族或混合型的基团。20 世纪 30 年代已经制得脂肪族聚碳酸酯。但只有双酚 A 型的芳香族聚碳酸酯最具有实用价值。在 1958 年首先获得工业生产，20 世纪 60 年代发展成为一种新型的热塑性工程塑料。它的产量在工程塑料中已跃居第二位，仅次于尼龙。双酚 A 型的芳香族聚碳酸酯结构如下：

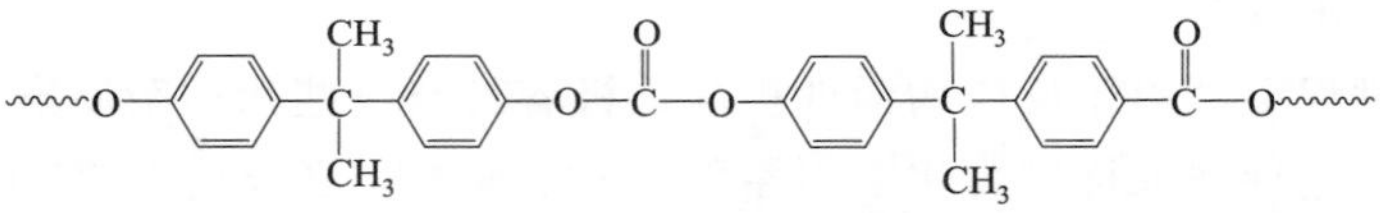

双酚 A 型聚碳酸酯是无臭、无味、无毒、无色透明或微黄色透明、刚硬而坚韧的固体。聚碳酸酯耐酸、耐油，但不耐紫外线和强碱。与聚甲基丙烯酸甲酯相比，聚碳酸酯的抗冲击性能、耐热性能、阻燃性能、耐磨性能、加工性能等更好。聚碳酸酯的抗冲击强度在热塑性塑料中名列首位，其抗冲击强度与分子量存在以下的数量关系。数均分子量低于 20000 时，强度很低；随着分子量升高，抗冲击强度增加；当数均分子量达到 28000～30000 时，抗冲击强度达到最大值。聚碳酸酯的尺寸稳定性好，耐蠕变性能好于尼龙及聚甲醛，成型收缩率恒定在 0.5%～0.7%，可用来制造尺寸精度和稳定性要求较高的机械零件。从耐热性能来看，聚碳酸酯的玻璃化温度为 149℃，长期使用温度为 130℃，而脆化温度为 -100℃，说明其耐寒性较好。在较宽的温度范围内，具有良好的电绝缘性能和耐电晕性能。聚碳酸酯的透光率达 90%，折射率较高，为 1.5869，可作光学材料。聚碳酸酯最大的缺点是制品的内应力较大，易于应力开裂。另外耐溶剂性差，高温下易水解，摩擦系数大，无自润滑性，与其他树脂的相容性也较差。

PC 的三大应用领域是玻璃装配业、汽车工业和电子电器工业，其次还有工业机械零件、光盘、包装、计算机等办公室设备、医疗及保健、薄膜、休闲和防护器材等。PC 可用作门窗玻璃，PC 层压板广泛用于银行、使馆、拘留所和公共场所的防护窗，用于飞机舱罩、照明设备、工业安全挡板和防弹玻璃。PC 板可做各种标牌，如汽油泵表盘、汽车仪表板、货栈及露天商业标牌、点式滑动指示器；PC 树脂用于汽车照相系统、仪表盘系统和内装饰系统、用作前灯罩、带加强筋汽车前后挡板、反光镜框、门框套、操作杆护套、阻流板；PC 可用作接线盒、插座、插头及套管、垫片、电视转换装置，电话线路支架下通信电缆的连接件，电闸盒、电话总机、配电盘元件、继电器外壳；PC 可做低载荷零件，用于家用电器电机、真空吸尘器，洗头器、咖啡机、烤面包机、动力工具的手柄，各种齿轮、蜗轮、轴套、导规、冰箱内搁架。PC 是光盘存储介质理想的材料。PC 瓶（容器）透明、重量轻、抗冲性好、耐一定的高温和腐蚀溶液洗涤，作为可回收利用瓶（容器）。PC 及 PC 合金可用于计算机架、外壳及辅机、打印机零件。改性 PC 耐高能辐射杀菌，耐蒸煮和烘烤消毒，可用于采血标本器具、血液充氧器、外科手术器械、肾透析器等。PC 可做头盔和安全帽、防护面罩、墨镜和运动护眼罩。PC 薄膜广泛用于印刷图表、医药包装、膜式换向器。日常常见的 PC 产品应用有光碟、眼镜片、水瓶、防弹玻璃、护目镜、车头灯、动物笼子等。

工业生产中，聚碳酸酯的合成方法有两类：酯交换法和光气法。

（1）酯交换法

酯交换法就是采用双酚 A 与碳酸二苯酯在高温、高真空条件下进行熔融缩聚而成，反应原理如下：

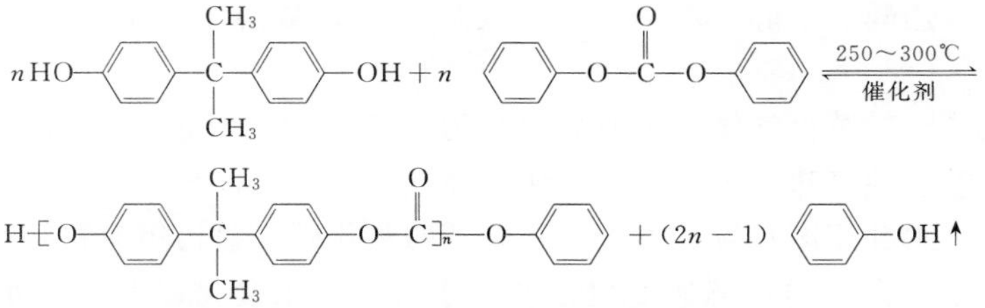

酯交换法的优点是不需要溶剂，生成的聚合物也容易处理。缺点是反应条件苛刻，高温、高压对设备要求高；物料的黏度高，物料的混合及热交换困难；产物分子量不高；反应中的副产物使产品呈浅黄色。采用此法生产的聚碳酸酯，产量较小，目前占 10% 左右。

（2）光气法

光气法是指在常温常压下，采用光气和双酚 A 反应生成聚碳酸酯的方法。光气法的合成有两种。第一种为光气溶液法，即双酚 A 在卤代烃溶剂中，吡啶催化下与光气反应制得聚碳酸酯的方法。在该反应中，吡啶既是催化剂，又是副产物氯化氢的接受体。反应的优点是体系中不含水，可以避免光气的水解副反应发生。缺点是吡啶价格高，且有毒，又必须回收。若吡啶不回收，残留的吡啶在加工过程使制品着色，因此此法在工业上已不再使用。其反应原理如下：

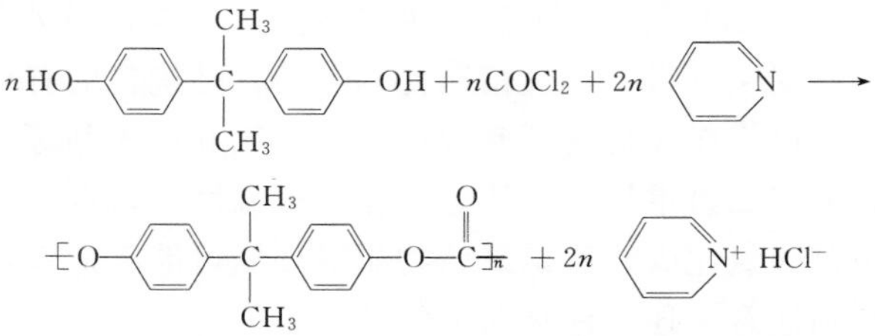

光气法制聚碳酸酯的第二种方法是界面缩聚法，即利用界面缩聚反应制备聚碳酸酯的方

法。实施时，以溶解有双酚 A 钠盐的氢氧化钠水溶液为水相，惰性溶剂如二氯甲烷、氯仿或氯苯为有机相，在常温常压下通入光气反应制得。此法的优点是反应条件温和，对反应设备要求不高；聚合转化率可达 90% 以上；聚合物分子量的可调范围较宽，为 30000～200000。缺点是光气及有机溶剂的毒性大，又需增加溶剂回收和后处理工序。此法是目前国内生产聚碳酸酯的主要方法，占总生产产量的 90% 以上。

9.2.2 聚合体系各组分及其作用

（1）单体

双酚 A 是重要的有机化工原料，苯酚和丙酮的重要衍生物，主要用于生产聚碳酸酯、环氧树脂、聚砜树脂、聚苯醚树脂等多种高分子材料，也可用于生产增塑剂、阻燃剂、抗氧剂、热稳定剂、橡胶防老剂、农药、涂料等精细化工产品。双酚 A 为白色针状晶体，熔点为 155～158℃，沸点为 250～252℃，闪点为 79.4℃，相对密度 d_{25}^{25} 为 1.195，不溶于水、脂肪烃，溶于丙酮、乙醇、甲醇、乙醚、醋酸及稀碱液，微溶于二氯甲烷、甲苯等，受热到 180℃时分解。

光气为无色或略带黄色气体（工业品通常为已液化的淡黄色液体），当浓缩时，具有强烈刺激性气味或窒息性气味，为烂干草气味。沸点为 7.48℃（8.2℃），蒸气压为 202.65kPa（27.3℃），微溶于水并逐渐水解，溶于芳香烃、四氯化碳、氯仿等有机溶剂。光气很容易水解，即使在冷水中，光气的水解速度也很快。水源、含水食物以及易吸水的物质均不会染毒。光气与氨很快反应，主要生成尿素和氯化铵等无毒物质，因此，浓氨水可对光气消毒。光气与有机胺作用，生成二苯脲白色沉淀和苯胺盐酸盐，可用此反应来检验光气。光气在碱溶液中很快被分解，生成无毒物质，各种碱、碱性物质均可对光气进行消毒。光气剧毒，是一种强刺激、窒息性气体。吸入光气会引起肺水肿、肺炎等，具有致死危险。

（2）反应介质

有机相介质主要是光气的二氯甲烷溶液。二氯甲烷是一种无色透明易挥发液体，难燃烧，具有类似醚的刺激性气味，沸点为 39.8℃，蒸气压为 30.55kPa（10℃），熔点为 -95.1℃，相对密度 d_4^{20} 为 1.3266，能溶于约 50 倍的水，溶于酚、醛、酮、冰醋酸、磷酸三乙酯、乙酰醋酸乙酯、环己胺，与其他氯代烃溶剂乙醇、乙醚和 N,N-二甲基甲酰胺混溶。二氯甲烷热解后产生 HCl 和痕量的光气，与水长期加热，生成甲醛和 HCl，进一步氯化，可得 $CHCl_3$ 和 CCl_4。二氯甲烷与氢氧化钠在高温下反应部分水解生成甲醛。工业中，二氯甲烷由天然气与氯气反应制得，经过精馏得到纯品，是优良的有机溶剂，常用来代替易燃的石油醚、乙醚等，并可用作牙科局部麻醉剂、制冷剂和灭火剂等。对皮肤和黏膜的刺激性比氯仿稍强，使用高浓度二氯甲烷时应注意。在一般温度（常温）下没有湿气时，二氯甲烷比其同类物质（氯仿及四氯化碳）稳定。该物质对环境可能有危害，在地下水中有蓄积作用，对水生生物应该特别注意，还应注意对大气的污染。

水相介质主要为双酚 A 的碱性水溶液，按一定比例配制。

（3）其他组分

分子量调节剂采用苯酚。苯酚的外观为白色结晶，有特殊气味，熔点为 40.6℃，相对密度为（$\rho_{水}=1$）1.07，沸点为 181.9℃，可混溶于醚、氯仿、甘油、二硫化碳、凡士林、挥发油、强碱水溶液，室温时稍溶于水，与大约 8% 水混合可液化，65℃ 以上能与水混溶，几乎不溶于石油醚，有强腐蚀性。

催化剂三甲基苄基氯化铵是一种有机叔胺，外观为无色结晶，135℃ 以上分解为氯化苄和三甲胺，易溶于水、乙醇和丁醇，不溶于醚，易潮解，一般商品为 60% 溶液，相对密度 d_{20}^{20} 为 1.07。

9.2.3　聚合工艺过程

界面缩聚法制备聚碳酸酯时，是在搅拌下将光气通入惰性溶剂与双酚 A 的氢氧化钠水溶液中进行反应；也可以将液化光气溶于溶剂中，再滴加入双酚 A 氯氧化钠水溶液中进行反应，还可以加入催化剂。由于反应是在界面上进行的，所以强烈地搅拌是非常必要的，以使两相有更多的接触，加速反应的进行。界面缩聚法合成聚碳酸酯的工艺过程主要包括水相、油相的配制，光气化反应阶段，缩聚反应阶段，后处理阶段等主要工序。

（1）水相及油相的配制

水相主要为双酚 A 的碱性水溶液，按双酚 A∶NaOH 为 1∶3.5（摩尔比）投料配制。先将 NaOH 制成 7% 的水溶液加入配制槽中，在搅拌下投入双酚 A、分子量调节剂苯酚等，搅拌至全部溶解，制得透明水溶液。双酚 A 钠盐制备的反应原理如下：

$$HO \longleftarrow \text{（双酚A结构）} \longrightarrow OH + 2NaOH$$

$$\longrightarrow NaO \longleftarrow \text{（双酚A钠盐结构）} \longrightarrow ONa + 2H_2O$$

油相主要为光气的二氯甲烷溶液。二氯甲烷的用量按双酚 A∶CH_2Cl_2 为 1kg∶5L 投料。光气的用量按双酚 A∶光气为 1∶1.25（摩尔比）投料。溶剂贮槽中的二氯甲烷经泵连续打至冷凝器，用冷冻盐水冷至 0℃，再进入混合冷凝器混合均匀。再将来自光气站的光气经稳压罐稳定压力后，在 30℃ 下，经转子流量计计量，通过缓冲罐后在冷凝器中溶解在二氯甲烷中，并冷凝至 0～5℃。油相的制备工艺流程如图 9-5 所示。

（2）光气化反应阶段

双酚 A 钠盐溶液由计量泵连续打入冷却器，冷却至 10℃，随即加入光气的二氯甲烷

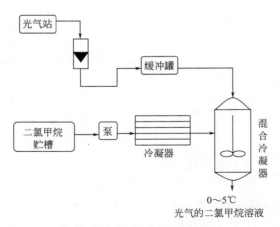

图 9-5　油相的制备工艺流程

溶液，反应物料从光气化反应器顶部进入，启动搅拌，进行预聚。光气化反应器为带冷却盐水夹套的蛇形管式反应器。当反应体系内的 pH 值达到 7～8 时，光气化反应结束，得到低分子量的低聚体。低聚体的结构主要有以下三种。

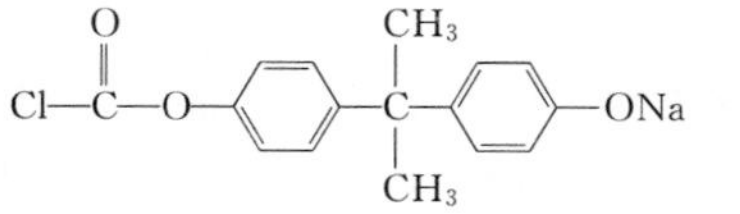

光气化反应初期，两相界面上双酚 A 钠盐浓度较高，主要发生光气与双酚 A 钠盐的反应生成 A 结构的低聚体，随着双酚 A 钠盐的消耗，进而产生 B、C 结构的低聚体，甚至聚合度更高一些的低聚体。

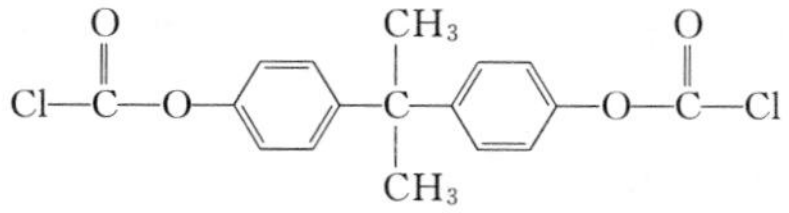

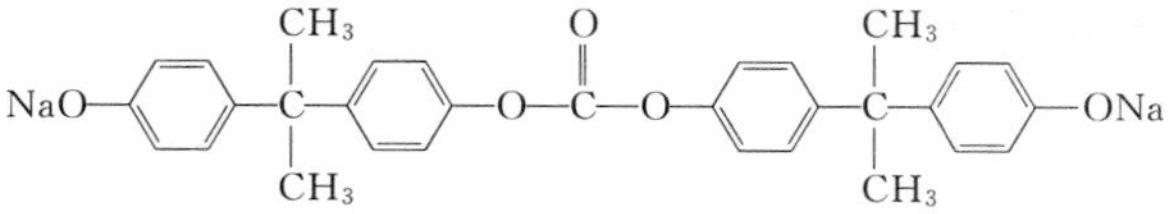

（3）缩聚反应阶段

将光气化阶段的产物转入缩聚釜，按配比加入计量为 25％的碱液和催化剂三甲基苄基氯化铵、分子量调节剂苯酚，在 25～30℃下反应 3～4h，至缩聚反应结束。

此阶段发生低聚体之间的缩聚，使分子量逐步增大。酚氧负离子端基处于界面，但氯代甲酸酯端基处于有机相内，因此该阶段氯代甲酸酯端基向界面区的移动速率成为影响链增长反应的主要因素。

催化剂三甲基苄基氯化铵加入后，在碱性条件下生成有机叔胺，氯代甲酸酯基团与叔胺生成类似盐的加合物，该加合物与酚钠端基的反应比氯代甲酸酯的水解反应快。叔胺催化的机理表示如下：

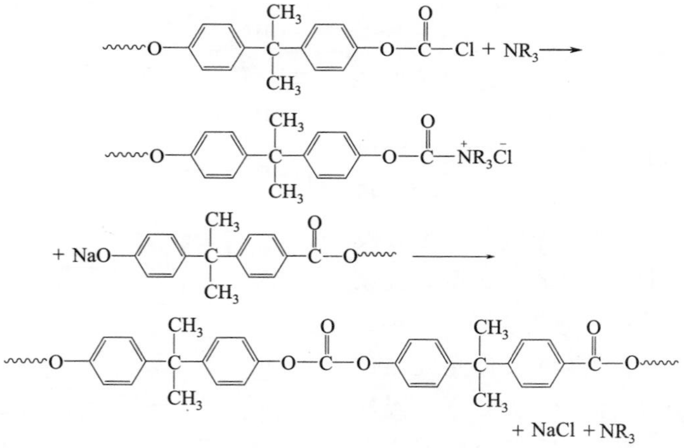

（4）后处理阶段

将缩聚结束的混合物静置，用虹吸法分去上层碱液，再加 5％甲酸中和至 pH 值为 3～5，再静置分层，虹吸法分去上层酸液。

下层的黏性树脂溶液转入沉析釜，此时树脂溶液中还存在盐及低分子量级分。盐分由水洗除去，然后加入沉淀剂丙酮，低分子量级分留在溶液中，而高分子量聚碳酸酯以粉状或粒状析出。经过滤、水洗、干燥和造粒得粒状成品。工业聚碳酸酯产品为淡黄色至无色透明颗粒，分子量一般为 $3\times10^4\sim10\times10^4$。

界面缩聚法合成聚碳酸酯的工艺流程如图 9-6 所示。

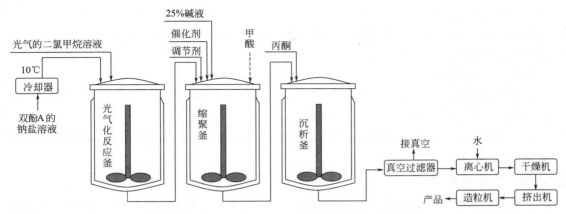

图 9-6 界面缩聚法合成聚碳酸酯的工艺流程

9.2.4 影响因素

（1）碱

在界面缩聚法聚碳酸酯树脂合成过程中，氢氧化钠起着双重作用：使双酚A成为双酚A钠盐，获得均匀一相的双酚A钠盐的水溶液；在反应过程中，及时中和掉副反应生成的氯化氢，使其变成氯化钠从体系中除去，反应得以迅速进行。

碱的存在为树脂合成反应所必需的，副反应的发生与碱的浓度有关。碱过量太多，会加剧光气及低聚体的水解。因此，在反应过程中必须调节好碱的用量，使双酚A钠盐的浓度保持一定，这样就可以减少副反应，而获得反应的重现性。为此，把反应分为光气化阶段和缩聚阶段两步来进行。在光气化阶段，碱用量以能保证双酚A与光气反应完全即可。光气加完后，反应液pH值为7～8为宜；在缩聚阶段，再补加碱液使低分子量聚碳酸酯扩链增长，从而得到高分子量聚碳酸酯。

（2）杂质

界面缩聚反应结束后所得到的聚碳酸酯树脂，一般都是溶于有机溶剂中的黏稠性胶液。它除了溶剂以外，还含有不易除去的各种杂质及电解质。这些杂质和未反应掉的双酚A的存在，都直接影响到产品质量，尤其对产品透光率、热稳定性、介电性能影响较大。此外，界面缩聚反应本身是一个在非均相下进行的不可逆过程，树脂的分子量分布是不均匀的。特别是少量低分子的存在，对产品性能也会产生不良的影响。

缩聚结束，聚碳酸酯溶液中的杂质主要来自三个方面：第一，来自原料如光气、双酚A、溶剂、除酸剂等的杂质；第二，反应中生成的副产物及未反应的物料如氯化钠、氢氧化钠、双酚A等；第三，机械设备和管道等附带的杂质等。尽管这些杂质含量不一定很多，但微量的杂质，特别是碱性杂质的存在，会使成型制件的颜色变深，质量下降。

为除掉上述杂质，一般是抽吸过滤，去掉尺寸较大的机械杂质；用酸中和残留于有机相中的碱；然后用去离子水（或蒸馏水）在搅拌下反复洗涤，直至洗涤水中不含电解质（特别是氯离子）为止。

聚碳酸酯胶液经相分离而分出含盐水相，且有机相经洗涤除去杂质后，将溶于有机溶剂中的聚碳酸酯树脂离析分离，主要的有以下几种方法。

沉析法主要用于除去低分子量级聚碳酸酯，即在强烈搅拌下向水洗后的树脂溶液中加入计量的惰性溶剂型沉淀剂，如甲醇、乙醇、醋酸乙酯、丙酮、石油醚等，使树脂呈粉状或粒状析出。将树脂完全析出后，将物料压入真空过滤器，以除去混合溶剂。加水洗涤滤饼，搅拌，粉状树脂连同洗涤水一起放入离心机脱水。湿树脂移入沸腾床、真空干燥箱中进行干燥。干燥的树脂立即加入挤出机制成颗粒。该法沉析的树脂颗粒均匀，粉状树脂的密度较大，有利于后续工序的操作，但沉析剂回收量大，能耗高。

汽析法是指将聚碳酸酯胶液浓缩后，采用水蒸气喷雾成粉，将有机溶剂迅速蒸发、析出的粉状树脂，经干燥、挤出造粒，即得成品。

薄膜蒸发脱溶法是指将聚碳酸酯胶液经多级薄膜蒸发器脱溶，分离溶剂后的聚碳酸酯挤出造粒。

9.2.5　合成技术发展

聚碳酸酯在国内研发起步虽早，但早期发展速度慢，主要原因之一就是原料双酚 A 质量不过关。据介绍，我国 20 世纪 50、60 年代发展的双酚 A 产业都是污染严重、产品粗放的落后工艺，1985 年前后全面关闭。这些产品不要说制备聚碳酸酯，就是用于要求低得多的环氧树脂等其他领域也不能满足要求。而双酚 A 技术含量很高，20 世纪西方发达国家对我国一直进行经济封锁，20 世纪 90 年代初蓝星新材料无锡树脂厂从波兰引进了离子法工艺，自行负责工艺设计，同时设备国产化达到 90% 以上，对引进技术进行了很好地消化吸收，并获得了自主知识产权。2003 年建成达到国际一流水平的年产量为 25000 吨/年的先进装置，因此为国内发展聚碳酸酯提供了基础平台。随着我国万吨级酯交换法聚碳酸酯连续缩聚新工艺的开发成功，标志着我国聚碳酸酯生产技术与西方发达国家的差距大大缩短。2004 年 3 月底国家高新技术产业化聚碳酸酯项目在四川省绵阳国家科教创业园动工建设，由晨光发达实业有限公司投资兴建的该项目总投资达 20 亿元人民币，最终将形成年生产能力 5 万吨/年的先进装置。

一步法合成聚碳酸酯工艺就是指将配制好的双酚 A 钠盐和催化剂、分子量调节剂加入反应釜中，加入氯代烷烃溶剂，搅拌下通入光气，一步进行界面缩聚反应，制取高分子量的聚碳酸酯树脂。这是当前国外普遍采用的工业生产方法。工艺过程又可分为间歇法和连续法两种。间歇法采用单釜间歇生产，有利于生产多品种；连续法采用多级反应釜串联生产，特点是空时产率高，产品质量均匀稳定，该技术发展日趋成熟。

在聚碳酸酯合成工艺中，熔融酯交换缩聚工艺流程简单，仅以双酚 A 和碳酸二苯酯为原料便可直接反应得到聚碳酸酯，且不使用毒性的溶剂二氯甲烷，因而避免了对环境的危害，大大改善了操作条件；同时也避免了洗涤、脱盐、脱溶剂等一系列繁杂的后处理工序，并可降低聚碳酸酯装置投资和操作费用，因而具有明显的优势。非光气酯交换法作为酯交换法的改进，具有前面两种方法没有的优点，鉴于各国对环境保护的力度加大，这一绿色化学合成工艺在未来必将有大的发展。但由于种种原因，非光气酯交换法合成聚碳酸酯工艺成本较高，仍然没有大规模工业化生产。而固相缩聚法和开环聚合法仍然不够成熟，需要更深入地进行研究。尽管目前全世界多数聚碳酸酯生产装置仍为光气界面缩聚法，但 20 世纪 90 年代中期以来所发表的有关聚碳酸酯的国外专利绝大多数与熔融酯交换缩聚法有关，从国外各大厂商的研发动向分析，用该方法取代传统的聚碳酸酯生产法已是大势所趋。

复杂工程问题案例

1. 复杂工程问题的发现

界面缩聚反应结束后所得到的聚碳酸酯树脂，一般都是溶于有机溶剂中的黏稠性胶液。胶液中除了含有溶剂，还含有不易除去的各种杂质及电解质。这些杂质和残留双酚 A 的存在，直接影响到产品质量，尤其是对产品的透光率、热稳定性、介电性能影响较大。此外，界面缩聚反应是一个在非均相下进行的不可逆过程，树脂的分子量分布是不均匀的，特别是少量低分子物的存在，对产品性能也会产生不良的影响。因此，在工程实践过程中，界面缩聚法制备聚碳酸树脂中涉及的树脂溶液的净化和离析是一个典型的复杂工程问题。

2. 复杂工程问题的解决

针对高分子材料界面缩聚技术领域的复杂工程问题，合理设计并筛选材料制备和加工所需的溶剂、技术路线或工艺方法，设计方案中能够体现创新意识，考虑社会、健康、安全、法律、文化以及环境等因素。主要解决思路如下。

（1）树脂溶液的净化

合理设计并制造溶液萃取碟片式离心机，它对除去微量杂质有高效分离功能，可使洗涤后树脂中杂质含量降为最低，且能减少洗涤次数，降低洗涤剂消耗。根据聚碳酸酯胶液中所含杂质的种类和含量决定洗涤剂（萃取剂）的种类和洗涤次数。其洗涤工艺一般分为碱洗、酸洗和水洗。碱洗是用碱的水溶液为萃洗剂，以除去胶液中残留的双酚 A；酸洗是用稀盐酸水溶液为萃洗剂，使盐酸与胺类催化剂结合成为胺的盐酸盐，以除去催化剂；水洗则是用去离子水除去胶液中的 NaCl 等无机盐类。

（2）树脂的离析

聚碳酸酯胶液经相分离得到含盐水相和有机相，有机相经洗涤除去杂质后，需将溶于有机溶剂中的聚碳酸酯树脂离析，以粉粒状的形式使树脂从胶液中离析出来。①沉析法：在强烈搅拌下向水洗后的树脂溶液中加入计量的惰性溶剂型沉淀剂如甲醇、乙醇、乙酸乙酯、丙酮、石油醚等，使树脂呈粉状或粒状析出。将树脂完全析出后，将物料压入真空过滤器，以除去混合溶剂。加水洗涤滤饼，搅拌，粉状树脂连同洗涤水一起放入离心机脱水。湿树脂移入沸腾床、真空干燥箱中进行干燥。干燥的树脂立即加入挤出机制成颗粒。②汽析法：利用喷射泵将聚碳酸酯稀溶液同水蒸气高效混合，借助于水蒸气带入的热量，将二氯甲烷瞬时汽化，使溶剂和树脂分离，并使树脂以颗粒析出。喷嘴的作用除了要把胶液分散成为均匀的微粒以外，还要求料液有一定的速度和压力。喷出的速度可影响析出的树脂粒度，水蒸气的温度和流动速度以及流动形式，均影响树脂颗粒的形成及其排除溶剂的数量。此外，物料在喷析器中的停留时间也是一个重要的研究因素，如何防止管道、设备堵塞以防止铁盐和杂质进入树脂中，是该工艺重要控制点。分离出来的树脂颗粒同气相部分的水蒸气和二氯甲烷经过旋风分离等一系列气-固分离设备，脱除聚碳酸酯中的二氯甲烷，再经干燥设备除水后，利用挤压造粒设备得到成品聚碳酸酯颗粒。问题解决的基本思路如图所示。

3. 问题与思考

（1）以界面缩聚法制备聚碳酸酯树脂为例，从工程的角度出发，就树脂溶液的净化和离析问题进行分析、方案设计和工程研究，提出解决复杂工程问题的方案和措施，并加以模拟实施，同时兼顾社会可持续发展。

（2）运用专业基础课程的基本原理，识别、表达和分析复杂工程问题解决中存在的材料科学、材料工程、物理化学问题，并能判断影响问题解决的材料科学、材料工程、物理化学、有机化学因素。

（3）通过查阅和研究文献，认识到实验方案有多种选择，并能寻求可替代的实验方案。

（4）从生产成本、安全生产、环境保护、人类健康的角度出发，分析方案实施的经济和社会效益。

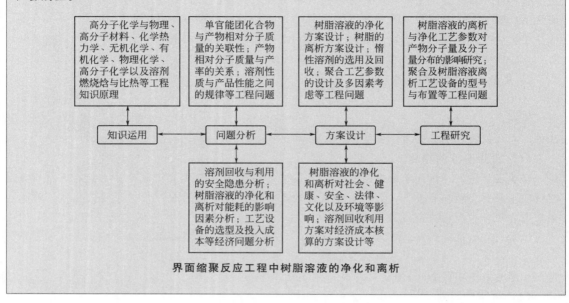

界面缩聚反应工程中树脂溶液的净化和离析

习　题

1. 影响界面缩聚的影响因素有哪些？是如何影响的？
2. 简述界面缩聚法合成聚碳酸酯的工艺过程，并对关键因素进行必要的分析。

课堂讨论

1. 比较酯交换法与光气法生产聚碳酸酯的合成机理、合成工艺。
2. 比较一步界面缩聚法与二步界面缩聚法生产聚碳酸酯的合成机理、合成工艺。

第10章 固相缩聚工艺

学习目标
    (1) 了解固相缩聚产品及主要原材料的理化性质、储运要求、性能及用途；
    (2) 理解固相缩聚的工艺流程及其图解；
    (3) 掌握固相缩聚原理、聚合方法及影响聚合过程及产物性能的关键因素与解决办法。

重点与难点
    固相缩聚过程及聚合工艺条件分析。

10.1 固相缩聚

10.1.1 固相缩聚概述

    固相缩聚（SSP）是指单体及聚合物处于固相状态下进行的缩聚反应。固相缩聚的温度一般在聚合物的玻璃化温度以上、熔点以下。此阶段聚合物的大分子链段能自由活动，活性端基能进行有效碰撞发生化学反应。固相缩聚与熔融缩聚、本体聚合的相同点都是没有溶剂或反应介质的参与，但是熔融缩聚是在单体及聚合物熔点之上反应的，本体聚合没有明确的反应温度范围。固相缩聚工艺的优点是反应温度较低，温度低于熔融缩聚温度，反应条件相对熔融缩聚而言较温和。固相缩聚工艺的缺点是反应原料需要充分混合，固体粒子粒径要求达到一定细度；反应速率低；生成的小分子副产物不易脱除。经固相缩聚获得的聚合物可以是单晶或多晶聚集态。

    固相缩聚多采用 a-R-b 型单体，若采用 a-R-a、b-R-b 型单体，一般先制成两种单体的盐，再进行固相缩聚，一些常用的固相缩聚单体如表 10-1 所示。

表 10-1 一些常用的固相缩聚单体

聚合物	单体	反应温度/℃	单体熔点/℃	聚合物熔点/℃
聚酰胺	氨基羧酸	190～225	200～275	—
聚酰胺	二元羧酸与二胺的盐	150～235	170～280	250～350
聚酰胺	均苯四酸与二元胺的盐	200	—	>350
聚酰胺	氨基十一烷酸	185	190	—
聚酰胺	多肽酯	100	—	—
聚酰胺	己二酸-己二胺盐	183～250	195	265
聚酯	对苯二甲酸-乙二醇的预聚物	180～250	180	265
聚酯	羟乙酸	220	—	245
聚酯	乙酰氯基苯甲酸	265	—	295
聚多糖	α-D-葡萄糖	140	150	—
聚苯撑硫醚	对溴硫酚的钠盐	290～300	315	—
聚苯并咪唑	芳香族四元胺和二元羧酸的苯酯	280～400	—	400～500

10.1.2 固相缩聚类型

固相缩聚在实际应用中主要有两种情况：结晶性单体的固相缩聚和预聚物的固相缩聚。

（1）结晶性单体的固相缩聚

结晶性单体通过固相缩聚制备线形缩聚物的方法较为适合以下几种情况：第一，要求缩聚物大分子链结构高度规整而通过缩聚方法难易实现的情况；第二，易于发生环化反应的结晶性单体；第三，结晶性单体的空间位阻大、难反应的情况等。例如采用对卤代苯硫醇合成聚苯硫醚，熔融缩聚法获得的聚合物易产生支链及交联结构，而采用固相缩聚方法获得的聚苯硫醚是结构规整的线形结构。

$$n\ K \!-\!\!\left\langle\!\!\!\bigcirc\!\!\!\right\rangle\!\!-\! SMe \longrightarrow \left[\!\!\left\langle\!\!\!\bigcirc\!\!\!\right\rangle\!\!-\! S\right]_n + n\ MeX$$

Me=Li, K, Na; X=F, Cl, Br, I

固相缩聚的反应温度一般低于结晶性单体的熔点 5℃～40℃。由于固相缩聚本身需要较高的温度才能发生，因此低熔点的结晶性单体不适合采用固相缩聚方法。

固相缩聚的反应时间与单体及聚合温度有关，可数小时、数天、甚至更长时间。为了加快固相缩聚反应速率，可以选择相应的催化剂，例如合成聚酰胺采用硼酸为催化剂。

固相缩聚过程中产生的小分子副产物可以采用真空脱除、惰性气体脱除或惰性介质共沸脱除等方法。为了使物料受热均匀及利于副产物的排除，结晶性单体原料要事先粉碎成粒径在 20～25 目或更细的粉末。这些粉末状反应物可以悬浮在惰性气体或惰性反应介质中进行固相缩聚。

适合于固相缩聚的单体有氨基酸、环状酰胺、卤代苯硫醇等。例如 ω-氨基十一酸单晶，熔点 188℃，在 160℃、真空条件下固相缩聚得到尼龙-11。对苯氧羰基氨基苯甲酸经固相缩聚制备一种高熔点的全芳香族聚酰胺，反应式如下：

$$n\ \left\langle\!\!\!\bigcirc\!\!\!\right\rangle\!\!-\! O\!-\!\!\overset{\overset{\displaystyle O}{\|}}{C}\!\!-\! NH\!-\!\!\left\langle\!\!\!\bigcirc\!\!\!\right\rangle\!\!-\! COOH \longrightarrow \left[NH\!-\!\!\left\langle\!\!\!\bigcirc\!\!\!\right\rangle\!\!-\! CO\right]_n + n\ CO_2 + n\ \left\langle\!\!\!\bigcirc\!\!\!\right\rangle\!\!-\! OH$$

（2）预聚物的固相缩聚

预聚物的固相缩聚适用于提高已经合成的缩聚物的分子质量的情况。起始反应物大多为半结晶性预聚物，工业上已经有成熟的实施实例，例如涤纶树脂用作工程塑料时，由于分子质量偏低，机械强度达不到要求，可以通过固相缩聚提高分子质量；再如聚酰胺-6 也可以通过固相缩聚进一步提高分子质量得到提高尼龙机械强度的目的。

预聚物固相缩聚的工艺是将具有一定分子质量的预聚物粒料或粉料，在反应设备中加热到缩聚物的玻璃化温度以上至熔点以下的温度范围，确定一个合适的反应温度使端基官能团能顺利发生缩聚反应，同时采取抽真空或惰性气体高速流动的办法及时带走生成的小分子副产物。小分子副产物包括自预聚物固体颗粒内部扩散至颗粒表面，然后再从颗粒表面解吸逸出缩聚体系的两个过程。因此，副产物分子的扩散速率与解吸速率直接影响缩聚的反应速率。研究表明预聚物颗粒尺寸、结晶度、起始分子质量、端基活性、催化剂、缩聚温度及时间、副产物脱除措施、反应设备等都是预聚物固相缩聚反应的主要影响因素。工业上固相缩聚采用的反应器主要有转鼓式干燥器、固定床反应器或流动床反应器等。采用惰性气体脱除小分子副产物，可以采用的惰性气体有氮气、氢气、氦气、二氧化碳、空气等，氮气使用最为广泛。

涤纶树脂的固相缩聚包括树脂的结晶、干燥和固相缩聚三个阶段。结晶阶段采用慢速搅拌，物料温度为 120℃～150℃；干燥阶段的物料温度为 175℃～185℃；固相缩聚阶段的物料温度为 185℃～240℃，温度最高，搅拌速度也相应提高。最高温度应以低于树脂熔点 10℃～40℃为限，防止发生树脂颗粒黏结现象。体系内加入少量玻璃微球可以防止物料粘壁。

10.1.3   固相缩聚的主要影响因素

（1）单体配料比

混缩聚时，一种单体过量会使产物相对分子质量降低，但影响程度没有熔融缩聚大，如图 10-1 所示。

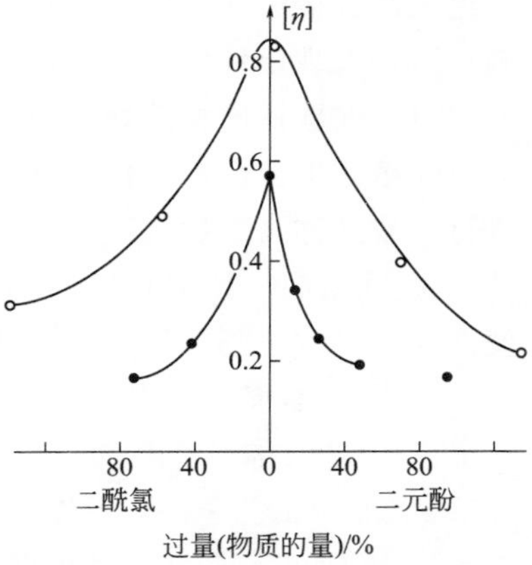

（2）单官能团化合物

单官能团化合物会使产物分子量下降，如醋酸会使氨基庚酸固相缩聚产物的分子量下降，此外，TiO_2 也会使产物分子量下降。单官能团化合物使分子量下降的原因有两个：一是使反应官能团丧失活性（遮蔽作用），另一个是阻碍单体间的相互扩散。

（3）反应程度

与一般缩聚反应相同，固相缩聚产物的分子量随反应程度的增加而提高。采取增加真空度可以降低小分子副产物的浓度，提高产物的分子量。

图 10-1   固相缩聚产物的黏度与原料配比的关系
○—固相缩聚；●—溶液或熔融缩聚

（4）反应温度

固相缩聚的反应温度范围很窄，一般在熔点以下 15～30℃左右进行。并且，反应温度还影响产物的物理状态，如在单体熔点以下 1～5℃反应时，产物为块状；而在单体熔点以下 5～20℃进行时，产物为密实的粉末。

（5）添加剂

固相缩聚对添加剂比较敏感，有催化作用的反应加速，无催化作用的反应减速。例如生产聚酰胺的固相缩聚，无机酸类，特别是磷酸，具有显著的催化效应。二氧化钛会使氨基庚酸固相缩聚的速率下降，可能是影响了原料的扩散。

（6）原料粒度

原料粒度越小，反应速率越快。如对苯二甲酸-β-羟乙酯的低聚体的固相缩聚反应，其反应速率在很大程度上取决于产物的分散程度。随着颗粒比表面增大，缩聚反应速率加快。在多缩氨酸酯的固相缩聚反应中，同样发现反应速率随物料的分散度增大而加速的情况。

10.2   固相线形缩聚制备 PET

10.2.1   PET 的制备方法

提高 PET 分子量的方法主要有熔融缩聚、化学扩链和固相缩聚三种方法。熔融缩聚通过延长缩聚时间来提高分子量，会导致副产物排除更加困难，降解反应增加；化学扩链是在熔融缩聚过程中加入带有高反应活性基团的扩链剂，在短时间内使分子量迅速增加，但扩链剂热稳定性较差，与反应物基体的连接稳定性不高；固相缩聚是将低分子量的聚合物加热至玻璃化温度以上熔点以下，通过抽真空或通入惰性气体的方法，使其在无定型区继续进行聚合反应。固相缩聚是获得高分子量 PET 的工业方法，与熔融缩聚相比的主要优点为：①在固相缩聚中解决了对黏稠熔体搅拌的问题；②连续固相缩聚工艺无需熔体缩聚的高温和高真空，因而投资及操作成本降低；③由于固相缩聚采用较低的温度，因而降解和副反应减少。

10.2.2　PET 固相缩聚的方法

固相缩聚的实施方法有间歇法和连续法。早期曾有 PET 固相缩聚企业采用间歇法，目前绝大部分被淘汰，而采用连续固相缩聚工艺技术。连续式生产效率高，有利于自动化控制，适合大规模现代化生产，产品品质稳定。

(1) 间歇法固相缩聚生产工艺

间歇法工艺设备简化、投资少，适合中小装置，间歇法的预结晶和固相缩聚都在真空下进行，故又称真空法。

① 预结晶　预结晶工序是在真空转鼓中，于 PET 树脂冷结晶温度 100～150℃下进行，使切片结晶度达到 35％左右，预结晶在工业上通常是在真空干燥转鼓内进行，时间 5～10h。

② 固相缩聚　固相缩聚过程是在对顶锥真空转鼓中进行的，转鼓可以采用热载体循环或电感应方法加热。脱醛工艺条件：温度为 180～220℃；时间为 2～4h；压力不大于 133Pa。缩聚工艺条件：温度为 220～240℃；时间为 10～15h；压力不大于 66Pa。

③ 冷却　完成固相缩聚的高黏 PET 切片，由气流输送至移动床冷却器顶部，与下部吹入的冷空气进行逆流风冷，冷却后的高黏 PET 切片略高于室温，产品放料、包装。

(2) 连续法固相缩聚生产工艺

连续法固相缩聚过程通常是在惰性气体（N_2）中进行，故又称惰性气体法。反应多采用移动床，也可用流化床。连续固相缩聚工艺的特点是停留时间较长，产品持有量较大。这是因为与熔体相比，其处理温度和切粒的表观密度均较低。由于工厂利用重力垂直流动使物料通过设备，因此它们通常反应器都很高，产能 300t/d 的约 50m 高，目前还有产能更大的固相缩聚直立式装置，其厂房总高度超过 50m。

连续法 PET 的固相缩聚过程可分为原料切片预结晶、结晶、固相缩聚和产物冷却等基本工序及氮气净化等辅助工序，如图 10-2 所示。

① 预结晶　固相缩聚的时间比较长，一般在 10h 以上，为保证反应的正常进行，关键就要保证切片在固相缩聚反应器中不黏结，为此，就要使切片在进入固相缩聚反应器之前，通过预结晶、结晶等过程，逐步提高其软化点。在预结晶过程中，低黏 PET 切片达到了一定的结晶度，软化点相应提高，保证下一步结晶过程的正常进行，同时原料切片中含有的大部分乙醛也在此过程中被排出。

由于低黏无定型 PET 切片的软化点低，在 130℃ 左右极易黏结，因此，对预结晶工艺参数的设定和预结晶器的设计，应考虑切片不出现黏结，此处的关键是预结晶的风温、风压、风在预结晶器中的分布、风速、风量和切片在预结晶器中的停留时间等条件。

② 结晶　为了防止处在一定的堆积高度下的 PET 切片在固相缩聚过程中因部分熔融和受压力作用而黏结，还要使切片在较高的温度下继续结晶。在结晶过程中 PET 的结晶结构会发生结晶熔融—再结晶的变化，因此 PET 切片具有一定的晶粒尺寸，且相应的结晶度可达 45％以上。结晶器的设计应使切片在较高的温度下与热风接触均匀，停留时间均匀，以保证结晶均匀。

③ 固相缩聚　在 PET 连续法固相缩聚中，有三个过程：a. 缩聚反应；b. 内部扩散，

即挥发性的小分子由固体聚合物的内部向表面扩散；c. 表面扩散：挥发性的反应副产物从固体聚合物的表面向外扩散。当反应温度较低时，以反应控制为主；当反应温度较高时；以扩散为主。

反应塔被设计成能提供实现物料最终特性黏度指标所必需的停留时间。尽管瓶级树脂的表观相似，但物料的停留时间变化却很大，要想达到需要的特性黏度，通常在 210℃ 需要的停留时间是 10～20h。氮气在反应器的底部进入，与切粒移动逆向流动以移出反应的副产物，乙二醇和水。气-固质量比通常保持在 1.0 以下。氮气流速一般不能太低，以免影响副产物从切粒向气相的质量传递。但是当气体在物料中移动时，副产物浓度增大，因此在设计反应器停留时间时需要加以考虑，最终物料黏度由停留时间和反应温度共同控制。

④ 冷却　切粒的冷却在反应器的出口处开始。氮气进入反应器底部，切粒在反应器出料段冷却到约 180℃，然后切粒进入流化床冷却器，在这里通过新鲜空气在 5min 内冷却到低于 60℃。

⑤ 氮气清洁循环　氮气清洁循环包括：用过滤器除去所有灰尘；在铂催化剂床以准化学计量的氧比例通过燃烧法除去乙二醇、乙醛和低聚物；用气体干燥器除去水分，把露点降到 $-40℃$ 以下。氮气中的氧气体积分数通常小于 10×10^{-6}。

10.2.3　PET 连续法固相缩聚工艺

国外固相缩聚连续化装置专利商，主要有美国 Bepex 公司、瑞士 Buhler 公司、意大利 UOP. Sinco 公司、美国杜邦公司、意大利 M&G 公司、德国 Zimmer 公司、德国卡尔费休公司、日本东丽公司等。

(1) 美国 Bepex 公司的固相缩聚工艺

美国 Bepex 公司的固相缩聚工艺主要由预结晶器、结晶器、退火螺杆、反应器和流化床冷却器及气体净化系统 6 部分组成，如图 10-3 所示。Bepex 采用卧式搅拌桨式预结晶器，采用夹套热油加热，搅拌桨将切片打向器壁吸收能量。

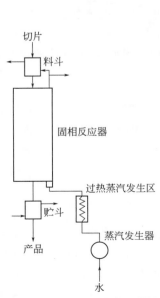

图 10-2　PET 固相缩聚的工艺流程

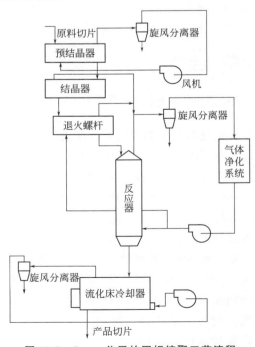

图 10-3　Bepex 公司的固相缩聚工艺流程

Bepex 工艺的最显著特点是采用强制搅拌式结晶方式，结晶温度高。缺失是粉尘产生量大。

(2) 瑞士 Buhler 公司的固相缩聚工艺

瑞士 Buhler 公司的固相缩聚工艺主要有预结晶器、结晶器、预热器、反应器和冷却器及气体净化系统组成，如图 10-4 所示。Buhler 采用沸腾床预结晶器。

Buhler 工艺的最显著特点是结晶温度低，结晶时间长，采用无机械搅拌结晶设备，粉尘产生量相对较少。

(3) 意大利 UOP. Sinco 公司的固相缩聚工艺

意大利 UOP. Sinco 公司的固相缩聚工艺主要由预结晶、结晶、固相缩聚反应、冷却和氮气净化系统等部分组成，如图 10-5 所示。结晶器采用流化床设备，采用氮气为气体介质。

Sinco 工艺的最显著特点是结晶温度高，结晶工艺简单。与其他工艺不同，反应器底部通入热氮气（200℃），采用流化床冷却器冷却切片。

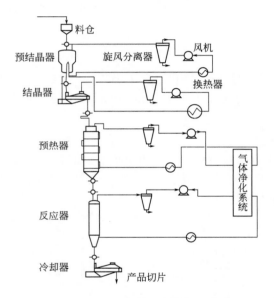

图 10-4　Buhler 公司的固相缩聚工艺流程

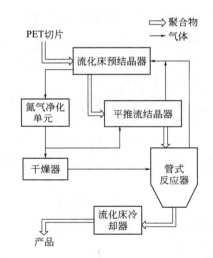

图 10-5　UOP. Sinco 公司的固相缩聚工艺流程

(4) 美国杜邦公司的固相缩聚工艺

美国杜邦公司的 NG3 工艺与常规的固相缩聚法生产高黏度聚酯不同，NG3 工艺使用低黏度（0.25～0.35dL/g）的预聚体颗粒，使部分的聚合反应发生在固相缩聚阶段，如图 10-6 所示。

采用 NG3 工艺生产的瓶片，具有机械强度高、瓶子的透明度高、乙醛含量低、分子质量分布窄等优点。与传统的固相缩聚工艺相比，NG3 工艺具有工艺流程短，投资、运行、管理成本低等优点。

(5) 意大利 M&G 公司的固相缩聚工艺

意大利 M&G 公司固相缩聚最新工艺为 Easy UP 窑式固相缩聚生产技术，属于突破传统立式固相缩聚，如图 10-7 所示。其利用切片自身质量垂直输送物料的思路，采用窑式连续、微倾旋转式反应器，可以大大提高单线固相缩聚的生产能力，降低建设费用及运行成本，并提高产品品质。

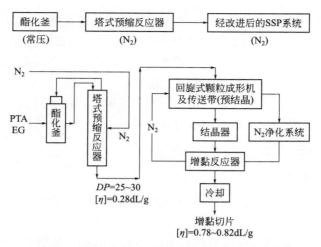

图 10-6　美国杜邦公司的 NG3 固相缩聚工艺流程图

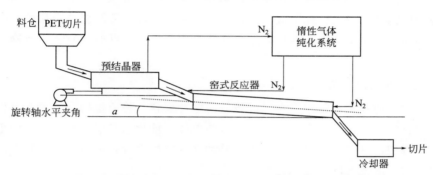

图 10-7　意大利 M&G 公司的 Easy UP 窑式固相缩聚工艺流程图

10.3　固相线形缩聚制备聚酰胺 6

10.3.1　聚酰胺 6

聚己内酰胺也称尼龙 6，初期用作纤维时又称锦纶 6，一般表示大分子结构式为 $+\text{NH}(\text{CH}_2)_5\text{CO}+_n$ 的高分子化合物，全称为聚己内酰胺。工业生产中一般利用己内酰胺通过开环缩聚而成。聚酰胺 6 作为结晶性聚合物，由于其自身的优异性能，如拉伸强度大、耐磨损性能优异、摩擦系数小、抗冲击性能高以及耐化学药品和耐油性能突出，因而其产量稳步增长，所以自产生到 20 世纪 50 年代期间，尼龙 6 的产量飞速提升，并开始在塑料行业得到应用。自 80 年代末到 90 年代初，尼龙 6 通过改性使其应用领域得到拓展，开始在汽车制造行业、机械设备制造、建筑行业、包装行业、电子电器工业和其他消费用品等领域得到广泛的应用。

1938 年，德国的 Schlack 发明了利用己内酰胺聚合制备聚酰胺 6，1941 开始工业化。而后美国、日本也陆续投入生产。在众多的聚酰胺产品种类中，尼龙 6 和尼龙 66 的产量具有压倒性优势。

己内酰胺聚合主要有三类：水解聚合、阴离子聚合和阳离子聚合，分别用水、酸或者碱作引发剂开环。水解聚合根据各种技术的工艺条件不同，大致可分为常压连续聚合法、二段聚合法、釜式间歇聚合法、固相缩聚法及多段连续聚合法。阳离子聚合使用质子酸或路易斯酸引发聚合，但此种反应伴随许多副反应发生，最终单体转化率及相对分子质量都偏低，分子量最高达到 10000～20000，因而此种方法仅限于实验室研究，目前并无批量生产。阴离子开环聚合由 R. M. Joyce 和 D. M. Ritter 所发明，是己内酰胺在碱的作用下，在较短的时间（大约 10～20min）、130～190℃条件下聚合成超高分子的聚酰胺 6，同时可以结合模内烧铸技术，即以碱金属引发己内酰胺开环，生成尼龙 6 低聚物，烧铸到模具内部，在模具内部进一步发生聚合反应，最终得到所需形状的整体铸件。

10.3.2　聚酰胺 6 的聚合工艺

10.3.2.1　釜式间歇聚合法

采用间歇法制备尼龙 6 时，通常采用釜式反应器聚合。聚合前期利用脱盐水保证系统的压力，聚合后期结合对于产物质量的需求进行常压或是减压聚合。当产物黏度达到相关要求后，利用 N_2 等压缩性气体从反应釜下部的阀门一次性出料，分别经过铸带切粒、萃取和干燥最终得到成品。该工艺的特点为产量低，可生产多种类型的尼龙 6，单釜产量高达 2 吨/批，其优势为产物分子量大、耗资低、操作工艺简单、能够灵活改变产物品种、产生较少的废料，且能够加入共聚单体生产共聚产品，其缺点为能耗大、反应耗时长、产物的可萃取物含量高、重现性差。

10.3.2.2　管式连续聚合法

该工艺一般在连续聚合管中进行，设备较简单，聚合产物质量稳定。工艺过程基本与上述釜式间歇聚合法一样。差异之处在于己内酰胺单体、催化剂和引发剂要通过两个计量槽不断进入反应装置中，且物料是自上而下逐渐移动并且发生聚合，最后工艺与间歇法相同。连续法成为当今生产尼龙 6 的主要工艺。

10.3.2.3　固相缩聚法

固相缩聚法通常以熔融缩聚制备的低分子尼龙 6 预聚产物作为反应物，在熔融缩聚的温度以下进行反应，此种方式产生的分解杂质不多。另外，鉴于酰胺化反应为放热反应，是一个可逆的动态平衡反应，平衡常数随着反应温度的降低而增大，反应进行得更加彻底，更容易得到更高分子量的聚合产物。

10.3.2.4　反应挤出法

阴离子聚合操作工艺简单，成型时间短，效率高，得到的尼龙 6 相对黏度平均高达 3.8，在强度和刚度等很多方面其特性都超过了水解聚合得到的产品。但是浇铸型尼龙 6 的应用也存在其缺点，不能生产壁薄、形态复杂的样品，即使生产尼龙 6 管材，也只能先形成一段较短的管材，然后连接起来，因此人们又开发了通过反应挤出生产尼龙 6 的新工艺。反应挤出法制备尼龙 6 是以单螺杆或者双螺杆挤出机作为反应场所，将己内酰胺单体和引发剂以液态的形式加入，并挤出成型。整个反应在挤出的过程中完成。

尼龙 6 的生产工艺种类很多，表 10-2 对主要聚合生产工艺进行了比较。

表 10-2　尼龙 6 主要聚合生产工艺的比较

聚合工艺	工艺特点
常压连续聚合	1 个聚合管,常压连续操作,采用 DSC 控制,产品相对黏度可达 2.6～3.8,聚合反应时间为 20～22h,产品适用于民用丝的生产。

聚合工艺	工艺特点
两段连续聚合	分为两个阶段,两个聚合管,通过工艺条件的调整实现产品牌号的改变。包括加压-减压法、高压-常压法和常压-减压法三种方法。
间歇高压聚合	自动化程度较低,生产能力低,产物主要用于工程塑料及尼龙改性。
固相后缩聚	采用惰性气体,工艺要求较严格,产物的相对黏度在 2.5~4 之间进行调节,主要用于薄膜和塑料的生产。

10.3.3　聚酰胺 6 固相缩聚工艺

提高尼龙 6 分子量的方法主要分为三种:①化学扩链法。就是在反应物中加入能够与分子链中的端氨基$-NH_2$以及端羧基$-COOH$反应的扩链剂,从而实现分子链偶联的目的。该方法反应速率快,但由于引入了小分子,往往会降低聚合物的热稳定性以及力学性能。②延长熔融缩聚反应时间。这种方法成本低廉,产品类型单一。适合连续化、大型化的生产。但由于反应时间要求较长,且整个反应处于高温状态,会伴随样品黄化、热降解反应的发生。③固相缩聚。

一般而言,实际工业生产中的固相缩聚方式可以分为连续固相缩聚和间歇固相缩聚。固相聚合可按照以下方式进行操作:①真空操作(真空转鼓反应器或者蒸发器);②静止惰性气体下操作;③流动惰性气体下的操作。

(1) 连续固相聚合

预聚体切片进入到以惰性气体作为加热介质的装置中,经过干燥与预结晶后,进入到惰性气体保护下的主反应器中进行缩聚反应。对于立式的反应器,切片利用重力作用缓慢向下移动,同时经加热的氮气则从底部进入到反应器,与切片进行充分的接触及热质交换。利用热氮气将反应过程中产生的小分子副产物移出反应体系,而切片则从反应器底部卸出进入冷却装置。

固相聚合是切片增黏的主要方法之一。如果采取干燥过程对切片增黏则可以采取固相后缩聚工艺。虽然干燥、增黏和冷却都在同一个装置中,但与 VK 管连续聚合相比,固相后缩聚实际上把连续干燥塔分成三段,首段为干燥塔。中间段则是固相缩聚反应塔,末段则为冷却塔。整套装置中都配有氮气循环系统,其中中间段氮气温度为 160~180℃,通过调节氮气温度使得物料黏度提高。

(2) 间歇固相聚合

预聚体切片经过筛分和金属分离程序后,进入干燥和结晶装置,其中充满加热的氮气等介质。之后,到达真空转鼓反应器完成固相缩聚。切片冷却后,利用氮气消除真空并出料,或者利用程序控温,在反应器中先后经过干燥、预结晶、固相缩聚以及降温等各项工艺,完成整个反应。

尼龙 6 的固相缩聚是指将相对黏度较低的尼龙 6 切片加热至玻璃化转变温度以上、熔点以下,此时的大分子链仍处于冻结状态,而活性端基则获得了足够的活性相互靠近发生反应,生成的小分子副产物则借助于惰性气流或真空脱离反应体系,从而使得缩聚反应继续进行,分子量不断提高最终获得高黏切片。其反应机理见图 10-8。

10.3.4　聚酰胺 6 固相缩聚工艺存在问题

(1) 反应速率较慢,相较于熔融缩聚所消耗的时间更长

尼龙 6 的固相缩聚反应活化能为 439KJ/mol,而熔融缩聚的活化能为 96KJ/mol。由于固相聚合反应温度比熔融聚合的温度低,导致扩散阻力变大,链段运动困难,因此在反应过

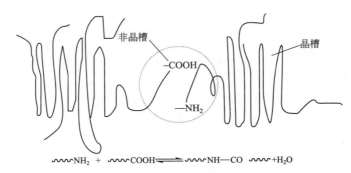

图 10-8　固相缩聚简易图

程中分子的活动能力下降，副产物扩散速率降低。

（2）小分子副产物的脱除

如聚合过程中会产生一定的副产物水分子，而缩聚反应为可逆反应，如果副产物不能及时脱除反应体系，将会影响反应的正向进行。

（3）增黏效果的重现性差

产物黏度存在较大差距，质量不稳定。

（4）高温区停留时间长容易导致切片的氧化变黄

一般扩散反应的速率随着温度的升高而逐渐加快，增黏速度越快。然而，在实际生产中，温度过高，产物会出现降解、颜色发黄的现象。

10.3.5　聚酰胺 6 固相缩聚的影响因素

（1）反应温度

一般情况下，尼龙 6 固相缩聚的温度范围通常在其熔点以下 10~40℃。温度越高，端基运动能力越强，相同反应时间内增强效果越明显。但温度过高，会出现粒子黏结及热降解等现象。

（2）反应时间

由于固相聚合反应温度较低，链端基和小分子副产物运动能力受到限制，扩散速率均较慢，反应时间较长，二者的扩散越充分。随着反应时间的推移，反应速率逐渐降低。

（3）颗粒尺寸和形状

颗粒尺寸主要是通过影响活性链端基以及小分子副产物的扩散来对反应速率产生影响的。如小分子副产物的扩散分为两个阶段，一是从切片内部扩散至粒子表层；二是由颗粒表面扩散至物料体系以外。颗粒尺寸越小，小分子副产物的扩散越容易进行。但是当颗粒尺寸小于 1mm 时，颗粒尺寸对固相缩聚的影响已经十分微小了。

（4）初始分子量

理论上，初始分子量越小，活性链端基浓度越大，增黏效果越明显。实际上，最终产物的分子量随预聚体分子量的增加而增加。可能是由于链端基浓度越大，产生的小分子副产物如水分越多。由于缩聚反应为可逆动态反应，如果水分不能及时脱离体系，反而会抑制增黏效果。

（5）预聚体的结晶度

结晶度对于固相聚合速率有着显著影响，因为它对于控制反应的关键参数有着重要作用，如端基和副产物的扩散。此外，晶片的尺寸和完善程度都会影响链端基的移动性。

（6）反应介质

反应介质主要涉及惰性气体的种类以及其流速。固相缩聚中所使用的惰性气体可以为氮气、氦气、二氧化碳等，其中氮气是最常用的一种气体。对于尼龙 6 的固相缩聚，一般使用的是高纯氮气，其余气体对于固相聚合的研究报道较少。惰性气体的流速越大，越容易将小分子副产物带出反应体系。但在实际生产应用中，也要结合成本进行综合考虑。

复杂工程问题案例

1. 复杂工程问题的发现

固相缩聚的优点在于反应温度在聚合物的熔点以下，反应温度较低，聚合物不易发生热降解，聚合物的外观较好；固相缩聚时聚合物为颗粒或粉末，避免了高分子量聚合物在熔融态黏度高，流动困难的问题。固相缩聚已被广泛应用于聚酰胺和聚酯等缩聚物的聚合领域。一般的聚合物固体有颗粒和粉末两种形态。粉末状的聚合物通常粒径比颗粒小一到两个数量级，有着更大的比表面积，缩聚过程中更容易脱出小分子，缩聚反应更快。使用粉末状的聚合物进行固相缩聚能够获得更高的生产效率。但是粉末聚合物流动性较差，同时粉末间作用力较强，容易团聚，导致聚合物分子量分布不均匀，使用效果不是很理想。因此，在固相缩聚反应工程实践过程中，如何解决聚合物粉末因结块而导致聚合物分子量分布不均匀现象成为一个典型的复杂工程问题。

2. 复杂工程问题的解决

在固相缩聚过程中，一般"软团聚"的聚合物粉末因其质点间作用力较弱，且团聚体在成形时容易破碎，故采用适当分散技术即可消除或减弱之，从而得到分子量分布较均匀的聚合物。但"硬团聚体"由于质点间作用属化学键合，作用力较大，不仅不易分散，而且也不易破碎，故只能得到分子量分布不均匀的聚合物。解决问题的基本思路是：运用高分子化学、高分子物理、物理化学、粉体科学、机械设备、粉体力学、化学键理论、静电吸附理论等工程知识原理，经过分析、设计、研究等递进的过程，深入研究聚合物粉体固相缩聚过程中的团聚情况，借助先进的分析测试仪器、材料加工设备的使用原理和方法，以及信息资源、工程工具和数据处理软件，确定工艺条件和设备选型，并能兼顾社会、环境、经济、安全、健康、职业规范等因素，培养学生沟通交流能力，国际视野和终身学习能力。问题解决的基本思路如图所示：

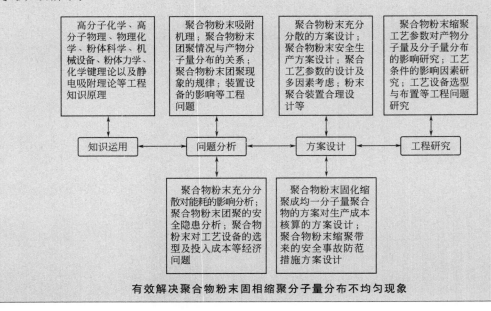

有效解决聚合物粉末固相缩聚分子量分布不均匀现象

3. 问题与思考

（1）针对聚合物粉末固化缩聚过程易结块的复杂工程问题，能够设计出解决方案，包括材料制备和加工所需的技术路线或工艺方法，设计方案中能够体现创新意识，考虑社会、健康、安全、法律、文化以及环境等因素。

（2）在总结前人工作的基础上，提出改进的设计方案，在方案设计环节中体现创新意识，以课程设计报告、工艺流程图纸或计算机软件模拟结果等形式，呈现设计成果。

（3）从生产成本、安全生产、环境保护、人类健康的角度出发，分析方案实施的经济和社会效益。

习　　题

1. 固相缩聚和熔融缩聚在影响因素上有哪些异同？
2. 试举例说明固相缩聚的实用性。

课堂讨论

1. 介绍固相缩聚的研究方向和发展趋势。
2. 介绍采用连续固相缩聚生产矿泉水瓶的合成工艺、关键工艺影响因素分析、产物结构与性能等。

第 11 章　逐步加成聚合工艺

学习目标

（1）了解逐步加成聚合产品及主要原材料的理化性质、储运要求、性能及用途；

（2）理解聚氨酯泡沫材料、橡胶、纤维、漆包线漆及胶黏剂的工艺过程及其流程图解；

（3）掌握逐步加成聚合原理，聚氨酯树脂的聚合方法及影响聚合过程及产物性能的关键因素。

重点与难点

逐步加成聚合反应过程，影响聚合过程及产物性能的关键因素。

11.1　逐步加成聚合

11.1.1　逐步加成聚合概述

单体官能团之间通过相互加成而逐步形成高聚物的过程称之为逐步加成聚合（step-growth-addition-polymerization）。相应的产物为逐步加成聚合物。逐步加成聚合反应具有的特征是不生成小分子副产物，产物分子量随聚合时间逐步增加，聚合物结构类似缩聚物。典型的逐步加成聚合反应如表 11-1 所示。

表 11-1　典型的逐步加成聚合反应

反应物 1	反应物 2	特征基团	产物名称
二异氰酸酯	二元醇	氨基甲酸酯	聚氨酯
二异氰酸酯	二元胺	脲基	聚脲
二异氰酸酯	双环氧化物	噁唑烷酮基	聚噁唑烷酮
二硫异氰酸酯	二元胺	硫脲基	聚硫脲
二腈	二元醇	酰胺	聚酰胺
二硫醇	烯烃	硫醚键	聚硫醚
二乙烯基砜	二元醇	砜基团	聚砜
共轭二烯烃	含双键或三键化合物	环己烯结构	Diels-Alder 梯形聚合物

表 11-1 所列的逐步加成产物大多未得到广泛应用。例如聚脲，线形结构的聚脲具有成纤能力，但由于分子结构中含极易形成氢键而使聚合物结晶的、且稳定性不是很高的脲键，因此聚合物的熔融温度高，在熔融温度下聚脲的热稳定性差，且难以溶解于一般溶剂，因此在生产实践中尚难以得到广泛应用。再如梯形结构聚合物因具有独特的耐高温和耐氧化性能，在耐高温聚合物领域越来越受到人们的重视。但是，由于这些梯形聚合物制备及加工工

艺难度大，目前工业上尚未获得广泛应用。1954 年，首次采用 2-乙烯基-1,3-丁二烯和对苯醌通过 Diels-Alder 反应制备梯形聚合物：

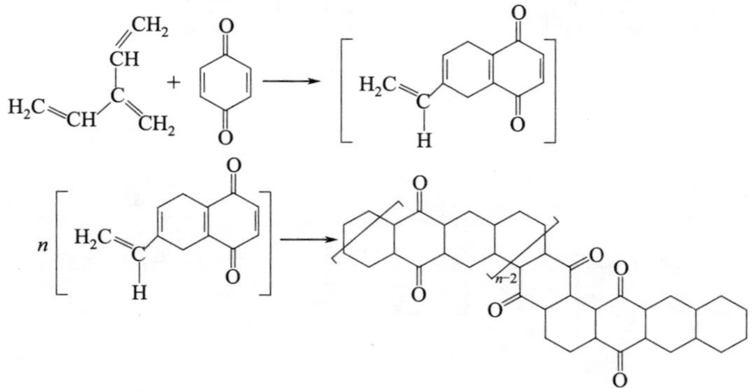

1,2,4,5-四亚甲基环己烷和对苯醌，通过 Diels-Alder 反应也可制备梯形聚合物：

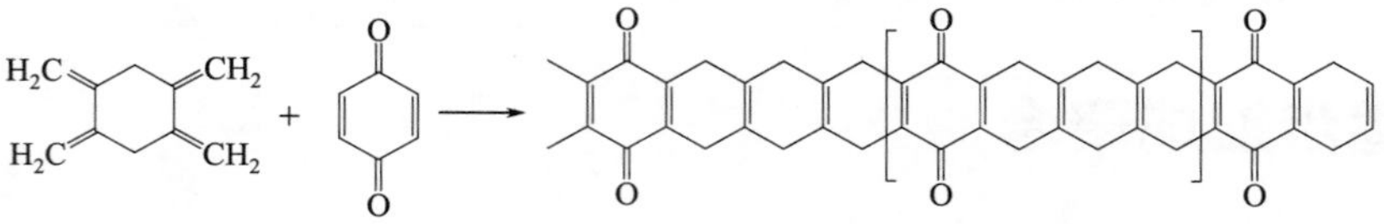

目前已经投入生产的逐步加成聚合反应，生产工艺成熟的主要有聚氨酯树脂。第一种聚氨酯 Durthane U 材料于 1937 年首先开发成功，它是一种可以替代尼龙的热塑性塑料。20 世纪 40 年代，合成氨纶 Perlon U 问世。20 世纪 50 年代，制备出聚氨酯热塑性弹性体和泡沫塑料。20 世纪 60 年代制备出聚氨酯涂料和胶黏剂。聚氨酯分子结构中含强极性氨基甲酸酯键，同时伴有氢键，因此聚合物具有高强度、耐磨、耐溶剂等优点，广泛用于塑料、纤维、橡胶、皮革、涂料、胶黏剂、功能高分子材料等领域。本章将以聚氨酯为例说明逐步加成合成机理及其合成工艺。

11.1.2 聚氨酯及其化学反应

(1) 聚氨酯

当官能度为 2 或 2 以上的异氰酸酯单体和官能度为 2 或 2 以上的羟基化合物发生反应，可以在分子链上形成一种氨基甲酸酯基团的聚合物，简称聚氨酯（polyurethane）。例如二异氰酸酯和二元醇反应生成聚氨酯的反应式如下：

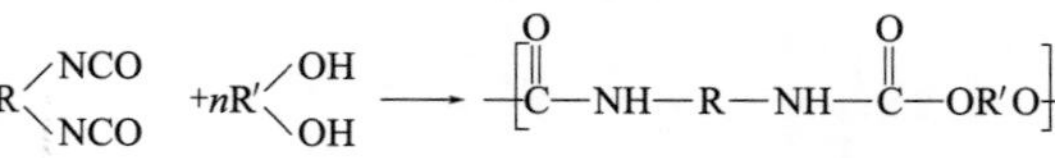

异氰酸酯单体分子结构中的异氰酸酯基团是一种高度不饱和的基团。它的化学性能十分活泼，能与任何一种含有活泼氢原子的化合物反应，甚至能和一些含有极不活泼氢原子（即不易被钠所取代的）的化合物发生反应。异氰酸酯基团除能和活泼氢原子发生反应外，还能发生其他的一些反应。

(2) 异氰酸酯与活泼氢化合物之间的反应

异氰酸酯基团与水、醇、酚、胺、酸等含活泼氢的化合物能发生加成反应，生成相应的产物。这类反应较容易发生，称之为初级反应。它们的反应式如下，其中的 R 和 R′ 代表脂肪族或芳香族基团，而 Ar 则专指芳香族基团，如苯环等。

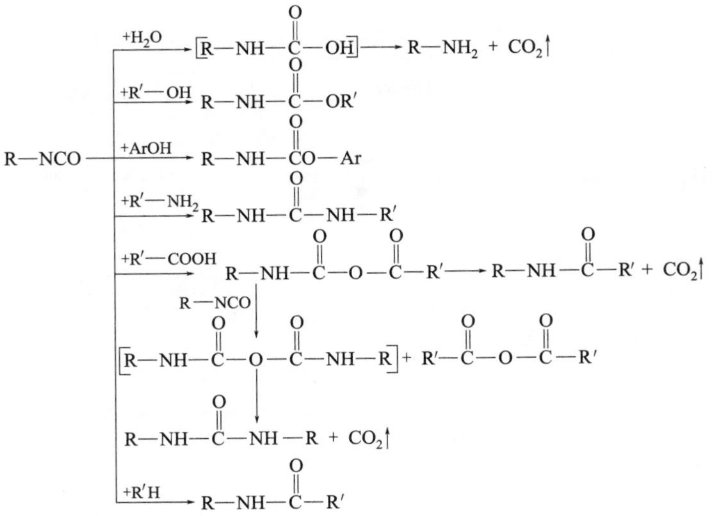

上述反应生成的产物氨基甲酸酯及脲等基团中仍含有活泼氢原子，可与过量的异氰酸酯进一步反应。这类反应活性相对较低，但在碱性及高温条件下仍可发生。发生这类反应后能形成支化及三维交联的结构，属于合成非线形聚氨酯材料的基本反应。它们的反应式如下：

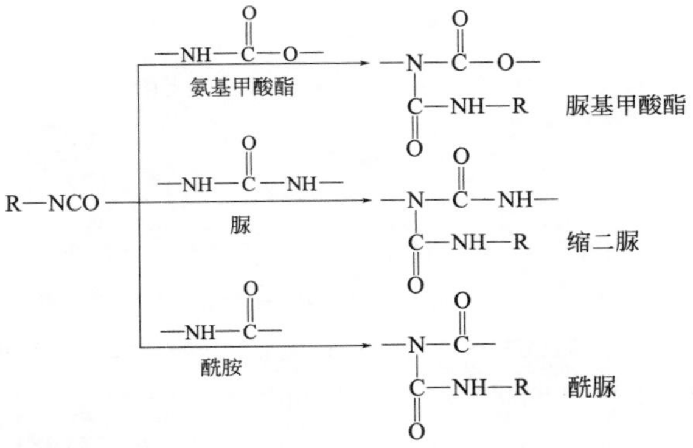

（3）异氰酸酯的自聚反应

在适当催化剂作用下，异氰酸酯可发生自聚反应。异氰酸酯的自聚反应归纳起来有以下四种。芳香异氰酸酯在室温下可缓慢发生二聚反应生成脲啶二酮二聚体。二聚反应在叔胺及膦化合物存在下可催化反应加速。二聚反应生成的脲啶二酮二聚体在 150℃ 及以上的高温下会发生分解反应，释放出异氰酸酯单体。

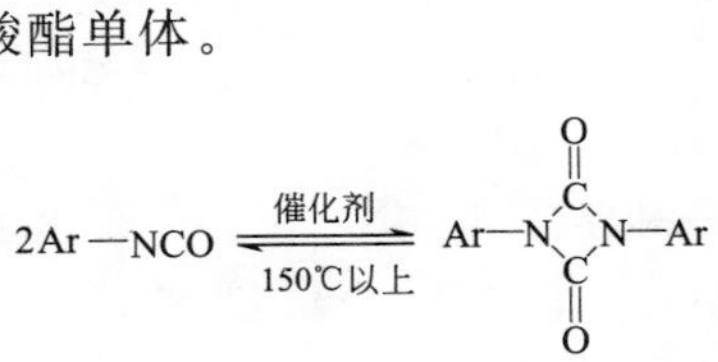

脂肪族和芳香族异氰酸酯在一定温度和催化剂的条件下可发生三聚反应生成异氰脲酸酯三聚体的反应。异氰酸酯基团三聚反应的催化剂有叔胺、碱金属、碱土金属化合物等。生成的异氰脲酸酯三聚体对热稳定，其中异氰脲酸酯六元环在 200℃ 稳定存在，分解温度为350℃ 以上。

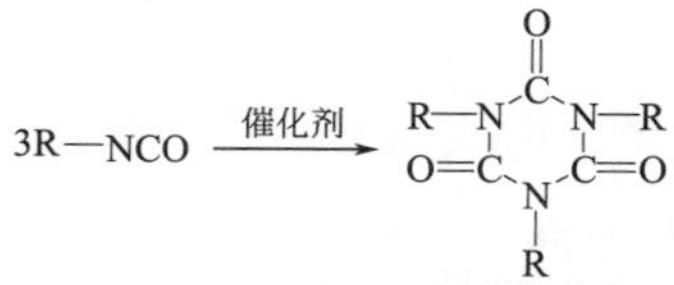

$$3R-NCO \xrightarrow{催化剂} \text{异氰脲酸酯}$$

异氰脲酸酯

异氰酸酯基团在一定条件下可以发生线形缩聚反应生成数均分子量达 20 万以上的聚酰胺。

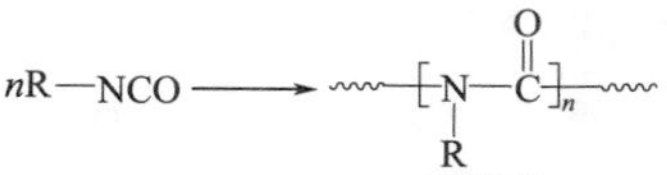

$$n R-NCO \longrightarrow \text{聚酰胺}$$

聚酰胺

此外，异氰酸酯基团在高温下或特定催化剂的条件下，可生成碳化二亚胺和二氧化碳。对于二异氰酸酯单体，可利用此反应来制备聚碳化二亚胺。

$$2R-NCO \xrightarrow[\text{或催化剂}]{\text{高温}} R-N=C=N-R+CO_2 \uparrow$$

碳化二亚胺

$$2n R-NCO \longrightarrow [R-N=C=N-R]_n+n CO_2 \uparrow$$

11.1.3 合成聚氨酯的主要原材料

11.1.3.1 异氰酸酯单体

（1）甲苯二异氰酸酯

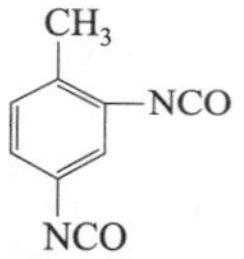

2,4-甲苯二异氰酸酯 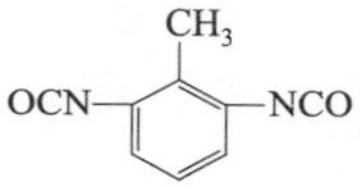   2,6-甲苯二异氰酸酯

甲苯二异氰酸酯有 2,4-甲苯二异氰酸酯和 2,6-甲苯二异氰酸酯两种异构体，含有 100% 的 2,4-甲苯二异氰酸酯，简称 TDI-100，含有 80% 的 2,4-甲苯二异氰酸酯和 20% 的 2,6-甲苯二异氰酸酯的化合物，简称 TDI-80/20，含有 65% 的 2,4-甲苯二异氰酸酯和 35% 的 2,6-甲苯二异氰酸酯的化合物，简称 TDI-65/35。商业级的甲苯二异氰酸酯主要有以上三个品种，反应活性随着 2,4-异构体含量的增加而增加。甲苯二异氰酸酯的沸点为 251℃，但是容易挥发，具有较强的挥发性毒性，使用时应加以注意。

（2）二苯基甲烷二异氰酸酯及聚合 MDI

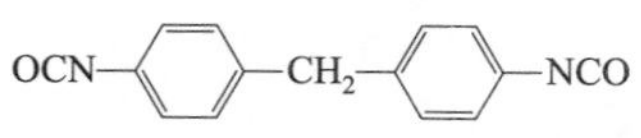

4,4'-二苯基甲烷二异氰酸酯 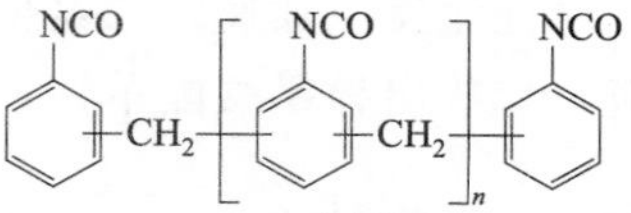 $n=0,1,2,3$
聚二苯基甲烷二异氰酸酯

4,4'-二苯基甲烷二异氰酸酯，简称 MDI。聚合 MDI（或称 PAPI）的工业品实际上是 MDI 和聚合 MDI 的混合物。异氰酸酯单体的品种还有很多，它们的结构式如下：

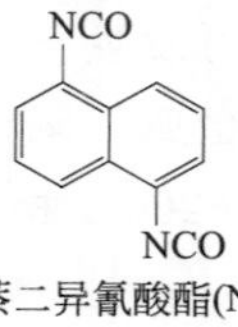

1,5-萘二异氰酸酯(NDI) $OCN-CH_2CH_2CH_2CH_2CH_2CH_2-NCO$
1,6-六亚甲基二异氰酸酯(HDI)

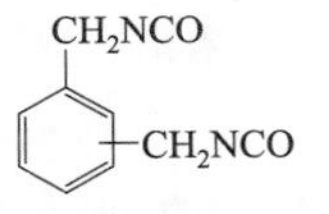

苯二亚甲基二异氰酸酯(XDI) 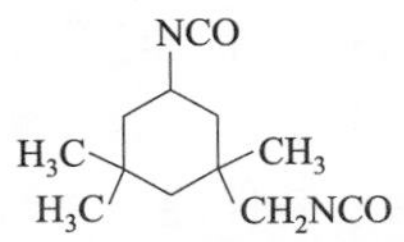　　　异佛尔酮二异氰酸酯(IPDI)

11. 1. 3. 2　多元醇化合物

（1）聚酯多元醇

根据终端产物聚氨酯的用途，有二官能度的聚酯二元醇和三官能度及以上的聚酯多元醇。聚酯二元醇由二元酸和过量二元醇经混缩聚反应制得，数均分子量一般在 1000～3000，室温下为液态或蜡状固体。聚酯多元醇采用二官能度及多官能度的羧酸及醇单体，经酯化缩聚而成。聚酯多元醇用于制造聚氨酯，可应用在泡沫塑料、（弹性）纤维、合成革、弹性体、涂料、黏合剂等工业领域。

（2）聚醚多元醇

聚醚多元醇就是指分子链上含有大量醚键的端羟基化合物。常用的有端羟基聚四氢呋喃、端羟基聚氧化丙烯醚、端羟基聚氧化乙烯醚等。工业上，采用阳离子聚合制备分子量 1000～3000 的端羟基聚四氢呋喃。环氧乙烷、环氧丙烷的阴离子开环聚合需要具有活性基团的物质作为起始剂，产物的结构与起始剂有关。如以 1,2-丙二醇为起始剂制备端羟基聚氧化丙烯醚结构式如下：

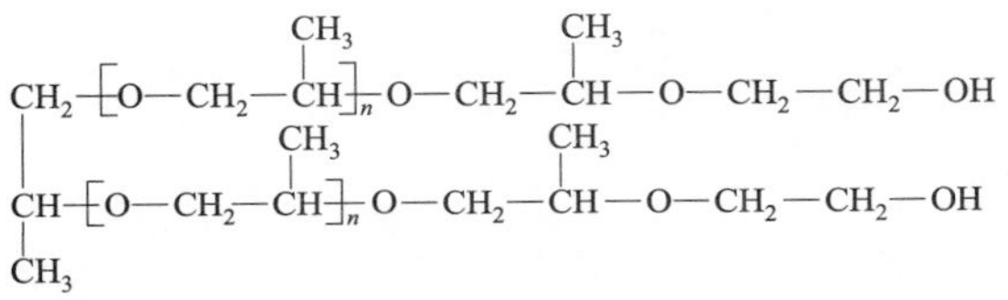

以丙三醇为起始剂制备的端羟基聚氧化丙烯醚的结构式如下：

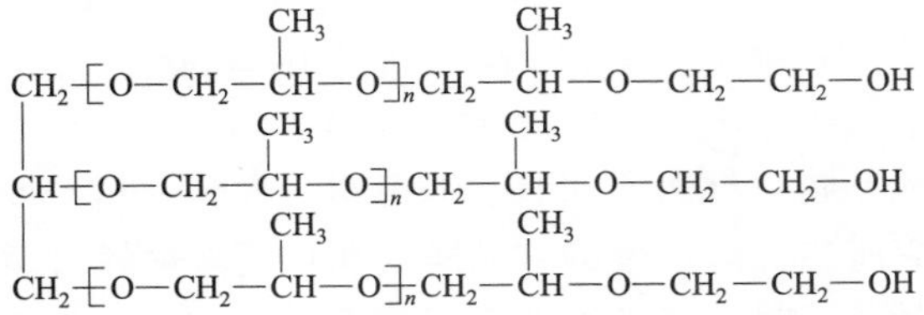

以木糖醇为起始剂制备的端羟基聚氧化丙烯醚的结构式如下：

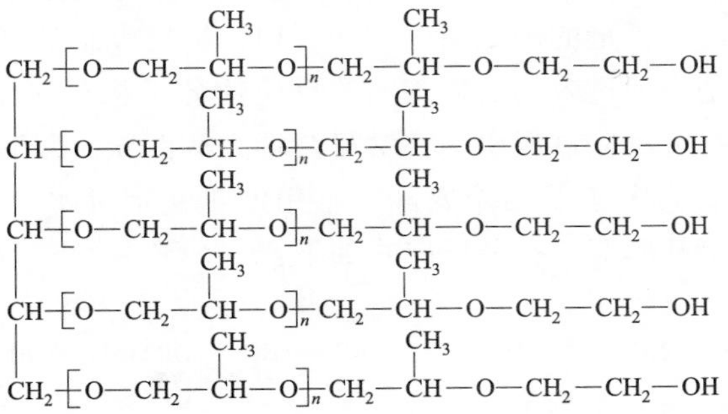

聚酯多元醇是在煤化工工业基础上发展起来的，主要用于聚氨酯人造革、聚氨酯橡胶等领域。聚酯多元醇分子链上含有酯基，极性高于醚键，再者其分子中含有较多芳环结构。因此，制备的聚氨酯材料具有较好的耐高温、耐油、耐磨性，机械强度较高，但耐低温和耐水

解性能欠缺。聚醚多元醇是在石油化工工业基础上发展起来的，主要用于聚氨酯泡沫材料的生产领域。聚醚多元醇分子链上含有醚键，极性较弱，主链柔软，因此，制备的聚氨酯材料具有较好的耐低温、耐水解性能，材料质地柔软，回弹性好，但是机械强度和耐氧化温度性较差。

11.1.4 聚氨酯的合成工艺原理

合成聚氨酯树脂的主要原材料是二异氰酸酯或多异氰酸酯和二元醇或多元醇。采用不同结构的原材料可以制备结构与性能各异的聚氨酯，用于不同的用途。然而，聚氨酯的合成工艺归纳起来可分为两类，即一步法和两步法。

（1）一步法合成原理

由异氰酸酯和醇类化合物直接进行逐步加成聚合反应合成聚氨酯的方法，称为一步法。如己二异氰酸酯和 1,4-丁二醇反应制备聚氨酯。该聚氨酯经纺丝制得的氨纶称为 Perlon U。

$$n\,OCN—(CH_2)_6—NCO + n\,HO(CH_2)_4OH \longrightarrow \left[\overset{O}{\underset{\|}{C}}-NH-(CH_2)_6-NH-\overset{O}{\underset{\|}{C}}-O-(CH_2)_4-O\right]_n$$

又如 2,4-甲苯二异氰酸酯和三羟基化合物反应制备交联型聚氨酯。这个反应相当于缩聚反应的 2、3 官能度体系，可以直接获得交联聚合物。

（2）二步法合成原理

二步法也称预聚体法，合成步骤分为两步。第一步先合成预聚体，将二元醇和过量二异氰酸酯反应，合成两端均为异氰酸酯基团的加成物，反应式如下：

$$2\,OCN—R—NCO + HOR'OH \longrightarrow OCN—R—NH\overset{O}{\underset{\|}{C}}—OR'O—\overset{O}{\underset{\|}{C}}HN—R—NCO$$
$$\text{端基为—NCO 的预聚体}$$

上述反应获得的加成产物，称为预聚体。反应物 HO—R'—OH 可以是小分子二元醇，也可以是分子量不同的聚醚二元醇、聚酯二元醇或端羟基聚烯烃树脂。因此，预聚体分子量的大小，取决于二元醇的分子量，通常为数百至数千。

第二步反应是预聚体进行的扩链反应和交联反应。预聚体通过扩链反应可以使分子链得以进一步延伸，制备更高分子量的聚氨酯。例如利用扩链反应制备氨纶和聚氨酯热塑性弹性体等。因此扩链反应就是指通过末端活性基团的反应使分子相互连接而增大分子量的过程，简称扩链。在聚氨酯的扩链反应过程中，常常将两端为活性异氰酸酯基团的预聚物和小分子扩链剂进行扩链反应制备高分子量的聚氨酯。常用的扩链剂有水、二元醇、二元酸、二元胺、羟基酸、氨基酸、氨基醇等。扩链反应式如下：

$$2\,OCN\diagdown\diagup NCO + HOR'OH \longrightarrow OCN\diagdown\diagup NH\overset{O}{\underset{\|}{C}}—OR'O—\overset{O}{\underset{\|}{C}}—NH\diagdown\diagup NCO$$
$$\text{氨基甲酸酯}$$

水作为扩链剂进行的扩链反应式如下：

$$2\,OCN\diagdown\diagup NCO + H_2O \longrightarrow OCN\diagdown\diagup NH\overset{O}{\underset{\|}{C}}NH\diagdown\diagup NCO + CO_2\uparrow$$
$$\text{取代脲}$$

小分子二元胺作为扩链剂进行的扩链反应式如下：

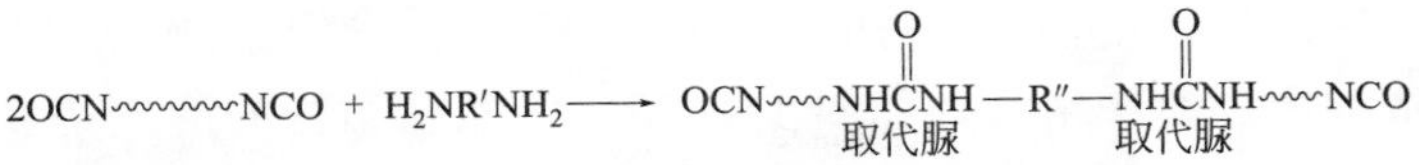

$$2OCN\text{\small\textasciitilde\textasciitilde\textasciitilde}NCO + H_2NR'NH_2 \longrightarrow OCN\text{\textasciitilde\textasciitilde}\underset{\text{取代脲}}{NHCNH}-R''-\underset{\text{取代脲}}{NHCNH}\text{\textasciitilde\textasciitilde}NCO$$

预聚体通过交联反应可以形成三维网络结构。利用预聚体的交联反应可以制备聚氨酯橡胶、泡沫塑料、涂料和胶黏剂等。聚氨酯预聚体的交联反应非常复杂。可以采用多官能度的异氰酸酯单体和多官能度的多元醇、多元酸、多元胺等发生反应交联，也可以通过反应体系中过量异氰酸酯基团通过次级反应进行交联，还可以通过异氰酸酯基团的三聚反应进行交联。另外聚氨酯分子链上的极性基团如氨基甲酸酯、脲基等形成氢键进行物理交联。这些交联反应的原理示意如下。

多元醇与端基为异氰酸酯基团的交联反应：

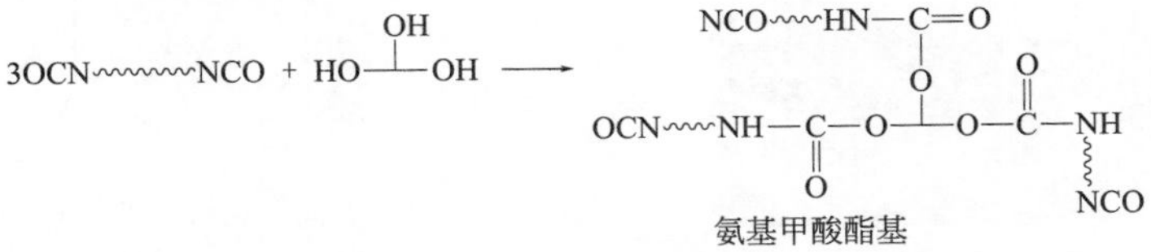

$$3OCN\text{\textasciitilde\textasciitilde\textasciitilde}NCO + HO-\overset{OH}{|}-OH \longrightarrow$$

过量异氰酸酯与分子链上氨基甲酸酯、脲基或酰胺基团发生次级反应的交联反应：

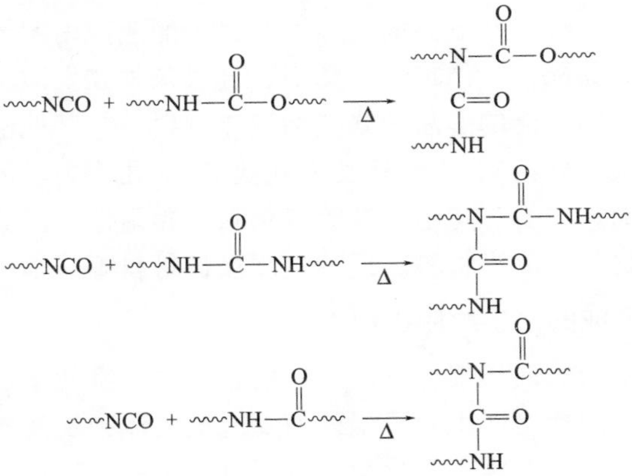

聚氨酯分子链上脲基形成的氢键物理交联：

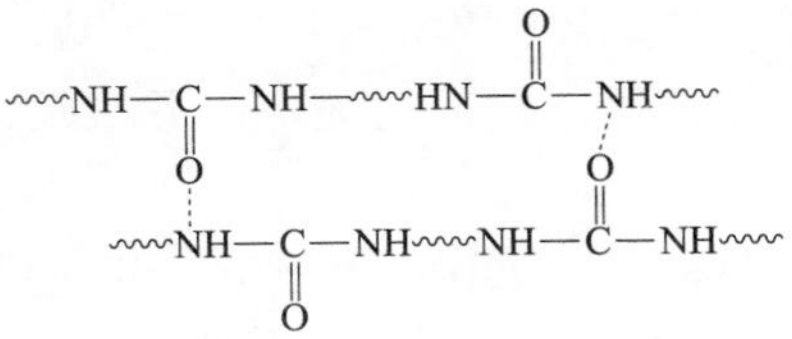

11.2　聚氨酯泡沫材料的合成工艺

11.2.1　聚氨酯泡沫材料

由大量微细孔及聚氨酯树脂孔壁经络组成的聚氨酯材料称之为聚氨酯泡沫材料，英文名称为 polyurethane foam 或 cellular polyurethane。聚氨酯泡沫材料于 1947 年首先在德国制备成功，它是聚氨酯材料用量最大的品种之一，所占份额超过 60%。

聚氨酯泡沫材料是由网络骨架和泡孔组成。在低密度聚氨酯硬泡产品中，作为聚合物骨架的聚氨酯树脂体积约占 5%～15%，泡孔体积约占 85%～95%。聚氨酯泡沫材料具有多孔性、密度低、比强度高等特点。在高倍电子显微镜下观察，聚氨酯泡沫材料的泡孔结构主要呈现为五边形构成的十二面体结构，如图 11-1 所示。泡孔结构的形成是发泡过程中受到聚氨酯网络骨架、发泡时发泡剂气体扩散等各种内力和外力综合作用的结果。实际制得的聚氨酯泡沫材料与其理论上认为的五边形十二面体的理想结构相比，会有或多或少的变形，如图 11-2 所示。

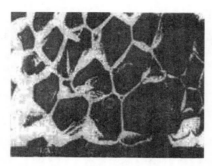

图 11-1　聚氨酯泡孔的电子显微照片

(a) 理论状态　　(b) 实际状态

图 11-2　聚氨酯泡孔的理论与实际状态

聚氨酯泡沫材料最大的特点是制品的性能可在很大的范围内调节。例如通过改变原料的化学组成与结构、各组分的配比、添加各种助剂、合成条件和发泡工艺方法能制备得到不同软硬程度、不同密度、不同性能的多品种聚氨酯泡沫材料。与其他泡沫材料相比，聚氨酯泡沫材料还具有无臭、透气（软泡）、高绝热性（硬泡）、泡孔均匀、耐老化、耐有机溶剂等性能，对金属、木材、玻璃、砖石、化学纤维等有很强的黏附性。因此，聚氨酯泡沫材料被广泛应用于各种保温隔热材料、隔声材料、缓冲吸震保护材料等。

11.2.1.1　聚氨酯泡沫形成的化学反应机理

聚氨酯泡沫通过一系列的放热聚合反应，随聚合物分子量的增加，伴随着体系黏度和温度的迅速上升，反应生成的挥发性小分子或外加发泡剂气体来不及逸出而被包裹在体系中形成气泡。因此泡沫的形成是一个物理及化学反应同时发生的过程。

制备聚氨酯泡沫的原料多采用多官能度体系，经反应得到三维交联网络。主要发生的反应是形成氨基甲酸酯基团。由于形成氨基甲酸酯属放热反应，促使反应体系温度迅速增加。在这种情况下，可使发泡反应在很短的时间内完成，并且反应热为物理发泡剂（辅助发泡剂）的气化发泡提供了能量。

$$\sim\sim\sim NCO + \sim\sim\sim OH \longrightarrow \sim\sim\sim NHCOO \sim\sim$$

此外，当反应温度达 130℃以上时，异氰酸酯基团可与氨基甲酸酯、脲等基团进一步反应，分别形成脲基甲酸酯和缩二脲交联键。

$$\sim\sim\sim NCO + \sim\sim\sim NHCOO\sim\sim \longrightarrow \sim\sim N—COO\sim\sim \quad 脲基甲酸酯$$

$$\sim\sim\sim NCO + \sim\sim\sim NHCONH\sim\sim \longrightarrow \sim\sim N—CONH\sim\sim \quad 缩二脲$$

在一定的条件下，异氰酸酯基团还会发生三聚反应生成异氰脲酸酯六元杂环。

$$3 \sim\!\!\sim\!\!\text{NCO} \xrightarrow{\text{催化剂}} \quad \text{异氰脲酸酯}$$

在有水存在的发泡体系中，多异氰酸酯与水的反应不仅是生成脲的交联反应或称凝胶反应，而且是重要的产气发泡反应：

$$\sim\!\!\sim\!\!\text{NCO} + \text{H}_2\text{O} + \text{OCN} \sim\!\!\sim \longrightarrow \sim\!\!\sim\!\!\text{NHCONH} \sim\!\!\sim + \text{CO}_2\!\uparrow$$

可见，发泡体系存在几种反应，但各种反应不是同步进行的，且各种反应之间存在竞争。一般来说，在反应初期脲的生成反应比氨基甲酸酯基团生成反应要快。发泡体系在形成氨基甲酸酯和脲基团的反应过程中，体系放热，出现第一次放热高峰。在聚异氰脲酸酯泡沫形成过程中，当氨基甲酸酯或脲形成反应使体系热量积累到一定程度时，体系温度升高，异氰酸酯基团发生三聚反应，发泡体系出现第二次放热高峰。

11.2.1.2　聚氨酯泡沫开孔和闭孔的形成机理

发泡时，气泡内产生的气体压力逐步增加，若凝胶反应形成的泡孔壁膜强度不高，不能承受气泡内逐渐增加的气体压力时，便导致壁膜拉伸变形，直至气泡壁膜被拉破，气体从破裂处逸出，形成开孔的气泡。聚氨酯软泡多属于以开孔的气泡为主的软泡体系。

对于硬泡体系，由于采用多官能度，低分子量的聚醚多元醇与多异氰酸酯反应，凝胶速度相对较快，在泡孔内气体形成最大压力时，气泡壁膜已有一定强度，不容易被气泡内气体挤破，从而形成以闭孔泡沫为主的材料。

由于硬泡体系多采用物理发泡剂，不易从封闭的泡孔中很快逸出，泡沫在熟化后泡孔壁膜具有较高的硬度和支撑力，因而不会在泡沫发泡后产生明显的收缩。而对于软泡和半硬泡则不然，由于泡沫孔壁的弹性好，若发泡过程形成闭孔，则由于气体的热胀冷缩特性会导致整个泡沫体在冷却过程发生明显的收缩。

聚氨酯泡沫材料是否具有理想的开孔或闭孔结构，主要取决于泡沫形成过程中的凝胶反应速率和气体膨胀速度是否平衡。而这一平衡可以通过调节配方中的叔胺催化剂以及泡沫稳定剂等助剂的种类和用量来实现。

11.2.1.3　聚氨酯泡沫材料的分类

依照聚氨酯泡沫材料的软硬程度分为聚氨酯软泡、硬泡和半硬泡三种；依照制备聚氨酯泡沫材料所用的多元醇化合物品种，分为聚酯型聚氨酯泡沫材料和聚醚型聚氨酯泡沫材料；依照制备聚氨酯泡沫材料所用的异氰酸酯原料品种，分为 TDI 型聚氨酯泡沫材料、MDI 型聚氨酯泡沫材料和 TDI/MDI 混合型聚氨酯泡沫材料。

（1）聚氨酯硬泡及软泡材料

按聚氨酯泡沫材料的软硬程度，可分为聚氨酯软泡、聚氨酯硬泡，以及介于两者之间的半硬泡。聚氨酯软泡的泡孔大多为开孔结构，性能柔软、回弹性优良，主要应用于各种垫材、缓冲材料，如车船及家具沙发座椅的坐垫、靠垫、扶手、床垫、服装衬垫等。聚氨酯硬泡的泡孔大多为闭孔结构，质地较硬，机械强度高，绝热效果好、重量轻、比强度大、耐化学品以及隔声效果好，主要用于制备绝热、隔声和保温材料，已成为一类重要的合成树脂绝热材料，广泛用于冰箱和冰柜的箱体绝热层、冷库、冷藏车等绝热材料，如建筑物、贮罐及管道保温材料，少量用于非绝热场合如仿木材、包装材料等。聚氨酯半硬泡具有一定的开孔结构，其承载性能好，吸收振动性能好，多用于缓冲材料、汽车部件等。在聚氨酯泡沫材料制品中，有60％以上是软泡，聚氨酯硬泡在聚氨酯制品中的用量仅次于聚氨酯软泡。

（2）聚酯型、聚醚型聚氨酯泡沫材料

按采用的低聚物多元醇原料种类，聚氨酯泡沫材料又可分为聚醚型和聚酯型泡沫材料。聚酯型聚氨酯泡沫强度高，聚醚型聚氨酯软泡用于服装衬垫等特殊应用场合，芳香族聚酯型聚氨酯硬泡韧性好，主要用于聚异氰脲酸酯泡沫材料结构板材的生产。但是由于酯基不耐水解，泡沫的耐水解性能较差，再加上原材料成本较高，限制了其应用。聚醚型泡沫耐水性能好，以环氧丙烷等小分子多元醇为主要原料的聚醚成本较低，品种丰富，可制成各种不同性能的泡沫材料。因此聚醚型聚氨酯泡沫已成为聚氨酯泡沫材料的主要品种，占聚氨酯泡沫材料90％以上的市场份额。

（3）TDI型、MDI型聚氨酯泡沫材料

按异氰酸酯原料种类的不同，聚氨酯泡沫可分为TDI型、MDI型及TDI/MDI混合型。一般来说，聚氨酯硬泡的多异氰酸酯原料目前基本上已采用粗MDI，即聚合MDI，而对于软泡材料来说，上述三种异氰酸酯原料均可能采用。普通块状软泡一般以TDI为原料，采用TDI为异氰酸酯原料的软泡较为柔软，密度小。而高回弹泡沫一般以TDI与PAPI的混合物为异氰酸酯原料，以获得较快的固化和承载性能。近20年来，熟化快、生产周期短的全MDI型模塑高回弹软泡被开发，目前已形成一定的市场。

11.2.2 聚合体系各组分及其作用

（1）多元醇化合物

制备聚氨酯泡沫材料的多元醇化合物就是指聚酯多元醇和聚醚多元醇。依照所制备泡沫材料的软硬程度选择相应分子量的多元醇化合物。制备聚氨酯软泡采用的端羟基聚醚或聚酯分子量较高，为2000～6000，软链段所占比例较高；制备聚氨酯硬泡采用的端羟基聚醚或聚酯分子量较低，为400～700，软链段所占比例较低；制备聚氨酯半硬泡沫采用的端羟基聚醚或聚酯分子量中等，为700～2500，软链段所占比例适中。例如，硬泡配方的聚醚多元醇一般是高官能度、高羟值、低分子量级的聚氧化丙烯多元醇，行业中也称之为"硬泡聚醚"，其羟值一般为350～650mgKOH/g，官能度一般在3～8。按聚醚起始剂的不同，可分为甘油聚醚、季戊四醇聚醚、木糖醇聚醚、蔗糖聚醚、胺类聚醚等。聚醚多元醇的官能度越高，制得的聚氨酯硬泡压缩强度越大，耐热氧化性、耐油性及尺寸稳定性越好，但发泡料的流动性较差。为了满足聚醚多元醇的官能度、羟值、黏度、成本等要求，可采用混合起始剂合成聚醚多元醇。聚醚多元醇在发泡料中主要用来和异氰酸酯单体反应，形成聚氨酯分子链的主体结构，赋予聚氨酯泡沫材料的特定性能。

（2）异氰酸酯

异氰酸酯是聚氨酯泡沫材料的基础材料。在制备聚氨酯硬泡材料的过程中主要用来和聚醚多元醇反应生成氨基甲酸酯基团，与水反应生成脲基，三聚生成异氰脲酸酯基团以及进一步发生交联反应生成脲基甲酸酯基缩二脲等。这些结构的极性很强，易结晶，可提高聚氨酯泡沫的硬度、抗张强度和热性能。所用异氰酸酯有甲苯二异氰酸酯（TDI）、粗TDI和多苯基多亚甲基多异氰酸酯（聚合MDI或PAPI）。早期生产聚氨酯硬泡主要使用TDI，但在使用过程中主要存在两大问题：一是TDI中异氰酸根含量高（48.3％），发泡反应放热太快，不利于聚氨酯硬泡生产过程的控制；二是TDI的蒸气压较大，在生产过程中挥发出的TDI蒸气对生产环境和操作人员造成的健康损害大。因此目前生产聚氨酯硬泡的异氰酸酯主要使用聚合MDI。工业上聚合MDI原材料是二苯甲烷二异氰酸酯（纯MDI）与多官能度的聚合

MDI 的混合物。纯 MDI 又有含量不同的 2,4′-异构体及 4,4′-异构体。

聚合 MDI 的各种组分及其相对含量对其反应性能、原料黏度、官能度等指标有着极其重要的影响。随着官能度增加，聚合 MDI 的黏度也增大，发泡时物料流动性降低，泡沫熟化时间缩短，生成的硬质泡沫材料热稳定性较好，压缩强度也有所提高。聚合 MDI 中 4,4′-结构纯 MDI 含量较高时，反应活性明显增大。聚合 MDI 工业品一般为棕色黏稠液态，25℃时的黏度大致为 $100 \sim 1000 \text{mPa} \cdot \text{s}$，密度为 $1.22 \sim 1.25 \text{g/cm}^3$，平均官能度在 $2.5 \sim 3.0$。根据聚合 MDI 组分的差异，工业上有众多的产品牌号，见表 11-2。

表 11-2 工业级聚合 MDI 产品的物性

聚合 MDI 牌号	NCO 质量分数 /%	黏度(25℃) /(mPa·s)	官能度	用途
PM-100(原 MR)	30.0～32.0	100～200	2.7	黏合剂/硬泡
PM200	30.5～32.0	150～250	2.7	浇注及喷涂硬泡
PM300	30.0～32.0	250～300	2.8	喷涂硬泡
PM400	30.0～32.0	350～700	3.0	PIR 硬泡
Millionate MR-100	30.5～32.0	150～250	—	喷涂硬泡/板材
Millionate MR-200	30.5～32.0	150～250	—	通用
Millionate MR-200S	31.0～32.5	100～200	—	浇注硬泡
Coronate 1400	29.0～31.0	400～700	—	高密度模塑硬泡
Coronate 1107	30.5～32.5	100～200	—	涂料/硬泡
Coronate 1130	31.0～32.2	80～130	—	喷涂硬泡
Coronate 1132	31.0～32.0	60～100	—	喷涂硬泡
Lupranate M20S	30.5～31.5	170～250	—	硬泡、半硬泡等
PAPI 27	31.4	180	2.7	硬泡等

(3) 发泡剂

用于聚氨酯硬泡的发泡剂主要有低沸点氟氯烃、戊烷类及水等。这些发泡剂因结构不同拥有不同的发泡特性，使用在不同的场合。

常用的低沸点氟氯烃发泡剂为氟氯甲烷（CFC）系列发泡剂。一氟三氯甲烷（CFC-11）沸点为 24℃，具有难燃、易气化、气相热导率低、与多元醇原料相容性好、无腐蚀性、价格低、发泡工艺简单等特点。因此曾是聚氨酯泡沫材料最为理想的发泡剂。更易挥发的二氯二氟甲烷（CFC-12），沸点约为 -30℃，曾少量用于沫状发泡工艺。但自人们发现 CFC 是一种破坏大气臭氧层的臭氧消耗物质（ODS）后，就被国际公约"蒙特利尔协议"禁止使用。欧、美、日等发达国家和地区 1996 年初之前已禁止使用 CFC，发展中国家 CFC 取代工作也取得了较大进展。

一种改进的发泡剂是戊烷系列发泡剂。用于聚氨酯发泡剂的戊烷有三种异构体。其中环戊烷的气相热导率比正戊烷、异戊烷的低，是主要的烃类发泡剂。这类发泡剂不含氯元素，臭氧消耗潜值（ODP）为零，是一类对环境友好的发泡剂。但是戊烷类发泡剂具有一些固有的缺点，如戊烷具有易燃性，与空气的混合物在一定条件可产生爆炸，故必须增添一些安全设施，设备成本较高。环戊烷气相热导率比 CFC 高，制备的聚氨酯硬泡绝热性能稍低。戊烷对聚氨酯泡沫有一定程度的溶胀作用。戊烷在聚醚中溶解性差，与聚醚多元醇相容性较差。目前已研究开发出具有较好绝热性能、低密度的戊烷类发泡配方，在欧洲已成功用于冰箱及其他冷藏设施和建筑保温材料的聚氨酯硬泡的制造。

水是最廉价而环保的发泡剂。水用于聚氨酯发泡剂，其发泡机理是通过水与异氰酸酯反应产生的二氧化碳进行发泡。采用水为发泡剂可避免有机发泡剂对环境的影响，原材料成本低，水参与反应后形成脲基等强极性交联结构增加泡沫强度。但是采用水为发泡剂也有一些缺点，如聚氨酯硬泡的绝热性能较差，泡沫脆性大，尺寸稳定性差。此外，由于水参与反应会消耗更多的异氰酸酯，增加异氰酸酯原材料用量。因此，经过配方改进，全水发泡的聚氨酯硬泡可用于非绝热用途，如高密度结构泡沫（仿木材）、包装材料、填充材料等；以及少数绝热性能要求不高的场合，如喷涂绝热硬泡、金属饰面夹层泡沫板材、水加热器保温层等。

（4）泡沫稳定剂

聚氨酯发泡过程中由于各组分的相容性、发泡反应的热效应控制、固气界面张力等因素易出现泡孔不匀、闭孔率低等缺陷。因此在聚氨酯泡沫的配方体系必须添加一定量的泡沫稳定剂。用于聚氨酯硬泡配方的泡沫稳定剂一般是聚硅氧烷类聚醚，如非水解型聚二甲基硅氧烷与聚氧化乙烯的嵌段共聚物。它们也是一类表面活性剂，能有效改善配方各组分之间的互容性，调整和优化固气界面张力，有助于最终形成均匀细小的闭孔泡孔结构，提高泡孔的闭孔率。

（5）催化剂

用作聚氨酯发泡的催化剂以叔胺为主，在特殊场合可使用有机锡催化剂。常用的叔胺催化剂有 N,N' 二甲基环己胺、四甲基亚乙基二胺、四甲基丁二胺、N,N'-二甲基哌嗪、三亚乙基二胺、三乙醇胺和二甲基乙醇胺、二甲基苄胺、N-乙基吗啡啉、五甲基二亚乙基三胺等。有机锡催化剂主要有辛酸亚锡和二月硅酸二丁基锡等。

两种或两种以上催化剂的复合使用时效果会更好。例如二甲基乙醇胺虽然催化活性较低，但它能有效中和聚合 MDI 中的微量酸性物质，保护碱性较弱而催化活性较强的催化剂如三亚乙基二胺等的催化活性不至于衰减。这样当原材料中的酸度发生微小波动时，通过采用复合催化剂可以控制发泡过程中的泡沫上升速度和泡沫凝固时间，维持发泡工艺的稳定性。采用复合催化剂还可以调节链增长速度与交联速度之间的平衡，控制好泡孔结构和泡沫强度。叔胺类催化剂也可以催化异氰酸酯三聚形成聚异氰脲酸酯硬泡，这种泡沫具有较好的机械强度和一定的阻燃性能。

关于催化剂的选择，首先要考虑聚氨酯发泡的工艺方法对催化剂的要求，其次是聚醚多元醇和异氰酸酯反应的特性，催化剂本身的催化活性以及聚氨酯泡沫制品的特点。此外，还应根据发泡体系如戊烷、氟氯烃、水及复合发泡剂体系的不同选择相应的催化体系。例如，在浇注及模塑发泡工艺中，由于要求发泡物料在模具内有良好的流动性，让发泡物料充满模具各个角落后才发泡开始固化，故一般采用催化活性较缓的叔胺催化剂，如三乙醇胺、二乙基乙醇胺、二甲基乙醇胺、四甲基丁二胺、四甲基胍等。对于要求快速固化的成型工艺，如喷涂现场发泡，必须采用叔胺与有机锡复合催化剂等有强催化活性的催化体系。一般叔胺化合物以三亚乙基二胺为主，有机锡以二月桂酸二丁基锡为主。

11.2.3 聚氨酯泡沫材料的制备工艺

11.2.3.1 一步法和两步法工艺

根据发泡过程的化学反应，聚氨酯泡沫材料的制备可分为一步法和两步法工艺。一步法工艺是指将多元醇化合物、异氰酸酯单体、其他各组分，按一定比例配制，将各组分调和均匀，然后进行发泡成型，得到一定厚度的泡沫预制品，再进一步固化反应完全，使其机械性能等达到要求，制得泡沫材料制品。20 世纪 60 年代以后，由于新型有机硅泡沫稳定剂及催化剂的开发成功，所有发泡原料可混合在一起产生稳定的发泡体系。因此，目前主要采用一步法。在硬泡、半硬泡及高回弹模塑泡沫的生产中，为了使用方便将多元醇及助剂预混合配成一个组分，多异氰酸酯作为一个组分，经计量后混合、发泡。

两步法，也称预聚法工艺，是指事先合成一定分子量和黏度的聚氨酯，再通过制备发泡工艺制备聚氨酯泡沫材料。其目的是为了使发泡过程稳定，获得性能满足要求的泡沫材料。两步法还可细分为预聚法和半预聚法。预聚法是指先使聚酯或聚醚与过量异氰酸酯反应生成端异氰酸酯的预聚物，然后与其他助剂混合发泡。而半预聚法是指将部分聚酯或聚醚与过量的部分异氰酸酯反应生成端异氰酸酯预聚物，然后将预聚物、剩下的异氰酸酯及聚酯或聚醚、助剂混合发泡。

两步法较一步法的优点有：反应过程容易控制，异氰酸酯逸出造成的公害程度较小。两步法较一步法的缺点有：设备投资大，生产周期长，存在预聚物黏度大带来的传热传质等问题。

11.2.3.2 连续法及间歇法工艺

依照聚氨酯泡沫材料的生产方式，分为连续法和间歇法工艺。聚氨酯泡沫材料可采用机械发泡设备连续化生产。例如在软泡生产中，目前主要采用自动化程度较高的大型生产装置，如水平连续发泡机、垂直发泡机，用于生产连续的大体积方形或圆形泡沫。连续发泡的软泡切割成块状，称为块状泡沫，可再根据需要切割成各种形状的泡沫制品。软泡和硬泡都可制得块状泡沫，但是用于块状的聚氨酯泡沫材料一般还是以软质泡沫为主。用于建筑材料、保温板材的硬质聚氨酯泡沫层压板，国外多采用连续发泡生产工艺，喷涂聚氨酯泡沫也可归于连续发泡工艺。而在模具中发泡直接制得发泡制品，包括在大箱体内发泡制得的硬质、半硬质及软质块泡，采用的生产工艺属间歇工艺。模塑泡沫一般采用间歇法生产，直接在模具中发泡制得所需形状的泡沫制件，需生产特殊几何形状的泡沫制品时多采用这种工艺。高回弹泡沫，微孔聚氨酯泡沫制品（如鞋底、汽车方向盘），大部分半硬质泡沫制品，自结皮软泡及 RIM 制品，一般采用模塑工艺生产。有的间歇法工艺无需模具，直接浇注，如硬泡层压板材、冰箱、冰柜、热水器隔热层等。

11.2.3.3 发泡成型工艺

根据产品形状、用途及操作方式，分为手工发泡工艺和机械发泡工艺两种。其中机械发泡工艺又分为块状、模塑、喷涂、注射等发泡成型工艺。机械发泡的原理和手工发泡的相似，差别在于手工发泡时将各种原料依次加入容器中，搅拌混合。而机械发泡则由计量泵按配方比例连续将原料输入发泡机的混合室里快速混合。发泡料的混合必须在较短的时间内混合均匀，因此提高混合效率是需要重视的因素。手工浇注发泡时，搅拌器应有足够的功率和转速。发泡料混合得均匀，获得的泡沫孔细而均匀，质量好。若是发泡料混合不匀，则获得的泡孔粗而不均匀，甚至在局部范围内出现物料组成分布不均，不能实现配方设计应有的泡沫性能。

(1) 手工发泡工艺

手工发泡工艺是指将聚合物多元醇或预聚物、水、催化剂、泡沫稳定剂及其他添加剂混合，高速搅拌几秒钟，立即倒入模具发泡成型。工艺的优点是设备简单、适应性强、投资少。缺点是物料损失大、生成效率低。主要适用于实验室小批量试验。

（2）机械发泡工艺

① 块状发泡工艺　块状发泡工艺是一种连续机械浇注发泡工艺，泡沫体界面呈块状。工艺过程是将催化剂、水及各种添加剂混合，然后与聚合物多元醇或预聚物、异氰酸酯等，短时间高速搅拌混合后，连续浇注在传送带的纸膜上，立即发泡，在 $70 \sim 100 ℃$ 反应完全（熟化），切片机切成所需规格。该工艺优点是工艺连续、操作方便，不用模具、设备成本低，可制得大型制品；缺点是开放发泡、易燃、易污染，泡沫体表面易结皮，需要切割工序。该工艺适用于软、半硬及硬泡，大块片状泡沫体，需要表面结皮的泡沫体产品的制造。图 11-3 为聚氨酯块状发泡的工艺流程。

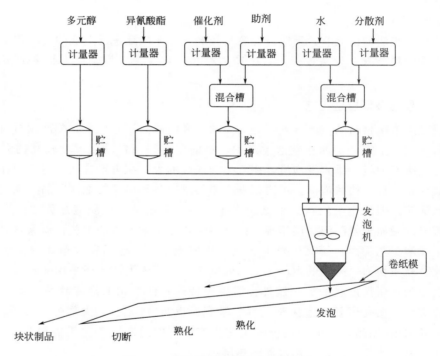

图 11-3　聚氨酯块状发泡的工艺流程

② 模塑发泡工艺　模塑发泡工艺是将发泡料，短时间高速搅拌混合后，定量注入一定形状的金属模具内发泡、预熟化，然后脱模，加热反应完全（熟化）。以聚氨酯硬泡制品的生产过程为例，首先，精确称量聚醚多元醇、发泡剂、催化剂等原料，依次加入混合罐中，混合均匀，再加入计量的聚合 MDI，快速混合均匀，获得具有流动性的反应性浇注发泡料。然后立即将浇注发泡料注入模具，室温下发生化学反应，同时发泡成型。再在 $40 \sim 50 ℃$ 条件下进一步交联固化成型，最后经脱模、裁切毛边制得模塑聚氨酯硬泡制品。

在特定形状的模具中实施浇注发泡工艺，要求模具材料具有一定强度，能承受一定的模内压力，在发泡过程中不能出现变形。制造模具的材质一般是铝合金，有时也用钢模。此外，还要求模具的结构设计合理、拆装方便、质量轻，内表面还要有一定的光洁度。根据模具的大小和不同的形状，在合适的位置钻多个排气孔，便于排除在发泡过程中产生的气体。

该工艺的优点是一次模具成型、形状尺寸标准、外观光滑，封闭发泡、污染小、不易燃，物料逸失小；缺点是生成不同尺寸及形状的泡沫制品，需要更换相应的模具。适用于制造软、半硬及硬泡制品，形状复杂的泡沫制品，大批量泡沫制品和整皮模塑制件（无需外表涂装）的生产。

③ 喷涂发泡工艺　喷涂发泡工艺是将发泡料混合后，借助外界压力使混合料喷涂在物件表面，立即发泡，借助环境中的水分、气温进一步反应完全（熟化）。喷涂发泡需要采用相应的喷涂设备。该工艺的优点是现场施工直接发泡、操作方便，不用模具、设备成本低，反应快、适宜于垂直表面施工；缺点是开放发泡、易燃、污染，物料逸失大。适用于各种硬泡制品的生产，用于建筑、化工、设备和车辆等的保温、隔声和绝缘材料。

④ 注射模塑发泡工艺　注射模塑发泡工艺运用的是一种反应注射模塑技术（RIM）。RIM 技术是一种发泡成型新工艺，也非泡沫高分子材料成型工艺所专有。该工艺需要借助反应注射模塑成型设备，发泡料在高压氮气保护下贮存和输送。发泡料在 10～20MPa 高压下喷射，并瞬间混合，注射入模具发泡成型。一般膜温 50～70℃，从物料注入脱模的时间为 30～120s。该工艺优点是反应快速、发泡周期短、模具压力小，无需加热熟化，可制备复杂形状制品，可制备大型泡沫制品，封闭发泡；缺点是需要反应注射模塑设备，设备成本高，技术工艺要求高。适用于软、半硬及硬泡制品的生产，用于汽车仪表盘、缓冲护板、计算机和电视机外壳等。图 11-4 为聚氨酯注射模塑发泡的工艺流程。

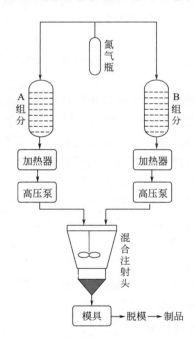

图 11-4　聚氨酯注射模塑发泡的工艺流程

发泡成型过程中，原料温度与环境温度直接影响泡沫材料制品的质量。环境温度以 20～30℃较适宜。由于发泡过程自身具有放热效应，因此应采用适当措施控制好发泡的物料温度。一般将模具中物料温度控制在 40～50℃。研究表明，模具中物料温度较低时，化学反应进行缓慢，泡沫固化时间长，获得的发泡量小，制品密度大，表皮厚；

而温度较高时，发泡反应速率高，泡沫固化时间短，获得的发泡量大，制品密度小，表皮薄。为了使模具内泡沫固化完全，应在脱模前将模具与制品一起反复在较高温度下固化一定时间，使发泡反应充分。若过早脱模，则固化不充分，泡沫会变形。一般模塑泡沫在模具中需固化 10min 才能脱模。原料品种与制件形状尺寸不同，所需的固化时间和温度也不同。

11.3 聚氨酯橡胶的合成工艺

11.3.1 聚氨酯橡胶

聚氨酯橡胶是一类在分子链中含有较多的氨基甲酸酯（—NHCOO—）特性基团的弹性聚合物材料。它们通常由多异氰酸酯和低聚物多元醇以及多元醇或芳香族二胺等制备。聚氨酯橡胶也称为聚氨酯热塑性弹性体，既有热塑性又有弹性，它可以看作是介于橡胶与塑料之间的一种高分子材料，该材料除具有弹性外还具有耐磨性、耐油性及耐高低温性能。由于橡胶分子中没有不饱和双键，所以还具有良好的耐老化性能。因此，它是一种特种橡胶。

在聚氨酯橡胶大分子中不仅含氨基甲酸酯基，还含有取代脲基、酯基、异氰酸酯基等极性基团，还含有醚基、苯核等基团，同时还存在着聚酯链段和聚醚链段。各种基团的相对含量以及在大分子链中的分布情况对聚氨酯橡胶的物理性能有很大的影响。

尽管聚氨酯橡胶的种类很多，它们可以具有不同的化学结构，但可以把它们看作是柔性结构链段和刚性结构链段所构成的嵌段共聚物。刚性结构链段主要是苯核和其他极性基团，柔性结构链段就是聚酯链段和聚醚链段。通过改变聚酯和聚醚的种类以及它们的相对分子质量使柔性结构链段的柔性程度发生改变；而通过改变二异氰酸酯和扩链剂的种类使刚性结构链段的刚性程度发生改变。

柔性结构链段的柔性程度增加，可使聚合物的软化点和玻璃化温度下降，弹性增大，但是其硬度和机械强度降低；反之，刚性结构链段的刚性程度增大，可使聚合物的软化点和玻璃化温度上升，弹性下降，但是其硬度和机械强度提高。调节这两种性质相反链段的组成，就能使由柔性结构链段和刚性结构链段所构成的嵌段共聚物亦即没有任何化学交联的线型聚氨酯呈现良好的弹性行为。因为这时刚性结构链段之间的相互作用起着类似交联的作用，使大分子链相互联系在一起，起到物理交联的作用。

除上述物理交联以外，在加工过程中还会出现化学交联。化学交联的方法既可以采用加入交联剂或扩链剂（甘油、三羟甲基丙烷和 $4,4'$-二氨基二苯甲烷等）的方法，也可以采用加热的方法，使大分子链中未反应的 NCO 与主链中的氨基甲酸酯基和取代脲基发生次级反应而交联。一般来讲，少量的交联可以提高聚氨酯橡胶的耐化学性能和耐油性并能降低永久变形，但过多的交联会使聚氨酯橡胶失去热塑性。

11.3.2 聚合体系各组分及其作用

聚氨酯橡胶用的原料主要是三大类，即低聚物多元醇、多异氰酸酯和扩链剂（交联剂）。除此之外，有时为了提高反应速率，改善加工性能及制品性能，还需加入某些配合剂。

反应过程：多元醇与二异氰酸酯反应，制成低分子量的预聚体；经扩链反应，生成高分子量聚合物；然后添加适当的交联剂，生成聚氨酯弹性体。其工艺流程如下。

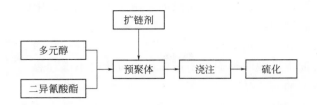

11.3.2.1　低聚物多元醇

聚氨酯用的低聚物多元醇平均官能度较低，通常为 2 或 2～3，相对分子质量为 400～6000，但常用的为 1000～2000。主要品类有聚酯多元醇、聚醚多元醇、聚 ε-己内酯二醇、聚丁二烯多元醇、聚碳酸酯多元醇和聚合物多元醇等。它们在合成聚氨酯树脂中起着非常重要的作用。一般可通过改变多元醇化合物的种类、分子量、官能度与分子结构等调节聚氨酯的物理化学性能。

11.3.2.2　多异氰酸酯

多异氰酸酯品种也不少，但产量最大的只有两种，即二苯基甲烷二异氰酸酯（MDI）及其聚合物多苯基多亚甲基多异氰酸酯（PAPI）和甲苯二异氰酸酯（TDI）。TDI 是以甲苯为基本原料，用硝酸和硫酸的混合物进行硝化生成二硝基甲苯，然后溶于甲醇中，在雷尼催化剂和 15～20MPa 的氢气压下进行加氢还原成甲苯二胺（TDA），在经光气化制得的。

TDI 产品中 T-80 占绝大部分，主要用于软质泡沫塑料，约占软质泡沫塑料产量的 31.5%，其次是聚氨酯涂料、胶黏剂和弹性体，T-100 产量主要是用于生产聚氨酯预聚体及聚氨酯橡胶。

11.3.2.3　扩链剂与交联剂

扩链剂与交联剂是具有不同化学作用的助剂，在聚氨酯橡胶的合成中，扩链剂参与化学反应，使聚合物分子增长、延伸；交联剂参加化学反应，不仅使聚合物分子增长、延伸，同时还能在聚合物链中产生支化，产生一定的网状结构，进行交联反应，一般扩链剂多为二元醇或二元胺类化合物。二元以上醇类和胺类化合物则具有扩链和交联的双重功能。

聚氨酯橡胶制备中所需的扩链剂和交联剂都有一定的要求，特别要求含水量低于 0.1%，若达不到该指标都要进行处理。

一般使用的二元胺类扩链剂都是芳香族的，最常用的是 3,3′-二氯-4,4′-二苯基甲烷二胺（商品名为 MOCA）。MOCA 是聚氨酯弹性体的扩链剂和交联剂，特别是对于浇注型聚氨酯弹性体一般都用它，在 MOCA 的结构中氨基邻位苯环上的氯原子取代基，使氨基电子云密度增加，降低了氨基与异氰酸酯的反应速率，从而延长了釜中寿命，这对于浇注聚氨酯弹性体制品是极其重要的。加工浇注制品时，通常将 MOCA 的用量控制在理论用量的 90% 上下，其目的就是要使加工的制品具有相当的交联密度，以改善制品的压缩永久变形和耐溶胀等性能。

11.3.2.4　其他助剂

助剂是橡胶工业的重要原料，用量虽小，作用却甚大，聚氨酯橡胶从合成到加工应用都离不开助剂。聚氨酯弹性体助剂种类很多，可根据制品的不同要求适量加入。

(1) 脱模剂

它是生产聚氨酯橡胶制品时离不开的操作助剂。聚氨酯是强极性高分子材料，它与金属和极性高分子材料的黏结力很强，不用脱模剂，制品很难从模具中脱出。

常用的脱模剂共有四种：

第一类是硅橡胶、硅酯，用甲苯、二氯甲烷、三氯甲烷、汽油等溶剂溶配成溶液，涂擦或喷涂在模具中。硅油也可做脱模剂，不过在热压硫化时不够理想。

第二类是水做溶剂的新产品。

第三类是常压下用的脱模剂，像液体石蜡、真空泵油、凡士林等。

第四类脱模剂就是内脱模剂。

（2）着色剂

聚氨酯橡胶制品五颜六色，美观大方的外观靠的是着色剂。着色剂有两种，有机染料和无机颜料，有机染料大部分用于热塑性聚氨酯制品中，装饰美化注射件和挤出件。橡胶制品的着色一般有两种方式：一种是将颜料等助剂和低聚物多元醇研磨成色浆母液，然后将适量的色浆母液与低聚物多元醇搅拌混合均匀，再经加热真空脱水后与异氰酸酯组分反应生产制品，如热塑性聚氨酯色粒料和彩色铺装材；另一种方法是将颜料等助剂和低聚物多元醇或增塑剂等研磨成色浆或色膏，经加热真空脱水，封装备用。使用时，将少许色浆加入预聚物中，搅拌均匀后再与扩链交联剂反应浇注成制品。此法主要用于 MOCA 硫化体系，色浆中颜料含量约占 $10\%\sim30\%$，制品中色浆的添加量一般在 0.1% 以下。

11.3.3 聚氨酯橡胶的合成工艺路线

聚氨酯橡胶通常分为密炼型、浇铸型和热塑型三类。

11.3.3.1 密炼型聚氨酯橡胶的生产工艺

密炼型聚氨酯橡胶的生产首先要制取端基为羟基的预聚物（二异氰酸酯与过量的端羟基化合物反应），然后再与扩链剂、二异氰酸酯等一起加入混炼机，经混炼后高温固化即制得密炼型聚氨酯橡胶。密炼型聚氨酯橡胶的制备可以利用通常的橡胶加工设备，添加炭黑等填充剂也很容易，但加工工艺较困难，所以很少采用。

11.3.3.2 浇铸型聚氨酯橡胶的生产工艺

浇铸型聚氨酯橡胶的生产是将端基为异氰酸酯基的预聚物与扩链剂混合，把液体状混合物注入模型中经加热固化即可。浇铸型聚氨酯橡胶的生产特别适宜形状复杂的制品的生产和大型制品的生产。采用的二异氰酸酯为 TDI 或 MDI，聚酯为聚己二酸乙二醇酯，聚醚为端羟基聚四氢呋喃，扩链剂为丁二醇、芳香族二醇和二胺等。

在进行浇铸时除了可以采用模具浇铸外，还可以采用离心浇铸法、旋转成型法等工艺，也可以加入发泡剂制成泡沫橡胶。浇铸成型适用于工业车辆的轮胎、轴承衬里及密封材料的黏合。

11.3.3.3 聚氨酯热塑性弹性体的生产工艺

聚氨酯热塑性弹性体分为两类，一类为完全无化学交联的可溶性热塑性弹性体，一类为轻度交联的但仍保持热塑性的弹性体。聚氨酯热塑性弹性体的生产一般采用预聚法，即先将端羟基聚酯或聚醚与过量的二异氰酸酯（常用的是 TDI）反应，制得含有异氰酸酯端基的预聚物，然后，按预聚物中游离的异氰酸酯端基的含量加入等物质的量的扩链剂（如乙二醇或丁二醇）进行扩链反应，最终得到具有高软化点的线型的聚氨酯嵌段共聚物。它们可以按热塑性塑料的加工方法进行加工。例如，先将二异氰酸酯与端羟聚醚或聚酯按摩尔比 1∶1 反应，然后，再与 5mol 的扩链剂反应得到高相对分子质量的聚氨酯热塑性橡胶。一般说来，二异氰酸酯与端羟聚醚或聚酯的摩尔比为（2～6）：1，能得到在工业上有应用价值的聚氨酯热塑性弹性体。聚氨酯热塑性弹性体主要用于密封填充材料、电线电缆等绝缘材料、油箱及鞋跟等许多方面。

11.3.4　聚氨酯橡胶的制备工艺

聚氨酯橡胶的制备一般采用两种工艺路线：预聚法和一步法。浇铸型聚氨酯橡胶多采用二步法（预聚体法），少部分采用一步法（如低模量产物）。

浇铸型聚氨酯弹性体（简称 CPU）——是聚氨酯弹性体中应用最广、产量最大的一种；进行浇注和灌注成型，可灌制各种复杂模具的制品。

11.3.4.1　一步法预聚体的合成

聚氨酯浇注胶（CPUR）一步法合成是将聚合物二元醇、二异氰酸酯和扩链剂放在一起，经充分混合后浇入模具中加热固化，待尺寸稳定后进行后硫化，后硫化温度条件为 100℃下 3～24h。

一步法合成 CPUR 一般物性不佳，只有在聚合物多元醇类的羟值＞2 时，或多异氰酸酯的—NCO 数＞2 时，用一步法合成最合适，如软泡塑料和硬泡塑料等，采用一步法。聚合物多元醇及多异氰酸酯的羟基数都等于 2 的原料，最好采用预聚合物合成 CPUR。

11.3.4.2　二步法预聚体的合成

制作较大的聚氨酯制品时，单纯用多异氰酸酯和聚合物多元醇一步法反应，要放出大量的热，使制品内部受热老化，同时分解放出低分子物，使制品内部形成泡沫，制品变成废品。所以特大件浇注型聚氨酯制品不能用一步法进行生产。由预聚体预聚法合成聚氨酯浇注胶制品，生产过程中操作平稳，没有过热现象。所以本产品采用二步法（预聚法）合成。

将聚合物二元醇和二异氰酸酯制成预聚体放在一起充分混合，经真空脱泡后注入模具固化，硫化得产品。

首先将聚酯在 130℃下减压脱水，将脱水的聚酯原料（60℃时）加入盛有配合量 TDI-100 反应容器内，在充分搅拌的情况下合成预聚体。合成反应是放热的，应注意控制反应温度在 75～82℃范围内，反应 2h 即可。然后将合成的预聚体置于 75℃真空干燥箱内，并且抽真空脱气 2h 后备用。然后将预聚体加热到 100℃，并抽真空（真空度－0.095mpa）脱气泡，称取交联剂 MOCA，用电炉加热 115℃熔化，模具涂上适宜的脱模剂预热（100℃），脱气后的预聚体和熔化后的 MOCA 混合，混合温度 100℃，并搅拌均匀，将搅拌均匀后的混合物再次抽真空脱气泡，将搅拌均匀脱完气泡的混合物，快速浇注到已经预热的模具中，得混合物不流动或不粘手（凝胶状）时，合上模具，置于硫化机中进行模压硫化（硫化条件：硫化温度 120～130℃；对于大而厚的弹性体，硫化时间在 60min 以上，对于小而薄的弹性体，硫化时间在 20min），后硫化处理，将模压硫化后的制品放在 90～95℃（特殊情况下可在 100℃）烘箱内继续硫化 10h，然后在室温放置 7～10 天完成熟化，最后制得成品。

11.3.5　影响因素

11.3.5.1　温度

合成预聚体时，温度控制在 75～82℃之间，高了会使合成的预聚物性能下降，低了会延长聚合时间。与 MOCA 混合时的预聚体温度控制在 90～110℃，高了会降低产品硬度和强度，低了会增大聚合物的黏度，不利于浇注操作。硫化温度控制在 130℃，高了会使 MOCA 分解，不利于交联反应，同时会增加其他副反应；低了会延长模压成型时间。MOCA 的熔化温度，控制在刚融化为液体即可，不能继续加热，否则液体 MOCA 的颜色变深、分解，影响制品性能。

11.3.5.2 时间

合成反应 2h，间歇式抽真空 2h 即可。然后密封后置于常温下保存，预聚体合成在 75℃下不能超过 4h，更不能在高温 100℃下超过 2h，否则会降低产品的性能。浇注要在 1～2min 内完成，因为预聚体和 MOCA 混合后稳定期很短，一般只有 4～5min，否则混合物凝固就无法进行浇注。模压硫化时间针对产品的形状和大小而定，一般在 15～30min 之间，要保证制品模压成型。遇到大件产品，时间要更长，需要 2～3h。

11.3.5.3 脱气

脱气的好坏是浇注聚氨酯弹性体制造成败的关键。一般需要控制 2 个环节，预聚体合成后在静置时，75℃真空脱气，将预聚体中大部分气体除去。预聚体与 MOCA 混合之前，需要加热到 100～110℃，高温脱气，同时抽真空（－0.095mPa）脱气 10min，而后取出搅拌一下将底部气泡翻到上边，再抽真空脱气 10min，将预聚体中的气体排出干净才能与硫化剂混合浇注产品。

11.4 聚氨酯纤维的合成工艺

11.4.1 聚氨酯纤维

11.4.1.1 合成原理

聚氨酯纤维，简称氨纶，1962 年开始工业化。它是由多元醇聚酯或聚醚与多异氰酸酯反应先合成端基为异氰酸酯的线形结构的预聚体，然后该预聚体和含有活泼氢的双官能团化合物如二元胺或二元醇进行扩链而制得氨纶。多元醇可用聚酯二元醇和聚醚二元醇。常用的聚酯二元醇有聚己二酸己二醇酯、聚己二酸丙二醇酯、聚己二酸丁二醇酯、聚己二酸戊二醇酯、聚己内酯等。常用的聚醚二元醇有聚四氢呋喃二元醇、聚乙二醇、聚丙二醇等。常用的二异氰酸酯有甲苯二异氰酸酯（TDI）和二苯基甲烷-4,4'-二异氰酸酯（MDI）等。

$$
\begin{array}{c}
\text{HO}\text{~~~~~}\text{OH} + 2\text{OCN}-\text{R}-\text{NCO}\\
\text{聚酯或聚醚二醇}\qquad\qquad\text{二异氰酸酯}\\
\downarrow\\
\text{OCN}-\text{R}-\text{NHC}-\text{O}\text{~~~~}\text{OCNH}-\text{NCO} + (k\text{-}2)\text{NCO}-\text{R}-\text{NCO}\\
\qquad\qquad\overset{\|}{\text{O}}\qquad\qquad\overset{\|}{\text{O}}\\
\text{预聚体}\\
\downarrow{\scriptstyle (k\text{-}1)\text{H}-\text{R}'-\text{H}}\\
\text{扩链剂}\\
\text{~~~}(\text{NHCO}\text{~~~}\text{OCNH}-\text{R}\,)\,(\,\text{NHCO}-\text{R}'-\text{OCNH}\,)_{k\text{-}1}\\
\qquad\qquad\qquad\qquad\qquad\overset{\|}{\text{O}}\qquad\overset{\|}{\text{O}}\\
\mid\!\text{---软链段---}\!\mid\!\text{---硬链段---}\!\mid
\end{array}
$$

11.4.1.2 氨纶结构、性能及用途

氨纶是一种结构上由非结晶性、低熔点的软链段与高结晶性、高熔点的硬链段所构成的嵌段共聚物。软链段一般是分子量为 500～5000 的聚醚或聚酯分子链，硬链段一般是熔点为

200℃以上的高结晶性链段，主要含有氨基甲酸酯、酰胺及脲基团等，其中软链段含量为60％左右。软链段在常温下处于高弹态，在应力作用下很容易发生形变，从而赋予氨纶容易被拉长的特征。硬链段含有多种极性基团，具有结晶结构，并能产生大分子链间的横向交联。在应力作用下，这种硬链段基本上不发生形变，从而有效防止分子链之间的滑移，为软链段的大幅度伸长和回弹提供了必要的结点条件，使得氨纶具有稳定的弹性和力学强度。氨纶的高弹回复性就是源于这种特有的软、硬链段结构。图 11-5 为聚氨酯弹性纤维软链段和硬链段结构。

软链段　　　　　　　　　　　　　　硬链段

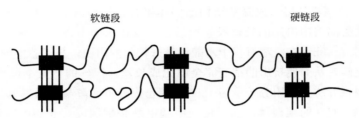

图 11-5　聚氨酯弹性纤维软链段和硬链段结构

为了获得较好的弹性性能，氨纶结构中软链段的熔点和玻璃化温度应尽可能地低，而同时希望硬链段具有立体高度有序的结构，易形成氢键，分子的规则堆砌能力强。聚四氢呋喃的玻璃化温度为－60～－30℃，聚己二酸二醇的玻璃化温度为－40～－25℃，因此以聚四氢呋喃为软链段的氨纶的弹性性能明显优于聚己二酸二醇。硬链段的结构可通过采用对称的 MDI 和烷基二胺实现，例如含偶数个碳原子的烷基二胺能产生易于结晶的高熔点硬链段。

氨纶是一种高弹性纤维，它的伸长率大于 400％，最高可达 800％，伸长 300％时的弹性回复率达 95％以上。氨纶的高弹性能是其他纤维所不能比拟的。氨纶的粗细范围大，一般在22～4780tex，最细的仅为 1tex，最细的橡胶丝比它还要粗十几倍，拉伸强度为橡胶丝强度的 3～5 倍［注：纤度是用来表示单纤维、复丝或纱的粗细的物理指标。单位有特（tex）、旦（d）等。tex 是指 1000m 长的纤维束的质量（g），d 是指 9000m 长的纤维束的质量（g）］。氨纶的密度为1.00～1.25g/cm³，吸湿范围为 0.3％～1.3％。氨纶耐疲劳性也很好，在 50％～300％伸长范围内，220 次/min 拉伸收缩的试验表明，可耐 100 万次而不断裂，而橡胶只能耐 2.4 万次。氨纶与很多染料的亲和性好，可染成各种漂亮的颜色。氨纶色坚牢度好、手感柔软、防蛀、防霉、不泛黄，有较好的耐化学药品、耐油、耐汗水等优良特性。但有些品种耐热碱性较差，如聚酯型弹性纤维在热碱中会发生分解。氯酸钠等漂白剂会使纤维变黄，强度下降。氨纶是一种高档次的织物原材料，广泛用于生产运动服、游泳衣、紧身衣等服装类产品；生产短、中、高筒袜及手套类产品；生产汽车、飞机上使用的安全带、花边饰带类产品；生产护膝、护腕、弹性绷带等医疗保健用品等。

随着国内氨纶市场的开发和发展，氨纶的应用领域不断扩大，已从过去的针织用扩大到机织用，从过去单一的服装内用，扩大到包装、医药等领域。随着人们生活水平的不断提高，氨纶产品的舒适性越来越受到人们的喜爱，氨纶的需求量迅速增加，氨纶市场的发展空间十分广阔。

11.4.1.3　氨纶的合成工艺路线

根据氨纶链结构中软链段的不同分为聚酯型与聚醚型氨纶两大类，相应的合成工艺路线有聚酯型和聚醚型两种。

（1）聚酯型氨纶合成工艺路线

以二元醇和二元酸反应制备聚酯二元醇，然后与过量芳香族二异氰酸酯反应合成具有异氰酸酯端基的预聚物，再与二元胺或二元醇扩链制得氨纶。例如一种被称为维里茵（vyrene）的氨纶的制备方法就是先采用己二酸、乙二醇、丙二醇经缩聚反应制成分子量为 1900 左右的聚酯二元醇，然后与过量的二苯基甲烷-4,4′-二异氰酸酯反应制成预聚体，最后加入适量二甲基甲酰胺作为溶剂，制成纺丝液。纺丝液通过喷丝头挤出细流，并让细流经过由 5% 乙二胺与 0.5% 非离子表面活性剂组成的凝固浴进行所需要的反应。在凝固浴中，细流与乙二胺作用，使细流外层形成脲基结构的固体聚合物，而内层仍为未固化的预聚体芯子所构成的长丝。从凝固浴中出来的长丝经卷取后再浸没在水槽中，在 55～66℃，压力为 55～69Pa 的条件下浸渍 2～3h。在浸渍过程中水能渗透进长丝的内层，与丝芯中的预聚体反应生成脲基而放出二氧化碳，从而使挤出的细流完全固化成长丝。该丝的伸长率可达 600%～700%。聚己内酯氨纶的制备方法是采用分子量为 1250 的聚己内酯二元醇与过量二苯基甲烷-4,4′-二异氰酸酯反应制成含 NCO 的预聚体，然后用二甲基甲酰胺配制成纺丝液。在该纺丝液中添加 1,2-丙二胺，调节纺丝液黏度达 1800Pa·s 时，在 180℃ 的热空气流中进行干法纺丝，制得氨纶的伸长率为 460%。聚己内酯氨纶的耐水解性能比聚己二酸酯氨纶好，断裂强度也高，是氨纶的新品种。

（2）聚醚型氨纶合成工艺路线

以聚醚二元醇、二苯基甲烷-4,4′-二异氰酸酯、二胺为原料合成的大分子链中含有醚键软链段和氨基甲酸酯及脲基硬链段的嵌段共聚物作为可纺丝的聚醚型聚氨酯。聚醚型氨纶的耐水解、抗微生物的性能比聚酯型氨纶优良，因此在织物上应用较为理想。例如早在 20 世纪 50 年代美国杜邦公司开发生产了 LYCRA 氨纶。它是用四氢呋喃经开环聚合制得分子量为 1000 左右的聚四氢呋喃二元醇，与二苯基甲烷-4,4′-二异氰酸酯反应制得端基为异氰酸酯的预聚体，添加溶剂二甲基甲酰胺与少量水配制成固含量为 28% 的纺丝液，然后采用干法纺丝制得氨纶，其伸长率可达 660%。研究表明，在纺丝液中添加 5% 的二氧化钛和胺类稳定剂，可以提高 LYCRA 氨纶所制织物的耐氧、耐热、耐紫外线老化等性能。20 世纪 60 年代中期，我国成功试制了一种聚醚型氨纶。它是由聚四氢呋喃二元醇、间苯二胺、二苯基甲烷-4,4′-二异氰酸酯先合成的聚氨酯嵌段聚合物，然后采用特定交联剂在四氯化碳溶液中进行非均相交联，再用二甲基甲酰胺配制成固含量为 36% 的纺丝液，以弱酸调节 pH 值为 6.4～6.7，纺丝液经过滤、脱泡后在 80℃ 热水中湿法纺丝。此法获得的氨纶伸长率可达 640%～680%，在耐水解、抗微生物、染色性以及纺丝工艺、力学强度等性能方面优于美国产的 LYCRA 氨纶。下面以一种聚醚型氨纶为例说明其聚合体系和制备工艺过程。

11.4.2　聚合体系各组分及其作用

（1）二苯基甲烷-4,4′-二异氰酸酯

二苯基甲烷-4,4′-二异氰酸酯（MDI）为白色结晶固体，分子量为 250.26，凝固点为 38～39℃，相对密度为 1.19，黏度为 4.9×10^{-2} Pa·s（50℃）和 1.6×10^{-3} Pa·s（100℃），闪点为 202℃，可溶于丙酮、四氯化碳、苯、氯苯、硝基苯、二氧六环等。MDI 的蒸气压比甲苯二异氰酸酯低，因此其挥发性毒性也比甲苯二异氰酸酯低，但其蒸气对呼吸道有轻度的刺激性。动物试验证明空气中的允许浓度为 0.02×10^{-6}。

MDI 在室温下易生成不溶解的二聚体，颜色变黄，需加稳定剂。稳定剂一般采用甲苯磺酰异氰酸酯、亚磷酸三甲基苯酯与 4,4′-硫二（6-叔丁基-3,3′-甲酚）的一定比例的混合物。MDI 一般贮存在 15℃以下，最好在 5℃以下贮藏，尽早使用完。MDI 在贮藏期间纯度及凝固点的变化如图 11-6 所示。

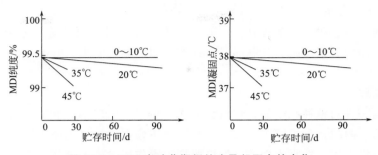

图 11-6　MDI 在贮藏期间纯度及凝固点的变化

MDI 在聚合体系中所起的作用主要是通过异氰酸酯基团和活泼氢反应提供氨纶分子链上的硬链段结构，形成结晶结构。

（2）聚四氢呋喃二醇

聚四氢呋喃二醇（PTHF，或 PTG，或 PTMG，或 PTMO，或 PTMEG）是四氢呋喃经阳离子机理开环聚合的产物。在反应釜中加入四氢呋喃，温度降到 -5℃以下，在强烈搅拌下滴加发烟硫酸阳离子引发剂，保持反应物料在较低的温度下聚合，聚合结束时在搅拌下加入定量的水终止聚合，然后升温至 70～90℃蒸出未反应的四氢呋喃单体，静置分层，中和过滤，抽真空等工序后，制得聚四氢呋喃二醇。

在常温下，大多数聚四氢呋喃二醇是蜡状固体，在 40℃熔化成无色至浅黄色液体。聚四氢呋喃二醇在隔绝氧气下能够稳定贮存，在氮气的保护下 55℃以下可至少贮存一年，在 100℃下可贮存数天，但高温下长时间接触空气可导致氧化和降解。分子量在 650～2900 的聚四氢呋喃二醇的闪点为 197～207℃，凝固点为 11～38℃，可溶于芳烃、氯化烃、醇、酯、酮等有机极性溶剂。聚四氢呋喃二醇的毒性很小，但熔化的聚四氢呋喃二醇对皮肤有中等刺激性。聚四氢呋喃二醇多元醇易吸湿，在敞开体系中可吸收 2% 的水分。使用前应采用甲苯共沸蒸馏除去，再在低于 2.6kPa 的压力下，120～150℃减压脱水。贮存容器可用钢、铝、聚乙烯或聚丙烯制造，并在容器中填充氮气。

聚四氢呋喃二醇依据分子量的不同有众多牌号，其羟值、熔点、黏度、密度等也出现一定的递变规律，如表 11-3 所示。

表 11-3　聚四氢呋喃二醇的物性数据

分子量	羟值 /(mgKOH/g)	熔点/℃	黏度(40℃) /(mPa·s)	密度(40℃) /(g/mL)
230～270	416～488	-5～0	48～70	0.97
600～700	160～187	11～19	100～200	0.978
950～1050	107～118	25～33	260～320	0.974
1350～1450	77～83	27～35	525～600	0.973
1700～1900	59～66	27～38	940～1000	0.972
1900～2100	53～59	28～40	950～1450	0.972
2825～2975	38～40	30～43	3200～4200	0.97
3400～3600	31.9	固态		1.00

目前国内生产的聚四氢呋喃二醇的技术指标：酸值≤3.74mgKOH/g，水分≤0.015%，挥发分含量≤0.1%，色度（APHA）≤40，闪点>163℃，铁离子含量≤1mg/kg，灰分≤0.001%，过氧化物含量（以 H_2O_2 计）<5mg/kg。

聚四氢呋喃二醇一般用于制备高性能的聚氨酯弹性体以及氨纶等。分子量为 2000 的聚四氢呋喃二醇可用作制备氨纶。其制品具有优秀的耐低温、耐水、耐油、耐磨以及耐霉菌等性能。

（3）间苯二胺

间苯二胺是一种白色针状结晶，熔点为 65℃，沸点为 287℃，相对密度为 1.139。溶于乙醇、水、氯仿、丙酮、二甲基甲酰胺，在空气中不稳定，易氧化变成淡红色。间苯二胺挥发性很小，不易出现挥发性吸入中毒，但口服则中毒作用剧烈，与苯胺相同，引起高铁血红蛋白血症，使组织缺氧，出现紫绀。目前国产间苯二胺的质量技术指标为：外观颜色最深不超过灰色至浅棕色，含量>99.5%，熔点≥62℃。

间苯二胺用作扩链剂，分子结构中的氨基和异氰酸酯基团反应生成脲，使分子链得以延伸，分子量成倍增加，同时形成的脲基也是氨纶结构上的硬链段结构之一。

表 11-4 列出了聚醚型氨纶制备的典型配方。

表 11-4　聚醚型氨纶制备的典型配方

聚合体系	原料名称	用量/kg
单体	MDI	50
	聚四氢呋喃二醇	180
扩链剂	间苯二胺	10
溶剂	二甲基甲酰胺	800
指示剂	正丁胺-孔雀石绿	适量
终止剂	二乙胺	适量
pH 调节剂	醋酸酐	适量
抗氧剂	2,6-二丁基对甲酚	适量
光稳定剂	氢化二苯甲酮	适量
防老剂	二烷基酯取代的氨基脲	适量
色度调节剂	TiO_2 或 ZnO	适量

11.4.3　氨纶制备工艺过程

（1）聚氨酯预聚体的合成工艺

将分子量为 2000 的聚四氢呋喃二醇投入预聚反应釜中，加热真空脱水；然后用冷水冷却至 30℃ 左右时加入 MDI，不断搅拌使 MDI 溶解，发生预聚反应，维持温度在 55~60℃，反应 45min 左右即得聚氨酯预聚体。

聚四氢呋喃二醇在和 MDI 反应之前先采取真空脱水工艺控制聚四氢呋喃二醇中的含水量。因为聚四氢呋喃二醇在贮存、运输和使用的过程中易吸收空气中的水分，使其含水量超标，因此必须采取相应方法除去超标的水分。一般情况下要求参加预聚反应的聚四氢呋喃二醇的含水量必须控制在 0.03% 以下。水的存在会严重影响到聚氨酯预聚体的质量。在预聚体的反应体系中，水会发生以下两种副作用：第一，水与异氰酸酯基反应生成脲基使预聚物的黏度增大，流动性差，难以与扩链剂混合均匀，最终影响制品的力学性能；第二，以生成的脲基为支化点进一步与异氰酸酯基反应，形成缩二脲支链或交联而使预聚物的稳定性下降，甚至发生凝胶。而且少量水的存在就会有明显的不良影响。经计算 18g 水就能消耗 250g 的 MDI，产生 2214L 的二氧化碳。因此少量水分的存在还会破坏物料间的配比平衡，产生的二氧化碳影响纤维的结构和性能。预聚体反应体系中的水分来源主要是聚四氢呋喃二醇中所含的水、反应釜内部空气中的潮气、加料过程中引入的潮气等。采用加热和抽真空的工艺可以有效除去反应体系中的水分，实践证明，采用此工艺方法可以使反应体系中的水分降低至反应要求。

加入 MDI 之前物料温度要冷却至 30℃ 左右。这是由于聚四氢呋喃二醇和 MDI 的反应是放热的。物料的温度偏高会加快反应速率，热效应明显，物料温度上升明显，易发生 MDI 二聚及三聚等副反应，当反应温度更高时，生成氨基甲酸酯基会进一步与未反应的异氰酸酯基团反应生成脲基甲酸酯基，促使物料体系黏度增大，出现不同程度的交联，同时使聚氨酯预聚体的活性异氰酸酯基团含量低于理论预计值。预聚温度之所以要设定在 55～60℃ 就是为了防止不必要的副反应发生，同时又希望获得一定的反应速率和反应混合物熔融黏度。

（2）预聚体的扩链反应工艺

将上述制备的聚氨酯预聚体浆液转移到扩链反应釜中，用 DMF 将预聚体稀释至浓度为 50%，然后升温至 70℃，分批加入扩链剂间苯二胺进行扩链反应，控制好物料黏度和温度。用正丁胺-孔雀石绿控制体系中的游离异氰酸根含量，待异氰酸根值达到要求，且物料液具有良好的成丝性后，冷却反应液至 50℃，加入终止剂二乙胺终止扩链反应；再加入 DMF 调节固含量为 36%，最后用醋酸酐调节其 pH 值为 6.4～6.7，反应混合液转移至纺丝液调制罐。

间苯二胺是一种白色针状结晶粉末，熔点为 65℃，扩链反应的温度设定在 70℃，便于其能够很好地熔化，进行扩链反应。由于间苯二胺与异氰酸酯基团之间的扩链反应速率极快，放热效应明显，为控制扩链反应速率、物料温度及黏度，获得分子量及其分布符合要求的聚合物浆液，防止出现凝胶，间苯二胺必须分批加入。若间苯二胺添加速度过快，由于氨基和异氰酸酯基团的反应活性较高，反应速率高，易造成局部的预聚物迅速扩链，分子量分布宽，聚合物浆液不适于纺丝。因此可将间苯二胺扩链剂用二甲基甲酰胺调配成溶液，然后逐步滴加，这样可以平稳控制扩链反应的均匀性。但是增加了扩链剂溶液的配制工艺和设备，增加了操作步骤，同时也增加了空气水分引入的机会。

在扩链反应结束，加入二乙胺终止扩链反应。二元胺的加入使得扩链反应得以终止，是控制聚合物分子量及其分布的有效办法。

聚合反应结束后需要调节混合浆液的 pH 值。一般情况下，用醋酸酐调节使其 pH 值在 6.4～6.7，呈微酸性。有利于染色，同时避免浆液在贮存过程中降解。

（3）氨纶用聚氨酯纺丝液的配制工艺

在纺丝液调制罐中，进一步用二甲基甲酰胺调节纺丝液的固含量为 25%～35%，黏度为 14～80Pa·s，然后依次加入抗氧剂 2,6-二丁基对甲酚、光稳定剂氢化二苯甲酮、防老剂二烷基酯取代的氨基脲、色度调节剂 TiO_2 或 ZnO，搅拌均匀，再经过滤、脱泡除气得到黏度均匀的纺丝液。

氨纶在光、热、氧、水以及微生物的存在下发生不同程度的热降解、水解、光降解以及微生物降解等反应，使氨纶强度降低。为了有效抑制降解，延长氨纶的使用寿命，必须添加一些稳定剂。如抗氧剂、光稳定剂、防老剂等。抗氧剂一般采用 2,6-二丁基对甲酚或分子量更高的低挥发性受阻酚类化合物。其作用机理是抗氧剂分子结构中的羟基能自动与催化氧化反应中形成的自由基作用，消灭自由基，使氧化的链式反应终止。光稳定剂一般采用氢化二苯甲酮紫外线吸收剂。氨纶因结构中存在芳香结构，长期日光照射下易发黄、变色。氢化二苯甲酮能有效吸收导致光老化的紫外线，防止氨纶变色，延长使用寿命。各种稳定剂的作用很复杂，一般将各种抗氧剂、防老剂、紫外线吸收剂等稳定剂复合使用，它们间产生的协同效应会使稳定效果更好。

透明氨纶可加入有色颜料或染料，调节其色度，如加入 3％～6％ TiO_2 或 ZnO 等。加入色度调节剂后，其白度可接近合成纤维的色泽，同时可提高氨纶防紫外线和抗氧化的性能。另外，为了改进氨纶的染色性及防褪色性能，可加入带碱性基团（叔胺基团）的聚合物共混，如 N，N-二烷基氨基乙基（甲基）丙烯酸酯聚合物等。

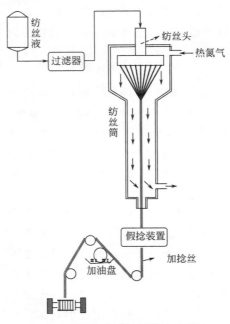

图 11-7　聚氨酯弹性纤维溶液干法
纺丝流程

（4）纺丝工艺

目前用于氨纶纺丝的工艺方法有溶液干法纺丝、溶液湿法纺丝、熔融纺丝和化学纺丝等四种。其中溶液干法纺丝发展最早，目前世界上干法纺丝产量较大，约占氨纶总产品的 80％。干法纺丝工艺路线及技术成熟，氨纶产品性能优良。下面以溶液干法纺丝工艺为例说明氨纶的纺丝工艺过程。

溶液干法纺丝就是纺丝液在热气流的作用下，通过溶剂挥发而固化成丝的方法。工艺流程如图 11-7 所示。

事先贮存在纺丝液贮槽的纺丝液经过滤器滤去可能存在的固体杂质。纺丝液用精确齿轮泵定量均匀地压入纺丝头，通过喷丝板的小孔挤出，形成细流，进入直径为 30～50cm，长 3～6m，温度为 200～250℃的纺丝筒。在纺丝筒中高温氮气迅速将溶剂从原液细流中蒸发出来，凝固成细度为 0.6～1.7tex 的单丝，然后集束形成假捻丝，再经过上油等后处理，最后卷绕成丝绽。

根据纤度的不同，每个纺丝筒可允许有 1～8 根氨纶丝束同时通过。溶液干法纺丝工艺中的纤维卷绕速度一般为 200～600m/min，最高可达 1000m/min，所制得的纤维的纤度为 2.2～2.9tex。

经纺丝后制得的初生纤维，表面具有黏性，可采用不同的方法处理，以前采用水和滑石粉，现在采用石蜡和硅油。可采用低黏度石蜡/低聚合度的聚乙烯类油剂、聚二甲基硅氧烷油剂以及含聚氧化烯烃改性的聚硅氧烷油剂等。另外还可用硬脂酸金属盐，如硬脂酸镁为基的润滑剂。

溶液干法纺丝工艺设备投资大，产品生产成本高，干法纺丝使用的溶剂毒性大，污染环境。近十多年，阿科公司、拜耳公司、巴斯夫公司和旭硝子公司，对用低不饱和度 PPG 代替部分 PTMEG 制备 PU-U 氨纶进行了广泛深入研究，特别是拜耳公司用质量分数为 68％分子量为 2000 的低不饱和度 PPG 与质量分数为 32％分子量为 2900 的 PTMEG 混合聚醚二醇制备的氨纶，具有良好的机械性能，除抗断强度略低于质量分数为 100％ 的 PTMEG 所制纤维外，其他性能都较好，如伸长率较高、模量较低、永久变形较小，150％ 回复力与用分子量为 2000 的 PTMEG 所制备的氨纶相同。由混合多元醇所制的预聚物黏度降低 $\frac{2}{3}$，有利于增加纺丝速度和减少能量消耗，同时可制成柔软氨纶。近几年快速的发展使得中国氨纶产能和产量已经跃居世界第一的位置，另外，随着国外一些氨纶公司在中国投资建厂，使得国内的氨纶的生产工艺和技术已经在逐渐地走向完善。

11.5　聚氨酯漆包线漆的制造工艺

11.5.1　聚氨酯漆包线漆

漆包线漆是一种专门用于涂制漆包线的电绝缘漆，主要涂覆在各种规格的裸体铜线、铝线及合金丝的表面制成各种漆包线。漆包线漆一般由高分子树脂和有机溶剂组成。按照树脂成分可分为聚酯漆包线漆、聚氨酯漆包线漆、聚亚胺漆包线漆、缩醛漆包线漆、聚酰亚胺漆包线漆、聚酰胺酰亚胺漆包线漆等十几个品种数百种规格。漆包线主要作为电机、发动机、变压器、继电器等机电产品结构中的绕组线圈，在电子电气及电工等领域有着越来越广泛的运用。漆包线的结构由裸体导线和绝缘漆膜两个部分组成。其中，绝缘漆膜层就是由漆包线漆在特定的漆包工艺条件下固化形成，其功效就是使绕组线圈中导线与导线之间产生良好的绝缘作用，以阻止电流的流通，如图 11-8 所示。

漆包线的绝缘层是在高温、高速的苛刻条件下形成的，且要求表面光滑均匀，并能满足所要求的机械、电气、耐热及耐溶剂等性能。因此，与一般绝缘漆相比，对漆包线漆提出了更高更严的要求，为了获得优良的涂覆效果，漆包线漆必需满足下列条件：在白昼散射光线下，目力检测外观应为透明的黏性液体，容许有颜色，但不能含有任何机械杂质；具有适当的表面张力，使漆料既具有良好的流平性，又有拉圆和防垂作用，使漆膜容易涂光、涂厚、涂均匀；在漆基树脂特性容许的条件下，具有较低的黏度和较高的固含量，使漆膜容易涂厚；溶剂的蒸发和漆膜的固化能满足高温、高速的涂线要求，涂膜固化快、内外一致；漆包线漆形成的漆膜符合标准要求的各项指标，并有一定的裕度；具有较宽的涂线工艺裕度；具有较长的贮存期，一般为一年以上。图 11-9 为漆包线涂制工艺过程。

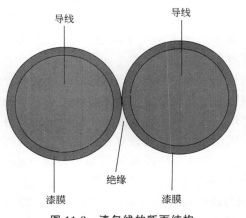

图 11-8　漆包线的断面结构

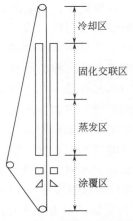

图 11-9　漆包线涂制工艺过程

漆包线在制造、加工、贮存、运输及使用过程中会遭受到各种机械力、热、光、潮湿及化学品的侵害，使绝缘层产生老化、龟裂而失去应有效用，因此要求漆包线尤其是表面的薄绝缘层应具备较强的抵御各种侵害因素的作用。漆包线作为一种产品有着特定的性能要求，主要表现在几何尺寸、电气性能、热性能、力学性能、耐化学性能及特殊性能等方面。为了有一个统一的尺度来衡量漆包线的各项性能，严格而有效地控制产品的质量，方便于生产、科研和技术交流，像其他产品一样，也有相应的技术指标和测试标准。漆包线的测试标准有国际电工委员会的 IEC 标准、美国国家机电协会的 NEMA 标准、日本的 JIS 标准、中国国家标准 GB 及国内行业标准 HB 等。漆包线表面的薄绝缘层要保证通过的电流在线圈内沿芯线环行以产生电磁感应使电机电器得以发挥效用。如果漆包线漆膜的介电性能不够好，就会造成线圈短路，电机电器损坏。漆包线的耐热、力学、耐化学品等性能的劣化大多也是通过电性能的下降或击穿表现出来。因此漆包线绝缘层的绝缘能力是漆包线的一个重要指标，它可以通过测定漆包线的击穿电压来表示。漆包线漆或漆包线根据耐温等级可划分为 A、E、B、F、H、C 级，其电气设备极限使用温度分别为 A，105℃；E，120℃；B，130℃；F，155℃；H，180℃；C，200℃。

聚氨酯漆是一类重要的漆包线漆。除具有一般漆包线漆的性能外，还具有以下特点：直焊性好，聚氨酯漆包线焊接时，不必事先除去漆层，且焊锡温度低、速度快（370℃/0.5s），无焊锡残渣，焊接周围漆膜性能保持良好，可用于制造低温直焊漆包线；涂线速度快，一般漆包线漆的涂线车速只有 7～40m/min，而聚氨酯漆包线漆允许到 40～250m/min，提高了生产效率，近年来国内高速漆包机的引入也加快了聚氨酯漆包线国产化生产的发展；染色性能好，聚氨酯漆包线漆能与多种染料相混溶，制成各种彩色漆包线，运用于焊点较多的场合；高频性能好，漆膜在高频下的介质损耗角正切比较低小，可用于开发变频电机用的耐电晕漆包线。

11.5.2 聚合体系各组分及其作用

（1）羟基组分

羟基组分的高分子树脂为聚酯多元醇。它是聚氨酯漆包线漆的重要组分之一。它由聚酯多元醇和酚类等混合溶剂组成。其中聚酯多元醇是醇酸缩聚而成的带有活性羟基的反应性低聚物，数均分子量一般为 700～5000。聚酯多元醇中的活性羟基遇到游离异氰酸酯基团能快速发生反应生成聚氨酯。聚氨酯的性能与用途在很大程度上取决于聚酯多元醇的结构，通过调节反应物的组成与配比合成不同结构与性能的聚酯多元醇，用于制备不同用途的聚氨酯树脂，如软、硬泡沫材料，弹性体，涂料，黏合剂等。此外，新的多元酸和多元醇单体的工业化也为高性能聚酯多元醇的研究、开发和运用提供了更为广阔的空间。

虽然聚酯多元醇是一个比较老的品种，但近年来由于节能、环保和性能改进等方面的要求又有了新的发展。例如，由可再生性原材料合成的环保型聚酯多元醇；用于制备低表面能防污聚氨酯涂层的含氟聚酯多元醇；分子中含溴、氯、磷、氮等元素，可用于制备防火聚氨酯的阻燃型聚酯多元醇；分子中含稠合多脂环刚性结构，具有较好光泽及耐热性的丙烯海松酸聚酯多元醇；耐水解稳定性好的 2,4-二乙基-1,5-戊二醇改性的新型聚酯多元醇，等等。三（2-羟乙基）异氰脲酸酯（THEIC）是一种分子中含有异氰脲酸酯环的三元醇。20 世纪 60 年代美国研制成功，近年来在高分子的合成与改性方面获得了广泛的应用，如改性聚酯、聚酯亚胺、聚酯酰胺酰亚胺、改性聚氨酯等。它的引入既可提高聚合物的坚韧性、耐腐蚀性、抗挠曲性、耐磨性、黏结性，又能改善其耐热性和耐候性。在制备涂料、黏合剂、薄膜、层压材料、模塑制品，尤其在耐高温绝缘材料方面用得较多。新戊二醇（2,2-二甲基-1,3-丙二醇）近年来被广泛地运用于合成聚酯多元醇，因其独特的结构，分子中两个侧甲基对所形成的酯基起了很好的盾形保护作用，改善了聚酯多元醇的耐水解稳定性。关于对苯二甲酸二新戊二醇酯的合成及研究仅有个别的文献报道，如 J. Skoracki 以四醋酸铅催化对苯二甲酸二甲酯和新戊二醇的酯交换反应，在 185℃ 的条件下合成了对苯二甲酸二新戊二醇酯。

（2）封闭物组分

封闭物组分中的树脂为封闭性异氰酸酯树脂。它是聚氨酯漆包线漆的又一重要成分，由封闭型异氰酸酯和溶剂组成，其中封闭型异氰酸酯由活性异氰酸酯和封闭剂反应而成。合成封闭型异氰酸酯的目的是将活性异氰酸酯基在一定条件下保护起来，使其在常温下失去反应活性，可以长期稳定地贮存。在使用时，加热到一定温度发生解封反应，封闭剂脱去，游离出活泼异氰酸酯基团与活泼氢化合物如多元醇、胺、水等发生反应制得目标产物。封闭型异氰酸酯在塑料、橡胶、纤维、涂料、黏合剂、纺织、印染、造纸、皮革等领域已获得了广泛的应用。常用的封闭剂主要有酚类、醇类、肟类、胺类、活性亚甲基化合物、酰胺类、亚硫酸氢盐等。用于制备聚氨酯漆包线漆用封闭型异氰酸酯的封闭剂主要有苯酚、甲酚和二甲酚等酚类封闭剂，此外，卞醇、己内酰胺、2-苯基咪唑啉作为聚氨酯漆包线漆用封闭剂也有个别报道。目前国内聚氨酯漆包线漆用封闭型异氰酸酯组分一般采用二甲酚作为封闭剂。

聚氨酯漆包线漆用的异氰酸酯组分一般由 TDI、MDI 或液化 MDI 与酚类封闭剂直接封闭的方法制得。这种方法所制备的异氰酸酯组分官能度小，往往因交联不足而影响漆包线性能，且在贮存过程中易浑浊，特别是 MDI 的封闭物。改性的方法主要有两种：第一，与多元醇加成后再进行封闭，大多采用苯酚或甲酚封闭的 TDI 与三羟甲基丙烷（TMP）的加成物；第二，异氰酸酯环三聚后再进行封闭，一般采用酚封闭的 TDI 异氰脲酸酯。

（3）溶剂

漆包线漆生产使用的溶剂主要有甲酚、二甲酚、苯酚等酚类溶剂。酚类溶剂主要来自煤化工，因此成分复杂，规格品种较多，使用时加以区分。苯酚主要来自石油化工，也有少量来自煤化工，它的溶解性不如甲酚和二甲酚。甲酚根据邻、间、对三种异构体的含量不同，有间对甲酚、三混甲酚等多种品种，间位含量越高的甲酚，对树脂溶解性越好。二甲酚主要来自煤化工，仅二甲酚就有六种异构体，成分相当复杂。

芳烃类溶剂主要有二甲苯、C_9、C_{10} 等，主要来自石油化工，也有少量来自煤化工。芳烃类溶剂对树脂的溶解性不如酚类，在产品生产及使用过程中，主要起到调节漆液黏度的作用，有时也称稀释剂。芳烃类溶剂也是由多种异构体组成的混合物，规格品种甚多，溶解性能及沸点范围也有差异，使用时要谨慎。

酰胺类溶剂主要是指 N,N'-二甲基甲酰胺、N,N'-二甲基乙酰胺、N-甲基吡咯烷酮等。主要来自石油化工，成分单一，沸点范围窄，三者的沸点依次升高。酰胺类溶剂对树脂有较好的溶解性，可以替代一部分酚类溶剂。

混合酯类溶剂是指乙二醇的混合酯类化合物，具有较高的沸点，对树脂有较好的溶解性，是一类新型环保类溶剂，是酚类溶剂的替代品。

11.5.3 聚氨酯漆包线漆的制备工艺

(1) 羟基组分的制备

首先，检查生产设备及所用设施，核对原材料名称和规格。依次向反应釜中投入甘油、乙二醇、己二酸、苯酐、对苯二甲酸等原材料。每次投料顺序应固定，并及时复核数据。开始升温，当大多数物料熔化时，安全启动搅拌，用 2.5～3h 均匀地将釜温从 160℃ 升至 200℃，然后维持（200±2）℃ 至馏出量达到要求。该阶段气温控制在 100℃ 左右，最高不超过 106℃。再加入二甲苯回流，升温并维持釜温（207±3）℃，当总馏出量达要求时，取样检测酸值，同时检测抽丝性，要求小心拉至 1m 以上不断。酸值和抽丝性符合要求后，立即打入少量冷油使釜温降低到 190℃ 左右。小心抽真空至无馏出物时为止，随时观察釜内黏度情况，取样测酸值，计量馏出总量。从高位槽兑入甲酚，在釜温 170～190℃ 搅拌 30min，然后在釜温 140℃ 左右从高位槽兑入二甲苯，搅拌均匀，冷却至 100℃ 以下。取样检测黏度及固含量，合格后，通知出料。

(2) 封闭物组分的制备

检查确保反应釜及阀门密封性能良好，氮气及供氮气路正常，MDI 的熔融情况正常。熔融的 MDI 应放置在隔热板上，擦干桶外水珠，随取即用。先投入三羟甲基丙烷，盖紧釜盖。开启搅拌，真空依次吸取二甲酚、MDI 及二甲苯。吸料结束，先关闭吸料阀，再关闭真空阀，然后通入氮气至反应釜内外气压平衡时，开启通气阀，关闭氮气阀门。投料后维持釜温在 75～95℃ 范围内反应 1h。用 1～2h 的时间升温至（130±2）℃ 开始保温计时，然后渐渐升温并维持（137±1）℃。保温 4h 以上取样测定 NCO 值（异氰酸酯基含量）小于 0.7% 达终点。通入氮气，当冷油降至釜温 130℃ 以下，依次从高位槽兑入甲酚、二甲苯，搅拌均匀。从釜口取样测黏度及固含量，合格后，通知出料。

(3) 漆包线漆的配制

图 11-10 为聚氨酯漆包线漆的生产工艺流程。

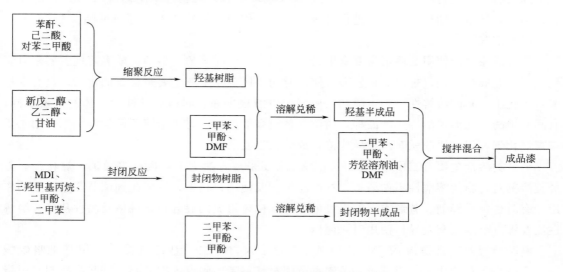

图 11-10 聚氨酯漆包线漆的生产工艺流程

调节好所有阀门，在车间负责人的指导下和监督员的现场监督下，按配方要求将所有材料按照指定先后顺序吸入反应釜内。将计量的羟基组分、异氰酸酯组分通过管道输送到

100L 或 3000L 的配漆釜中，再真空吸入计量的甲酚、二甲苯、二甲基甲酰胺及催干剂，加热至 50℃，搅拌 2h，至漆液澄清透明。然后，冷至室温，压滤除去悬浮可见杂质，制得成品漆。成品灌装时，保证过滤干净，严格计量。成品摆放整齐，包装桶外表要求清洁美观，桶面字迹要用涂料书写工整，标签要统一，贴在桶的同一位置，必须注明成品的毛重及净重。

11.6　聚氨酯胶黏剂的生产工艺

11.6.1　聚氨酯胶黏剂

聚氨酯胶黏剂是指在分子链中含有氨基甲酸酯基团（—NHCOO—）或异氰酸酯基（—NCO）的胶黏剂。聚氨酯胶黏剂分为多异氰酸酯和聚氨酯两大类。多异氰酸酯分子链中含有异氰基（—NCO）和氨基甲酸酯基（—NH—COO—），故聚氨酯胶黏剂表现出高度的活性与极性。与含有活泼氢的基材，如泡沫、塑料、木材、皮革、织物、纸张、陶瓷等多孔材料，以及金属、玻璃、橡胶、塑料等表面光洁的材料都有优良的化学黏结力。

聚氨酯胶黏剂是目前正在迅猛发展的聚氨酯树脂中的一个重要组成部分，具有优异的性能，在许多方面都得到了广泛的应用，是八大合成胶黏剂中的重要品种之一。聚氨酯胶黏剂具备优异的抗剪切强度和抗冲击特性，适用于各种结构性黏合领域，并具备优异的柔韧特性。聚氨酯胶黏剂具备优异的橡胶特性，能适应不同热膨胀系数基材的黏合，它在基材之间形成具有软-硬过渡层，不仅黏结力强，同时还具有优异的缓冲、减震功能。聚氨酯胶黏剂的低温和超低温性能超过所有其他类型的胶黏剂。

11.6.2　聚氨酯胶黏剂的组成

聚氨酯胶黏剂通常由 A、B 两组分构成，A 组分为端羟基化合物，B 组分为二异氰酸酯，使用时将两组分按一定比例调配。

聚酯树脂（A 组分）有很多种类，参见表 11-5。二异氰酸酯（B 组分）亦有很多，参见表 11-6。

表 11-5　聚氨酯胶黏剂中常用的聚酯树脂（A 组分）

A 组分编号	己二酸	邻苯二甲酸酯	三羟甲基丙烷	1,4-丁二醇	1,3-丁二醇
A-1	1.5	1.5	4.0	0	0
A-2	2.5	0.5	4.1	0	0
A-3	3.0	0	4.2	0	0
A-4	3.0	0	2.0	3.0	0
A-5	3.0	0	1.0	0	3.0

注：表中各物质的数值为物质的量。

表 11-6　聚氨酯胶黏剂中常用的二异氰酸酯（B 组分）

B 组分编号	异氰酸酯名称	结构式
B-1	甲苯-2,4-二异氰酸酯	CH₃ —NCO NCO

续表

B 组分编号	异氰酸酯名称	结构式
B-2	甲苯-2,4-二异氰酸酯（65%） 甲苯-2,6-二异氰酸酯（35%）	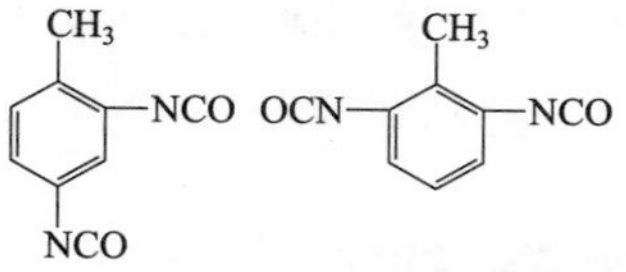
B-3	甲苯-2,4-二异氰酸酯（80%） 甲苯-2,6-二异氰酸酯（20%）	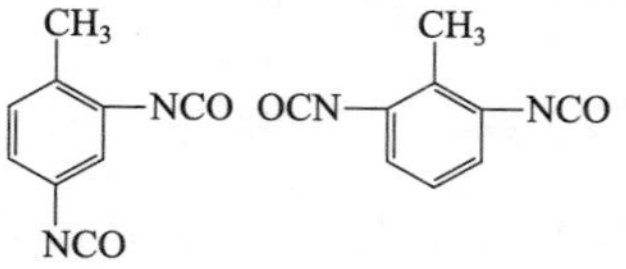
B-4	二聚甲苯二异氰酸酯	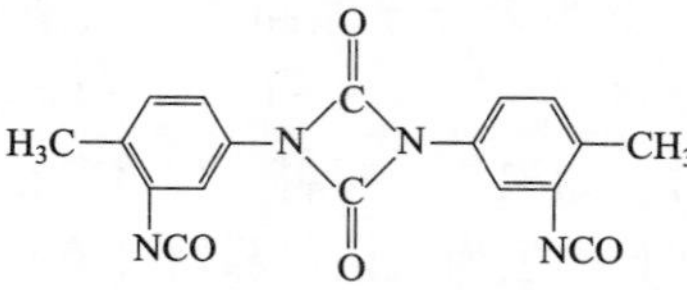
B-5	六次甲基二异氰酸酯	$O{=}C{=}N{-}(CH_2)_6{-}N{=}C{=}O$
B-6	3mol 的六次甲基二异氰酸酯与 1mol 的己三醇的加成物	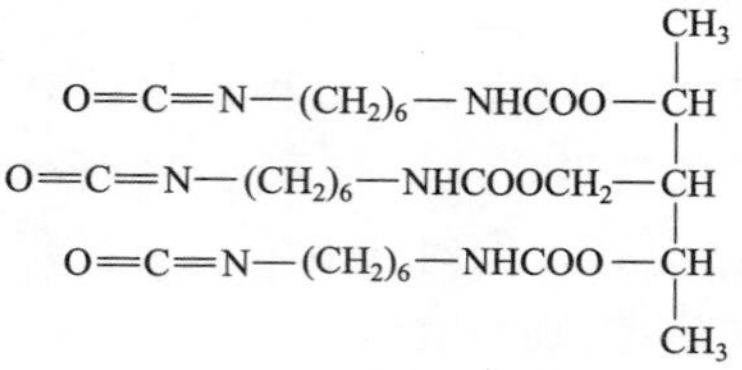
B-7	3mol 的甲苯-2,4-二异氰酸酯与 1mol 的己三醇的加成物	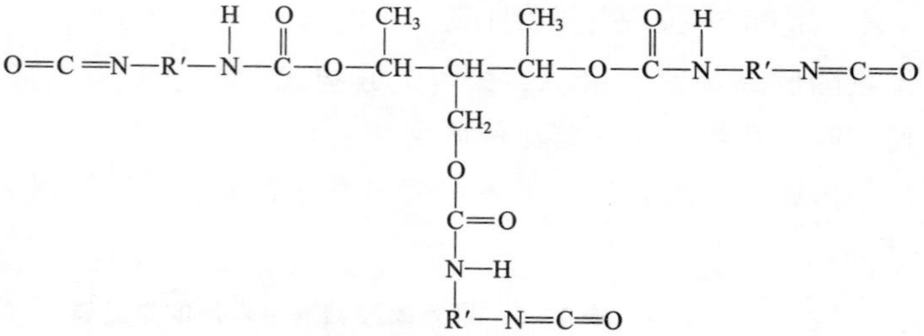
B-8	三苯基甲烷三异氰酸酯	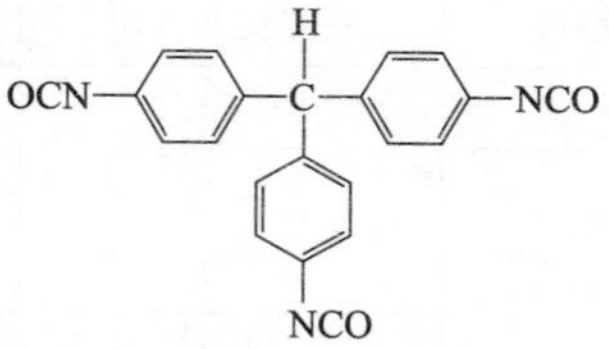

注：B-7 中的 R′代表：

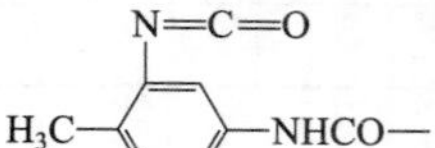

11.6.3　聚氨酯胶黏剂的制备

制备聚氨酯胶黏剂时可根据使用要求将一定量的 A 组分和 B 组分混合调匀而成。常见的几种聚氨酯胶黏剂的配方、固化条件和用途参见表 11-7。

表 11-7 聚氨酯胶黏剂的配方、固化条件和用途

编号	组分	配方（质量比）	使用寿命/h	固化条件	用途
1	A-3(70%的乙酸乙酯溶液) B-6(75%的乙酸乙酯溶液)	40：100	8～10	室温 24h 用三乙胺作固化剂	木材/胶合板； 木材/金属
2	A-3(75%的乙酸乙酯溶液) B-7	40：100	1～5	室温 10h 脲作固化剂	木材/胶合板； 木材/金属
3	A-2(75%的乙酸乙酯溶液) B-2	200：100	6	室温 10h 或 170℃/1h	金属、陶瓷、塑料
4	A-5(80%的乙酸乙酯溶液) B-2	300：100		室温 24h 或(90～170℃)/2h	金属、陶瓷、塑料 金属/塑料
5	A-2 聚酯树脂 B-5 异氰酸酯	200：50		室温	金属、玻璃

复杂工程问题案例

1. 复杂工程问题的发现

聚氨酯的合成是典型的逐步加成反应，聚氨酯一般由聚醚或聚酯等低聚物多元醇与多异氰酸酯及二醇或二胺类扩链剂逐步加成聚合而成。聚氨酯预聚体则是多异氰酸酯和多元醇按一定比例反应制得的具有反应性的半成品。在预聚合成阶段，体系中可能会产生支化结构，出现交联，甚至是凝胶现象。预聚反应除了生成氨基甲酸酯基团外，在一定温度、条件下还会进一步反应，生成脲基酯和缩二脲的支化交联反应，从而影响最终产品质量。因此，控制预聚中副反应的发生，是一个复杂工程问题。

2. 复杂工程问题的解决

聚氨酯预聚体在制备过程中，副反应的发生与反应温度、反应时间、体系 R 值大小、体系水分等众多因素有关。温度低，反应不充分，表观黏度小；温度高，生成脲基酯支链，有的甚至凝胶。达到反应终点而继续延长反应时间，则会导致异氰酸酯与体系中的氨基甲酸酯反应以及自身的二聚反应等副反应的发生，使预聚体中 NCO 基团含量下降，黏度相应增大。预聚反应体系中，NCO 基团与 OH 基团的摩尔比（R 值）直接决定着预聚体的黏度、聚氨酯分子链中刚性链段密度及制品的性能。聚醚/聚酯多元醇或其他醇类原料中所含的水分、空气中的水分、反应器具中残留的水分与活性较高的异氰酸酯发生反应，首先生成脲基，使预聚体的黏度增大；其次，以脲为支化点进一步与异氰酸酯反应，形成缩二脲支链或者交联使预聚体的稳定性下降甚至发生凝胶，导致预聚体黏度增大，流动性变差，难以与扩链剂混合均匀，最终影响产品的力学性能。

解决问题的基本思路：运用深入的有机化学、聚合反应、热力学、流体力学、高分子物理、化工原理、机械设备等工程知识原理，经过分析、设计、研究等递进的过程，深入研究聚氨酯预聚中副反应的情况，借助文献资料，设计工艺条件和设备，设计方案中能够体现培养学生的创新意识和团队精神，考虑社会、健康、安全、法律、文化以及环境等因素。问题解决的基本思路如图所示：

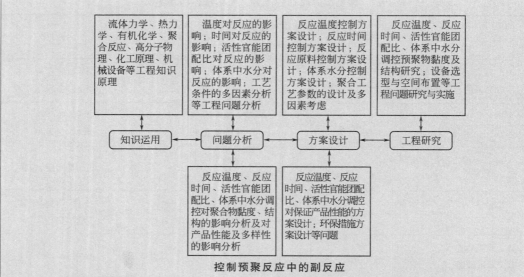

控制预聚反应中的副反应

3. 问题与思考

（1）就如何控制聚氨酯预聚中副反应的发生问题，举例说明相关工程知识和原理的深入运用。

（2）以 MDI 型聚氨酯预聚体为例，对如何有效调控预聚中副反应的发生问题，从工程的角度，进行问题分析、方案设计和工程研究，提出解决复杂工程问题的方案和措施，并加以模拟实施，同时兼顾社会可持续发展。

（3）通过查阅中外文献资料等，从工程的角度，进行问题分析、方案设计和工程研究，提出解决复杂工程问题的方案和措施，并加以模拟实施。

（4）结合多因素分析，提出合理的复杂工程问题解决方案，同时兼顾到环保问题。

习　题

1. 逐步聚合的反应有哪些？写出合成的反应式。

2. 聚氨酯合成常用的异氰酸酯单体有哪些？比较它们的理化性质及使用特点。

3. 异氰酸酯活性官能团发生的化学反应有哪些，写出反应的反应式。

4. 什么是聚氨酯？其结构有何特征？

5. 简述聚醚多元醇的结构、性能及应用。

6. 简述聚酯多元醇的结构、性能及应用。

7. 何为聚氨酯树脂制备的一步法和两步法工艺？

8. 简述聚氨酯泡沫形成的化学反应机理。

9. 简述聚氨酯泡沫开孔和闭孔的形成机理。

10. 简述氨纶的结构与性能。

11. 阐述聚氨酯纤维的合成工艺过程，分析其合成过程中的关键工艺因素。

12. 什么是聚氨酯漆包线漆？简述其生产工艺过程。

13. 试述聚氨酯泡沫塑料、橡胶、涂料合成工艺及其特点。

14. 简述聚氨酯胶黏剂的类型及其用途。

课堂讨论

1. 分别举例说明合成聚氨酯的原料异氰酸酯、多羟基化合物、扩链剂、催化剂的类型。
2. 从大分子结构方面阐述聚氨酯广泛的应用和优异的性能。

附录 聚合物合成工艺学在高分子材料与工程知识体系中的作用

对于高分子材料与工程专业的学生而言，聚合物合成工艺学的内容在这个专业中的作用如图所示。高分子学科在国际上被列为一级学科，国内外有多所高校开办高分子材料与工程专业。"聚合物合成工艺学"是高分子材料与工程专业重要的专业课之一，是高分子材料与工程专业学生完成"高分子化学"和"高分子物理"两大专业基础课后，迈向工程方向的重要一步。聚合物合成工艺学以三大合成材料的工业生产为模型，以聚合物的分子设计与合成—结构控制—性能控制贯穿课程的始终，主要介绍工业上合成聚合物的方法以及重要品种的生产工艺流程，各种聚合方法的生产特点、过程、聚合反应的基本化工单元及典型生产设备。

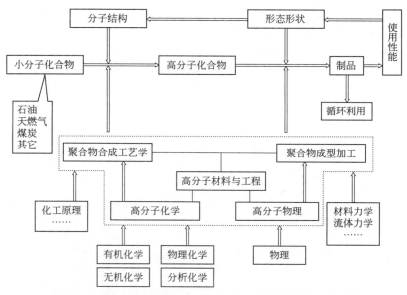

聚合物合成工艺学在高分子材料与工程知识体系中的作用

参考文献

[1] 潘祖仁. 高分子化学[M]. 5版. 北京：化学工业出版社，2011.

[2] 赵进，赵德仁，张慰盛. 高聚物合成工艺学[M]. 3版. 北京：化学工业出版社，2015.

[3] 王久芬. 高聚物合成工艺[M]. 北京：国防工业出版社，2005.

[4] 李克友，张菊华，向福如. 高分子合成原理及工艺学[M]. 北京：科学出版社，2001.

[5] 于红军. 高分子化学及工艺学[M]. 北京：化学工业出版社，2000.

[6] 侯文顺. 高聚物生产技术[M]. 北京：高等教育出版社，2007.

[7] 王槐三，寇晓康. 高分子化学教程[M]. 北京：科学出版社，2002.

[8] 李玉林，胡瑞生. 煤化工基础[M]. 北京：化学工业出版社，2010.

[9] 魏寿彭. 石油化工概论[M]. 北京：化学工业出版社，2011.

[10] 张武最，罗益锋. 合成树脂与塑料（合成纤维）[M]. 北京：化学工业出版社，2000.

[11] 欧阳国恩. 实用塑料材料学[M]. 北京：国防工业出版社，1997.

[12] 龚云表，石安富. 合成树脂与材料手册[M]. 上海：上海科学技术出版社，1993.

[13] 张京珍. 泡沫塑料成型加工[M]. 北京：化学工业出版社，2006.

[14] 张德庆，张东兴. 高分子材料科学导论[M]. 哈尔滨：哈尔滨工业大学出版社，1999.

[15] 王玉忠. 高分子科学导论[M]. 北京：科学出版社，2010.

[16] 代丽君，张玉军，姜华珺. 高分子概论[M]. 北京：化学工业出版社，2010.

[17] 夏炎. 高分子科学简明教程[M]. 北京：科学出版社，2010.

[18] 张维，王孙禺，汉丕权. 工程教育与工业竞争力[M]. 北京：清华大学出版社，2003.

[19] 陈劲，胡建雄. 面向创新型国家的工程教育改革研究[M]. 北京：中国人民大学出版社，2006.